た
インフラの歩き方

齊藤雄介
（外道父）

技術評論社

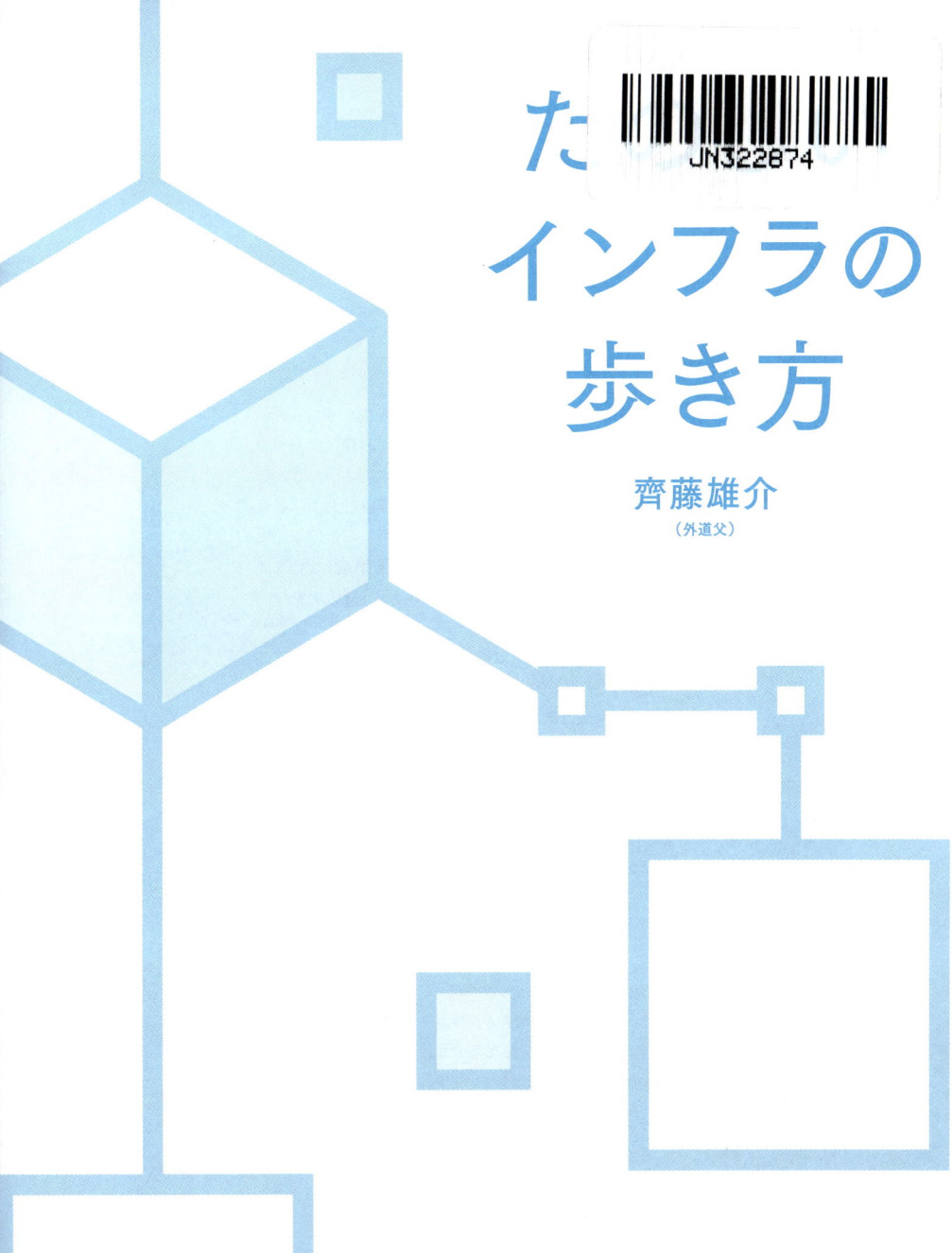

はじめに

Introduction

本書を手にとっていただき、ありがとうございます。私の名前は外道父、ドリコムというIT企業に所属するインフラエンジニアです。

インフラエンジニアという人種は、業種に関わらず多くの企業にとって重要な役割を担いますが、彼らがいったい何をして飯を食っているか、イメージが湧くでしょうか？

所属企業によって違いはあれど、大雑把には、インターネット／イントラネット／データセンターと場所を問わず、ハードウェア／ネットワーク／OS／ミドルウェアあたりまで幅広く扱い、不定期に深夜作業や肉体労働を伴う、縁の下の便利屋と言えるでしょう。

これでもまだイメージは湧かないかもしれません。そして、「なにかとにかく大変そうな職種だ」と思うかもしれません。自分自身、そう思っていた時代がありました。私がアプリケーションエンジニアだった当時、そこにいた唯一のインフラエンジニアに、こう問われたことがあります。

「ねぇ、インフラやってみない？　楽しいよ！」

それに対し、私は半分ひきつりながら即答しました。

「い、いや、つまンなさそうだからイイッス」

思い返せばその時、インフラとは何なのかすらよくわからずに返事をしています。なんという愚かなことをしたのでしょう！　聞くだけはタダなのに、興味がないどころか嫌悪感を抱いています。そんな私も、今では立派なインフラエンジニアとして組織を支えています。

私がアプリケーションエンジニアからインフラエンジニアに移り変わった経緯は、決して前向きなものではありません。先輩の下でアプリを開発するところから始まり、いつしか1つのサービスを1人で作って運用するようになり、サーバーの調達から設置まで行い、多くのトラブルを乗り越えた頃には、広範囲の知識と自信が身についていました。ちょうどその頃、組織の規模が拡大し、インフラの専門家を増やす必要が出てきたため、当時インフラを見ることができた数少ない人員のうち、私が担当することになったのです。それ以来、ずっとインフラを軸に活動しています。「自分が希望した」というよりは、「必要に応じて、淡々と技術力を身につけた」という感触が強くあります。

誤解がないように書いておきますが、今現在、私自身はインフラエンジニアという職種を楽しんでやっています。インフラを軸にしてから9年以上も続いているのは、まちがいなく楽しいからなのですが、人にインフラエンジニアについて語る時はまず、こう言います。

「サービスを作るほうが確実に楽しいよ。目に見えるから」

「インフラをやるにしても、その上で動くアプリケーションを知ってからがいいよ」

私は今でもたまに社内ツールを作ったり、スクリプトを書いたりしますが、ハッキリ言って、コーディングは深夜でも楽しく、夢中に取り組んでしまいます。しかし、インフラ構築なんて、深夜やってる＝解決しなくてイライラしていることがほとんどです。楽しんでいる時間は、圧倒的にサービス作成のほうが長いのです。

インフラで苦しいのは、携わる機会が少なく、知識と経験を得難いところです。楽しい楽しい新規サービスに関わる人数は、1人か、せいぜい数人。そもそも、「少人数での構築と運用が可能になっているべきである」という考え方もあります。一方で、少人数でありながら、最も重要な責任を負っています。サービスは、企画／デザイン／アプリケーション／カスタマーサポート／インフラなど、すべてがそろってなんぼですが、土台となるインフラがダメならサービスの良し悪し以前の問題です。さらに、費用面でも利益を圧迫する可能性を秘めているという、なかなか重い役割となっています。

それでも、「インフラに取り組む価値がある」と自信を持って言えるメリットが3つあります。1つめは、知識が広範囲にわたるため、飽きないこと。2つめは、まっさらな新しい技術に挑戦できる機会が多いこと。そして3つめは、希少価値のあるエンジニアになれることです。

どの分野のエンジニアでも、自分の武器をより深く掘り下げたり、近しい技術をかじったり、より広く浅く知識を拡げることは欠かせません。そこで、これから長くインフラに携わるであろう方のスタートダッシュのために、インフラ方面の知識・経験に不安を抱いている方の心のスキマを埋めるために、ITに携わるすべての方々のために、少しでも役立てていただければという想いから、私がドリコムという組織にて十数年で培った経験を共有させていただきます。

私は、ドリコムという会社がまだ、ネズミが出現する1軒のボロ屋を根城にしたクソベンチャーだった頃に参画しました。未熟だった自分は、幸運にも、会社の成長とともに機会にまみれて叩き上げられました。その成長過程とともに、泥まみれから清楚なエンジニアリングまでを思い起こし、かつ時代に合わせた形で、ツマらなく見えるインフラができるだけ楽しく見えるよう、ここに記録します。

本書の構成

本書は、「企業におけるITインフラを、いつ・どこで・なにを・どのように整備していく必要があるか」に重点を置いています。このうち、“いつ”を“組織の規模”と捉え、「小規模なスタートアップから大規模にまで成長する」という時系列を軸に、規模ごとに発生する要求や目的、課題などを解説していきます。

そのため、部位ごとの奥深い専門的な知識や、具体的な構築手順を掲載するといったガチンコな技術書ではなく、まろやかな知識と経験の共有が主体となっています。参考にしたり、共感したり、反面教師にしたり、思いのままに読んでいただければと思います。

また、楽しくも悲しいことに、ITシステムは一度にすべてを説明することは不可能なほど広く深いため、ところどころで検索用の専門用語だけを紹介してサラリと流していく場面もあります。そこは空気を読んで、ググっていただけると幸いです。

「エンジニアでなくとも、組織の運営に関わる方に参考になるように」と心がけていますが、基本的なターゲット層はインフラやそれに近しい技術に関わるエンジニアと考えています。第1章と第8章では、インフラに関してエンジニアが日頃考えておくべき事柄や、組織や自身の成長を志すために必要なことを紹介しています。

そして、時系列なところとしては、第2章でスタートアップ、第4章で中規模、第6章では大規模で思慮すべきことを、第3章、第5章、第7章では成長過程において発生する大きなイベントを例題にしています。

規模感としては、一般的には大・中・小それぞれ「従業員数が何人以下」といった目安がありますが、IT企業においては組織の規模よりもサービスの規模のほうが重要であるため、これといった具体的な数値で規模を表現するつもりはありません。スタートアップでも、後半の内容が必要であったり、その逆ももちろんありえます。

インフラで重要なことは、第1章に記した基本的なエンジニアリングの考え方です。その土台が整えば、あらゆる具体的な手法や知識は勝手に地に足がついてまわるはずです。そして、その土台の上に、自身が所属する組織の現状を思い浮かべ、足りていない仕組み、改善すべき事柄をピックアップしていき、優先順位をもって取りかかるキッカケにしていただければと思います。

Content

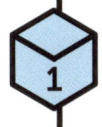

Chapter 2

スタートアップ期に必要なこと

Chapter 4

中小企業期に求められること

Chapter 5

イベント(2)事業拡大

Chapter 6 大規模に向けて

Chapter 1
インフラの心得

1-1 なぜ、インフラの担当者が必要になるのか

インフラに最低限必要なこととは

今の時代、デスクワークがある企業であれば、必ずパソコンがあります。パソコンがあるということは、データを扱うということです。そしてそのデータのほとんどは、他人と送受信することで初めて価値が生じます。データの送受信に必要な最低限のものといえば、ネットワーク通信と、データ保存用のストレージになります。

ネットワークを通じて、共有ストレージ（ファイルサーバー）にデータを保存したり、メールを送ったり、インスタントメッセージを送ったり。もちろん、みんな大好きブラウザでインターネットをするにも欠かせません。

企業内で作成したデータは、個々人のパソコンで管理するのはリスクが高すぎますし、なによりメンバー間で何がどこにあるのかわからなくなるため、セキュリティ面を考慮した共有データストレージが重要になります。

どの企業も、何かしらのサービスを社員、または一般ユーザーに提供しているはずです。ここでいう“サービス”とは、ブラウザで閲覧してもらうものや、携帯ゲーム、メッセンジャー、ファイルサーバー、勤怠管理システムなど、ITシステムと言われるもののほぼすべてをさします。

これらを提供するために必要なものは「サーバー」になります。最近ですと、クラウドという、物理サーバーを持たずにオンラインでサービスのみを提供する形態が多くとられてきています。

どのような手法をとるにせよ、インフラに必要なことを突き詰めて言うと、「ネットワークとサービスを提供するための環境整備」となります。

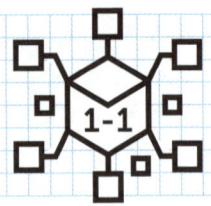

⋯▷ 極力手間がかからないシステムをつくる

ひと口に環境整備といっても、その内容は多岐にわたります。ネットワークやサーバー、個人用のパソコンといった電子機器を調査・選択するだけでなく、購入処理も任せられるかもしれません。モノがそろえば、使えるように設置し、設定し、日々運用しなくてはいけません。

組織の規模にもよりますが、「ベンチャー」や「スタートアップ」と呼ばれる小規模の場合は、「インフラ担当者」と呼べる専門の人間などいないか、せいぜい1人だと思います。その抜擢されたのか、無理矢理捻り出されたかの担当者がすべてを担当することになります。

規模が大きくなって複数人で運用するようになれば、役割が細分化されて、部分的な技術に専念できるかもしれません。しかし、インフラで食っていくならば、メインの仕事をより正確に高品質にしたり、チームメンバーをお互いに支え合えるよう、今その時の仕事に関係がなくとも、少しずつ広範囲に知識を広げるよう意識を高くしておくことが重要です。

そのためにも、つくり上げる構築物はすべて、目的を達成しつつ、手のかからない品質に仕上げることがなによりも大切です。それが「力量」と言ってもいいでしょう。多岐にわたる役割をやり遂げ、さらに進化するためには、日々の障害に追われていては話になりません。自分自身にも、周囲の人間にも、極力手間がかからないシステムづくりが求められることこそが、インフラ担当者が必要になる理由といえるでしょう。

⋯▷ お客様は社員である

私がインフラ専門の担当になった時、先に1人でインフラを担当していた同僚がいました。その人が何気なく放ったセリフは今でも覚え、周囲に伝えています。

「僕らのお客さんは、この会社の、すべての社員だからね」

インフラ部門というのは、直接的な売上を持たないどころか、ひたすら費用を消費するところです。では、だれを相手に仕事をするかというと、同僚である、というわけです。「インフラが機能しなければ何も生まれない」という広い目線で捉えれば、自社の製品・サービスを利用していただく一般ユーザーのためともいえますが、パソコンを用意して使ってもらったり、サーバーを構築して受け渡したり、という直接的な利用者はあくまで身近な社員というわけです。

「サーバーがダウンした！」というアラートには当然いち早く反応しますが、社員がお願いしてきたり、困っていても、同じくらい迅速に大切に対応すべきなのです。実際は、同じタイミングで障害とお願いがきたら、サービス復旧のほうが優先度が高いので待ってもらうことになりますが、「大変なときでも優しく丁寧な対応を心がけるべし」ということです。

インフラの技術の大半は、インフラ部門でしか解決できず、周囲の人間から非常に頼られることが多いです。インフラ担当者が起こした障害を直しただけでも「復旧してくれてありがとう！」とお礼を言われるくらいで、自分が思っているよりも頼られます。

そのことを自覚し、心に余裕を持って頼られ、そしてお客様にはお客様の仕事に気持よく集中していただけるように応えましょう。

column

自滅他賛

たとえば、社内ネットワークやファイルサーバーといった、影響範囲が大きなものの設定ファイルを変更し、反映しようと試みたとします。しかし、不測の事態により機能が停止してしまったとしましょう。設定ミスなのか、動作テスト不足なのか、本番環境にしか起こりえない事象なのか、わかりませんが、とにかく「重要な機能を停止させてしまった！　直さなくては！！」となることは一度や二度は経験すると思います。

すぐ設定を元に戻せばバレずに済むこともありますが、焦って直せなかったり、動作確認をした場所とは少し違う条件の場所で不具合が起こったりと、完全に自分が悪いにせよ、運が悪かったにせよ、数十分以上止まれば必ずバレるものです。

もちろん、当の本人は「バレたくない！」という気持ちではなく、「とにかく早く直さなくては！」という一心で対応にとりかかるものの、結果的に1時間近く停止してしまい、障害内容とお詫びの報告をすることになります。

「ごめんなさい、こんなことをやってしまいました！」

そう丁寧に報告した結果、返ってきた反応は、

「乙！」
「対応お疲れ様～」
「あ、つながったよ、ありがとう！」

壊したのは自分なのに、なんと温かいことか！　おそらく本心で言ってくれているであろうこの言葉の裏には、「お前しか対応できねぇんだ、しっかりしろ！」というセリフが見え隠れしてなりません。この温情に甘えることがないよう、障害を発生させないことを、そして事が起きてもバレる前に直せる準備を怠らないことを、男は誓うのでありました……。

1-2 インフラの環境と規模を考える

最初の条件は「場所」、次に「サービスの規模」

インフラには、最低限必要な機能というものがありますが、それ以外にも「新しい計画のための新規構築」や「状況変化への対応」といったものがあります。新しい環境を構築するにあたって、ユーザー数やアクセス数、データ容量などを予測し、それに合わせたモノを用意するのは重要なことですが、予測を超えてキャパシティオーバーが発生した時・する前に臨機応変に対応できることは、それ以上に重要であるといえます。

「インフラの環境」といってまず最初に出る条件は「場所」。次に、サービスの規模です。それらを合わせて、どのように構築し、運用していくか考えていくことになります。順に把握していきましょう。

オフィスは「与えられた箱で、いかにやりくりするか?」がカギ

オフィスがない企業などありませんので、まずはオフィスから考えていきます。

オフィスの場所に関しては、インフラ担当者が考えることではありません。経営陣が決めることです。そして、それが決まっているということは、現在の社員数と、直近増えるであろう人数まで想定されているはずです。「与えられた箱で、いかにやりくりするか？」がカギになります。

もし、新興企業としてまっさらな箱に環境を用意する場合、血反吐を吐くほど苦労するであろうことが容易に想像できます。そうでなくとも、オフィスの引っ越しが発生すれば、それ以上に苦労する可能性があります。あなた

が起ち上げメンバーであろうと、中途入社であろうと、今の箱と人数から、将来の拡張や引っ越しまで想像しておくことが役立つ時が必ずきます。

オフィスに用意するサービスは多種あれど、B to Cサービス※のように利用者が何万人規模になることはありません。「何人になっても大丈夫！」という考えも大切ですが、現実的には社員数と、少数入れ替わりでくる来訪者がオフィスのユーザー数となるので、サービスの規模感としては恐れるに足らず。せいぜい、軌道に乗って次の大きさのオフィスに引っ越した時の状況まで頭で考えておけば十分といえます。

どのようなサービスも、24時間365日稼働するに越したことはないですが、小さめのオフィスだと停電というリスクや電源容量の問題があります。すべてのオフィスビルには、年に数回の「計画点検停電」というものがあります。そういったリスクから切り離したいサービスは、次に紹介するデータセンターの利用を検討する必要があります。

データセンターの契約形態はサービスの「規模」と「拡張スピード」で考える

先ほどお話ししたように、「オフィスに置くには適していないモノや、停止を許容できないサービスを置きたい」とか、「大規模なネットワーク／サーバーの置き場を確保したい」「強固な電源設備、地震対策が施された建屋が必要」といったときに利用するのが、データセンターです。B to B、B to Cといったサービスはほぼこれに当てはまるので、自前で運用するスタイルならば、データセンターを利用しないIT企業はないはずです。

データセンターの契約形態は、大雑把には2つあります。

※Bはビジネス（Business）、Cはコンシューマー（Consumer）の略で、企業対消費者の取引を表します。企業対企業の取引をB to Bと呼びます。
一般的に、巨大なトラフィックを生むサービスの多くがB to Cです。B toBは特定のグループ内への提供となるため、B to Cよりは規模が小さくなります。

ハウジング

ラックと電源とWAN回線だけ借り、サーバーを自前で調達して設置するところからすべてを運用する。

ホスティング

すでに用意されたネットワークやサーバー機器を借りるため、物理的な部分を除いた運用に専念できる。

最近の主流になりつつあるクラウドはホスティングに分類できますが、実情としてはより管理機能が豊富になり、顧客の自由度が上がったもので、データセンターにおけるホスティングサービスとは別物として話されることが多いです。利用者側からすると根本的な違いはあまりないので、クラウドというバズワードを流行らせたかったIT業界の闇を感じざるをえません。

この契約形態に対して考えなくてはならないのが、サービスの規模と拡張スピードになります。ハウジングは自由度が高いため、企業ごとに最適化できることが強みですが、「拡張時に、物理サーバーを購入するためのリードタイムが必要」という最大の弱点があります。買うか、レンタルするか、リースするかで早さは変わってきますが、数週間単位の時間がかかることは確実です。

それに対し、ホスティングは業者が在庫を抱えているため、スペックなどの選択肢は限られるとはいえ、即日増設することができます。その分、ハウジングと比べて総費用が割高になりますが、なんといっても時間を買えるという点、機器を保有しないために減価償却といった資産管理が不要、設置と撤去時に肉体労働が発生しないなど、多くのメリットがあります。

どの形態を選ぶかは、技術面を決定するエンジニアの趣味嗜好と、台所事情を管理する経営者、運用するサービスの性質によって決まります。ただ、なににするにせよ、予算は限られていて資源も無限ではないということから、その後数年にわたって最もバランスのとれた選択をすることが重要になります。

サービスでやっかいなのは、規模より性質

データセンターで運用するサービスは、日に数千から数百万のユーザーが利用し、数万から数億のアクセスをさばかなくてはなりません。インフラ担当者最大の目的は、サービスの提供においてユーザーにストレスを感じさせずに、24時間365日利用してもらうことです。その実現のために重要なことは、サービスの規模と性質になります。

規模とは、単純なユーザー数やアクセス数、データ容量などを指します。これらはこれらで、エンジニアをチカラで倒しにかかってくるやっかいなものですが、「予測しやすい」という点で、解決の手段を用意さえできれば、慣れれば苦になりません。

やっかいのが、性質です。

企業が1つの大きなサービスを運営しているのか。

小中規模のサービスをたくさん運営しているのか。

ピークタイムはお昼休みなのか、深夜なのか。

負荷の増加はなだらかなのか、計画的に突然増えることはあるのか。

メンテナンスの時間を設けることは可能なのか。

さまざまな要因によって、データセンターの選別やシステム構成の決定に影響を与えてきます。

インフラ担当としては「人事を尽くして天命を待つ」気分になることもありますが、サービスというものはアプリケーションエンジニアが作るものなので、じつは天命の大半をアプリケーションエンジニアが握っている場合があります。それ以外は、たいてい“うれしい悲鳴”として、想定外にサービスが盛り上がった時がほとんどです。

サービスの改善や機能追加はアプリケーションエンジニアが実装するものですが、それを決定するのはマネージャやディレクターと呼ばれる人たちです。つまり、インフラ担当者にとっての「予期せぬ変化」というのは、ほぼこの人たちが握っている情報であることが多いのです。安定してインフラを

運用するためには、彼らとのコミュニケーションが重要になってきます。

サービスに対する日々の業務としては、致し方ないサーバーの障害対応や、トラフィックの変化のチェック、サービスの変化の把握という地味なものになります。そして、「いざ！」という時に、それが予定どおりであり、予定以上であっても何食わぬ顔で対応してしまう。そういうことを積み重ねて、ようやく周囲からの信頼を勝ち取れる —— それがインフラというものなのです。

努力によってサービスを落とさず、それがあたりまえと思ってもらえるのは喜ばしいことです。それによって、「落ちることがマイナス評価になるのが不満である」といったことは、また別の話であります。

1-3 技術要件として確認しておきたい6つのこと

性能と予算のバランスを考え、決断するのも、1つの“技術”

インフラ担当者は、使用する物品やソフトウェアの構成などを決定する際に、「なぜ、それを選択したか？」を自分で納得し、他人に説明できなくてはいけません。

直接的な技術面でいえば、冗長化／負荷分散／セキュリティ／運用しやすさなどを、どの程度の品質に仕上げるか、といった課題があります。サポート条件や機能面において、OSやソフトウェアをOSS（オープンソースソフトウェア）にするのか、どういった場合に有償製品の利用を検討するのか、という選択もあります。性能と予算のバランスを考え、決断するのも、1つの“技術”と言っていいでしょう。

ひと口に「インフラ」といっても、エンジニアが変われば、仕上がるシステムは十人十色になります。経験を積むと、何が正着で何が悪手なのかをすぐ判断できるようになり、どのようなシステムを考案しても、その組織にあったアーキテクチャに収められるようになります。しかし、インフラの経験が浅かったり、組織の色を理解していなければ、何を基準に決めていけばいいか迷うこともあるはずです。そんな時、「指標となる項目を満たしているか？」と照らしあわせて再考できれば、一定の品質を保てるはずです。それでは、その指標となる項目について、1つずつ考えていきましょう。

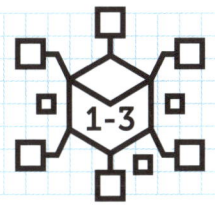

⇢ 予算

世の中で最も重要な要素がカネです。組織の財布を気にせずして、我々のお給金を得ることはできません。ほとんどのインフラ部門は、売上をもたず、ひたすら固定費として消費をし続け、利益に決して少なくない影響を与えます。

既存の環境に対しては、リスクが発生しない程度にムダな箇所を探し出して削減したり、改善強化することが正義です。しかし、新規の環境構築には多くの課題が待っています。大きなところでは「データセンターをクラウドにするか否か？」から始まり、ネットワークの品質、サーバーのスペック、有償のソフトウェア、有償のサービスと、至るところで費用の判断を迫られます。

大きな金額だと、選択肢の洗い出しをエンジニアが行い、最終的な決定を経営者が下すことになると思います。たとえば、このような案を提出したとします。

「すべての構成を冗長化しようと思いますが、費用は2倍になります」

おそらく、「本当にすべてを冗長化する必要があるのか？」「もっと費用を抑えられないのか？」という反応が返ってきます。冗長化はエンジニアにとって紛うことなき正着であっても、「組織にとって幸せか？」というと、そうとも限りません。また、冗長化するよりも、しないほうが結果的に安定して運用できた、という例もあるかもしれません。

インフラ担当者にとっての予算とは、もちろん安く済ませるに越したことはないですが、“やりたい”のか、“やるべき”なのか、“必須である”のかの境界線との闘いになることがあります。「少し高くなるけど、高性能で効果出そうだから使ってみたい！」という微妙な場面で、どちらにすべきかを決めるのは経営者ではありません。現場のエンジニアです。その時に、自分のエゴを通すのではなく、いや、通すにしても、やるべき理由をしっかり整理して、自分も周囲も納得することが肝心です。

また、"必須である"と判断した場合、その理由を整理することは当然ですが、それを伝える決定者が納得いくように説明しなくてはいけません。エンジニアが"必須である"と判断したものは、ほぼまちがいなくそうすべきなのですが、説明がヘタクソなせいで廃案にされては目も当てられません。そういう意味では、説明・説得も1つの技術であるといえます。

予算の獲得を円滑に進めるためには、なにより組織の台所事情を知っておく必要があります。現在、ジャブジャブなのか、挑戦的に使えるのか、節約轟沈モードなのか。組織のインフラを担当するとなった暁には、たとえ新参でも、遠慮せずに予算について聞き、雰囲気だけでもつかんでおくといいでしょう。

OSS or 有償製品

ネットワークやサーバーの構築において、物理的ないわゆるハードウェアの部分には、金額の差は大小あれど、必ず多額のお金が必要になります。しかし、そこから先の、OSやミドルウェア、ソフトウェアといったレイヤーからは、OSSで費用をかけずに構築するか、有償の製品を購入して構築するか、という予算に大きな影響を与える選択をしていくことになります。

この選択は企業の色や事業内容で決まってくるもので、「タダで使えるんなら、使うとけばいいんや！」とか、「OSSなど信用できん、すべて購入しなくてはいかん！」と、どちらか一方に凝り固まるのはナンセンスと言わざるをえません。無償なのか有償なのかが判断基準なのではなく、「目的に対して要件を満たせるかどうか？」が最重要な課題となり、次に時間と予算のバランスを調整することになります。

とはいえ、大雑把な方向性は、事業内容でほぼ決まってきます。B to Bならば納品条件などから有償サポートを必須とするポイントが多くなるでしょうし、B to Cならばスタートアップの貧乏時代の社風からOSSを使い続けるパターンが少なくないでしょう。

どちらの方向性にあるとしても、OSSを選択すること、有償製品を選択すること、それぞれのメリット／デメリットを理解しておく必要があります。OSSは、タダである代わりに、運用リソースが大きくなり、良し悪し含めて自己責任です。一方、有償製品は、運用フェーズに入るまでの時間を短縮できたり、サポートを受けられたり、OSSには存在しない機能を得られたりします。

OSSではできない、もしくは時間をカネで解決したい場合は有償製品を。
機能的にOSSで十分事足りる場合や、運用リソースに余裕がある場合はOSSを。
そして、サポートオプションなどは、要件によって必須ならば付ける。
自分たちで解決できる自信があるなら、外して節約していく。

こういった判断を、自社の技術力、開発／運用のリソース、予算、〆切までの時間、といった要素から最適化することが求められてきます。
この要件に対する判断に、企業の色、風土といった観点が加わってきます。OSSを作ったり、使ったりできるのは技術力ですし、既製品を使いこなせるのもまた技術力です。どちらも、正しく理解して効率的に利用することに変わりはありません。
しかしながら、エンジニアという人種は、既製品を使いこなすことよりも、自身でゼロから作り上げたり、OSSを使いこなして要件を満たすことに重きをおくことが多いです。そのため、いわゆる“意識の高い”エンジニアを集めようとした場合、「組織内でどのようなソフトウェアを採用する傾向にあるのか？」という点は、人事面でも少なからず影響を与えてきます。技術的なポリシーを説明する際に、「OSSに重点を置く」「独自開発する場合も多い」といった雰囲気を感じなければ、入社してもらえるどころか、面接に集まってすらもらえないかもしれません。
このように、どちらかというとOSS推し気味に書いた理由は、私がそれはそれは貧しいベンチャー時代を長く経験していることに起因していると思いますが、それとはまた別に、多くのエンジニアと関わってきて感じた風潮として、我々が最も嫌うことは“やらされてる感”“成長していない感”であり、「実力で信頼と自由度を勝ち取る」ことを正とすることが多いからです。よって、この項における“判断”というのは、単純に予算や目的達成のためだけではなく、社風にも関わってくる重要なポイントであると認識していただきたく思います。

⋯> 冗長性

悲しいかな、どんなハードウェアもソフトウェアも、キャパシティオーバーやバグ、物理的故障によって、機能停止の可能性をゼロにすることは不可能です。インフラのアーキテクチャは、どの部位にも必ず障害が起きるということを前提に設計し、可能な限り単一障害点（SPOF = Single Point Of Failure）を排除することを正義とします。

どの部位も必ず故障する可能性を含む

Web系のサービスでは、ネットワークから始まり、サーバー、OS、ミドルウェア、データベースといった土台を用意し、その上でアプリケーションという何かしらのソフトウェアが動きます。そして、土台の部分を細分化するとかなりの数のパーツに分かれ、それぞれで冗長化の必要性を検討することになります。障害が発生する可能性を含む部位をザッと挙げると、以下のようなものがあります。

・ネットワーク

→WAN回線／L3スイッチ／L2スイッチ／スイッチポート／LANケーブル

・サーバー

→電源／LANポート／CPU／メモリ／HDD／SSD／RAIDカード

・ソフトウェア

→OS／Web／AP／DB／KVS／etc...

これらは、冗長化する必要がないもの、冗長化できないもの、冗長化できるがサービスに微妙に影響を与えるもの、サービスにまったく影響を与えずに冗長化ができるもの、とさまざまです。ハードウェアごとの性質やネットワーク通信の仕様上、どうしてもすべてを完全に冗長化することはできません。

どの部位も必ず故障する可能性を含むのに、すべての部位を完全に冗長化できないということは、「サービスの稼働率を100%にすることができない」ということになります。しかし、悲観的になることはありません。「ギャンブルにおいて、バレなければイカサマではない」というのと一緒で、サービスも落ちたのがバレなければ障害とはいえないのです。極端にいえば、「サービスの一部機能が数秒停止した」という事実に対して、その間に利用したユーザーがいなければ、だれにも迷惑をかけていないのですから。

……というのは詭弁で、ほとんどの場合は、だれかしらその障害のせいでアクセス不可に遭っています。そんな不幸なユーザー様を少しでも減らすためにも、「サービスは落ちるもの」という現実と向き合ったうえで、可能な限りサービス障害にならず、障害が起きてもできるだけ障害時間が短くなるように、その品質を運用しやすさや予算と相談しながら決めていくことになります。

品質、ポリシー、目的を決める

そこでまず重要なことは、品質、ポリシー、目的といったものの決定です。

障害の発生は、同時に何箇所まで問題ないよう設計するのか。
障害の発生から、何分何時間以内に元の構成に戻せるようにするのか。
サービスへの影響範囲はどこまで、停止時間は何秒まで許容するのか。

そういったことを考えていくことになります。

冷徹に断言してしまえば、最も重要なのはサービスです。サービスが動かないと、売上がなくなり、お給料をもらえないのですから。しかし、システムをどれだけがんばって自動化しても、最終的には必ず人による確認や作業が必要になるため、人の稼働状況も同じくらい重要になります。

そのため、大きな目標としては、「サービスをできるだけ停止せず、人の稼働ができるだけ少ないシステムを目指す」ということになります。そうすることで、

「ユーザーはいつでもサービスを利用できてハッピー！」
「エンジニアも、深夜にアラートメールで叩き起こされたり、プライベートな時間に呼び出されなくなりハッピー！！」

という理想の世界を構築することができます。

そのため、たとえば以下のような目標を設定します。

「エンジニアの稼働が日中のみで済むシステムにする」

もちろん、「サービスの稼働率を99.99％にする」などでもいいのですが、吉野家のお茶の角度180度理論と同じで、だれにでもわかりやすい前者にしておきましょう。新人君がレビューを求めてきた時、「これで年に8時間以下のダウンタイムになるかい？」と質問するよりも、「それで、毎晩安心して熟睡できそうかい？」と尋ねたほうが、責任感も相まって、再考しやすくなるはずです。

手法を考える

次は、目標を達成する手法を考えます。たとえば、以下のような内容です。

- 障害レベルをINFO／WARNING／CRITICALに分類する
- WARNING／CRITICALは管理者にアラートメールを飛ばす
- 障害の自動検知は、WARNINGで5分以内、CRITICALで1分以内とする

- WARNINGは「サービスに影響はないが、冗長化が崩れている状態」とし、管理者は24時間以内に元の構成に復旧する
- CRITICALは「サービスに影響が出ているもの」とし、管理者は即座に復旧作業の開始と、関係者への状況報告を行う
- サービスの停止時間が1分以内は「軽度な障害」、それ以上は「重度な障害」として取り扱う

これを満たすように監視や冗長構成を組めば、かなり健康なサービスで、それなりに健康なエンジニア生活を送れることでしょう。深夜にアラートメールがきた時、CRITICALなら体に鞭打って動く必要がありますが、WARNINGなら寝起き作業の覚悟をもってお布団に戻ればいいですし、仕込んだ自動復旧が成功したならば特にアラートが来ずに、後でINFOメールにて起きた事象を確認するだけになります。

このような植物の心のように平穏な生活を目指すインフラ担当者が日頃やるべきことはいろいろありますが、目標を達成できるか自問自答しながら考えていくと、自ずと以下のような内容にたどり着くはずです。

- そもそも障害が発生しづらいシステムの選択
- 「障害」と判断する項目の洗い出し
- 障害発生を自動検知するまでの時間の短縮
- 障害が起きてもサービスに影響しないためのアーキテクチャ設計
- 障害からの復旧しやすさ、復旧時間の短縮
- 障害を自動復旧する仕組みづくり

障害が起きないと周囲に「功績」として認められづらい地味な部分ですが、インフラでは華形の仕事なので、はりきって設計していきたいところです。

⇢ 分散性

サービスが盛り上がると売上が盛り上がりますが、トラフィックグラフも盛り上がります。トラフィックが盛り上がったまま放置しておくと、サービスのレスポンスが遅くなるか、アクセス不可になって、ユーザーのストレスが盛り上がります。そうなりかけた時に、最初に行うべき施策が、サーバーの増設による負荷分散です。負荷分散とは、サーバーの基本構成をそのままに、台数を増やすだけで1台あたりの負荷を軽減する手法のことをいい、スケールアウトとも呼ばれています。負荷だけではなく、時間が経過するほどにデータ容量が蓄積する場合がほとんどなので、ディスク容量の限界にも気を使う必要があります。

もし、負荷分散やデータ容量分散ができないとなると、キャパシティオーバーでボトルネックになろうとしている箇所のスペックをスケールアップするか、負荷やデータ容量そのものを軽減するかのどちらかになり、目先の寿命を少し延ばすだけに留まってしまいます。昨今のWebサービス事情を考えると、トラフィックはゆるやかに増えるよりも急激に増える事例が多く、悲惨な目に遭うことまちがいなしです。

サービスの成長を願うならば、中長期的にみて、負荷分散の仕組みを確立しておくことは必須であるといえます。しかし、ハードウェアの進化も目覚ましく、一概に「必須である」といえない部分があることも事実です。

負荷分散の仕組みはレイヤーによって異なりますが、大なり小なり複雑さが増すことは確実です。よって、極端な話、可能なら負荷分散しないに越したことはありません。それを可能にするのは、サーバーの性能の把握と、サービストラフィックの予測、アプリケーションの負荷の計測がそろってこそになります。たとえば、閉ざされた空間で最大ユーザー数が確定している場合は、ピークタイムのアクセス数やデータの増加率を予測しやすく、「1台のサーバーで運用しきれる」と確信を持てるかもしれません。しかし、最近のB to Cサービスだと、ユーザーが数百人なのか数百万人になるのか予測しきれないのが実情です。何がきっかけでヒットするかわからないこの業界、せっかくの好機に「トラフィックを捌ききれませんでした！」などと、ただでさえ売上がない職種なのに売上の減少に貢献しては目も当てられません。

ユーザーが少ないにしろ、予測できないにしろ、分散の仕組みをすべてのレイヤーにおいて確立しておくほうが安心であることはまちがいありません。確立するにも運用するにもそれなりのリソースを要するため、スタートアップにおける現実は「必要に応じて用意する」ことがほとんどだと思います。とはいえ、今のサービスは急成長の角度が鋭く、スタートアップだからといって甘えてはいられません。

冗長化に続く2大華形システムである分散化。どのようなトラフィックに対して、どのような部位を、どのように分散すべきなのか、しないのか。そういったことをあらかじめ設計し、サービス開始時の構成を確定し、運用中の構成変化までイメージしておくことが重要になります。各レイヤーにおける具体的な手法や設計については、後の章で解説していきます。

⋯▶ 堅牢性（セキュリティ）

「セキュリティ」といっても、何をすべきかイメージが湧きづらいかもしれませんが、「どのようなポリシーで運用していくかを必ず決め、必要に応じて変化していかなくてはいけない」点はほかの要件と同じです。

セキュリティには外部から守るものと、内部から守るものがありますが、どちらにも共通する考えがあります。それは、「情報は必要な人へしか開放しない」ということです。違う言い方をすると、「不要な物を開放しない」ともいえますが、不要な物が何かをすべて列挙するのは困難なので、「すべて閉鎖したうえで、最小限開放する」という考え方のほうが望ましいです。

情報とは、重要そうなExcelファイルだけではなく、HTTPのレスポンスやIRC（Internet Relay Chat）のやりとり、個人アカウントやその利用記録など、「情報」と言わないデジタルデータなどないと言ってもいいくらい、身の回りは情報だらけです。それこそうんざりするほどさまざまなデータ形式や通信がありますが、それでも1つ1つ運用ポリシーを決めていかなくてはいけません。

たとえば、「パスワードは、何文字以上何文字以内で、最低1文字の大文字を含むこと」といった文面をよく見かけると思いますが、アレも1つのセキュリティポリシーです。

そのパスワードデータを、内部的にはハッシュ化（入力データから疑似乱数を生成する演算手法）して保存することで、入力者本人以外にだれにもわからないようにしておくのもセキュリティポリシーです。

ファイルサーバーのディレクトリやファイルごとにアクセス権限を設定しておいたり、物理的なサーバールームへの入場者を制限するのもセキュリティです。

そして、悪意を持った人間による攻撃や、何も知らない善良な人間の偶然だとしても、意図せぬ箇所からのデータの漏洩や破壊を防いだり、異常なアクセス過多などによるサービスの停止を防ぐ、といったものもセキュリティです。

セキュリティというからには、攻撃するクライアントがいて、それに対してサーバーで防御することになります。クライアントが全員善い人ならば苦労しないのですが、不特定多数の人間が相手である以上、全員を「悪い人」と仮定して守らなくてはいけません。そして悲しいことに、善い人であっても、情報の扱い方が誤っていれば「悪い人」に分類しなくてはいけません。

攻撃の種類は目眩がするほどいろいろあるのですが、それに対して考えるべき防御の項目を大雑把に分類すると以下のようになります。

- データの形式
- アクセス権限
- サービスの脆弱性

セキュリティは「都度決めていけばいい」というヌルいものではありません。重要度は大小あれど、致命傷を負ってからでは時すでに遅しだからです。ある程度は、事前に攻撃手法や過去の事例を知り、扱う情報が1つまた1つと増えるたびに、「どのようなデータで」「だれが利用するもので」「情報の扱いに落ち度がないか」を精査します。

これは言うまでもなく非常に重要なのですが、大なり小なり一度は失敗したり破られなければ、真剣に取り組む必要性を感じられないかもしれません。また、そもそも破られたことに気づけないかもしれません。そういった悲劇を起こさないために、後の章にて具体的な例をふまえてセキュリティポリシーを確立する方法を解説していきます。

･･> 運用性

インフラエンジニアは、アプリケーションエンジニアのように長期的に1つのサービスを開発し続けることがない代わりに、多数の機能を構築しては運用し続けることになります。それに対して重要になるのは、1つ1つのシステムの運用性、運用しやすさです。

システムは、まず調査し、構築し、そして運用し続けることになるわけですが、このうち、最も時間を要する可能性を含むのが運用になります。いかに調査と構築を手短に行っても、その後の運用で1日1時間のリソースを奪われていては、年間で何時間を消費するかわかりません。

そのため、継続した運用リソースをどの程度に抑えるべきかをあらかじめ決めておくことが大切です。すると、自ずとアーキテクチャ設計において方向性が決まり、調査と構築のためのリソースも予測しやすくなります。

「運用しやすい」とはどういうことかというと、極端にいえば、「永久に放置しても稼働し続ける」ということです。しかし、現実的には、物理的な故障やソフトウェアのバグ、キャパシティオーバーなどに泣かされ、リソースを割くことになります。

その“仕方ない現象”が起こる可能性をいかに低くするか。

問題の解決にかかる時間をいかに短くするか。

時間の経過に対して、余裕を持ったキャパシティにできるか。

そういったことが、腕の見せどころになります。

もちろん、運用し始めてから改善することも大切です。しかし、先に運用性の品質について決めておくと、設計の段階で大部分の対処を含ませることができます。そして、その努力の成果として、そのシステムの安定した稼働率と、ほかのシステムに取り組む時間を確保できます。

正直にいえば、いちいち運用するのが面倒くさいから高品質に仕上げ、その副産物として組織への貢献となる —— そんな穿った思考回路でもいいのです。いかに早く、高品質に、できるだけ多くのことを手がけるかは、少数精鋭のインフラエンジニアにとって最重要な能力であると認識し、取り組みましょう。

column

緊急対応の思ひで

インフラエンジニアや、サービスの運用まで担当しているアプリケーションエンジニアならば、一度と言わず何度も、就業時間外での障害対応を行ったことがあるでしょう。私もご多分に漏れず、幾多の障害を乗り越えて今に至っています。

深夜にブーブー鳴り続ける携帯。

ガラケーのキャリアメールに溜まりに溜まって、数千通となるアラートメール。

大量のアラートメールに慣れてしまっては本末転倒。常にアラートはゼロであるよう努力し、アラート受信が緊張に結びつく頻度にしなくてはいけません。

そんなことを書く私も、一時期は夜中に携帯の電源を切って寝る習慣が身についていました。

就業時間が終わって、ゲーセンで格ゲーの段位戦をやっている最中の緊急電話。そんな重要な対戦中の電話にすぐ出られるはずもなく、しかしながらしつこい3度目のコールでしぶしぶ応答。対戦しながら指示を出したり、結局帰ることになって、相手に途中退場を謝って帰社など。それに慣れると、電話はすぐ取るようになり、「今、大事な対戦中だから、キリがついたらすぐ帰るから！」と素晴らしい即レス。

久々に落ち着いた日、何を思ったか、同僚と3人で女子大の学祭へ。1時間も経たずに訪れる緊急連絡。「XXがセキュリティ上よくない状態のファイルを公開してしまったから、直してくれ」と。「そんなん知らんがな。そいつに直させろ！」と言うも、すでに帰って連絡がつかないらしい。渋々タクシーで帰社し、権限をポチッと変更してアクセスされてないのを確認して終わり。俺の青春も終わり。

障害アラートというのは不思議で、パソコンの前にいれば平和で、外出していると飛んでくる確率が高くなる気がするモンスターです。「よりによって今かよ！」というタイミングを経験した人も多いことでしょう。

インフラエンジニアがシステムを、できるだけ手のかからない、安全で強固な高品質のものに仕上げる理由は、建前はサービスひいてはお客様のためであり、本音は自身の私生活レベルの低下を防ぐためであるといえるでしょう。

「1箇所落ちても大丈夫」なのと「1箇所落ちたら終わり」なのでは、天地ほどの差があります。そのことを、私生活を脅かす障害によって身をもって知ることで、アーキテクチャの考察に磨きがかかっていきます。携帯に届くアラートメールの数が減るほどに、自身のストレスが減り、サービスの質が向上する —— そんな一石二鳥の改善を日々がんばりましょう。

1-4 知識を集め、選択する

知識とは、目的を果たすための手段である

どのような分野でも、知識をできるだけ広く深く蓄積することは何かしら役に立つことが多いですし、蓄積することそのものが楽しい場合もあります。そういう意味では、IT企業のエンジニアという職業は、飽きることなくお腹いっぱい知識を貪ることができる、というよりは貪り続ける必要がある、幸せな職業であるといえます。

IT知識の膨張速度は、それはもう個人の手になど負えるものではありません。数多くあるプログラミング言語のすべてにリーチしようとしてたらキリがありませんし、Linuxカーネルの深淵に潜り込めば生きて上昇してこれないかもしれません。ほかにも、ハードウェア1つ1つの仕組みや、インターネット技術の標準ルールであるRFCなど、全部見てなどいられないのが実情です。

理想は、すべてを正しく知ったうえで、目的を達成できることです。しかし、すべてを知ることは不可能であるため、1つ1つの知識の追求にはどこかで区切りをつけ、本当に必要とする知識に絞って、深すぎず幅広く追っていくことになります。また、ハードウェアやソフトウェアといったITシステム全般は、「そうであるべき」と言わんばかりに、1つ1つのシステムの深く複雑な知識を隠蔽し、浅い知識でユーザーが使いこなせるように進化し続けています。

インフラエンジニアの基本スタンスとしては、この「(じつは深いけど)浅く広く拡がり続けるITシステムを可能な限りキャッチアップし、必要に応じて掘り下げる」ということになります。

「正しい知識の下にエンジニアリングする」という考えはもちろん忘れて

はいけません。ですが、「知識とは、目的を果たすための手段である」という考えも同時に成立させなくてはいけません。目的とは、広い視点で表現するならば、「個人の知識を用いて、他人、チーム、組織、社会へ何かしらの貢献をすること」です。

極端な話、目的が達成されていれば、知識や実装が半端でも許容される部分もあります。しかし往々にして、未熟な知識で構築されたモノは、性能や継続運用の面で効率が悪いことが多いです。かといって、完璧な知識や実装を求めていると、目的の達成に支障をきたす場合もあり、妥協と戦うこともエンジニアの業であるといえます。

∴▷ 広くキャッチアップした後、深く掘り下げる

情報収集において、「広くキャッチアップする」ことにはそれなりの時間を要しますが、その労力は「品質向上」という結果によって黒字になることでしょう。システムの構築では、ミドルウェアの選択から設定値の判断まで、ひたすら調査と選択を繰り返す必要があります。幅広い知識を持つことで、そのシステムの、その時代におけるベストな選択肢を選び、周辺システムとの兼ね合いまで考慮し、総合的に最善の道を進むことができます。

もちろん、知識があっても、ベストなアーキテクチャを選択できないかもしれません。しかし、知識なくして「ベストである」と言い切れることもありません。知識を収集するということが絶対的な基本であり、結果はそのエンジニアの腕前であるということです。

私はミドルウェアの選択や設定値の変更など、物事を決定する際、目安として、必ず3つ以上の事例を収集します。3つあれば、見比べるとたいていのことはその出来具合に優劣がつきますし、似たことが多く述べられていればそれが一般的であると判断できます。そうやって情報の上っ面だけで試験の優先順位を決め、実際に動作テストをして、自分が納得できたら採用します。

最新技術であったり、マイナーな設定項目といった場合、得られる情報がBBSのヒトカケラであったり、まったく得られないことがあります。そう

いった場合に、目的を達成するために仕方なくその情報を深く探り始めます。ドキュメントの隅から隅まで読んだり、ソースコードを読んだり、時には当てずっぽうで動かしてみたり、といった具合です。その時に、ムキになって引き返せなくなることが多いのですが、少し潜ったところで、「あとどのくらい時間を要するのか」「引き返して、別の手段を考慮したほうが早いのではないか」と葛藤することは非常に重要な要素となります。

どうしても細く険しい一本道を進まざるをえないこともありますが、エンジニアの本心としては「その推進力こそが、本来の技術力である」と言いたいところでもあります。目的に対して必須であると判断したならば、どうぞ厚く深い岩盤を破って、深淵から“納得”というお宝を探し出してください。そして、探しきれなかった場合は、敗北感と今後のプランをもって、全力で上司に説明しにいってください。

趣味ならばたっぷり時間をかければいいのですが、お給金をいただいて仕事している以上、知識の収集にかける時間や、知識から捻り出すアウトプットの品質に折り合いをつけることは常に心がけていきたいところです。

運用フェーズでは必要となる知識の深さが変わる

調べることは楽しいのですが、時間に限りがある以上は、なんでもかんでも無闇に調べればいいということにはなりません。「アプリケーションを正常に動かす」という目的を達成するために、実質的に不要な知識などいくらでもあり、また不要で済むようITシステムはうまくできています。

たとえば、ネットワークは必須ですが、TCPの仕組みを完全に理解している人などごく少数です。HDDは一般的なストレージですが、中身の構造を知らずに容量だけを気にして使います。あらゆるミドルウェアは、欲する機能さえ満たせば、内部的な処理方法など気にしないものです。

そういった、多くの場面で必要に迫られない知識が腐るほど存在します。先駆けて興味深く調べても、ほとんどは目的の達成に関わらず、悪くいえばムダに終わります。では、深い知識は不要なのかといえば、ことインフラエンジニアにとってはそんなことはありません。目的が「アプリケーションを正常に動かす」だけなら不要かもしれませんが、重要な目的がもう1つあります。「アプリケーションを正常に動かし続ける」という運用フェーズです。

運用フェーズでは、必ず障害対応や環境改善がつきまといます。障害はその障害度によって求められる知識が変わり、重症ならば平時に知る必要のなかった箇所にまで潜り込んで原因を追求することがあります。環境の改善は「現状を変化させる」ということなので、今あるもの、今把握していることをより深く理解したり、まったく違うものに手を伸ばすことになります。

先にそういった予備知識を吸収しておけば、行動を起こす際にスピーディに事を運べることになります。しかし、事前に何が必要かなどわかるわけもなく、たいていは現場で起きた現象、現状に対して、都度予備知識を肉づけしていくことになります。大きく分ければ、以下の2つの知識があります。

- 選択のための事前知識（アーキテクチャ設計に使うものが多い）
- 対応のための予備知識（トラブルシューティングや改善に使うものが多い）

もっぱらエンジニアは、ほぼ経験でしか積めない予備知識の積載量をそのまま“信頼”としてみなすことも多いです。

忙しい時には目的を達成するための知識に絞り、余裕ができたら必要になりそうな知識に手を出し、必要になりそうもない、手を出したら負けだと思う知識はきっぱり見限って、限りある時間を大切に過ごしましょう。

アーキテクチャの決断材料となるもの

アーキテクチャ設計はインフラエンジニアの腕の見せどころですが、かき集めた多くの選択肢から、1つの筋が通ったアーキテクチャに決断しなくてはいけません。決断において重要な要素がいくつかありますが、何かに偏ることなく、冷静に総合的に、そして自信をもって決定するために、どのような要素があるか見ていきましょう。

まずは、目的となる機能要件です。「最低限これだけは必要である」としている機能は満たされていなくてはいけません。

次に、前節で解説した技術要件です。その機能の予算や品質について、最低限の条件を満たしていなくてはいけません。

そして、人的リソースです。「現在、何名が、どのくらい空いているか？」を把握し、構築と運用にどれだけ時間がかかるかを予測したうえで、リソース不足にならないように調整しなくてはいけません。

そうした量に対し、「納期」という時間のお尻が立ち塞がります。プロジェクトによって、納期が確固たる絶対領域なのか、品質向上を重視したスケジュール調整の目安なのかが異なるので、その性質をしっかり把握しなくてはいけません。インフラエンジニアはインフラ整備を役割としますが、目的はアプリケーションの稼働なので、アプリケーション工程の変化に追随し、担当するインフラ全体で優先順位を決めてバランスをとることになります。

それらすべてをふまえて、限界まで品質向上を目指します。リリース時の性能品質はもちろん、その後長くにわたる運用品質まで考慮しなくてはいけません。ただ、アプリケーションと違い、インフラの品質は青天井にはなりません。ほとんどがキャパシティオーバーやレイテンシ（遅延時間）縮小のための設定調整と負荷計測であり、あとはバックアップ／リストアや監視などをいかに綺麗に仕上げるか、といった具合です。

「最低限を満たせれば、残りは運用フェーズに行う」という計画でも、アプリケーションに影響がなければ十分ありえます。インフラで最重要な作戦は「いのちをだいじに」の安定化です。リリース前に焦ることだけはないよう、ずっしりと構えてリリースを迎えられるように、計画を適切に判断してください。

決定権はだれにあるか

例外もありますが、たいていの組織はマネージャがプレイヤーを管理する構成になっています。そして、マネージャはプレイヤーであるエンジニアのリソースや進捗を把握し、調整してくれます。決め言葉は、

「進捗どうですか」

……さて、インフラの設計から構築までを進捗管理していただくのはいいとして、肝心の実装方法や設定値などは管理していただかなくていいのでしょうか？

答えはYES！　してもらわなくてけっこうです。

インフラチームとしてもアプリケーションチームとしても、最も望むのは「アプリが安定稼働するインフラ」です。インフラマネージャとしては、上記で説明した決断材料に納得がいっていればいいのです。したがって、細かい方法や仕様を決めるのはインフラエンジニアの独断ということになります。まれに、「プレイングマネージャ」という技術に現役バリバリのまとめ役がいたり、潤沢なインフラエンジニアを抱えるチームがあったりしますが、そういう場合は、信頼できる先人に要所要所を相談しながら決断していけばまちがいありません。

しかし、多くの組織では、インフラエンジニアは数に乏しく、「お前がやらずにだれがやる！」という環境に置かれていることでしょう。そういう環境で、細かいことのために人を集めてゴニョゴニョ相談したり、管理職に相談しても、たいして良い進捗は得られません。目の前の担当している機能に対して最もくわしいのは自分自身であることを自覚し、自信を持って技術要件を満たし、より早く、より安定したシステムを目指してください。そして、必要であれば、アーキテクチャとテスト結果だけ上手に説明できれば問題ありません。

インフラの良いところの1つに、「品質保証をしやすい」という点があります。障害耐性やキャパシティ計測など、技術要件の項目と常識的な品質レベルを知ってさえしまえば、サービスリリース前にほぼ動作検証しきることができるからです。扱うミドルウェアや載せるアプリケーションが変わろうとも、本質が変わることはありません。それゆえに、1人で決めきってしまうほうが、十分な品質とともに、効率的に進捗できるのです。

アプリケーションと違って、「リリース前のこの品質で売れるのか？」などと心配する必要はありません。「この品質で、この流量まで動き続けますよ」と確信できてしまうからです。それは、とても幸せなことだと思います。

ただし、インフラの経験が少ない場合は、事情が変わってきます。経験不足だと、ボトルネックの洗い出しで見逃す可能性が高くなります。アーキテクチャに対して、障害となりえるポイントを1つ1つ探し、トラフィックの増加に対してどの部位の順にキャパシティーオーバーするのかを判断するのは、最初は難しいものです。その経験は本番サービスに揉みに揉まれて培われることが多いのですが、そのリスクを少しでも減らせるよう、本書にてアーキテクチャ設計の考え方を学んでいただければと思います。

‥> 金で時間は買えても、組織の文化や技術力は買えない

先にも述べたとおり、OSSと有償製品／サービスの選択には重要な違いがあり、「身につく技術力」という観点においても大いに差があります。

ASP（Application Service Provider）やSaaS（Software as a Service）といった有料サービスは、お金と引き換えに、「物理サーバー不要」「構築作業不要」「少ない運用リソース」「準備期間の短縮」「便利な機能を管理画面だけで使えます！」といったメリットを受けられる、非常に良くできているモノが多いです。

OSSは今挙げたメリットがすべて裏返ってしまいますが、無償であり、組み合わせなどの選択肢や機能の自由度を得られたりします。

言ってしまえば、どちらも他人が作成した、すでに存在するソフトウェアを利用しているにすぎないのですが、先ほど挙げたメリット／デメリットは、そのまま技術力に影響すると考えていいでしょう。要は、「苦労するほどレベルアップする」という、至極当然の話になります。

「技術力」という視点から述べると、有料サービスというものは、悪い言い方をすると「所詮、その製品の使い方が上手になっているだけ」にすぎないのです。それゆえに、柔軟な応用力を身につけることが難しく、仮に応用力があったとしても「私はこんな製品を使いこなしちゃえますよ！？　どんな製品でも任せてください！」とはエンジニア間や面接では伝える気にならないと思います。

それに対してOSSは、ある機能を満たすためにも複数の選択肢があるこ

とが多いため、調査し、検証し、選択し、構築、運用してきたとなれば、応用力／判断力に自信がつくのは必然です。そして、多くのエンジニアは、完成品を使いこなすことよりも、自分で良品に仕上げることを好み、楽しみます。楽しめることは、技術力を磨くために必要な向上心を保ちます。

「要件を満たす」という視点では、いくつかの決断材料から判断することから、どちらも五分の立場ではあるのですが、もし意識高く「地に足の着いた技術力を身につけたい」「地力あふれるエンジニアを集めていきたい」という意志があるならば、OSSや自社製という選択の割合を増やすことが、エンジニアとして成長するための、エンジニアを多く養える組織としての、重要な要素であることを認識し、組織の選択や方向性を決断していきましょう。

金で時間は買えても、組織の文化や技術力は買えないのですから。

1-5 食っていくうえで必要な精神と肉体

大切な心がまえ

インフラで食っていくうえで大切な心がまえを3つ挙げておきましょう。

柔軟であること

柔軟であることは、対人、対システムのどちらでも大切です。

対人

インフラシステムのお客様は社内の社員ですが、彼らがインフラ構築の事情を知っていることはほとんどありません。ゆえに、動作が正常な時は疎遠になりつつも、不具合が生じた時の頼られっぷり、詰め寄られっぷりは激しいものがあります。

そんな時、人に応じて冷静に柔軟に対応することが肝心です。そういう時に多くのユーザーが求めることは“正常に動くこと”で、システムの専門用語や細かい状況報告などは不要なことがほとんど。「なぜ、そうなったのか？」「どのくらいで直せるのか？」を説明してあげれば十分です。そして、人によって、報告する場所によって、原因や対応内容の詳細度を変えて説明や記述をしていきましょう。

あまり良い言い方ではないかもしれませんが、こどもにもわかるように説明できることは大切です。その人が何を知っていて、何を理解できるのかを、こちらが把握しつつ、十分に理解してもらえるような手順で会話することは、一般的に言われる「コミュ力」とはまた別の、“エンジニアとしての真のコミュ力”といえます。

対システム

システムを柔軟につくり上げることは当然ですが、システムの柔軟性にはいくつもあります。可能な限りあらゆる状況でもシステムの稼働率を100%に近づける努力がまさにそうですし、気軽に設定変更を行えるようにするのもそうです。

大きなところでは、ベンダーロックインは要件によっては柔軟性を一気に削る選択ですが、それしか選択肢がない場合もありますし、最近ではそういう仕様が減る傾向にあるようです。

小さなところでは、設定値を設定項目として抜き出さずに、プログラム内にベタ書きするような所業が「反柔軟性」といえるでしょう。

1つ1つの選択や構築において、「なぜ、そうなっているのか？」「その構成は、違うパターンに変更した時にネックにならないか？」と常に考え続けることが、柔軟性の確保につながっていきます。「ある部位に対して、未来を想像するチカラ」と言ってもいいでしょう。

対象の大きさに関わらず、数カ月後、数年後にその部位がどうなるかを想像した時、数年単位でようやく「変化を求められる」と判断できたならば、あまり柔軟にする必要はありません。しかし、数ヶ月以下ならば、より柔軟なツクリにできないか検討すべきである、ということです。

冷静であること

エンジニアならば、何かのコマンドを何気なくターンッと実行した瞬間に、その実行内容がマズイことを悟り、青ざめパニクった経験があるのではないでしょうか。最近では、「rm -rf /」を実行しても怒られるようになりましたが、rm -rfを使うことはそれなりの頻度であるはずです。たとえば、

```
rm -rf /var/tmp/*
```

を実行しようとして途中で錯乱してしまい、

```
rm -rf /var
```

としてしまうと手が震えてしまうことでしょう。これを防ぐ工夫は人それぞれでしょうが、先に

```
ls -l /var/tmp/*
```

を打ってから、その履歴を書き換えることで、事故は防げるでしょう。

サーバーでの大きなトラブルの際、トラブルシューティングを行ううえで最も効果的なのは、トラブルが発生しているザ・本番環境に手を打つことです。しかし、すべての調査を本番環境で行った時、予期せぬコマンドが悪影響を与えるかもしれませんし、変更した部分をすべてキレイに戻す手立てがなくなったりするかもしれません。そのため、テスト環境で状況を再現し、「何を、どうしたら直るのか？」を確信したうえで、本番で実行するのが正しい手順です。

これらから伝えたいことは、冷静さは人間の性格次第なので、「冷静でいるコツ」を求めるよりも「パニクらないコツ」を知るべきだということです。

- 確信してから実行する手順を確立する
- 長い手順のうち、先に済ませられる部分を見極めて、本番は短い手作業で済ませる工夫をする

といったことになります。これらは経験がモノを言うところでもあります。自分が行う作業、作っているプログラムに対して、常に「もっと安全に、もっと簡易化できないか？」と思慮しながら過ごしましょう。

楽しむこと

インフラを扱うということは、古来からのRPG（ロールプレイングゲーム）に似ています。目的のために調べ、選択し、組み合わせるだけなのですから。たまに物理作業をして適度な運動もできるし、人とのつながりにもムダな感情論を必要とせず、ストレスが溜まる要素も少ない。

「こんな、ゲームをやっているだけでお給料をもらえるような仕事が、楽しくないわけがない！」

というのは言い過ぎかもしれませんが、大枠は外していない考え方だと思っています。もしツラく感じるのだとしたら、「日々、同じことしかしていない」とか「日々、障害対応に追われている」といった類の状態ではないでしょうか。

もしそうならば、「インフラ担当として成熟していない」というだけの話でしょう。「同じ作業をしないような仕組みにする」「障害が起きづらい仕組みにする」といった人力要素を排除する努力が足りていないのではないでしょうか。

どんな職種でもそうですが、楽しくないことは長続きするはずがありません。何に楽しさを感じるかは人それぞれですが、時間に追われていてはそもそも苦しいですし、新しいことや気分転換に割くこともできなくては窮屈な思いをすることでしょう。

自分が楽しむために、ひいてはシステムの健康のために、
自動化や簡素化に磨きをかけて、その品質向上を喜び、
得られる「時間」という副産物によって、個々が長く楽しむための事柄に時間を費やす

という、好循環を築いていきましょう。

⇢ 守るべきこと

社会人として、守るべきことはいくつもあります。挨拶をする、遅刻しない、報連相を心がける、などです。それらは当然大切なことですが、それとは別に、インフラ担当者として必ず守るべきことを考えてみましょう。

作業記録を残す

これは報連相に近いものがあります。自分が調べた重要な情報の在処、実行手順、計測記録、トラブルシューティングなど、仕事におけるすべての作業内容を記録しておくことは必須であるといえます。

インフラの作業では、「既存の環境が故障して、また構築しなおす」「別の場所に同じ内容で構築する」など、同じ作業を何度も繰り返すことが多いです。その都度、また調べなおしたり、微妙に異なる手順で構築することは、得られる結果も効率も悪いため、避けなくてはいけません。

どのように記録すべきかは人それぞれではありますが、どのような内容にすべきかの目安となる考え方はあります。1つは、その記録をそのまま再実行するだけで完了するような「手順書」に近いものとなること。もう1つは、それを最低限だれが見ても理解できる品質にするということです。

この2つを満たせれば、形式や保存場所は問いません。形式がメモ書きなのかコードなのかはまた別の話であり、置き場所はGitやWiki、Blog、最低でもメモ書きテキストファイルの共有ができれば十分でしょう。1番の目的は自身がすぐに再実行したり思い出すために、2番目は他人に共有するためです。これを行う、より深い理由はまた後に述べますが、最初はあまり共感できなくとも、インフラで食っていく気があるのならば、初めから心がけておくようにしてください。

睡眠時間

インフラエンジニアまたはアプリケーションエンジニアが未熟な場合、深夜対応などが多発することが往々にしてあります。対応することの根性や努力は認められるべきものではありますが、対応する必要がない状態に作り上げられるほうがより認められるべきです。

それでももし、睡眠時間を削らざるをえない状況が続くのであれば、いったん手をおき、自分と組織の状況を一歩引いた客観的視点で見なおしてみてください。「そのまま続いた時に、半年、1年、3年後に、人と組織とサービスがどうなるのか？」と。

あたりまえですが、人間にとって、睡眠時間は最も重要な要素の1つです。エンジニアリングはとても楽しいため、時には徹夜したくなることもありますが、必ず守らなくてはいけないのが一定ルールの睡眠時間です。これを崩すと、瞬く間に不眠症になったり、精神が不安定になっていきます（筆者・経験済み）。

大企業ならば就業規則が厳しいため、あまりそういうことは起こりませんが、ルールがゆるい中小企業だと、個人まかせで就業してしまい、体調を崩すことがしばしばあります。夜間の集中力アップはエンジニアの武器でありますが、毒にもなります。

やむなく集中のための徹夜や深夜対応を行った後は、長くエンジニアを楽しむためにも、必ずその代替となる休息をとったり、元の生活リズムに戻すことを心がけましょう。

∴▶ 経験しておくべきこと

ここで紹介するのは、経験する状況自体はダメなことなのですが、だれもが経験するであろう事象であり、また経験することでメタル経験値を得られる優れ物でもあります。

深夜対応

計画的なメンテナンスならば可愛いものですが、未熟な構成のうちは、障害によって度々、深夜対応が発生するものです。どちらの場合にも共通していえるのが、「深夜対応となってしまうことを避けられないのかを考える余地が必ずある」ということです。

何も考えずに深夜対応をしていては、何も改善できません。普通の人間ならば、深夜対応は行いたくないはずであり、その感情によってより強く深夜対応しないための施策を考えられるようになるはずです。

計画的なメンテナンスも、じつはより時間を短縮でき、就業時間内に行うことが許される停止時間に収められるかもしれません。緊急対応の原因に対処することで、障害発生率を格段に下げられるかもしれません。

これは、エンジニアという人種に反する感情論に感じるかもしれませんが、「より楽をしたいから、工夫する」というエンジニアの基本と変わりありません。もし、10年間一度たりとも深夜に叩き起こされないシステムの面倒しか見ていなければ、その人は真に24時間365日稼働を目指すシステムを作ることは難しいでしょう。百聞は一見にしかず。一度は凄惨な現場を体験することで、またひと味違う考え方ができることになるでしょう。そして、望まなくともそうなることでしょう。

突貫工事

インフラは、言わずもがな「土台」です。土台が揺るぐことがあってはいけません。ゆえに、アプリケーションのリリース前には、アプリの導入期間や動作テスト、負荷テストを行うために、かなり前もって準備を済ませる必要があります。

しかしながら、「物理的事情で準備が遅くなった」「技術力が未熟だった」「(ほぼありえませんが) リリース日が早まった」といった理由で余裕なくリリース日を迎えることもあるでしょう。インフラは、ほぼすべての部位に確信を持っていてもまだ不安が完全に拭えないものであるのに、「突貫工事で、動くことは動いた」というインフラがどうなってしまうかは想像に難くありません。それでも、これもまた経験しておくと、そうならないためのスケジューリングや社内政治がうまくなる、というかうまくならざるをえなくなり、ひと皮剥けることまちがいなしです。

ただ、これは本当に悲惨になる可能性が高いため、単独ならばそうならないための予測を早くからこまめに行いましょう。また、多人数ならば、正しいスケジューリングの方法を学びとってください。

より長く楽しむために

「インフラとつきあうのはゲームをやっているようなもの」とたとえまし

たが、ゲームといえど、同じことばかりしていては楽しくなく感じてくるものです。すべてが楽しい仕事なわけではありませんが、できるだけ長い時間を楽しく過ごすためのコツを紹介します。

インフラとプログラミングを交互に

「はじめに」でも触れましたが、インフラのエンジニアリングとプログラミングを比較するならば、まちがいなくプログラミングのほうが楽しいです。たとえるならば、インフラはパズルを組み合わせるようなもので、プログラミングはブロックを積み上げるようなものです。どちらも楽しい遊びですが、パズルはパーツを決まった形に組み、いつかは終わりが訪れます。一方、ブロックは際限なくさまざまな形に作り上げることができます。インフラはさまざまなパズルに触れられますが、比較すると、自由度の低さが時には窮屈に感じるものです。

インフラ構築は、モノによって、数週間から半年以上かかる場合があります。半年間もインフラをやっていると、達成感とともに、疲労感もあるでしょう。そんな時、すぐにほかのインフラにとりかからずに、何かしらのプログラミングを行うと、いい気分転換になります。ちょうど仕事になるプログラミングがなければ、趣味でもいいです。それによって、エンジニアとしての気持ちのバランスを保て、次の活力が湧いてくることでしょう。

筆者の場合、ミドルウェアを長く触った後は、社内ツールを作成したり、データベースクエリのチューニングを手伝ったり、次なるデータセンター環境のアーキテクチャ構想を練ったり、ほかの部署のサービスをユーザーとしてテストしたりと、運がいい社内事情なのか、無意識的になのか、いろいろな事柄をサイクルすることで楽しさを維持できています。

多方面を手がけるための時間づくり

さまざまな事柄を手がけて楽しむためには、何よりも余裕ある時間づくりが大切です。それまでに自分が手がけたものが、頻繁に障害や改良を必要とするツクリになっていては、つきっきりになってしまい、何もできません。

そのため、日々のインフラ仕事はすべて、頑丈で、柔軟で、理解されやすいシステムにすることを意識しましょう。作り上げた可愛い可愛いシステムたちを放任主義にでき、時間を捻出できるというわけです。

もし、中途採用などで既存のシステムを任された時は、すでにあるマニュアルなどを鵜呑みにするだけではなく、「リソースを割きすぎていないか？」「もっと改良して、手を離せないか？」を考えてみて、どんどん進言していくといいでしょう。そうした変化を歓迎しない環境なのであれば、文化醸成に手を出すことも視野に入れるべきなくらい、時間づくりは重要であり、長期的に見て人とシステム両方に確実に良い結果をもたらしてくれます。

Chapter 2

スタートアップ期に必要なこと

2-1 小規模組織に必要な心がまえ

要望を満たしていても、組織が拡大すると後悔する

小規模の組織とは、ミニマムでわかりやすいのが自宅になります。今の時代なら、1人でも複数の端末を持っているでしょうし、家族がいればパソコン、携帯電話、ゲーム機、はたまた家電まで、とそれなりの数になるのではないでしょうか。

その規模感が会社になったのが、スタートアップと呼ばれる1～5人程度の組織です。責任感の違いはあれど、インターネット回線を契約し、ルーターを設置し、有線LANと無線LANを用意する、程度のところまではたいした違いはありません。

この程度ならば、機能や性能を求められることなどないので、構築担当者によって出る違いといえば、電源ケーブルといった配線の整理整頓くらいでしょうか。自宅で汚いものをオフィスで綺麗にできるはずないので、インフラエンジニアを目指すならば、自宅の電源タップの選択や配線のまとめ方に気を配ることから始めましょう。

そして、それが20人程度までならば、求められるシステムの種類は増えても、運用性を気にせずに、ただ機能を満たすだけの構築でそれなりにやっていけてしまうと思います。規模が変化しないならば、「要望を満たしている」という点で問題ないかもしれません。しかし、組織は拡大を目指すもので、いつかは適当な思考で構築したことを後悔する時がくるでしょう。いわゆる「技術的負債」というやつです。

技術的負債を返済することも1つの勉強ではありますが、しなくていい苦労はしないに越したことはありません。ここでは、そんな悲しく苦しい思い

をしないために、中規模を見据えて、小規模組織に必要なシステムや心がまえにはどのようなものがあるかを追っていきましょう。

⋯> 自宅でもシステムを動かそう

これは私の経験則ですが、インフラエンジニアにとって、自宅のシステムに仕事と同じような仕組みや機能を採用しようとすることは、地力向上にとても良い影響を与えてくれます。

まず第一に、趣味の範囲なので「責任」という枷がありません。思った時に、思うように作業を行えばいいので、攻めのインフラを気ままに試すことができます。

第二に、本来仕事で得難い経験を得ることができます。たとえば、インターネット回線の契約や、ドメインの取得は、会社ではだれか1人がやれてしまえば、最初の1回で経験する機会が終わってしまいます。

インフラ業務において、実践的には回線を契約する機会はそうそう起きないので、フローの把握など不要といえば不要です。しかし、インフラエンジニアが知っておくべき知識の範囲は、WANからミドルウェアまで幅広いわけです。その、最も始めに必要とされるWANとの接続であるインターネット回線の契約を経験しているか否かでは、頭のなかのモヤモヤ濃度にかなりの違いが出ると私は考えます。

そんな私は、自宅に2台のLinuxサーバを置き、いくつかのサービスを動かしています。クラウドという選択肢がある昨今では、「自宅にサーバを置く」という選択は愚の骨頂かもしれません。初期コストから電気代、排熱まで考えると、まちがいなくデメリットのほうが大きいでしょう。それを理解していても、今なお自宅にLinuxサーバを置いて良かったと思っています。

参考までに、私が自宅で動かしているシステムと構築のためにやったことを紹介します。

- 固定IPアドレス付きインターネット回線とプロバイダの契約
- 電源差込口ごとの電源容量（A：アンペア）を確認

・不要な切り替えスイッチがついていない電源タップを購入
・一般的なデスクトップ型PCをサーバー用途で2台購入
・Linuxサーバー（1）をPPPoE接続でWANルーター化
・1Gbps／8ポートのスイッチングハブでLANを作成
・Linuxサーバー（2）とデスクトップPC、ゲーム機を有線LANで接続
・無線機をブリッジとして接続し、自宅Wi-Fiを作成
・独自ドメインの取得
・LinuxにDNSサーバーを起ち上げ、ドメインのレコードを自前で管理
・メールサーバーを起ち上げ、独自ドメインのアドレス作り放題
・ソフトウェアRAID1のLinuxサーバー（2）にMySQLを起ち上げ
・キャッシュ用リバースプロキシとWebサーバーでHTTPサービスを運営
・アラート通知とグラフ生成ができる監視機能を起ち上げ
・Linuxサーバー（2）にSambaを起ち上げ、ファイルサーバーを作成
・熱が滞留しないよう、夏は扇風機を常時稼働
・配線はデータセンターのように綺麗に
・家族用にリビングTVを拡張モニタにすべく、DVI-HDMI延長ケーブルを購入

こうしてみるといろいろやってきましたが、まれに高価な製品や、データセンター用のハーフラックを置いている強者もいるので、それに比べれば可愛いものです。正直に言うと、夏の排熱と引っ越しは厄介なので推奨できることではありませんが、エンジニアとしての十分な見返りを得られることは保証できます。

■ 自宅構成例

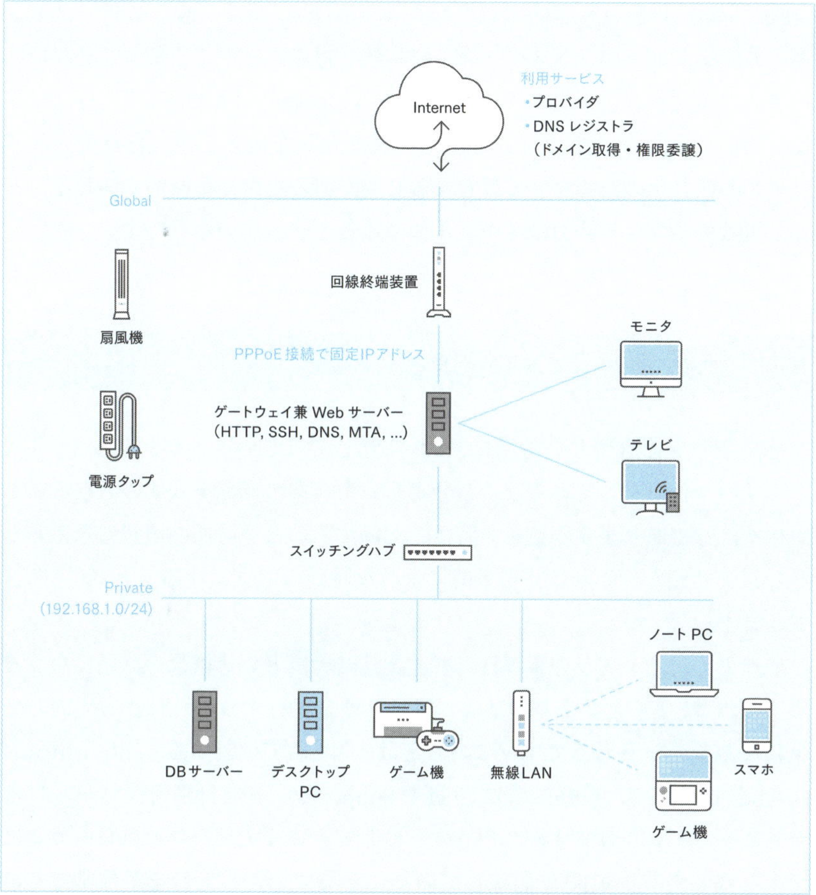

⋯▶ 率先して1人で活動すべし

十数人程度の規模だと、“インフラエンジニア”と呼べるエンジニアは1人いるかいないかで、「なんとなく経験がありそう」という理由だけでやらされている場合もあることでしょう。もし1人で担当しているとしたら、少し寂しいものがあるかもしれませんが、その苦労は必ず報われるので、嫌気を出さず、むしろ率先して1人で活動してください。

自宅ではなく組織において、0から10まで経験できる機会はほぼ皆無です。「幅広い経験」という意味では、後の章で記述する引っ越しやデータセンターの構築がトップクラスのメタル経験値を得ることができます。そういった機会の重要性は計り知れないものであると認識してください。「自分が成長したい」という欲求に対しては、貪欲に大きな機会を得、自身の人的リソースの冗長化のためなどに教育する必要がある場合は積極的に関わることで、組織のインフラ戦力はメキメキ伸びることまちがいなしです。

··> 記録を残すのは必須

そんなキツくも楽しい時期に、1つ注意してほしいことがあります。1人でバリバリ仕事をしていると、自分が行った作業の記録を残すのを怠ることが往々にしてあります。忙しい時は、記録することを時間の浪費に思えるかもしれませんが、それは「結果的に余計な時間の浪費になる」と100%断言できます。

最近よく、インフラの冪等性（べきとうせい）という概念が話題になります。これは、「インフラの構築は、同じ処理を実行する限りは、必ず同じ結果になる」という考えです。この考えは、第6章で解説する「Infrastructure as Code」として、最終的にはChefやPuppetといった自動構築ツールに落としこむことになりますが、そうするにしてもまず大切なことはローカルにメモを残したり、Wikiに記録していくことです。その記録を手作業でそのまま実行するだけでまったく同じ構築ができなければ、コード化できるはずもないのですから。

その構築手順を利用するのは、以下のような時です。

- 他人と共有したい時
- 障害時に一から構築し直す時
- まったく同一のサーバーを複数作成する時

「インフラは必ず故障するものとして扱う」とすでに述べましたが、「壊れないだろう」と希望的観測で記録を怠ると、再構築の際に同じようなことを再調査する手間がかかり、しかも前とまったく同じにできる保証などありません。また、多くのシステムを手がけていると、数ヶ月も経つと構築手順から設定内容までのほとんどの記憶がぼやけてくるので、意味を再確認したり、意図を思い出さなければならないことがあります。そういった面から、記録を残すことは必須です。

最初は、構築時に実行したコマンドや設定をただ残すだけのメモでも大丈夫です。そこから徐々に、他人が見ても理解できる説明や見栄えに仕上げられるようにし、「Infrastructure as Code」にまで昇華できるよう心がけてみてください。

2-2 オフィスを構築する

オフィスの構築はデータセンターの構築よりも慎重に

おざなりに構築していいインフラ環境など存在しませんが、それでもあえて言うと、データセンターの構築よりも、オフィスの構築のほうがより慎重に計画・設計をしなくてはいけません。データセンターは元々サービスの提供に特化しているため、苦労の度合いは違えど、意外とどんな問題もなんとか解決できるものです。対してオフィスは、従業員が生活・労働したり、来客を迎えることを主たる目的とします。それゆえに、インフラの構築に適していない条件や、拡張性に乏しい場合がありますし、なによりインフラの障害や問題がモロに人間に影響するという重大事項になります。

ひと度ネットワークが切断されれば、従業員たちは「あれ、ネットワークがつながらない……ざわ……ざわ……」と発声したのちに、ローカルで作業できる者は静かに作業を続け、何もできず絶望した者はサッとコンビニ散歩に旅立ち、静寂な死のオフィスと化します。それだけならまだマシで、オンラインシステムを利用して商談をしていたら……なんて考えたくもありません。

オフィスは自分が思っているよりも、安心・安全な仕上がりにしなくてはいけません。そうするために個人が尽力することも「成長機会」や「費用削減」という意味では前向きですが、実際には「わからない・不安があるシステムは業者に任せる」ことが推奨できる選択になります。

オフィスという箱に対して、電源容量や人数、机の配置、床下の構成など1人2人ですべて把握して最適な構築をすることはほぼ不可能です。それゆえに、少なくともネットワーク部分だけはすべて慣れた業者にお任せして、パソコンを起動したらすぐにググれるくらいがベターであるといえます。その基本方針の、どの部分に、どれくらい自社の人間が介入するかは、在籍するインフラエンジニアの実力や、稼働させたいシステムによって変わるところです。

もちろん、人数が極端に少ない場合は、「自宅並みの品質で、とりあえず自分たちだけで立ち上げる」ということもあります。しかし、事業の拡大を目指す以上、いつかは避けられない部分なので、「任せられるところは任せる」というメリハリをつけることが重要です。

column

オフィスの脆弱性あるある

オフィスのシステムは、「脆弱！　脆弱ゥ！」とは言わないまでも、周辺に人間がうろついている以上は所々に弱点があるものです。私が経験した事件を思うままに紹介していきましょう。

電源ケーブル

主要システムの電源ケーブルに足を引っかけてシステムダウン。あるあ……ねーよ！　ということで内心ピクピクしながら復旧し、ケーブリングが甘かった部分はキッチリ綺麗に整理しました。ケーブル結束用のワイヤーやねじねじはケチらずに済むよう、多めに購入しておきましょう。

ブロードキャストストーム

ネットワークのスイッチングハブというのは脆いもので、通信のループ構造を作ってしまうと、ブロードキャストストームというパケットの洪水により、一帯のLAN機能がほぼ停止状態になる――そんなことは、インフラエンジニアではない一般の社員は知らないことが普通です。

そして、優しく綺麗好きな一般社員の方は、片方のコネクタがハブに接続されていて、もう片方がブラブラ遊んでいるLANケーブルを見かけると、「だらしないから」という思いから、遊んでいたコネクタを同じハブの空いているコネクタにプスッとお片づけしてくれます。あ～ら、するとどうでしょう、オフィスのネットワーク機能が停止するではあ～りませんか！

こうなると、ネットワーク停止にはすぐ気づけるものの、案外、原因の特定に手間どるのがこの事件。経験済みなら、「ここ数分内にケーブルいじった人！？」と声を出せばいいのですが、初めてだとネットワーク関連の機器をすべて見ていく羽目になります。

決して悪気がなく起きたことなので、笑って「気をつけてくださいね」とは言うものの、それからは空いているポートを物理的に塞いだり、ケーブルの撤去を徹底したり、ハブを床下に埋め込むようにしたり、「金を惜しまず、ループ検知機能がついたハブにしてやるぜ！」と誓うことになります。

IPアドレスの重複

IPアドレスが特にサーバーにとって重要なことは言うまでもないですが、IPアドレスというのは非常に脆いもので、重複して設定することはいつでも可能です。重複すると、どちらか、もしくは両方が通信不能になります。

特に重要なサーバーとは、ネットワークにおけるゲートウェイ（G/W）です。G/Wは、その辺のパソコンが外部のサービスに接続する時などに経由するのが必須であるため、機能が停止すると、内外問わずいろいろなところに接続できなくなります。

そして悪意なく、そんな重要なIPアドレスをテストサーバーなどに静的に設定し、見事にネットワーク障害が発生します。悲しいことに、重複した場合は後発が有効になることが多く、良くても交互に通信できたりする程度になります。

そんな不安定な状態になるので、これまた発見するのに非常に苦労します。声を荒らげて犯人を探しまわったり、少し賢くなるとARPテーブルを確認してMACアドレスからパソコンの持ち主を割り出して解決します。

こういったさまざまな事故は、最初からすべて防ごうとして防げるものではありません。特に、物理的な事故はくだらないと思えますが、物理配置を業者さんに任せると、知らぬうちにこういった事故を回避できていたりします。どのような形だろうと、運用フェーズに入ってしまえば、重要なのは早い検知と原因調査、修復までの所要時間、そして二度目を起こさないための対策です。あまり肩肘はらずに対処していってください。

ネットワーク

オフィスが社会とつながるための、そして従業員が各々の机で作業をするための必須機能がネットワークになります。どのようなものを用意する必要があるのか、順に見ていきましょう。

電話回線と電話機

“ITインフラ”というイメージと離れるかもしれませんが、会社といえば最初にくるのはやはり電話になります。そしてイメージどおり、インフラエンジニアが関わることはほとんどありません。

電話は、「FAXと番号を分けるのか」「番号をいくつ欲しいのか」「回線は何本必要なのか」といった選択をすることになりますが、これらは業者のプランから選ぶことになり、その契約にビジネスフォンの設置まで含まれているはずです。

関わる可能性といえば、せいぜい各机への配線の都合や、大きな契約の場合に必要となる主装置を、サーバールームなどどこに置くのか相談する程度だと思います。

ということで、電話は任せて、次にいきましょう。

インターネット回線

ネット回線は、従業員のパソコンやサーバールームに置くサーバー群が利用するので、インフラエンジニアの管轄になります。これもいろいろなプランがありますが、吟味する要素は以下のとおりです。

- 敷設までの期間
- 接続形態
- 固定IPアドレス数
- 回線速度
- 回線品質
- 初期費用と月額費用

敷設までの期間

まず敷設までの期間ですが、起業や引っ越しなどをする際にスケジュールに合わせてオフィス開始時、または数日前までには使えるようになっていなくてはいけないため、早い段階で把握しておきます。「間に合わないから、やむなく違うものにした」というようなことは絶対にないようにしましょう。

接続形態

接続形態については、ルーターにPPPoE（Point-to-Point Protocol over Ethernet）認証機能が必要なものと、L2スイッチだけで使えるものとがあります。高価なL3スイッチが必要なものは、性質上、小さなオフィスでは使わないと思います。

この違いは、固定IPアドレスの利用方法にも関わってきます。PPPoEの場合は接続完了後にグローバルアドレスが付与されるイメージですが、L2スイッチで済むものはケーブルをつなぐだけで指定範囲のアドレスを自由に割り当てることができます。

固定IPアドレス数

オフィスにおいて、固定IPアドレスは必須であると考えたほうがいいです。外部環境からオフィス内のサーバーに対していっさい接続しないならば不要ですが、少なくとも1つだけでもあれば、あとで接続したいサーバーが増えてもなんとかなります。

利用できる固定アドレスの数はプランによって違いますが、1個（IP1）、5個（IP8）、13個（IP16）……とあれば、IP8の5個を推奨します。ITシステムにおいて、1つか複数かの違いは大きく、多少高額になっても複数にしておくほうが無難であり、それほど多くは必要としないというのが理由です。

回線速度

回線速度については、まず、bps（bits per second）という単位を知っておく必要があります。これはネットワークの速度を表すために用います。このビットを一般的な単位であるバイトに直すと、8bps = 1byte/sと8分の1になります。大きな数字で例を挙げると、100Mbps = 12.5MB/sとなり、1秒間に最大12.5メガバイトを転送できることになります。

回線速度は、100Mbpsか1Gbpsというサービスが多く、それが上り（アップロード）下り（ダウンロード）の合計であったり、別に分けて制限するものがあります。小規模な組織であれば100Mbpsで十分ですが、1Gbpsも随分安くなってきたので、価格と今後の利用環境を予測して決めてください。

オフィス環境の回線は、IPアドレス帯域や速度を変更する際は、アップグレードではなく、別の回線を用意するという手順になることが多いです。そのため、変更することはそれなりの手間になるとふまえて決定してください。とはいえ、オフィスに常時接続されるサーバーでもおかない限り、しっかり計画を立てれば迷惑をかけずに切り替えることは可能なので、あまり思いつめることもありません。

回線品質

回線品質は、大きく保証型とベストエフォート型に分かれます。

保証型は、「最低何Mbpsの利用は保証しますよ」「月に何分以上は停止しないことを保証しますよ」「約束を破ったらお金を一部返金しますね」とサービスの品質（QoS = Quality of Service）を保証するものです。

ベストエフォートは、その名のとおり、最大限努力してくれるもので、

「できるだけ停止しません」「できるだけ何Mbpsまで使えるようにします」と悪くいえばあいまいで、運任せになります。もし、道路工事などで回線が切断されて長時間停止しても返金などされません。たとえば、1Gbpsを契約した場合、同じ契約をしているご近所会社が800Mbps利用中だとすると、ほかの会社は合計200Mbpsまでしか速度が出ません。一方で、保証型に比べて非常に安価であることが最大のメリットで、「インターネット回線なんて、そうそう落ちないでしょ」という割り切りや、「利用する会社は無茶な使い方をしないください」という信用で成り立っている部分もあります。もちろん、回線契約によっては、「常時20%までしか利用しないこと、50%を超えたら警告する」といったルールがあります。それらすべてひっくるめて“ベストエフォート”です。便利でいい言葉ですよね。

初期費用と月額費用

そして、最後にお金の話です。予算感は組織ごとに全然違うのでなんとも言い難いのですが、最近は回線も安くなってきていて、数年前の100Mbpsの価格で500Mbpsにできたり、100Mbpsと200Mbpsの価格の違いが1.5倍以下だったりします。決して安くない固定費なので、価格と効果のバランス決断はインフラエンジニアだけではできないところですが、最低限必要な性能から考えて少しずつ上げていき、エンジニアの「このくらいは必要だよな」という思考と、お財布管理者の「高い、無理だ！」の思考をぶつけて、ほどよいところで収めてください。さきほども書きましたが、計画的にやればあとで変更することもできるので、穏やかに話し合ってください。

これらさまざまな要素を元に選定するうえで、回線業者を最低でも3つ以上調査しましょう。回線品質や価格はだいぶ落ち着いてきましたが、それでも同じような内容で倍近く価格が異なることはめずらしくありません。これについては、ビシッと一発で納得できるものを選定してください。

ルーター

ルーターのおもな役目は、2つあります。1つは、WANとつなぐためのインターネット回線を接続し、LANの機器との通信の仲介役になること。もう1つは、LANに異なる役割を持った複数のネットワークを作成し、それらが干渉し合わないように分断することです。つまり、オフィスのネットワークにおけるセンター赤木※のような精神的、物理的支柱になります。

一般的には、「ハードウェアルーター」という単体の専用機器を利用します。これはピンキリまであり、BuffaloやI-O DATAといった数千円の家庭用から、CiscoやYAMAHAといったビジネス向けまで、さまざまです。

もし、業者に任せるのであれば、予算や従業員数、必要な機能の相談をして決めてください。もし自分で選択する場合、10人以下の規模ならばいったん家庭用の機器で凌ぐのも1つの正解です。最低限のインターネット接続はできますし、当分困ることはないでしょう。なにより、よくわからないのに高価なものを購入してムダにすることがありません。

ただし、人数が多くなると、セッション数の限界といったキャパシティオーバーにより障害が発生する可能性が高いです。そうなる前に、ビジネス向けのルーターと家庭用における機能面・性能面の違いを理解し、入れ替えてください。もちろん、VLAN（Virtual Local Area Network）やVPN（Virtual Private Network）などを使いこなす前提で最初から高価なものを選択するのもアリです。高価といっても、3万円ほどからそれなりのものがそろっていますから。

VPNは、異なるネットワーク間を、それぞれの拠点となるVPNサーバー同士がパブリックネットワークを通じて経路を作り、互いのプライベートネットワークをプライベートアドレスで直接接続できるように見せかける技術です。さらに「通信内容はすべて暗号化」というオマケ付きで、知っておいて損はない素晴らしいシステムです。

有線LAN

ルーターがインターネットと接続できたら、今度はLANケーブルとスイッチングハブで各机の島やプリンタ、サーバールームへネットワークを張

※マンガ『スラムダンク』の登場人物。

り巡らせます。最近では、「従業員のパソコンはすべてノートPCかつ無線LANのみ」という設計でもそれなりの安定度と速度、そしてスッキリ配線にできますが、それでも有線LANが常に側にあるかないかでは安定度の心強さが違います。無線LANのみでも、混合でも、どちらが正しいということはありません。現場の好みやパソコンの供給スタイルなどをふまえて、考えてみてください。

伝送速度

有線LANでまず重要なことは、伝送速度です。仕様的には10Mbps～10Gbpsまでありますが、オフィスのネットワークは1Gbpsにしてまちがいないと断言しておきます。100Mbpsだと12.5MB/sなので、複数人で利用する経路は詰まる可能性大です。今の時代に100Mbpsにケチる理由もないので、ケーブルもハブも1Gbpsで統一しておきましょう。

スイッチングハブの仕様には項目がいろいろありますが、伝送速度が1Gbps（1024Mbps）であり、ポート数は8人1島の机なら16ポートの製品にしておけば大丈夫です。利用できるポート数は、カスケードで1ポート減るため15ポートになりますが、ほぼ1人2ポート使えるので、不自由しないどころか余ります。ポートが足りなくなると配線がこ汚くなるので、少なめよりは多めがいいです。プリンタや無線LANのAP（アクセスポイント）機用は、台数に応じてポート数を決めましょう。スイッチングハブはたまに壊れますが、そうそう壊れるものでもないので、全体で1～2台の予備があれば十分対応できます。

LANケーブル

LANケーブルにはストレート／クロスケーブルとカテゴリという選択項目があります。クロスケーブルはハブを経由せず直接コンピュータ同士をつなぐためのもので、普通は利用しないので注意してください※。

カテゴリは1Gbpsを利用できればよく、値段的に5eまたは6を選択すれば大丈夫です。一応、6A、7と性能が向上したものもあるので、一度ググっ

※「2台だけでつなぐ」といえば、DRBD（Distributed Replicated Block Device、分散ストレージシステム）レプリケーションなどなくもないですが、フラットなネットワークデザインにならないので、あまり使いません。

ておくといいでしょう。

それと、ケーブルの太さがいろいろあります。通常のうどん程度のもの、ラーメンほど細いもの、きしめんのように薄いものなど、さまざまです。細く薄いほど高価になりますが、劇的に値段が高くなるわけではないので、環境に応じて配線を綺麗にできそうなものを選べばいいでしょう。

ただし、「伝送距離」というものがあり、たいていのものは100メートルであることに注意してください。極細のものは、伝送距離が数十メートルと短くなることもあるためです。

LANケーブルは自作という選択肢もあり、工具セットさえ買えばわりと手軽に、安価に、いつでも好きな長さに作成できるので便利です。ただ、切って、捻って、通信チェックまでする手間と信頼性を考慮すると、購入するほうが無難であることはまちがいありません。

無線LAN

いまの時代、無線LANを使う機器はノートパソコンだけではなく、携帯電話、タブレットと数多くあります。そして有線LANに比べて、地を這う物理的配線が不要なため、非常に使い勝手がよく、設置することは今や必須であるといえます。

そんな便利な無線LANですが、反面、気をつけなければいけないことが数多くあります。順に見ていきましょう。

- 機器構成
- 無線規格
- 給電方式
- 伝送速度
- 接続数
- 通信距離と干渉
- セキュリティ

機器構成

機器構成は、まず無線LANを実現する機器を以下の2つから選択するところから始まります。

・ルーター機能と同居するタイプのもの
・ルーター機能をもたないアクセスポイント

ルーター＋無線機能の機器は、その1台で済むので楽に設置でき、オフィスの規模が小さければ性能に困ることなく、ベストな選択となるでしょう。

アクセスポイントは、無線接続機能に特化していますが、スイッチングハブにつなげることで複数台に増やして負荷分散できるので、人数が数十人と多く、オフィスが広くなる場合はこちらを選ぶことになります。

なお、ルーター機能をもつ機器も、ただのアクセスポイント（ブリッジモード）として使用できますが、別の種類の機器を混在させることは推奨されないでしょう。

無線規格

無線規格はIEEE 802.11のa/b/g/n/acとあり、どの規格を使うにせよ、無線親機と端末の両方が対応していなくては使うことができません。規格の内容は細かく定められているので、興味があればググってみてください。わかりやすい選択肢としては、11nが普及率・性能あらゆる面でまちがいないので、a/b/g/nまで対応した機器でそろえれば大丈夫です。

さらに考慮するのであれば、2014年から登場した11acがあり、速度や通信強度がさらに強化されています。予算に問題がなければ、親機だけでも11ac対応のものにしておくと、後々幸せになれるかもしれません。

もう1つ予備知識として、昨今見かけるWi-Fiという単語は、Wi-Fi Allianceという団体による互換性に関する認定ブランドであり、規格名ではありません。

給電方式

給電方式は、以下の2つがあります。

- 通常のACアダプタによるもの
- PoE（Power over Ethernet）

アクセスポイントを複数設置すると、たいてい壁や天井に固定することになり、近辺にコンセントの挿入口がないことが普通です。そこで、LANケーブルだけで給電できるようになるPoE給電の出番となります。LANケーブルの両端となる、アクセスポイントとスイッチングハブの両方をPoE対応の機器にすることで、コンセント不要の綺麗な配線にすることができます。

伝送速度

伝送速度は、11nで最大速度が300Mbpsや600Mbps、11acで6.93Gbpsと表記されていますが、重要なのは実効速度です。11bが4Mbps程度、11a/11gが22Mbps程度、11nだと80Mbps以上、11acだと400Mbps以上となることが多いようです。11nの速度は有線LANの100BASE-TXとほぼ同じなので、十分であることがイメージできると思います。

接続数

接続数は、アクセスポイントあたり、安価なもので10前後まで、高価なものでも50程度までを推奨している製品が多いです。無線LANは接続数に案外弱いため、従業員や機器の増加には敏感にならざるをえません。小規模なオフィスで1台運用をしていると、すぐに増設を余儀なくされるので、その可能性を頭に入れて機器を選択しましょう。

通信距離と干渉

通信距離は、10メートルから屋外用で数百メートル以上のものとさまざまですが、遠くなるほど伝送速度が遅くなります。また室内用で、人数の増加に対応したかったり、電波の隙間をなくしたいといった理由から狭い間隔でアクセスポイントを置くと、逆に電波干渉によって通信が不安定になることがあります。部屋が複数ある場合は、間を遮るドアや壁といった障害物の厚さや材質によっても異なってきますし、オフィスの上下階の企業からの干渉によって不安定になることもあります。

アクセスポイントの設置はオフィス構築の初期に済ませたいものであり、個人で通信安定度を予測することはなかなか難しいため、中規模以上では業者に任せることを推奨します。

セキュリティ

最後の、セキュリティが最も重要な要素になります。

無線LANの電波は、有効範囲が壁を突き抜け、オフィス外にまで到達します。それは、無線LANを無断で利用され、LAN内の機密データへアクセスされる可能性があるということです。これを防ぐ方法は大きく2つあり、どちらも併用するのが一般的です。1つめが接続機器の制限で、2つめが通信の暗号化です。

1つめの対策、接続機器の制限は2種類あります。

まず、SSID（Service Set Identifier）の設定です。アクセスポイントとクライアントのSSID設定値が一致する場合のみ接続できるようにします。これはパスワードというわけではないですが、この設定値を知らないと接続できないというものです。無線親機の製品は必ず製品ごとのデフォルト値が設定されているので、かんたんすぎず、自社で利用していることがある程度わかる文字列に変更しておきましょう。これは、複数アクセスポイントにおける、利用箇所のグループ分けにも利用されます。また、「ANY接続」という不特定多数に開放するための設定があり、有効にしているとクライアントの無線LAN検索でSSIDを知られてしまうので、必ず無効にしておきましょう。ただし、必ず隠蔽できるわけではないので、「公開する必要のないものはできるだけ隠しておこう」という程度の設定になります。

そして、SSIDとセットで、セキュリティキーを設定します。パスワードのようなものですが、これは「13文字以上のランダム文字列」がいいとされています。

制限の2つめはMACアドレスによる制限です。パソコンだろうと携帯電話だろうと、ネットワーク接続できる機器には必ずMACアドレスがついています。ノートパソコンを貸し出す時、通信機器が社内に持ち込まれた時などに、ネットワーク接続する必要のある機器のMACアドレスを都度調べて登録してあげます。MACアドレスは、建前上は全世界でユニークなので、無登録の機器は絶対に接続できないことになります。これとさきほどのSSIDを併用することで、無線LAN利用機器を制限し、数や所有者を把握することができます。

もう1つの対策が暗号化です。通信の内容を暗号化し、盗聴から通信データを守ります。暗号化方式はズバリ、WPA2-AESまたはWPA2-PSK/AESに対応していれば問題ありません。ほかにも、今は推奨されていない、WEPやTKIPといった選択肢もあるので、どのようなものかググって知っておくのはいいことです。

これらの機能や性能を理解し、社内環境を把握したうえで、無線LANの親機を購入・設置します。有線LANと比較して便利な分、覚えること・やることが多いですが、今となっては必須機能なので、本腰を入れて構築／運用しましょう。

IPアドレスの基礎をおさえる

インフラエンジニアは多くのIPアドレスを扱うため、綺麗に設計し、管理し続ける宿命にあります。IPアドレスについて懇切丁寧に説明していくと、長く、そしてつまらなくなってしまうので、ここでは実運用に必要なポイントに絞って説明していきます。付録でネットワーク知識についてもまとめていますが、詳細な全容に興味を持ったら、ぜひともググってくださいませ。

IPv4とIPv6

まず、IPアドレスは以下の2種類があります。

- IPv4 → 32bit、10進数で見やすい
- IPv6 → 128bit、16進数で見づらい。WANにおけるIPv4の枯渇対策で有名

IPv6はWANにおいてお目にかかることはあっても、通常のLANでは不

要なので、ここではIPv4に絞ります。

IPアドレスとネットマスク

IPv4のネットワークでよく見る形は、以下のようなものです。

```
192.168.10.20/24 = 192.168.10.20/255.255.255.0
```

この表記における「/」の前をIPアドレス、後ろをネットマスク（サブネットマスク）といいます。

このIPアドレスとネットマスクは、どちらも32bitを8bit×4にドットで分けて10進数にしたものです。bitに直すと、以下になります。

```
11000000.10101000.00001010.00010100 / 11111111.11111111.11111111.00000000
```

この表記における「/24」は、「左端から1が24個続き、残りは0である」ことを示しており、意味は同じになります。

なお、IPアドレスをドットで区切った4つの数字の位置を「オクテット」と呼びます。左から順に、第1～第4オクテットとなります。

この2つのbit値をAND演算や反転OR演算することで、以下の3つのアドレスと、利用できるアドレスの範囲を算出できます。

- 実際に利用する「IPアドレス」
- このネットワークにおけるアドレス範囲のうち、一番最初のアドレスを表す「ネットワークアドレス」
- 一番最後のアドレスとなる「ブロードキャストアドレス」

この計算、じつは真面目にやることなどほぼないので、ここでは省きます。計算方法が気になるならば、IPアドレスとネットマスクについてググってください。その代わりといってはなんですが、私のIPアドレスの見方を紹介させていただきます。……大丈夫、麻雀の点数計算みたいなもので、慣れたらネットマスクを見ただけで判断できるようになります。

外道父式IPアドレスの見方

まず、「/24」が256個のアドレス、つまり第4オクテットが0～255の範囲を表すことが基本となります。上記の例ならば、「192.168.10.0～192.168.10.255」と確定します。

このうち、一番最初のアドレス「192.168.10.0」がネットワークアドレス、最後の「192.168.10.255」がブロードキャストアドレスとなり、これらに挟まれた「192.168.10.1～192.168.10.254」の254個が接続機器への割り当て用アドレス範囲となります。そして、表記されたアドレスである「192.168.10.20」が指定されたIPアドレスとなります。

アドレスの範囲は、ここから半々に減っていくか、倍々に増えていくかのどちらかであり、中途半端に1.5倍などになることはありません。このことは、/23、/24、/25という形式がbit表記において1の連続個数を表していることからわかります。

それでは半分にしてみましょう。192.168.10.20/25はアドレス数が128個になるので、192.168.10というネットワークは、192.168.10.0～127と、192.168.10.128～255の2つに分かれることになります。そして、192.168.10.20というIPアドレスは、前者の範囲に収まるので、そこからネットワークアドレスが192.168.10.0で、ブロードキャストアドレスが192.168.10.127になるとわかります。これを、中途半端な範囲192.168.10.101～192.168.10.228などにすることは、どの大きさの範囲でもできません。

さらに半分にすると、192.168.10.20/26でアドレス数が64個になるので、第4オクテットが0～63、64～127、128～191、192～255に分かれます。さらに、/29まで小さくすると、IP8となって、0～7、8～15、16～25……248～255と分かれ、20というIPアドレスは3つめの範囲に収まることになります。

/30はIP4になりますが、ネットワークアドレス、ブロードキャストアドレス、ゲートウェイの3つを差っ引くと、実際に利用できるアドレスが1つになってしまうため、普通は使いません。同じ理由により、/31はアドレスが足りなくなるため、利用することができません。/32は1つになるため、ネットワーク範囲ではありませんが、単発のIPアドレスを割り当てたり、制限などで表現する時に使用します。

通常、/24よりも小さいネットワークはLANでは利用しません。LANに利用できるプライベートネットワークは以下の3種類あり、いずれも広範囲のアドレスであるため、ケチる必要がないからです。

- クラスA → 10.0.0.0/8（10.0.0.0～10.255.255.255）
- クラスB → 172.16.0.0/12（172.16.0.0～172.31.255.255）
- クラスC → 192.168.0.0/16（192.168.0.0～192.168.255.255）

しかし、WANのグローバルネットワークでは、/32～/25程度ずつしか取得できないので、この小さい範囲の考え方で管理することになります。

では、次は大きく倍にしてみましょう。192.168.10.20/23はアドレス数が512個になるので、192.168の第3オクテットが拡張され、0～1、2～

■ IPアドレスの読み取り表

アドレス表記	サブネットマスク	IPアドレス
192.168.10.20/32	255.255.255.255	192.168.10.20
192.168.10.20/31	255.255.255.254	192.168.10.20
192.168.10.20/30	255.255.255.252	192.168.10.20
192.168.10.20/29	255.255.255.248	192.168.10.20
192.168.10.20/28	255.255.255.240	192.168.10.20
192.168.10.20/27	255.255.255.224	192.168.10.20
192.168.10.20/26	255.255.255.192	192.168.10.20
192.168.10.20/25	255.255.255.128	192.168.10.20
192.168.10.20/24	255.255.255.0	192.168.10.20
192.168.10.20/23	255.255.254.0	192.168.10.20
192.168.10.20/22	255.255.252.0	192.168.10.20
192.168.10.20/21	255.255.248.0	192.168.10.20
192.168.10.20/20	255.255.240.0	192.168.10.20
192.168.10.20/19	255.255.224.0	192.168.10.20
192.168.10.20/18	255.255.192.0	192.168.10.20
192.168.10.20/17	255.255.128.0	192.168.10.20
192.168.10.20/16	255.255.0.0	192.168.10.20
172.16.10.20/15	255.254.0.0	172.16.10.20
172.16.10.20/14	255.252.0.0	172.16.10.20
172.16.10.20/13	255.248.0.0	172.16.10.20
172.16.10.20/12	255.240.0.0	172.16.10.20
10.0.10.20/11	255.224.0.0	10.0.10.20
10.0.10.20/10	255.192.0.0	10.0.10.20

3、……10～11、……254～255と分かれます。そして、192.168.10.20というIPアドレスは、192.168.10.0～192.168.11.255という範囲に収まるので、ネットワークアドレスが192.168.10.0、ブロードキャストアドレスが192.168.11.255になるとわかります。

さらに倍にすると、/22でアドレス数が1024個となり範囲が192.168.8.0～192.168.11.255、/21でアドレス数が2048個となり範囲が192.168.8.0～192.168.15.255となっていきます。

さて、ここまでに説明したIPアドレスまわりの仕組みについては頭で理解しておくべきですが、じつは「ipcalc」というコマンドを使用することで、指定したIPアドレスに関わる情報を一気に表示してくれます。一度仕組みを知ってしまえば、普段はipcalcを使ってお仕事するのが楽なので、Linuxにコマンドが入っていなければインストールしておくといいでしょう。

ネットワークアドレス	ブロードキャストアドレス	利用可能なアドレス範囲	アドレス個数
192.168.10.20	192.168.10.20	192.168.10.20	1
192.168.10.20	192.168.10.21	なし	2
192.168.10.20	192.168.10.23	192.168.10.21―192.168.10.22	4
192.168.10.16	192.168.10.23	192.168.10.17―192.168.10.22	8
192.168.10.16	192.168.10.31	192.168.10.17―192.168.10.30	16
192.168.10.0	192.168.10.31	192.168.10.1―192.168.10.30	32
192.168.10.0	192.168.10.63	192.168.10.1―192.168.10.62	64
192.168.10.0	192.168.10.127	192.168.10.1―192.168.10.126	128
192.168.10.0	192.168.10.255	192.168.10.1―192.168.10.254	256
192.168.10.0	192.168.11.255	192.168.10.1―192.168.11.254	512
192.168.8.0	192.168.11.255	192.168.8.1―192.168.11.254	1024
192.168.8.0	192.168.15.255	192.168.8.1―192.168.15.254	2048
192.168.0.0	192.168.15.255	192.168.0.1―192.168.15.254	4096
192.168.0.0	192.168.31.255	192.168.0.1―192.168.31.254	8192
192.168.0.0	192.168.63.255	192.168.0.1―192.168.63.254	16384
192.168.0.0	192.168.127.255	192.168.0.1―192.168.127.254	32768
192.168.0.0	192.168.255.255	192.168.0.1―192.168.255.254	65536
172.16.0.0	172.17.255.255	172.16.0.1―172.17.255.254	131072
172.16.0.0	172.19.255.255	172.16.0.1―172.19.255.254	262144
172.16.0.0	172.23.255.255	172.16.0.1―172.23.255.255	524288
172.16.0.0	172.31.255.255	172.16.0.1―172.31.255.255	1048576
10.0.0.0	10.31.255.255	10.0.0.1―10.31.255.254	2097152
10.0.0.0	10.63.255.255	10.0.0.1―10.63.255.254	4194304

一般的に、わかりやすい/24でネットワークを作成しがちですが、3種類のクラスを理解し、広範囲ネットワークの扱いに慣れることで、中長期的な利用に耐える設計が可能になります。それでは、オフィスのアドレス設計をどのようにしていくべきか考えていきましょう。

IPアドレスを設計する

組織とは、成長を目指すものです。インフラエンジニアにとって、成長は従業員数や機器数の増加にあたります。その成長過程において、再設計を求められる可能性が高いのが、IPアドレスの設計です。スタートアップ期にはわりと適当に設計してしまいがちなIPアドレスですが、どのように設計すると長期的に安泰になるのでしょうか。

十分に広くとったネットワーク範囲からIPアドレスを決める

1つのネットワークは、/24（IP256）から、広くともせいぜいヤンチャして/20（IP4096）程度までに押さえるべきなのですが、基本的な考え方として「ケチるべきではない」というものがあります。これには理由が2つあります。

まず、/24で足りなくなった場合、IPアドレスの再設計が発生します。それは、ネットワーク全体の再構築と、機器ごとに割り当てた静的IPアドレスを手動で変更する作業が伴うということです。ある程度増えているであろう台数を考えれば、その手間と、営業時間外にやらざるをえないことがイメージでき、「避けられるなら避けたい」と思うはずです。

もう1つは、IPアドレスの整理整頓のためです。1つのネットワークの中には機器が複数あり、役割グループを分類して数十番台ごとに飛ばしてまとめたり、「同系統のサーバーは、サーバー番号に合わせて連番にしたい」といった要望が必ず出てきます。そういったことを余裕をもって実現するためには、必要なIPアドレスの数からネットワーク範囲を決めるのではなく、十分に広くとったネットワーク範囲からIPアドレスを決めることになります。

3分類で考える

それでは、大きい範囲から何があるかを考えていきましょう。まず、公開サービスを置くためのデータセンター。そして、我々社畜たちが生活するオフィス。最後に、VPNのトンネルアドレスなど、人間が直接アクセスすることがないシステム用。この3分類が非常に安定的です。超絶大企業になると「国」という分類がありますが、それを含めて考えても、この3つのトップレベルで分けるのが綺麗です。IPアドレスを入力したり、見る時に、第1オクテットでそれがデータセンターなのかオフィスなのか区別できるのは非常に扱いやすいです。

この3つを、クラスで分類してしまいましょう。大きい順に、以下のようにします。

- データセンター → クラスA（10.0.0.0/8）
- オフィス → クラスB（172.16.0.0/12）
- システム用 → クラスC（192.168.0.0/16）

もし、192.168に慣れ親しんでいるのであれば、オフィスをクラスCにしても問題ありません。このうち、データセンターとシステム用については後の章で解説しますので、ここではオフィスのアドレス設計について考えていきます。

まず、オフィスで利用すると定めた172.16.0.0/12ですが、第2オクテットを31まで使えるので、172.16.0.0/16、172.17.0.0/16、……172.31.0.0/16と、/16で16個に分割できます。この個数、範囲ともに申し分ないので、オフィス1箇所に対して/16のネットワークを1つ割り当てるとしましょう。なんとビックリ、これで本社と15支社まで対応できることになります！　……「壮大すぎる」なんてみみっちいことを考えてはいけません。経営者には「成長拡大、ドンと来い！」という姿勢を魅せ、心の中では「じつは、すべて自身の再設計への懸念を振り払うためだ」と思っておけばいいのです。

1建屋、1ネットワーク

では、本社を172.16.0.0/16としましょう。ここでいう「本社」や「支社」

というのは、「1つのプライベートネットワークで接続できる1つの建屋」のことです。おそらく、スタートアップ期は1つの小さめな部屋から始まり、成長して1、2回移転するころには部屋ではなく「フロア」というイメージの広さになると思います。フロアとなると、さらに次の拡大は同建屋内での別フロア増設か、別建屋という選択になりますが、複数フロアの場合は別の階だとしても配線してもらうことで直接プライベートネットワークをつなげることができます。もしかしたらそれができない建屋もあるかもしれませんが、基本的には「1建屋、1ネットワーク」で「別建屋は別ネットワークにしてVPNでつなぐ」という考え方になります。

どのような種類のネットワークが必要になるか

1つのオフィスには、どのような種類のネットワークが必要なのかを考えていきましょう。

まず、WANがあります。WANのIPアドレスは契約時に付与されるので固定ですが、管理したり、共有するという点で忘れてはいけません。

WANをつないだ機器のLAN側は、セキュリティ面を考慮して、DMZ（DeMilitarized Zone：「非武装地帯」という意味）という領域を挟むため、DMZネットワークになり、そこからさらにほかのさまざまなプライベーネットワークを伸ばす形になります。DMZは、WANからLANへ、LANからWANへ、そして複数のLAN同士の通信をセキュアに管理することが役割となっています。ただし、スタートアップ期においては、DMZを省略することはめずらしくありません。省略すること自体はかんたんなので、ここではDMZ有りとしておきます。

次に、いわゆる社内ネットワークでは、一般従業員が有線で接続するネットワークが必要です。これの大半は自動でIPアドレスを割り当てるDHCP（Dynamic Host Configuration Protocol）のための領域になります。そして、無線で接続するネットワークも必要で、こちらも大半がDHCPの領域になります。仮に従業員のPCをすべて無線LANにするとしても、念のため有線用の範囲を空けておくといいでしょう。

そして、ファイルサーバーやWikiといった共有サーバーを有線で接続するためのネットワークを用意します。こういったサーバーは、完全な社内

LANに置く場合と、DMZに置く場合がありますが、要件に応じて使い分けられるようにしておきます。ここでは1つのネットワークとして分けて書きましたが、ファイルサーバーなど転送量が多いものはPC用有線LANと同じネットワークに置いたほうが通信にムダがない場合があります。ただし、どうせ有線／無線PCと2種類あるとしたら、別のネットワークにしたほうがフラットなデザインであるともいえます。

最後に、ゲスト用のDHCPネットワークです。応接室や会議室で来客者がインターネットに接続するためのものなので、社内プライベートネットワークやDMZなどにいっさい影響することがないように配慮します。有線か無線かは、どちらか設計しやすいほうの一方だけでいいと思いますが、勉強会などを開催する場合は無線にするべきです。小規模なオフィスだと、応接室も小さく、わざわざ作成するのは面倒に感じるかもしれませんが、対外的なものなので、むしろしっかり設計しましょう。

まとめると、以下の6つのネットワークになりました。上3つがシステム用で、下3つが人間用ということになります。

- WAN
- DMZ
- 社内サーバー
- 社内従業員用有線
- 社内従業員用無線
- ゲスト

従業員用ネットワークを広く設計しておく

上記のうち、最も同時接続数が多い用途が従業員のパソコンであり、この数が、DHCPの割り当てアドレスの範囲に必要な数となります。スタートアップ期は数人から十数人なのでネットワーク範囲が小さくとも気になりませんが、組織の規模が中規模以上になると200人、300人と増えていきます。よく利用される/24では、最大で実効IPアドレスが253個ですが、現実的にはDHCPの有効範囲は第4オクテットを11～239などと最初と最後をある程度空けて設定するので、実質200程度と想定することになります。もし、

/24で構築した場合、人数または接続機器数が150を超えたあたりから再設計・再構築に怯えて暮らすことになり、結局近いうちにそれが現実となってしまいます。

それを回避するために、従業員用ネットワークを広く設計しておきます。/24で200人ならば、/23で450人、/22で950人、といったところでしょうか。どこまで想像するかはお任せしますが、ここでは「1000人規模の組織に対応できればよし」として、/22と定めましょう。

1つのネットワークを/22という範囲で定めたことで、「/24という最小単位のネットワークを複数作成」という設計はなくなりました。これはITシステムにおいて非常によいことです。プログラミングでは、「マイナスがあるのか」「0か1なのか」「複数なのか」という観点はトップクラスに重要ですが、それはネットワークでも変わりありません。/24という現実的な意味での最小単位しか使えないネットワークと、それ以上拡大できるネットワークを扱える設計思想になっているかの違いは、天地ほど差があります。

たとえば、有線を172.16.0.0/24、無線を172.16.1.0/24とした場合、有線を拡張するには素直に172.16.0.0/23とすることができず、まったく別のネットワークを切り出して完全移行するか、無線を退避してから拡張することになり、不細工です。一見綺麗に、有線を172.16.0.0/24、無線を172.16.10.0/24とした場合、有線を172.16.0.0/21まで拡張できても、172.16.0.0/20にすることはできません。後者においても、何も考えず中途半端に172.16.10.0/24とすると、/23までは拡張できても、/22にすることは区切りが変動するためできません。

ネットワークはbit値のため、10進数では倍々が区切りとなっており、10進数の人間がちょうどよく見える区切りは、正しく理解して確信したうえでなければ悪になりうるということです。

狭すぎず、広すぎず、綺麗で、拡張性のあるIPアドレスの設計例

これらをふまえ、狭すぎず、広すぎず、綺麗で、拡張性のあるアドレス設計をしてみます。

【本社】

- WAN → 1.2.3.4/29（仮）
- DMZ → 172.16.0.0/24
- 社内サーバー → 172.16.16.0/24
- 社内従業員用有線 → 172.16.32.0/22
- 社内従業員用無線 → 172.16.48.0/22
- ゲスト → 172.16.64.0/22

LANの実効ネットワークとして、システム用は/24、人間用は/22と広めにとりました。これでも十分ですが、もし足りなくなったとしても、設計上/20まで拡張できるので、変更作業はサブネットマスク（と、もしかしたらゲートウェイアドレス）を変更していくだけで済みます。ネットワークを完全に変えてIPアドレスの変更作業が発生すると、一時的な接続不可や、DNSの変更、場合によってはクライアントへの周知が必要になるため、運用コストを低く抑えることができるとわかると思います。

ただし、現実的には/20といった大きな範囲は、ブロードキャストの通信量や、L2スイッチのMACアドレス最大記憶数などから、採用することはあまり推奨されていません。/20はグループ分けのための範囲とし、実効ネットワークとしては最大を/22にし、それ以上はVLANで横並びに複数作ることが無難といえます。

小規模な時代に、中規模以上のことをふまえて設計することは、本来、経験者がいなければおそらく難しいでしょう。しかし、初めに少しがんばって理解を深め、少しだけ工夫して設計するだけで、将来の面倒から開放されます。たとえ、知らずにか、目先の面倒に捕らわれてか、普通の狭い設計をして数年は保つとしても、いつかネットワークの設計について正しく理解することは避けられません。それならば、先にやってしまったほうが、数年後を見据えてコストパフォーマンスが高いというものです。そういった、先走りすべき知識の獲得は強く推奨します。

■ IPアドレス設計表

大分類	割り当て範囲
データセンター	10.0.0.0/8
オフィス	172.16.0.0/12
システム内部用	192.168.0.0/16

建屋単位	割り当て範囲
本社	172.16.0.0/16
支社（1）	172.17.0.0/16
支社（2）	172.18.0.0/16

用途グループ（本社）	仮範囲	実効範囲
WAN	なし	1.2.3.4/29（仮）
DMZ	172.16.0.0/20	172.16.0.0/24
社内サーバー	172.16.16.0/20	172.16.16.0/24
社内従業員用有線	172.16.32.0/20	172.16.32.0/22
社内従業員用無線	172.16.48.0/20	172.16.48.0/22
ゲスト	172.16.64.0/20	172.16.64.0/22

■ ネットワーク論理設計図

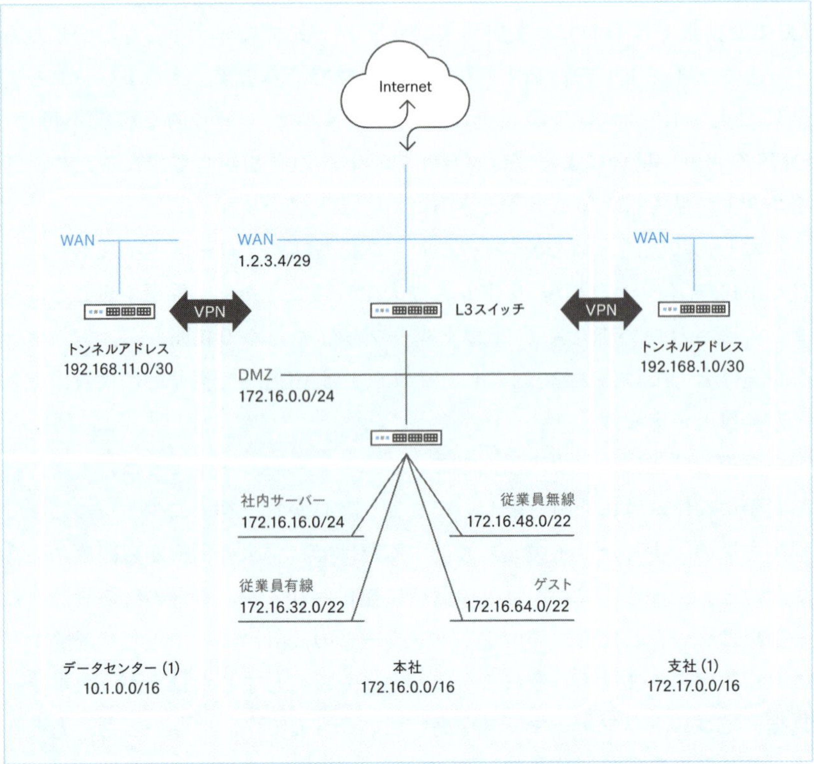

物理構成

論理設計が終わったので、物理設計から実際の構築に移ります。仮に業者にお任せするとしても、物理／論理設計ともに把握しておくのはインフラエンジニアの責務でございます。

ネットワークの資料は、IPアドレスやVLANといった論理設計と、機器や配線などの物理設計を分けて図示することが一般的ですが、重要なのは「形に残すこと」と「わかりやすいこと」です。小規模なうちは、一緒くたな手書きメモのスキャンでもいいので、構築が落ち着くころまでには脳内からアウトプットしておくよう心がけましょう。

自宅における一般的構成は、以下の図のように、無線付きルータ1台にすべてを任せることが多いでしょう。たいていの機器は、WANへの接続に必要なNAT（追って説明）と、クライアントPCのネットワーク設定に必要なDHCP設定が最初から施されており、ユーザーがやることはPPPoE認証情報、そして無線筐体の登録だけと、非常に便利にできています。

■ 最小構成（終端装置→ルーター→有線PC＆無線）

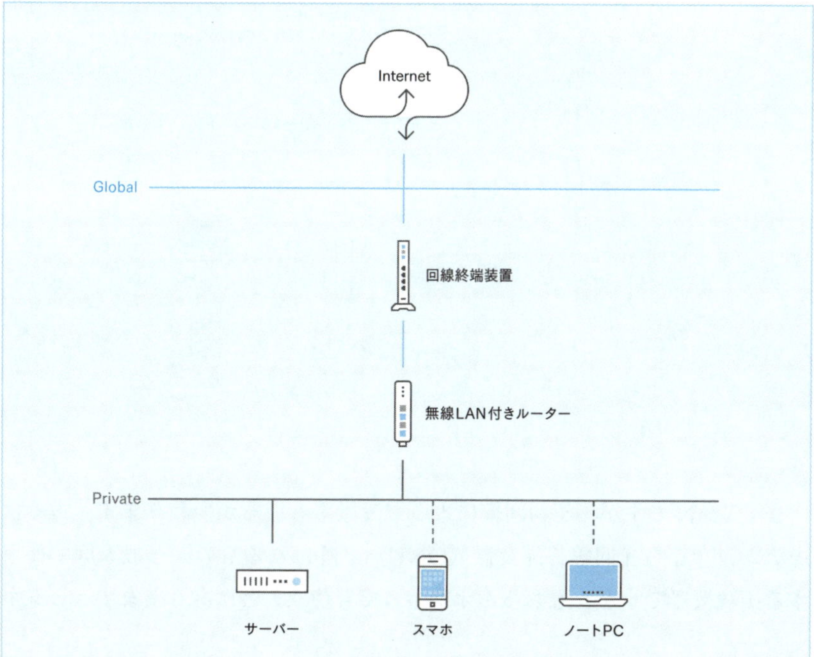

スタートアップにおいては、ごくごく小規模ならば自宅と同じでも事足りるかもしれません。しかし、少し拡張してゲスト用の無線が必要になったり、社内サーバーを置くようになると、単純なポート数や機能面ですぐに窮屈になってきます。ですので、ビジネス用として、小さめにDMZなしの構成とします。先ほどの論理構成でDMZ用の範囲を確保しましたが、それは将来のために胸のうちに秘めつつ、設計図にしまっておくとしましょう。

■ DMZなしの構成（終端装置→ L3 VLAN → WAN ／ LAN）

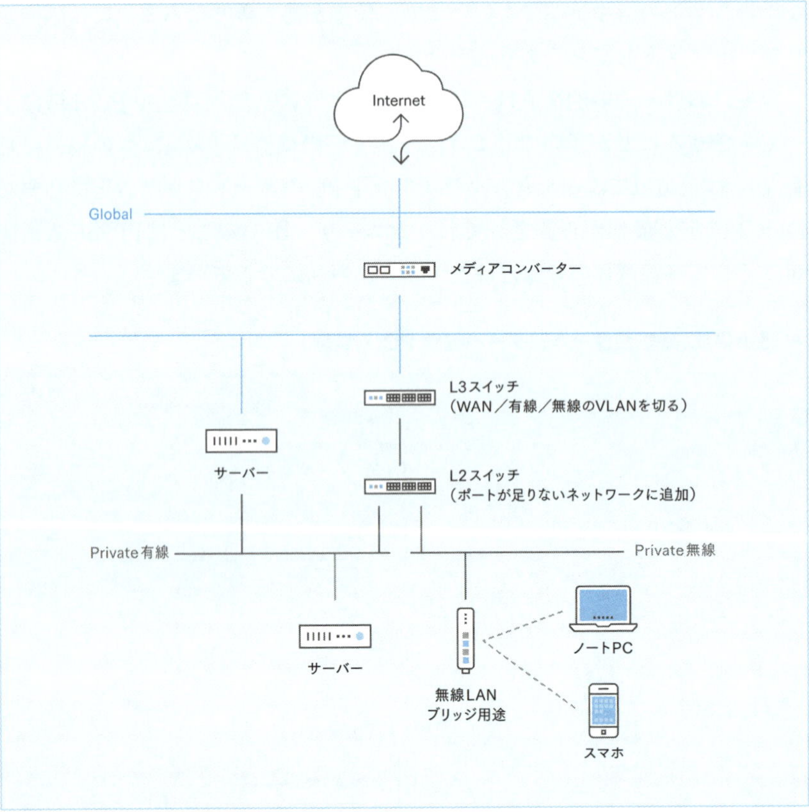

まずWANですが、契約回線によって設置する機器が変わります。古くはモデム、今なら光回線終端装置（ONU）と呼ばれるものが一般家庭で使用する接続機器ですが、もちろんオフィスでも使うことはありえます。ビジネ

ス用としては、光ファイバーを引いてメディアコンバーター接続をするものがあります。どのパターンにせよ、回線の利用方法に従って借りた機器を接続し、最終的にLANケーブルをルーター機に接続することを目指して構築します。

終端装置の次は、オフィスで複数のグローバルアドレスを扱う回線の場合、PPPoE認証などが不要のイーサネットで構築されたネットワークであることが多いです。そのため、まずL3スイッチに接続し、特に認証なしにグローバルアドレスを割り当てて、WANと接続します。そして、WAN／LANに必要な論理ネットワークの数だけVLANを切ることで、1台で複数のネットワークを構築します。

VLANには種類がいろいろありますが、ここでは最もシンプルなポートVLANがよいでしょう。そして、L3スイッチのプライベート用VLANにプライベートアドレスを割り当てて、WANへNATのパケットフォワーディング（代わりに転送）をさせることで、ゲートウェイと化します。

L3スイッチにはいろいろ機能がありますが、LANの機器がWANと接続するためのNATと、ネットワーク分割のVLANがあれば、ひと息つける最小限といえるでしょう。

L3スイッチにポートの数が足りなければ、L2スイッチ（スイッチングハブ）をカスケード接続することで数を増やします。あとは、WANならWANのVLANにサーバーを接続して手動でグローバルアドレスを割り当てたり、LANのノートPCのためにDHCPを設定していくことになります。L3スイッチに無線機能がついていなければ、無線用VLANに無線コントローラやAP機を接続していきます。

シンプルですが、これで論理設計を満たす物理構成となりました。ネットワークは非常に重要なので、L3／L2スイッチなどそれぞれの機器を冗長化すべきですが、スタートアップ期においてはすべてを2台構成にするホットスタンバイではなく、故障時に手動で物理的に予備機に入れ替えるコールドスタンバイ程度がいいかもしれません。それならば、用意する台数が少なく、設定も複雑にならず、金銭的・技術的・時間的に余裕がない時代にはちょうどいいでしょう。これを、「ネットワーク機器など、そう壊れない」と開き直ってケチると、予備機すらなしに、故障時に交換となります。それだと、復旧に半日〜数日になる恐れがあるので避けるべきですが、どうしてもと言うならば、その影響範囲の認識と、復旧までの平均・最大時間を把握しておきましょう。

ゲートウェイ（G/W）

いままで、何気にゲートウェイという単語を出してきましたが、ゲートウェイとは「異なるネットワーク間の機器同士を接続させるための中間経路」のことです。異なるネットワークとは、WAN⇔LAN間や、VLAN間や物理的にスイッチが離れたLAN同士のことを指します。ゲートウェイは、ネットワークを構築するうえで避けては通れない心臓部となります。

同じL2ネットワーク配下、かつ同じネットワークセグメントのIPアドレスを割り当てた機器同士は、L2スイッチが適切に送り先を判断してくれて、特に苦労なく接続できます。しかし、たとえばプライベートIPアドレスしか持たないLANの機器が、Google先生などのWANのサービスへ接続したい場合、物理的にWANへつながっていないため、どうにも接続することができません。

その場合、LANの機器はゲートウェイに転送をお願いすることになります。クライアントは、あらかじめゲートウェイ（＝デフォルトゲートウェイ）を決めておき、自身が知らないネットワークへの通信が発生した場合、通信データをゲートウェイに丸投げします。そして、ゲートウェイはその内容に問題がなければ代わってWANと通信し、結果を受信してクライアントまで返します（パケットフォワーディング）。

WANと往復通信できるよう、パケット内のクライアントのソースIPアドレスを、ゲートウェイが持つグローバルIPアドレスに変換してから送信する機能をNAT（Network Address Translation）といいます。ゲートウェイの指定は、手動で行うこともあれば、DHCPで自動的に設定される場合もあります。

家庭用ルーターではこれらを初期設定で機能させてくれているため意識することはありませんが、インフラエンジニアとしてビジネスでゲートウェイ機能を扱う場合は、攻撃されたり悪用されないよう、正しい設定を理解していく必要があります。

今回の例はNATを使ってWANと接続するため「グローバルゲートウェイ」と呼び、異なるLAN間を通信させるためのものは「プライベートゲートウェイ」と分けて呼ぶことがあります。どちらも基本機能は似たり寄ったりですが、「別ネットワーク同士の通信を手伝う」という役割以外に、「余計な通信を通さない」というセキュリティ面の役割もあります。くわしくは付録にて、ルーティングやiptablesなどとあわせて触れてあります。

■ グローバルゲートウェイとプライベートゲートウェイ

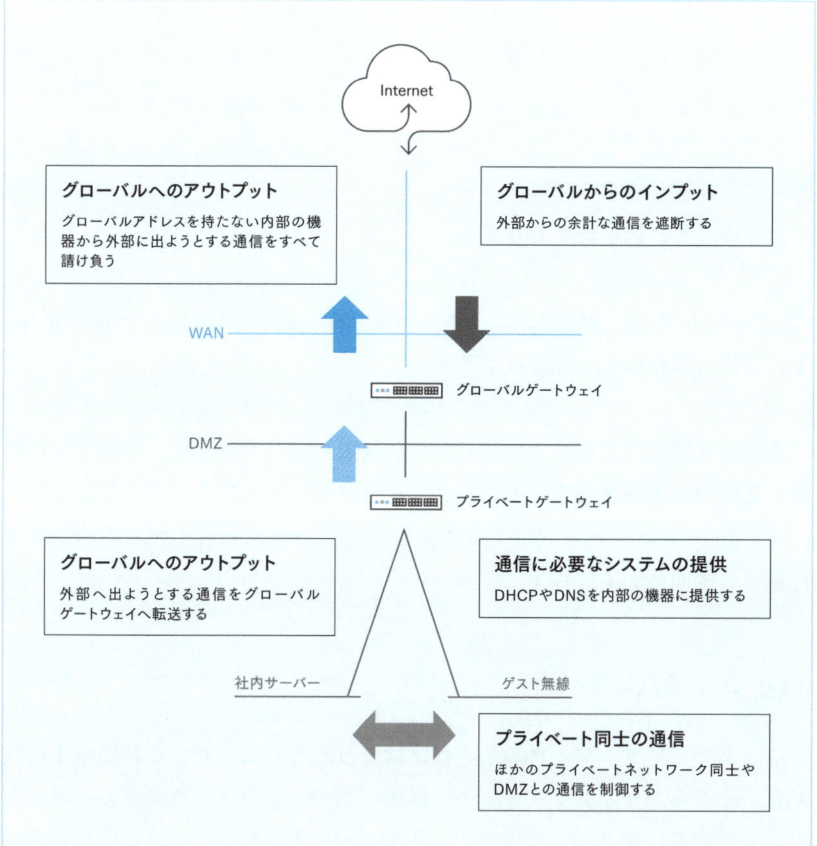

Internet
グローバルへのアウトプット
グローバルアドレスを持たない内部の機器から外部に出ようとする通信をすべて請け負う
グローバルからのインプット
外部からの余計な通信を遮断する
WAN
グローバルゲートウェイ
DMZ
プライベートゲートウェイ
グローバルへのアウトプット
外部へ出ようとする通信をグローバルゲートウェイへ転送する
通信に必要なシステムの提供
DHCPやDNSを内部の機器に提供する
社内サーバー
ゲスト無線
プライベート同士の通信
ほかのプライベートネットワーク同士やDMZとの通信を制御する

セキュリティ

セキュリティというと、広範囲にいろいろありますが、ここでは初期のネットワークにおける初手的な注意事項について述べます。

ネットワークにはWANとLANがありますが、これらの通信はおもにゲートウェイで制限する必要があります。何を制限し、何を許可すべきかを細かく挙げていてはキリがないので、シンプルにいきます。

まず、最初は外部からゲートウェイに訪れることなど皆無なので、WAN⇒WANの通信はすべて拒否します。同じく、WANからLAN内の機器を使うこともないので、WAN⇒LANの転送はすべて拒否します。

次に、従業員がインターネットを徘徊するためのLAN⇒WANの転送は、すべて許可します。

そして、内部ですが、別ネットワークとなるLAN⇔LANの転送はいったんすべて拒否します。

まとめると、以下のとおりです。

「すべて拒否した状態にし、LAN⇒WANのNATフォワーディングと、その通信の復路はすべて許可する」

これを基本に、少しずつ開放したり、制限していくことで、経路面では必要最低限のセキュアなネットワークとなります。これについてより深く学ぶには、iptablesについて理解することが最も早いと思われます。くわしくは付録にて説明してあります。

DHCPサーバー

ここまででネットワークの基本経路は整ったとしますが、これではまだ従業員が心安らかにインターネットを徘徊し始めることはできません。非エンジニアである一般人は、パソコンにLANケーブルをつないだり、無線接続に成功したらインターネットにつながると思っているところですが、エンジニアならばじつはDHCPサーバーという影の実力者がいることを知らなくてはいけません。

どのようなOSも、物理的にネットワークにつないだからといって、即通信できるわけではありません。通信の往復を成立させるために、自分の居所を表すIPアドレスが必要になります。サーバー用途だと、手動でネットワーク情報を設定することで通信できるようにしますが、不特定多数の一般ユーザーが利用するネットワークでは、ユーザーは「どのIPアドレスが空いているのか？」「そもそも、ネットワークアドレスとサブネットマスクはなんなのか？」「ゲートウェイって、なにそれ美味しいの？」となり、エンジニアが1人1人に逐一説明したり設定してあげることは現実的な運用ではありません。

そこで、DHCPサーバーに気張ってもらいます。クライアントOSには、手動でネットワーク情報を入力する方法と、DHCPを利用する方法が用意されています。DHCPを有効にしてネットワークを接続すると、結果的にはDHCPサーバーから、空いているIPアドレスやサブネットマスク、ゲートウェイアドレス、DNSサーバーアドレスを教えてもらえ、ネットワークと通信できるようになります。

DHCPサーバーが何をしているかというと、ネットワークごとに払い出せるIPアドレスの範囲と、払い出し済みのIPアドレスを管理し、リクエストがあれば空きIPアドレスとその他必要な情報を教えてあげるだけという、シンプルな機能になります。

クライアントからすると、ネットワークに接続しようとした時点でDHCPサーバーの所在地であるIPアドレスを知りませんが、そこはネットワーク全体にブロードキャストすることでDHCPサーバーからの応答を期待します。そして、見事発見できれば、IPアドレス払い出しの手続きのための通信が始まるというわけです。

家庭用ルーターでは初期設定でDHCP機能がONになっていることがほとんどですが、ビジネス用のL3スイッチではVLANごとにDHCPの設定をします。本節におけるネットワーク設計でいえば、社内従業員用の有線／無線とゲスト無線の3つのネットワークのために、それぞれ払い出すIPアドレスの範囲やゲートウェイ、DNSサーバーを指定して、DHCP機能をONにする必要があります。

シンプルかつ強力な仕組みである分、運用者にはぜひともしっかり仕組みについて正しく理解し、健全に運用していただきたいシステムです。

DNSサーバー

インターネットを徘徊するには、DNSの名前解決が必須となります。DHCP機能があるルーター機ならば、DHCPの設定により自動的にルーター機のプライベートIPアドレスが指定され、DNSの再起検索をさせてくれるはずです。もし、自分で決めたDNSサーバー……たとえばインターネット回線業者が提供してくれるDNSサーバーや、Google先生のGoogle Public DNS（8.8.8.8、8.8.4.4）にしたい場合は、手動でDHCPやクライアントPCへのネットワーク設定を指定することになります。

DNSにも、機能面やセキュリティリスクなど考えることはありますが、初めはWebページを見れないと何も捗らないので、とにかく名前解決を成功させましょう。別の節では、サービス提供用のグローバルDNSや、社内用のプライベートDNSについて、必要に応じて説明していきます。

ハードウェア

ネットワークが敷けたところで、次にプリンタやサーバーといった共有物、デスクトップPCやノートPCといった個人用端末のことを考えていきます。

電源管理

電子機器の利用といえば、まずはコンセント差込口が必要になります。たいていの場合、電源タップがあり、その先には大元となる差込口が床や壁にあり、一般社員はその先を知る必要なく利用できます。しかし、インフラエンジニアは、真の大元がどうなっていて、どのように電力を提供・管理しているのかを知る必要があります。

まず、オフィスにも一般家庭にも「契約電力」というものがあります。個人のワンルームでは多いと思われる、30A（アンペア）や40Aという、あの数値です。そして、その電力量を室内の分電盤で管理します。分電盤とは、ブレーカーがついているアレです。

分電盤には、大元のON／OFFスイッチとなるリミッターと、分配管理するための分岐ブレーカーがあります。たとえば、100Aのオフィスとすると、20A×5に分けて、それぞれに「照明用」や「作業机用」と役割が振られ、分岐ブレーカーからさらに分かれて、オフィス内の各コンセント差込口につながっています。そのため、「1つの差込口で20Aまで」というものから、「ここからここまでの差込口全部で20Aまで」と範囲で区切られているものがあります。

なぜ、わざわざ分岐するかというと、リスク管理のためです。もし、だれかが、オフィスに巨大サーバー（最大20A）が届いたのがうれしくて、作業机の横で起動させたとします。そのせいで契約電力を超え、ブレーカーが落ちてオフィス全体の電力がOFFになってしまっては、被害が甚大です。電話はつながらない、急な停止でいろんな電子機器が壊れる —— それを防ぐために分岐し、この場合はその作業机のブレーカーだけが落ちるように被害を小さくするのです。

各電子機器の消費電力は、製品の仕様詳細ページにW（ワット）単位で記載されているので、購入時に調べておくことができます。たとえば、モニタ1台20Wとすると、懐かしの公式「W＝VA（Vは電圧）」と、日本の交流電流が100Vであることから、

20W / 100V ＝ 0.2A

となり、10台で2Aになるとわかります。ただ、どの電子機器も、フル稼働／通常状態／スタンバイと稼働状況によって使用電力が異なるため、安全に設計するのであれば最大電力を調べて、1分以内の機器の合計最大電力が分岐電力を確実に下回るように機器を設置することになります。

オフィスによっては、分電盤を管理できなかったり、サーバールームの分のみ管理させてもらったりすることがありますが、分電盤があれば電力計・

電力測定器といったものを用いて、現在利用中の電力量を計測することができます。たいていのモノは、ブレーカーから出ている配線を挟んでポチるだけで、アンペアなどを表示してくれます。現状がわかれば、機器の最大電力でビクビク管理しなくとも、現実的な消費電力にあわせて機器を追加することができます。電力計は少々お高いですが、1オフィスに1台あるだけで安心・安全な設計ができるので、オススメです。

電源タップ

いわゆるタコ足ですが、おもに作業机やサーバー用のパイプラックのために必要です。電源タップにもいろいろありますが、仕事で使うための「これだけは！」という選択条件があります。

まず、プラグ差込口が3本である3P（ピン）であること。2Pのものにして、「3Pが挿せないから」といちいち変換パーツを使うことはムダだからです。

次に、余計なON／OFFスイッチがついていないこと。一括集中スイッチなど、仕事ではリスクでしかありません。

最後に、背面にマグネットがついていること。これにより、グッと綺麗に配置しやすくなります。

あとは口数ですが、個人用の机には4口のものを1人1つ配置し、サーバールーム用なら8口と多めにしておくほうが無難です。

設置については、床にポンと置くことは絶対にせず、人や足がぶつからない位置に固定してください。プラグの形状はスイングかL字型を選んでおくと、より配線が綺麗になることまちがいなしです。

ディスプレイ／モニタ

「ノートPCの拡張用に」「デスクトップPCの2枚仕立てに」と、いまやデュアルモニタがあたりまえの時代になっています。もし、ディスプレイの選択や購入も手がける場合、現在どのようなスペックが主流なのかを知っておく必要があります。

最近では「4Kディスプレイ」という、解像度が横4000×縦2000dpi前後のものが10万円を切ってきています。しかし、4Kを適用できるPC機種はまだまだ少ないですし、業務用としてはフルHDが2枚あれば十分です。私見では、サイズが23インチ前後、解像度が1920×1080dpiで、1枚あたり2万円前後のモノを1人2枚あてがえばまちがいないと考えます。

それを最低基準として、ほかに応答速度や色表示の性質などのスペック項目はいろいろあります。ゲームを動作させたり、グラフィック制作をするのであれば、現場のエンジニアやデザイナーの意見も考慮して選択するといいでしょう。

また、企業の人事面としては、作業机の環境をアピールすることがよくあります。紹介ページをパッと見て、2枚あるかないかでは、印象がだいぶ違います。実際の作業効率との両面で考えると、ケチらず整備したほうがいいでしょう。

デスクトップPC／ノートPC

ひと昔前は、ノートPCだとスペックが不十分だったり、無線LANの整備がいまいちだったりで、社内ではデスクトップPCとの混合が多かったかもしれません。しかし、最近ではスペックや無線LANの整備だけではなく、拡張用のディスプレイの価格が下がってきたこともあり、全員がノートPCという企業も多くなったのではないでしょうか。

そうなると、まずは「OSをWindowsにするのかMacにするのか」「SSD搭載にするか否か」あたりが大きな選択となります。OSは、最近だとAndroidアプリはどちらでも開発できますが、iOSアプリはMac必須という条件もあるので、企業の方針も大きく関わってきます。そういった必須条件さえなければ、社員が入社時に好きなほうを選べるのが無難といえます。SSDは、故障の不安もだいぶ解消されているので、作業効率アップのためにも、予算が許せば搭載してしまうべきでしょう。

そして、持ち運びを考慮して、サイズは12.5～14.0インチあたりに収まると思いますが、この辺から先のスペックについては個々人でヤンヤヤンヤと意見が出てくるところでしょう。エンジニアによっては、「JIS配列のキーボードなど使えん、USにしてくれ」と言い出すかもしれません。

総合的なところでは、まず最新から1～2世代前のスペックや値段を確認したうえで、十分な作業効率を得られ、コストパフォーマンスのいい落としどころを探します。そして経理的に、購入するのか、リースするのかによって、選択できる機種がまた狭められていきます。

細かい要望にどれくらい応えられるかは、こういった資産管理の面からも影響されます。経理、インフラエンジニア（スペック決定担当者）、現場の意見をふまえて、よい落としどころを探さなくてはならない、なかなか悩ましい決断となります。……悩ましいですが、それでもあまり堅苦しくならないよう、できるだけ柔軟に選択できるようがんばってください。

column

計画停電

オフィスビルは、半年に1回は、ビル全体の電気が停止する計画停電を行います。当然、ビルの管理者から通達はきますが、それにあわせて従業員への周知と電子機器の停止計画を立てなくてはいけません。

といっても、そう難しいものではありません。「何日の、何時に、電気が止まるから、みんな帰ってね」と知らせ、電気が止まる数時間前にすべての電子機器の電源を落とし、自身も退避するだけです。

注意したい点が1つあります。それは、電子機器は、電源を落とすだけでなく、電源ケーブルをコンセントから抜くべきであるということです。電源というパーツは、コンセントにつながっている状態で停電になると、電源パーツそのものが故障する可能性があります。実際に、抜き忘れた社員のデスクトップが故障したのを何度か見てきました。

ノートパソコンや携帯端末は問題ないでしょうが、ネットワーク機器、サーバー、デスクトップパソコン、ディスプレイといった機器はコンセントと接続されているので、可能な限りケーブルを抜いて回り、電力復旧後に挿し直して電源ONすることになります。そして、監視サーバーがあれば、すべて起動後にオールグリーンになることを確認し、ならなければコンソールやSSHログインをして修復していきます。

全社員への周知の際、電源ケーブルを抜くことも伝えるべきですが、もし忘れられて故障した場合、電源パーツを交換したり修理依頼することになるのはインフラエンジニアです。そんな面倒なことにならないよう、停電対応では最後の機器見回りと抜線も盛り込んでおきましょう。

⋯▶ ソフトウェア

オフィスを運営するにあたって、必要な／あったほうが便利なソフトウェアがいくつもあります。規模順に、少しずつ追っていきましょう。

メールサーバー

「インターネット上の連絡手段といえばメール！」という時代はとうに終わりましたが、それでもまだまだビジネスでメールの利用は必須です。従業員1人1人にメールアドレスを割り当て、パソコンの電子メールクライアント（Mail User Agent = MUA）や、さまざまな端末で、クラウド上のメールを送受信してもらったりします。

ひと昔前は、メールを使うにはインフラエンジニアがメールサーバーを構築することが一般的で、私もご多分に漏れずqmailやPostfixを使って運用していた時期がありました。そして、クライアントは自分のパソコンにメールをダウンロードして読み、「パソコンが壊れたら、メールデータもさようなら」というのがお約束でした。しかし、昨今ではいわゆるクラウドにおけるメールサービスが多く提供されており、それにより実直なメールサーバーの構築は不要になってきています。

メールは、使う分にはかんたんですが、メールサーバーを構築しようとしてみると思った以上に構築も運用も難易度が高いことがすぐにわかります。メールの通信仕様を理解することから始まり、スパム対策、ウィルス対策、受信拒否対策、メーリングリストにIMAP（Internet Message Access Protocol：メールサーバー上のメールにアクセスするためのプロトコル）と、とにかく大変なことばかりです。それに対し、クラウドのメールサービスは、それほど高くない費用を払うことで、安定したメールサービスを受けることができます。

インフラエンジニアとしては、「メールを理解するためにも、メールサーバーの構築はとても重要である」と言いたいところですが、自前のメールサーバーを運用することと、クラウドサービスを利用することのメリット／デメリットを比較すると、今の時代は圧倒的にクラウドサービスの利用が推奨されることでしょう。特に、スタートアップ期は少々のお金と引き換えにできるなら、リソースを確保するためにも、どんどん外部サービスを利用すべきです。

ストレージサービス

たとえ少人数の規模だとしても、日々どんどん作成されるファイル群を、すべて個々のパソコンに保存しておくことはありえません。HDDが壊れるかもしれませんし、情報共有するにしてもメール添付だけでやりとりするには限界があるからです。

データには、どうでもいい飲み会の画像から社外秘のもの、小さなメモから大きなバックアップデータまで、さまざまなものがあります。それらを、破壊に対して安全に、セキュリティ的に安全に、容量的に余裕をもって運用できるストレージサービスは、組織が小規模な段階から必要であると認識するべきです。

ストレージサービスも、メールと同様に、かなりの数のクラウドサービスが展開され、「1GB何円から」という、ひと昔前では信じられない容量が安価に、そして十分な機能で提供されています。ファイルサーバーを構築してオフィスやデータセンターに置いて運用する手間暇と比較すると、こちらも外部サービスの利用を推奨せざるをえません。

もちろん、要件によっては、自前でオフィスにファイルサーバーを置く場合もあります。それについては、第4章で紹介します。

スケジューラ

ここでいうスケジューラとは、個々人の予定表のことです。ビジネスなので当然、組織内全員や会議室、備品といった予定が共有／編集できる必要があります。

インフラエンジニアは、ぶっちゃけスケジューラをユーザーとして使い倒すほど外交や会議を行わないので、どのようなモノがいいかは偉い人や営業さんにヒアリングし、細かい調査や試用サービスの準備を担当することになるでしょう。

このスケジューラも、多くの外部サービスがあります。ほかの選択肢としては、ソフトウェアだけ購入して自社サーバーにインストールするか、すべて自社でつくり上げるパターンがありますが、よほどの事情がない限り、クラウドサービスを利用するほうがいいでしょう。

ビジネス統合クラウドサービス

さて、ここまでメール・ストレージ・スケジューラと引っ張ってきましたが、それらが全部入りしたクラウドサービスを紹介します。

まずは、みんな大好きGoogle先生の「Google Apps for Business」です。これまたみんな大好きGmailから始まり、ストレージ・カレンダー・資料作成ツールとそろっていて、しかも費用が安いです。

もう1つが、Microsoftの「Office 365」です。こちらもメール・ストレージ・スケジューラとそろっていますが、資料作成ツールがオプションで、WordやExcelといったOffice製品を利用できます。1人のユーザーがパソコン5台までOffice製品をインストールできるので、会社に所属する限りは自宅用Officeを購入する必要なく、会社と自宅で同じバージョンを利用できるのはうれしいところです。

どちらも、プランが人数規模ごとに分かれており、従業員が急激に増えても困ることはありません。また、価格は1人あたり月額千円以下なので、1つ1つの機能を何にして、どのように準備し、どう運用していくかを悩んでいる暇があったら、サッと試用し、サクッと導入して、ズバッと慣れてしまうほうが賢いといえます。

ここでは2つのサービスを紹介しましたが、機能やユーザーインターフェースにおいて不足や気に食わない点がある場合は、ほかのサービスの利用を考慮することになります。それでも、この2サービスは現時点でよくできていて、よく利用されているので、まずは2つの仕様を調査し、それを軸に比較していくことが選択への近道となるでしょう。

インスタントメッセンジャー(チャット)

グループに情報共有したり、離れた席の同僚にホウ・レン・ソウしたり、隣席のエンジニアと顔を合わせることなくやりとりして業務を進めたりと、URLやコードなどの文字列をコピペで伝えやすく、ログという形で残るチャットの会話は非常に重要な役割を担っています。

チャットの仕組みは世の中に数多くあり、パソコン同士で直接通信するものや、外部サービスのサーバーを介して会話するもの、自前でIRC用サーバーを構築するものなどさまざまです。

重要なのは、機能と運用しやすさです。基本的には個人間とグループ内で会話ができれば十分なのですが、ファイル共有や音声会話、スマートフォン利用、APIといった機能があると便利だったり、場合によっては必須になるかもしれません。

有名どころでは「Skype」、最近だと「Chatwork」や「Chatter」といった多機能なものが多く出てきています。「IRC」といった、サーバーを準備するタイプのものは、初期段階では選択肢から外していいでしょう。「これが良い」という推奨はないので、インフラエンジニアとしては調査していくつかのサービスをピックアップし、使う人間が実際に試用してスムーズに決定できるようお手伝いすることになります。

こういったシステムを選ぶ時、必ず部分的な好みや不足によって衝突が起きますが、なんとかなだめて、良い落としどころを考えなくてはいけません。大切なのは、使ってもらえること、使い続けられることです。そのためには、基本となる伝達しやすさ、受け取りやすさを最重要と捉えて選択するといいでしょう。また、2〜3年経てば流行り廃りは変わるもの。5年、10年も使い続けるつもりではなく、「数年で置き換えるだろう」くらいの気分で考えることも必要です。

コーポレートサイト

あまりインフラエンジニアっぽくないので最後にしましたが、おそらく会社として一番最初に立ち上げるWebサイトがコーポレートサイト、いわゆる企業ホームページです。高トラフィック、高負荷になることはまずないので、一発目に用意するモノとしては良い肩慣らしといえるかもしれません。とはいえ、企業の顔ともいえる重要なサイトなので、落ちないよう、落ちてもすぐ復旧できるようにすることはもちろん、運営者の更新しやすさも考慮する必要があります。

コーポレートサイトの立ち上げには、選択が大きく3つあります。手間がかからないであろう順に見ていきましょう。

有料のCMSサービスを利用する

まずは、有料のCMSサービスを利用する方法です。「リリースまでに必要なデザインやSEO、管理画面が提供されている」「サーバーはCMSサービスのものが使われるので不要」といった至れり尽くせりのものが、世間にはズラリと用意されています。選択肢が多くて機能と費用の吟味が大変かもしれませんが、良いサービスを選べば費用以上の効果と時間を得ることができるでしょう。

フリーのCMS系ソフトウェアを利用する

次に、フリーのCMS系ソフトウェアを利用する方法です。WordPressを筆頭に、多くの選択肢があり、機能的にも十分なものが多いです。

そういったソフトウェアを使って業者にお願いするパターンもありますが、せっかくなので、自分たちでクラウドに導入するところから始めると、Webサイトのいろはから経験できて、人によってはレベル的に良い機会となります。

完全に自作する

3つめは、完全に自作するパターンです。今の時代からみれば、コーポレートサイトなんて簡単簡素な仕組みといえるものです。あえて新人のエンジニアに、会社のメインプログラミング言語とフレームワークを用いて、「運用を楽にする」という目標をもって構築させると、これまた良い題材となります。ただ、重要なシステムなので、リスクもふまえて、経験者がサポートする、または経験者が手がけるといった試みにしましょう。

最後に、サイトにはURLに使うためのドメインが必要です。ドメインはメールアカウントにも使用しますし、スタートアップが決まった時点ですぐにでもDNSレジストラ（登録代行業者）でドメインを取得しましょう。企業として使うための.co.jpと、サービスとして使うための.jpや.net、.comなどを、1つずつ取得しておくのがオススメです。

ドメインを取得したら、まずはそのレジストラの登録画面でコーポレートサイトのAレコード（ホスト名に対応するIPアドレスを定義するもの）を追加し、ブラウザで閲覧できることを確認します。外部CMSを利用する場合はCNAME（Canonical Name：別名を定義するもの）を使うなど、ルールが異なるかもしれません。

インフラエンジニアの役割と若干異なる部分もありますが、HTTPの仕組みやWebサイトのルールはたくさんあり、面白いので、もしサイト作成に自信がなければ、こういった機会に積極的に関わっていきましょう。

2-3 物品を購入し、管理する

⋯▷ エンジニアが購入を担当する物とは

人が少なく、組織ばっていないスタートアップ期においては、蛍光灯など日用品を除いて、電気が通う製品はだいたいインフラエンジニアが購入することになります。いや、もしかしたら日用品もパシらされるかもしれませんが、イメージとしては「価格.comに載ってそうなモノ」という感じです。

高価なものでは、個人用のパソコンやディスプレイから、ラックマウントサーバ、ネットワーク機器まで。日常的なものでは、LANケーブルやタコ足、ねじねじやエアダスターなど、購入を任されても何も苦にならないものばかりです。

エンジニアたるもの、スペック比較や価格調査なんて息を吸うように自然に行ってしまうでしょうから、その辺については特に詰めないことにします。ここでは、荒々しいスタートアップにおける物品の扱いをどの程度にはすべきかを考えていきましょう。

⋯▷ 購入の基礎

組織が大きくなれば予算だの稟議だの話がややこしくなってきますが、立ちあげ時は必要な物が生じれば即日ポチるなり、その足で店に買いに行くのが常です。そんなわりと自由な中では、保証期間や減価償却など気にせずに目的の達成を目指しますし、それでいい部分もありますが、一度は購入の流れがどのようになっているか確認しておくべきです。

まず購入方法ですが、大きくは「現地での購入」と「オンラインでの購入」に分かれます。現地購入は即日必要なモノがあったり、中古品を買い漁る時に行いますが、オンラインではさまざまなメリットがあることや「計画的であるべき」という点で、極力オンラインで済ませたいところです。

小物は昼休みのついでに電気屋を散歩したり、Amazonでポチればいいですが、会社のカードを使わせてもらえない場合は、ちゃんと領収書をもらうことを忘れないようにしましょう。「少額だから」と自腹を切ってはいけません。チリツモで多額になりますし、プライベートと仕事の区別はしっかりつけるべきです。

･･▶ 物品購入時に注意すべき3つのこと

大物の場合は、仕様や価格を十分に調査することは言うまでもないですが、3点ほど気にかけておくことがあります。

保証期間

1つめは保証期間です。保証があると、製品が故障した時に丸ごと交換対応をしてくれたり、パーツを送ってもらえたり、無償でオンサイト対応をしてもらえます。保証がないと、単純にパーツ費用や交換作業が自分持ちになり、数万円単位の費用が発生することを覚悟しなくてはいけません。たとえば、中古品を購入すると保証はまずないので、故障しても大きな影響がない箇所へ、もしくは代替機が十分な箇所、または代替機としての適用とするべきです。

デフォルトで1年間の保証期間があるものについては、オプションで3～5年間に延長できたりしますが、経験則では1年保てば2年保ちますし、2年経てば資産価値がグッと減っているので、私はいつも不要と判断しています。もちろん、ポリシーあっての延長は有効ですが、「なんとなく延長したほうが……」という程度の考えならば、貧乏なスタートアップにおいては不要でしょう。

保証自体の内容はキチンと把握しておきましょう。自分で筐体の蓋を開けてしまうと、保証が無効になる場合もあります。毎回すべての機器の保証内容を調べると疲れてしまいますが、まったく調べたことがないのであれば、2～3種類の機器について調べてみておくと、“業界の常識”というか標準的対応が理解できて、いつか役に立つ時がきます。

在庫と納期

2つめは在庫と納期です。Amazon先生なら在庫があれば2日以内に届けてもらえますが、ベンダーからの場合はモノによって数日から数週間かかります。従業員の数やサービスの数、サービスの負荷は不定期に増減するものですが、増やすとなれば、パソコンやサーバーの準備はいつの世もA.S.A.P～As Soon As Possible～です。そんな要求に冷静に応えられるよう、そして先に進言できるよう、最速・最遅の納期期間を把握しておくことは非常に大切です。

減価償却

3つめは減価償却です。これは経理の話なので、恥をかかないようあまり突っ込みませんが、大雑把に説明すると、「購入物を消耗品として扱えるか、資産として計上することになるか」という違いが10万円未満か以上かで異なってきます。金額の区切りとしては20、30万円にも意味があるので、大物である電子機器を購入するインフラエンジニアとしては、購入すると決めたモノと金額を経理担当者に相談し、進めることになります。これにより、10万円で明日届けてくれるお店ではなく、9万9800円で2日後に届けてくれる店を選ぶこともあるかもしれません。

ほかにも、一括購入ではなく、リースにできないか検討する必要が出てくるかもしれません。減価償却となると、基本的には「一定期間は利用し続けなくてはいけない」という枷ができるため、変化がめまぐるしいIT機器を扱うインフラエンジニアにとってあながち無関係ともいえない話です。購入を進めるうえで、少しずつでも経理の人に相談するなどして、理解していくようにしましょう。

··➤ 資産管理は早い段階から手がけるべき

減価償却における10万円の境とはまた別に、従業員が扱うすべてのモノを対象にした物品管理を早い段階から手がけるべきです。物品管理とは、

- 会社のモノをいつ購入して
- 何が何個あって
- だれに、何が貸与されているのか

をまとめることです。電子機器はもちろん、場合によっては椅子など生活用品まで含まれます。

スタートアップにおいては、こういった管理がおざなりになりがちであったり、個人の持ち込み物と会社の所有物がごちゃまぜになったりするので、意識的に引き締めないと、ズルズルと管理がされないままになります。

“管理”といっても、そう難しいことではありません。Excelなどの表にでも、資産管理番号から始まって、物品名、購入日、貸与日や貸与者、購入物なのかリースなのか、といった情報を余すことなくリストにし、物品に資産管理番号のテプラを貼っておけばOKです。資産管理番号は年代や機器の種類、台数番号などをつなげて、わかりやすくユニークになる数字・文字列をつければいいでしょう。目的は会社の所有物の所在を管理することなので、番号の付け方や整理の仕方に細かい決まりがあるわけではありません。

まずはなによりも、「整理を手がけている」ということが大切です。組織が大きくなるにつれて、自然と「管理を正そう」という動きが出ますが、数年間続けばどうせ何度も管理データのフォーマットを作りなおしたり、棚卸しをすることになります。その時その時にやりやすい方法で、すべての所在確認ができていれば大丈夫です。

圧倒的に面倒な作業ですが、数が増える前に管理グセをつけておくと、従業員が増えて担当者や管理方法が変わっていく時に、幸せを感じられるはずです。こういった部分がキッチリできているか否かは、組織の性格にも関わってきます。一時グッとがんばって整理していきましょう。

2-4 サービス開発を支援する

開発リソースが確保できるように仕事を巻き取る

企業に売上をもたらすのは、サービスの提供やアプリケーションであり、それを作るのはアプリケーションエンジニアです。その重要なアプリケーションエンジニアが開発速度を上げていくには、開発効率が向上するためのシステムを調査したり、提供して運用するということを、彼ら以外の人間――つまりインフラエンジニアが巻き取って担当してあげることが効果的です。

もちろん、アプリケーションエンジニア自身も、開発効率向上のためになにが必要か考えたり、構築／運用する（しようとする）ことは大切です。ただ、まずは開発リソースの確保が第一なので、よほど余裕ができた状況でなければ、インフラエンジニアの一手に任せるべきです。

開発支援ツールというのは、多ければいいというわけではないですが、技術が多様化したこの時代、自然と増えています。スタートアップにおいては、すべてを導入し、運用していくことは難しいと思いますので、まずはどのようなものがあるのかを把握し、開発現場の現状や要望を把握したうえで、優先順位をもって、丁寧に提供していきましょう。

開発用サーバー

エンジニアにはMacを愛用する人が多いですが、それは「Windowsに比べて開発環境を整えやすいから」という理由があります。それはそれで良いことですが、実際にアプリケーションを動かすサーバーに搭載するOSは、

RHEL（Red Hat Enterprise Linux）やCentOS、DebianやUbuntuといったLinuxであることが多いです。コーディングをローカルPCで進めても、いつかは本番前に最終テストとなるステージング環境で動作確認しなくてはいけません。また、コーディング以外にも、ミドルウェアや変わったツールを実験的に動かしてみたい場合など、事故っても捨てて作りなおせばいいだけの環境のあるなしで、かなり開発事情が変わってきます。

ドリコムでは、OpenStackを用いて開発用の仮想環境を提供していますが、扱いが難しいツールなので、スタートアップには向きません（OpenStackについては、第6章であらためて紹介します）。やはり、最初のスピードを求める時期には、クラウドを利用することがオススメです。

最近のクラウドコンピューティングサービスならば、最もスペックが小さいVM（仮想マシン）なら月額数百円から提供しています。たまに大きなスペックや、複数台が必要になっても、時間割・日割の費用で起動できるので、不要になったVMをしっかり削除すれば高コストになることを防げます。

ほかに、自分のパソコンにVMwareなどを入れて、Linuxを動かすという手もあります。それなら費用がかかりませんし、それで十分な場合もありますが、サーバーという役割にするとなると、常時動かしておけるモノと、そうでないモノでは開発／運用の柔軟性や効率に差が出てきます。費用をかけずに済むところはできるだけかけないように済ませ、効率が上がるところは多少の費用をケチらないよう、判断していくといいでしょう。

ひと昔前は、そもそも仮想環境という選択肢がなかったので、いちいち安価な物理サーバーを用意していましたが、いまやその選択は不要であると言い切っていいところです。

ソースコード管理システム

アプリケーション開発は、複数のエンジニアが1つのアプリケーションのソースコードを更新し続け、ある区切りでステージング環境にデプロイし、確認後に本番にデプロイをして運用することが基本です。このプロセスが、サービスが終了するまで半永久的に繰り返される、「終わりがないのが終わり」なじつに厳しい職種を、インフラエンジニアが陰ながら支えてあげるべきです。

複数人で開発するには、コードの更新箇所やタイミングが重複しない、たとえしても解決できる必要があり、「だれが、いつ、どこを、どうしたか」「現在、正常動作する最新コードはどれか」といったさまざまな情報や機能を提供してくれるバージョン管理システムが必須です。この、開発基盤の1つとなるバージョン管理システムの準備や運用をインフラエンジニアが担うことで、アプリケーションエンジニアのリソース確保に貢献できます。

ソースコードのバージョン管理はいろいろありますが、ドリコムでは古くは集中型のCVS（Concurrent Versions System）からSubversion、そして分散型のGitへと移り変わってきました。今の時代、マサカリを担いだエンジニアが所属する会社ならば、Gitにすると決め打っていいところでしょう。

ここで推奨する、Gitの意義や使い方については、インフラエンジニアよりもアプリケーションエンジニアのほうがしっかり知識を身につけるべきですが、最近ではInfrastructure as Codeといって、インフラ構築を自動化するために、構築手順を設定としてコード化することが基本になりつつあります。その設定をGitで管理することで、運用が楽になるだけでなく、構築内容を複数人で管理したり、引き継ぎしやすくなるため、インフラエンジニアもかんたんな使い方程度は知っておくべきです。

さて、肝心のGitサービスの選択ですが、選択のためにまず、大きく2つ考えどころがあります。

1つめは、ソースコードの保存場所です。単純に、外部サービスのサーバーか、自社管理のサーバーかの違いです。ソースコードは会社の大切な資産なので、たとえ外部サービスがプライベートな利用権限などの機能を有していても、それを許容できないことはめずらしくありません。

2つめは、費用と運用リソースの対価です。基本的に「金をかければ、サーバー構築／運用のリソースが少なくなる」という考えでいいのですが、Gitはその常識が通じない場合があり、「金をかけて構築したけど、運用で地獄を見た」という話がよくあります。その辺をふまえたうえで、機能と使いやすさを吟味していくことになります。

具体的なサービスとしては、「GitHub」があります。なにをするにせよ、まずはここにアカウントを作って練習なりすることになりますが、無料アカウントではソースコードが公開された状態になるので、非公開にするには少々の金額を支払うことになります。また、個人ではなくビジネス用でチーム単位のプランもあります。

そして、GitHubのイントラネット用オンプレミス型が「GitHub Enterprise」です。VMイメージで動かす形式になっており、1人あたり月額2000円ほど。同じくオンプレミスで少々の費用が必要な「Stash」といった類似サービスがいくつかあります。

OSSでは「GitLab」や「GitBucket」があり、無料で自分のサーバーに導入して利用することができます。そもそも大変なGit管理ですが、バージョンアップに追随したり、不満点に対応したりと、それなりの苦労は覚悟しなくてはいけません。

システムの開発会社であるならば、ここの選択はかなり重要です。そもそも使いづらければ話になりませんし、かといって費用や運用リソースが枷になっても幸せになれません。ドリコムでは、「金があればGitHub Enterpriseを、貧乏ならGitLabを」という判断基準を第一に、機能面で十分だったためにGitLabを採用しています。Subversionからの移行もかなり大変なものでしたが、その時点で社員数が数百人であったために、月額2000円×人数のコストと、LDAPアカウント管理といった機能面、そして自分たちでやりたい風土がGitLabへと導きました。

ではスタートアップとしてはどうすべきかですが、「できるだけ早く、サーバーを運用しない」というスタンスでいくならば、まずはGitHubのプライベートリポジトリで始めることが無難でしょう。しかし、これには「いずれ移行しなくてはならない」という宿命がのしかかります。外部にソースコードを置くこと、増えたエンジニアのアカウント管理、費用面、機能面、移行コスト、運用コストと、移行時期を総合的に判断しなくてはいけません。

非常に難しく面倒なところですが、嫌がらずに組織の成長を“うれしい悲鳴”と捉え、前向きに、的確な判断と運用を心がけたいところです。

··▸ プロジェクト管理／バグトラッキングシステム

チームで開発や運用を円滑に進めるためには、「今、アプリケーションが抱えている課題や問題は何か」「それぞれのチームメイトに何のタスクが割り当てられているのか」といったことを漏れなく把握する必要があります。チームには必ずマネジメントを行う人材が割り当てられますが、彼が把握する情報を見える化をすることで、チーム全体で課題を共有でき、マネージャのリソース管理効率も向上します。そのために、バグトラッキングシステム（BTS）の選定と導入、運用までをインフラエンジニアがお手伝いすると、皆さんに喜ばれることまちがいなしです。

選択には、まず大きな2択があります。自社サーバーに構築するか、サーバー不要のSaaSにするかです。そして、有償／無償の選択がありますが、基本的に無償のOSSか有償のSaaSです（たまに、SaaSと一緒に有償パッケージでも提供されています）。

多くのソフトウェアがあり、どれも十分な機能を備えていますが、課題を登録して完了させるまでのプロセスと、一括管理のしやすさという、「日々、最も使い続ける機能が使いやすいかどうか？」を軸に、周辺機能を比較していけばいいでしょう。「アカウントやグループ、プロジェクト単位の管理が可能」「Wikiが付属している」「プラグインの豊富さ」なども重要な要素です。事前調査から3つほどズラっと試用環境を用意して、現場の人たちに使ってみてもらい、決めましょう。

スタートアップでは「物理サーバーを少なく」という方針でいくとすると、以下のどちらかになります。

- SaaSにして、費用は月額数千円から
- OSSを、月額数千円のクラウドサーバーに構築する

当然、OSSのほうが手間がかかりますが、BTSは日々の開発効率に大きく関わってくるところなので、若干の費用や手間暇の違いよりも、機能面や現場の人の納得感を優先して選択することが大切です。

ドリコムでは、古くは「影舞」から始まり、「Trac」、そして「Redmine」へと、すべてOSSで移り変わってきました。Redmineはドリコムが得意とするRuby on Railsでできていたり、「アカウントをLDAP管理できる」「プラグインが豊富」といった理由により選択し、それなりに長く愛用しています。

重要なシステムではありますが、OSSとして出現しやすいシステムでもあるので、「2～3年で移行する」というくらいの気持ちで、情報収集をし、あまり1つのソフトウェアに依存しすぎない程度に運用するのがちょうどいいかもしれません。

･･▶ 情報共有システム

情報を共有するということは、情報をアウトプットするということです。その有益性については第8章でも説明しますが、その有益な場を提供するのはやはりインフラエンジニアの仕事です。さきほどのBTSも情報共有の1つですが、開発に必須なシステムとはまた色が違う、「組織に存在したほうがいいかもしれない情報共有の手段」には何があるのか見ていきましょう。

Wiki

Wikiは、リンク集やサーバー構築手順、バッドノウハウ、ある事柄や単語などの説明、といったある程度まとまりのある情報を保存し、共有するためのツールです。HTMLではなく独自の構文で書くことで、より幅広いユーザーが使いやすいようになっています。また、ページごとにつける名前だけでリンクをはれたり、最近編集されたページがわかりやすくなっているといった基本機能があるほか、Wikiごとに独自機能が実装されています。

Wikiは、最近の時系列を主軸としたシステムではなく、目次や編集履歴など、1ページ1ページの情報を大切に扱いやすいため、丁寧に書かれている情報は数年経っても役に立ち続けます。記法もそれほど難しくなく、すぐ慣れるので、ぜひとも組織に1つ用意してほしいところです。

Wikiを準備するには、まず外部サービスを使うかOSSを社内サーバーに入れるかの2択があります。外部サービスは有料のものもありますが、アカウントを作るだけで無料で利用でき、閲覧制限をつけられるサービスも多いです。

ごく少人数であれば、某ポータルサイトのサービスの一部であるWikiで十分かもしれません。しかし、人数が増えてきたり、濃密なWikiの活用を続けると、情報の重要性の度合いがブレていきます。一応閲覧制限があるにせよ、外部に書くべきではない情報が記述されたりします。社内Wikiに書く情報は、まとめ情報なだけあって有益なものが多く、「データは社内に留めるべき」という判断のほうが無難かもしれません。

その場合は、これまた多くあるOSSの中から2～3選んで、現場に試用してもらって決定します。ほとんど、構築も運用もそれほど難しくないですし、プラグインなどで改良できるのでメリットも多いです。「社内サーバーをまったく置かない」というポリシーならば無理ですが、負荷もそう高くなるものではないので、数台のLinuxサーバーがあるならば、共存する形で導入するとムダがなくていいです。

ドリコムでは、PHPでできた「PukiWiki」からRubyの「Hiki」へと移り変わっています。会社の主軸言語に追随したという面もありますが、プラグインの多様性やLDAPによるアカウント管理といった理由により変更しました。

多くのエンジニアが在籍する組織ならば、Wikiは必須であると考えます。ぜひとも場を提供し、そして活用の先陣を切ってください。

ブログ

社内ブログは、その時サラッと共有したい情報を書いたり、組織事情を問いかけて炎上させるのに役立ちますが、少人数の組織ではほぼ不要です。組織改革をしたいなら、すぐそこにいる人間をサッと集めてババッと話せばいいですし、軽い技術情報などはメッセンジャーでサクッと共有するだけで十分です。

社内ブログを用意したり、書いている暇があったら、どんどん公開ブログを書いて、社外へ組織をアピールするべきです。“優秀”と言われるエンジニアの採用が厳しいとされるこのご時世、エンジニアといえど少しでも採用に役に立ち、かつ責任あるアウトプットで自身も成長することが、まさに一石二鳥だからです。

公開ブログを用意する手段には、有料／無料のブログサービスからOSSまで、さまざまあります。WordPressなどで1つの公開ブログを構築し、企業のエンジニアブログとして複数のエンジニアが書くのもいいですが、効果や継続力を考慮すると、エンジニア個人個人が好きなブログを選んだり、構築して、運用することをオススメします。エンジニアたるもの、だれかが構築したものを使わせてもらうのではなく、自分が選んで、自分で継続して運用することの重要性を知るべきだからです。

単純な選択肢としては、構築もろもろが面倒で書くのに集中したければ、「はてなブログ」。自分で構築したければクラウドサーバー＋WordPressが、エンジニアには一般的な選択肢です。

「ブログを書く人間が社内にいるかいないか」「たまには営業時間内にもブログを書くことを是とするか非とするか」といったことが組織風土に関わってきます。あまり軽く考えず、早い段階でブログの扱いについて検討していくべきです。上で言及した社内ブログ、そしてブログの重要性については、第4章と第8章でまた取り上げます。

SNS

SNSにも外部と社内用との選択がありますが、ブログと同様、少人数での社内SNSはほぼ不要です。組織形成にはある程度役立ちますが、技術的な会話や情報共有はSNSという形態にはあまり向いていません。エンジニアは、Gitのコードで語るか、次に紹介するメッセンジャーを好むことでしょう。

メッセンジャー

エンジニアが業務をこなす際には、こざかしい機能が豊富なSNS兼チャットではなく、IRCのようにシンプルに個人間、グループ内チャットができるメッセンジャーを好みがちです。一部のOSSを開発するスタートアップ企業のエンジニアやマサカリ担いだモヒカン族は、技術的相談をTwitter上でやりとりしていますが、それはOSSかつ、やっていることに自信があるからできることです。一般的なエンジニアと開発内容を考えれば、クローズドなチャット環境を1つ用意するほうがいいでしょう。

スタートアップにおいてはサーバーを用意したくないところなので、外部サービスであるSkypeで十分だと思います。個人チャットとグループチャットは普通以上の使い勝手で備えられていますし、グループにも入室制限をかけられます。ほかのサービスの検討ももちろんすべきですが、整理整頓好きなエンジニアはグループを綺麗に分けることで情報や精神的なメリハリをつけたがるので、特にグループ機能には注意していきたいところです。

⋯▶ CIツール(継続的インテグレーション)

CI(Continuous Integration＝継続的インテグレーション)とは、開発するソフトウェアの品質管理を自動化することにより、品質と開発効率の向上を狙う試みのことです。これは開発手法の話なので、どちらかというとアプリケーションエンジニアの領域ですが、インフラエンジニアもその意図や重要性を理解しておくと、エンジニア間の連携がスムーズになることでしょう。

CIツールで代表的なものに、「Jenkins」があります。Gitと連携してアプリケーションを頻繁かつ自動的にテスト、ビルドすることで、計り知れない開発効率向上効果を生みます。Jenkinsを動かすにはサーバーが必要になるので、インフラエンジニアとして環境の準備を要求された際には、その用途と必要性を理解し、優先度を高く対応してあげましょう。

2-5 パブリッククラウドを選択する

クラウドの意味とは

ここまで、ところどころで「クラウドサーバー」という単語を出してきましたが、クラウドというバズワードは非常にあいまいなので、おおまかな意味の確認と、この節における意味を明確に定義しておきたいと思います。

クラウド／クラウドコンピューティングという単語は、それまでSaaS(Software as a Service)、PaaS(Platform as a Service)、IaaS(Infrastructure as a Service)と言っていた、サーバーやサービス、データ管理をネットワーク越しに提供するサービス群を丸ごと含んでいます。

クラウドというバズワードが出てきた頃は、「仮想サーバーを借りる」といえばIaaSの部類の話だったのですが、今は1つ1つVMを借りるというよりも、インフラ機能全体を1つのクラウドサービスとして売り出しています。サーバーそのものだけではなく、ネットワークやストレージ、負荷分散や冗長化といった仕組み、多彩な管理機能など、複雑になりつつも便利になってきています。

そういった多岐にわたる機能を含んだ仮想環境を、だれもが借りられるように提供しているのが「パブリッククラウド」です。そして、借りたサーバーのことを「VM」「インスタンス」「クラウドサーバー」などと呼びますが、パブリッククラウドごとに名称をつけていることも多いので、総称としては「VM」。あるパブリッククラウドのあるサービス——たとえば、AWS(Amazon Web Services)の基本インスタンスは「EC2」と明確に名称で呼ぶことが多いです。

この節では、このパブリッククラウドを利用して、B to BやB to Cといった公開サービス用のインフラ環境を構築していくために必要なことを順に追っていきます。

機能イメージはほぼ同じで、1つの組織の中に、その組織でしか利用できないように作られた仮想環境を「プライベートクラウド」といいますが、それについては第4章で取り上げます。

クラウドのメリット

公開サービス用のサーバーといえば、昔は物理サーバー単位で扱うのが一般的でした。回線とラックだけ借りて、サーバーの購入と設置、構築までを自分たちで行う「ハウジング」、すでに用意された物理サーバーとOSをそのまま借りる「レンタルサーバー」などです。クラウドが出始めの頃は、「いや〜、クラウドなんて高いし、危なっかしくてないわ〜」という感想でしたが、今となっては「1物理サーバーに1OS、というほうがありえない」という考え方に変わっています。それぞれにどのようなメリットとデメリットがあるのか、考えていきましょう。

費用対効果がいい

インフラにおいて、最も重要なのはカネです。同じサーバーリソースを確保するにも、目先のカネでいえば、クラウドはハウジングの2〜3倍の費用が必要と言われています。それは、ネットワークやサーバーの準備から保守まで、クラウド側が担当しているのですから当然といえます。

しかし、それ以外にも見落としがちな効果があります。それは、「本来ハードウェアを準備し、保守・運用するはずだったリソースを削減できる」という点です。これはハウジングとクラウドの両方の運用経験がないと想像しづらいところですが、たとえば4〜5人で担当していたハウジングの運用を、クラウドなら1〜2人で運用でき、残りはアプリケーション開発などに回すことができる、という考えです。

データセンターの契約にはパターンがあるので割合は一概に言い切れないところですが、すべて自分たちで物理サーバーを運用するとなると、現地に赴いたり、オンサイト保守に付き添ったり、休日・深夜対応があったりと、かなり大変です。人事的にも組織作り的にも、集めるのが難しいインフラ部隊が小規模で済むのであれば、相当な効果であるといえます。

拡張性と縮退性に優れる

クラウドは拡張性が非常に優位です。急な拡張において、物理サーバーを購入するとなると、どれだけ早くても、3週間以上の納期がかかります。データセンターからのレンタル契約ではデータセンターの在庫が頼りになりますが、「最近の読みきれないトラフィックの急増に対応できるか？」というと危なっかしく、「即日使えるか？」というとそうではないことが多いです。それに対してクラウドは、潤沢な在庫と、必要な時に即利用できるオンデマンドを強みとして提供されています。もちろん、裏側では物理サーバーが動いているので上限はありますが、今、最も拡張性に強いのはクラウドであることはまちがいありません。

即日の拡張ができるかできないかでは、パブリックなサービスにとって、天地ほどの差があります。キャパシティオーバーするとサービスが提供できなくなり、売上にもろにヒットするからです。そのために、物理サーバーの場合は前もって予想より多めに用意しますが、それがムダになるかもしれないし、それでも足りないかもしれません。その不安を払拭してくれるクラウドは、高い費用を補って余りある効果をもたらしてくれます。

そして、それとは逆に、縮退性にも優れています。物理サーバーには減価償却や最低リース期間というものがあるので、一度構築したら1～2年は使い続けなくてはいけません。しかし、クラウドでは、即日ポイすることができます。また、物理サーバーを扱うとなると、サービスを撤退する際に使いまわす先のサービスなければ、物理的に撤去しなくてはいけなく、設置と撤去を合わせるとこれまたかなりの労力になることが想像できるでしょう。

これらをあわせて、クラウドは「必要なリソースに対して、最低限に近いリソースの確保と費用で済む」といわれています。物理サーバーでは、長い納期、予想より上回るトラフィックのためのリソース確保、そして撤去までの期間と、リソースの波の振れ幅が広くなりがちなため、これらについてはクラウドがはるかに優位といえます。

■ オンプレミスとクラウドにおけるリソース確保の違い（1）

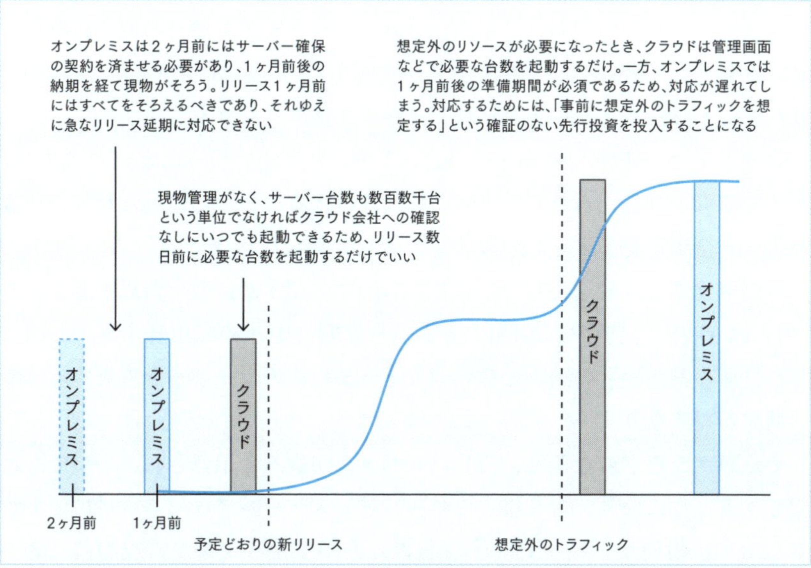
オンプレミスは2ヶ月前にはサーバー確保の契約を済ませる必要があり、1ヶ月前後の納期を経て現物がそろう。リリース1ヶ月前にはすべてをそろえるべきであり、それゆえに急なリリース延期に対応できない
想定外のリソースが必要になったとき、クラウドは管理画面などで必要な台数を起動するだけ。一方、オンプレミスでは1ヶ月前後の準備期間が必須であるため、対応が遅れてしまう。対応するためには、「事前に想定外のトラフィックを想定する」という確証のない先行投資を投入することになる
現物管理がなく、サーバー台数も数百数千台という単位でなければクラウド会社への確認なしにいつでも起動できるため、リリース数日前に必要な台数を起動するだけでいい
オンプレミス
オンプレミス
クラウド
クラウド
オンプレミス
2ヶ月前
1ヶ月前
予定どおりの新リリース
想定外のトラフィック

■ オンプレミスとクラウドにおけるリソース確保の違い（2）

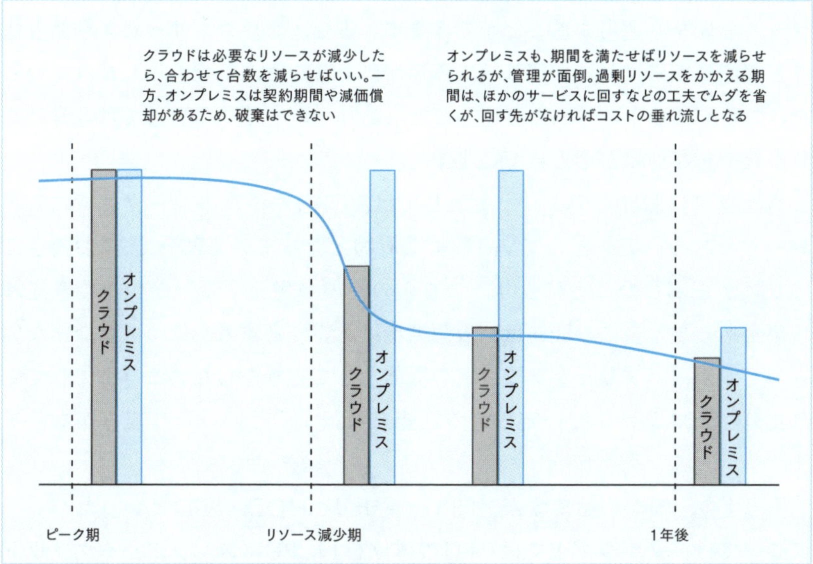
クラウドは必要なリソースが減少したら、合わせて台数を減らせばいい。一方、オンプレミスは契約期間や減価償却があるため、破棄はできない
オンプレミスも、期間を満たせばリソースを減らせられるが、管理が面倒。過剰リソースをかかえる期間は、ほかのサービスに回すなどの工夫でムダを省くが、回す先がなければコストの垂れ流しとなる
クラウド
オンプレミス
クラウド
オンプレミス
クラウド
オンプレミス
クラウド
オンプレミス
ピーク期
リソース減少期
1年後

新しいスペックのものがいつでも選べる

サーバーのスペックには、大きく分けてCPU・メモリ・ストレージの性能や容量といったものがありますが、どのハードウェアも進化の速度は凄まじく、半年から1年スパンで性能がグッと向上したり、価格が安くなったり、はたまたまったく新しいテクノロジーが生まれてきたりもします。

物理サーバーを利用するとなると、1～3年単位で扱うことになるので、いつまでも入れ替えられず、気づけば入れ替えることすら億劫になり、放置できる安全策を採るようになります。また、数台ならばWeb／AP／DBといった用途ごとに最適化して用意したらいいのですが、数十台以上となると「何台はAP用」「何台はDB用」とある程度割合を決めて用意することになり、負荷の割合がその読みと食い違うと、また次のサーバーを準備するまでの期間が短くなります。

それがクラウドになると、新しいスペックが次々と用意され、いつでも選択できるようになり、古くなったサーバーのスケールアップも容易にできたりします。物理サーバーでは「CPUだけを多く使うシステムなのに、メモリを多く積んでいる」などでもったいないリソースが溢れがちでしたが、サーバーの用途ごとに最適化された選択も多く用意され、もったいないリソースを少なく運用することができます。また、クラウドサービスも競合他社と機能や価格において競り続ける運命にあるため、ただ利用し続けているだけで勝手に値下げされたりすることもあり、ユーザーにとっては非常にありがたや～な環境がそろっています。

クラウドにおけるデメリットとしては、CPUやネットワーク、特にストレージなどの、実態としてVM間で共有物となっている部分で、「お隣さんのVMが荒ぶったことにより、こちらの性能が劣化する」といった道連れ現象があります。この問題は、仮想環境において必ず考えなくてはならないものですが、パブリッククラウドの機能としてそうならないよう努力してくれたり、オプションで一定以上の性能を保証するといった仕組みがあります。

もう1つ、細かい話ですが、CPU・メモリ・HDD・SSDといったパーツについては、クラウド上ではCPUの単位を1vCPU（スレッド）やクラウド独自の性能単位で表現したり、メモリやストレージは単に容量だけの表記で提供されることがほとんどです。CPUは同じスレッド数でも世代によってかなり性能が違いますし、メモリやストレージもIOPS（I/O per Second：1秒あたりの入出力数）やアクセスレイテンシがモノによって異なるので、「作ったインスタンスによって、性能が微妙に異なる」といったことが発生します。物理サーバー好きは、割り当てられたCPUの型番を確認したり、ベンチマークを採って、場合によっては作りなおす気概すらありますが、大局的にはいちいち1つ1つチェックなどしてられないので、先端技術のクラウドサーバーといえど「こまけぇことはいいんだよ！」という大雑把な精神も必要です。

多機能が提供されている

サービスを提供するためには高トラフィックが発生するのがあたりまえとなった今の時代では、各種サーバーをただ用意するだけではサービスは成り立ちません。冗長化や負荷分散、強靭なネットワークやキャッシュサーバー、デプロイや監視など、挙げればキリがないというほどではないですが、すべてを満足に整えるには正しい知識と十分な時間が必要です。

自前でデータセンターに構築した環境の場合、こういった仕組みはすべて自分たちで考え、ベンダーとも相談して、自分たちで構築し、運用していかなくてはいけません。少しずつ考えて検証して導入していった時代と違い、あらゆるサービスに急成長の可能性があり、有効性が証明された技術が数多く存在する今、さきほど挙げた仕組みの多くは最初から必須に近いものばかりです。

スタートアップにおいて、「オフィスは小ぢんまりとしていても大丈夫なのに、サービス提供用のインフラ環境は貧弱を許さない」という、ハイリスク・ハイリターンとはいえ、インフラエンジニアにとって厳しい時代ともいえるでしょう。

そんな厳しさを少しでも緩和するべく、パブリッククラウドではこれらの仕組みを運用機能として提供しているところが多くなってきています。インスタンスを2つ立ちあげてチョイと設定するだけで冗長化して組めたり、ロードバランサで負荷分散したりと、多くの機能がブラウザから管理画面をいじくるだけで使えるようになっています。もちろん、どの仕組みを利用するにも、その仕様やくわしい設定などを正しく理解する必要はありますが、動作の信頼性という点では、自身で構築したものよりも、数多くの事例を抱えるクラウドの仕組みのほうが、「できるだけ手軽に、気兼ねなく」という視点では安心できるレベルといえるのではないでしょうか。

「費用が最重要」といっても、機能が満たされていなければ、安くても意味がありません。基本的な機能はどのようなものがあるのかを知り、数カ所のクラウドを比較して、費用と機能、そして信頼性などを総合的に見て、バランスよく決断していきましょう。

クラウドのデメリット

ここまで、クラウドばかり持ち上げる内容でしたが、物理サーバーの不満点を解決するために生まれたようなものなので、至極当然です。しかし、デメリットもあります。—— が、ここで声高に説明する内容は、人によってはまったく心に響かない、宗教チックなものかもしれません。私がデータセンターのオンプレミスでやってきた環境からクラウドとの併用に至るまでの経験から感じた、意識の高い考察を共有します。

技術力が低下する恐れがある

クラウドは、言ってしまえば、金で仕組みと時間を買っています。これは札束でインフラ環境を積み上げる腹黒いイメージではなく、ここまで説明してきた多くのメリットにより、「それが総合的に見て1つの正着である」と結論づけていいほど安価に安定した時代に突入しています。

ただ、この正着を、あえてヒネくれた方向から解釈すると、「金により、仕組み・アーキテクチャの考案と検証、構築と運用までを放棄している」ともいえます。クラウドを利用するということは、既存のシステムを理解し、運用できるようになる、ということです。

これを、「インフラエンジニアのキャリア」という視点で考えた場合、どうなるでしょうか。アーキテクチャの考案から運用までをやりきったエンジニアは、クラウドプラットホームを構築できるまでの地力を得ている可能性があります。それに対し、パブリッククラウドを使いこなすだけに注力したエンジニアは、さまざまなパブリッククラウドをすぐに使いこなせても、ゼロから環境を構築することは難しいかもしれません。

独自環境を経験した後にクラウドを、クラウドの後に独自環境を手がけることは、どちらも役に立つことはまちがいありません。しかし、クラウドしか経験したことがないと、ネットワークやハードウェアといったレイヤーに弱く、さまざまな機能の細かい仕様に疎くなるのではないかと危惧しています。

「サービスが健全に動き続けるようにする」という目的が達成できていれば、それでもいいかもしれません。しかし、インフラエンジニアとして成熟するには、1つ1つの仕組みや仕様を知ることにこだわるのが必須であると考えます。今現在の時代では、まだオンプレミス経験者が多く存在しますが、もう少し時代が流れてクラウド経験者しかいなくなると、「組織の技術力の低下」という課題が出てくるかもしれません。IT技術は余計なことを覚えなくていいように進化していくので、この心配も杞憂に終わる可能性すらあるのがなんとも言いがたいところですが。

仕組みの理解と最適解の追求ができない

クラウドはいわゆるブラックボックスの宝庫で、ユーザーには必要最低限の情報しか提供しません。これは「不要な知識を意識させず、ムダな混乱を防ぐ」という意味でも正解でしょう。しかし、検証や運用をし続けていると、動作が失敗するなどで何が起こったのか把握したい時に、サーバーにログインできないタイプであったり、エラーログを取得する手段がなかったりと、原因の特定が不可能な場合があります。オンプレミスならばすべてが管轄下にあるので、そのようなことはありません。障害対応でもそうですし、クラウドのネットワークは仮想化されているので、物理的に最適な経路や構成を取ろうとしても自力では答えにたどり着けずに、「パブリッククラウドの管理者から可能な限りの情報を引き出して検討する」といった流れになることがあります。

1つ1つ仕組みを紐解いていくことはクラウドの本懐ではないのですが、なまじオンプレミス環境の構築を手がけたことがあると、ムズムズと仕組みが気になったり、オンプレミスでやった場合の最適解などを考えてしまいます。パブリッククラウドは、あくまで多くの顧客に対してできるだけ需要の高いプランを用意するので、1サービスでサーバー数百台の規模になると、オンプレミスにおける性能と費用の効率化に優位性を見い出せてきてしまいます。

そうなると、またクラウドのメリット・デメリットの話に戻ってしまうのですが、ほかの選択肢として、「比較的柔軟に対応してくれるパブリッククラウドにお世話になる」という手があります。外国産のパブリッククラウドはあまり融通が効かないのですが、国産だとボリュームディスカウントや特別スペック、特例アーキテクチャなどに応じてくれる場合があります。

スタートアップでは、あたりまえのようにクラウドを利用しつつも、そういったさまざまな可能性があることを頭の片隅に置き、クラウドしか扱えない"クラウド脳"にならないよう、柔軟に可能性を探る姿勢を残しておきましょう。

物理を愛でられない

仮想環境のみを知る時代がくると、ハードウェアの現物を知ることができない悲しい未来が待ち受けています。

自分が利用しているOSが、どのような筐体で動いているのか。
CPUとは、どんな形をしているのか。
HDDはなぜ壊れるのか。
はたまた、地球上のどこにあるサーバーを使わせてもらっているのか。

クラウドに限らず、データセンターに構築したとしても、今ではリモート管理機能がスタンダードになっているので、最初の構築や故障、増設のタイミングに立ち会わないと、インフラ部門に所属していても物理を愛でたことがないまま仕事をする可能性があります。

これも宗教的なものかもしれませんが、コンソールと管理画面しか知らずにすべてを行うよりも、脳内に物理イメージが少しでもあったほうが、より正しく安定した判断を下せる気がしています。たとえば、複数のHDDを1つのストレージとしてOSで扱う、RAID（Redundant Arrays of Inexpensive Disks）という仕組みがあります。そのRAIDで組んだHDDが「壊れました、交換します」と連絡があった時、「あぁ、これから現地でホットスワップHDDをガチャコンガチャコン抜き差ししてくれるんだな、何分くらいかかるんだろうな」となんとなく予想ができます。そのイメージもなしに、「直りました、大丈夫です」と連絡を受けて、何が起こったのか理解せずに運用を続ける —— なんとも恐ろしい事象だと思いませんか？

私にはそういう考えがあるため、機会があれば新卒エンジニアなどに、サーバー筐体の蓋を開けてパーツの説明をしたり、ラックマウントの大変さを説くことがあります。インフラエンジニアとして新しく人が入った時には、タイミングが合えばデータセンターに連れて行って、「貴方が担当しているシステムが動いているサーバーはここからここまで、可愛がってやってね」と見せてあげます。

もし、パソコンやサーバーの中身を見たことがないのであれば、デスクトップパソコンの蓋を開けて、1つ1つパーツを確認し、ついでにエアダスターでホコリを飛ばしてあげてください。それだけでも、何か1つ引っかかったものが取れる……はずです。

どのパブリッククラウドを選ぶか

世間では、これでもかと言わんばかりに多数のパブリッククラウドが提供されています。本格的に流行りだしてからまだ数年ですが、「不安定」「費用が高い」といった懸念事項があれよあれよと改良され続け、今では採用すること、少なくとも検討の対象とすることは当然のようになってきています。

具体的なサービスとしては、圧倒的な本命として「AWS」。対抗として、最近になって急に姿を現した「Google Cloud Platform」。それ以外にも、有力な候補として「IIJ GIO」「GMOクラウド」「さくらのクラウド」「ニフティクラウド」など、とても紹介しきれないほどのサービスが存在します。

AWS

どのクラウドにも良いところと劣っているところがありますが、あらゆる要素を総合的に判断して、最もオススメできるのは、まちがいなくAWSです。もちろん、本来は複数のサービスを調査し、比較し、必要があれば営業さんに話を聞き、そして採用の判断をするのが正しい手順です。しかし、もし自信をもって選択する力量や時間がないのであれば、「AWSに決め打ちしてしまい、運用しながら最適化を行っていく」という方針にしても、それは1つの正着であり、控えめに言っても誤った方向性ではないと言い切れます。

比較する要素には、費用／機能／安定度／自由度／実績／事例などさまざまありますが、AWSにはどの点をとっても隙がありません。そんな中、インフラエンジニアとして特に注目したいのは、やはり機能です。AWSの機能は、1つ1つにサービス名がつけられ、わかりやすく切り分けられています。そして、そのすべてが非常に納得のいく仕組みになっていて、しかももものすごい速度で進化や機能の追加が行われています。まるで、インターネットに生息するエンジニアたちの要望を丸ごと汲み取るかのように、素早く網羅的に進化しています。

進化し続けたAWSは、今や多機能で非常に巨大な仕組みになっており、悪く解釈すれば複雑で難易度が高めです。しかしながら、それを補うように整備された公式マニュアル、多くのユーザーからのアウトプットによって、簡素な構成から大規模対応まで必要な情報が十分にそろっていることもAWSの強みといえます。

Google Cloud Platform

AWSに対し、公開されて間もないGoogle Cloud Platformは、公式マニュアルは整備されども、「一般ユーザーの情報量が十分」とはお世辞にもいえません。情報不足だと、構築や運用に時間をとられることになるため、費用や機能の優位性が多少あったとしても、総合力でAWSを選択する可能性が高いです。

国産クラウド

スタートアップとしては、もしかしたらAWSやGoogle以外の国産クラウドのほうが親しみやすく、使いやすいかもしれません。国産といえど、費用や機能面で劣っているということはなく、むしろ安い場合もありますし、クラウドよろしく、小規模からはもちろん、大規模までのプランも考慮されているので、巨大に成長性しても移行せずに使い続けることも可能です。「一般的な情報量」という点では、AWSとは逆にまったくといっていいほど存在しませんが、公式の説明言語や構成が日本向けであり、営業やサポートとの距離が近く感じるという点で、政治的にも技術的にも取っつきやすいかもしれません。

いつでも移行できる準備をしておく

何を選択するかは非常に難しいところですが、いきなり身も蓋もないことをいうと、運用フェーズに入ってしまっても、「安定度や拡張時の運用などに不満が出た」「ほかに素晴らしい選択肢が出現して浮気したくなった」といった理由を想定し、いつでも移行できる準備をしておくと、大局的に見て安定的です。それは契約面でもそうですし、インフラエンジニアやアプリケーションエンジニアなどの現場の体制、サービスの運用方針、すべての事情に関わってきます。前もって移行を覚悟しておくかしておかないかで、植物の心のように平穏に移行できるか、修羅場をくぐることになるかが変わってくることでしょう。

裏ルートの存在をかき集めるべし

純粋な比較には、費用と機能を吟味し、構築のしやすさ、運用フェーズでの安定度、情報量と推し量るべきです。しかし、なにしろサービスのインフラとなると固定費が莫大なので、インフラエンジニア視点のみで決断することは少ないかもしれません。では、ほかに何があるかというと、人脈やお付き合いといった「政治力」です。もしかしたらお偉いさんや営業さんが、とあるパブリッククラウドを紹介してきて、その中から選ぶ必要があるかもしれません。それにより、通常ルートではありえない、事例掲載を条件にした割引や、ボリュームディスカウントの存在を知ることができるかもしれません。エンジニアとしては政治干渉をあまり心良く思わないかもしれませんが、「費用以外の面で、最低限を満たしている」と判断できるのであれば、そういった選択肢を増やす裏ルートの情報は率先してかき集めるべきです。

別の視点としては、最近になって、Google Cloud Platformは特に費用面でAWSに追いつき、追い越す動きを見せています。AWSもそれを振り払うように値下げをするという、まさに資本で殴りあうようなクラウド戦争が勃発しています。ユーザーとしては、この戦いによって安価になっていくクラウドシステムを温かい目で見守り、冷静に機能面を比較して、ありがたく使わせていただきましょう。

何を選択することになるにせよ、パブリッククラウドにある程度納得したうえで利用していきたいのであれば、まずはAWSの無料枠で遊び、AWSを主軸に比較していくと、クラウドエンジニア（笑）としての土台と自信を確かにやっていけることでしょう。

……ということで、以降のパブリッククラウドの考え方については、AWSの内容に沿う形で説明していきます。

2-6 パブリッククラウドを利用する

アカウントの管理で注意したいこと

どのパブリッククラウドも、オンラインでの即利用可がウリ、というかあたりまえになっているので、管理画面の雰囲気をつかんだり、無料枠で試用するために、すぐ作れるのであればドンドン登録して、テストしてみればいいでしょう。

登録において注意したい点が2つあります。1つめは、個人として登録できず、法人としてしか利用できないクラウドがあること。2つめは、支払い方法が、クレジットカードのみ、銀行振込／口座振替のみ、両方対応可とパターンがあり、気軽に試用できない場合があることです。試用はできるだけ障壁なくスピーディに行いたいところなので、経理担当者と仲良くして、迅速に柔軟に対応していきましょう。

費用の支払いにおける細かいところでは、「お財布は一緒だけど、費用管理はサービス別や部署別にしたい」というパターンがあります。AWSでは、あるアカウントが子アカウントのようなものを作成することで実現できますが、もしほかのクラウドで気になる場合は、お問い合わせで聞いてしまったほうが早く進めることができるでしょう。

費用が発生するタイミングは、日／時／分単位と、クラウドによってさまざまです。当然、額はある程度の予測はできても、一定になることはありません。組織には予算というものがあり、普通は見積りなどで確定した金額を申請して許可を得るといった流れになりますが、クラウドにおいては予測した金額の最大値を確保するなど、柔軟な対応が必要になります。これは、組織規模が大きくなるにつれて堅くなり、対処が面倒になりがちなので、スタートアップから組織として慣れさせ続けるべきです。

最近では、どのクラウドにもAPI機能が実装されていますが、まずは通常の管理画面がしっかりしていないとお話になりません。見えるところをひととおり触って、運用しやすさをつかんでいきましょう。

ネットワークのポイント

PublicとPrivateを使い分ける

出たてのころのパブリッククラウドは、インスタンスを立ち上げると基本がグローバルIPアドレス付きで、そこに対して1台ずつSSHログインをしたり、プライベートIPアドレスのみの設定にすると踏み台経由のSSHログインをしなくてはならず、セキュリティ的に“危険”ということはなくとも、気分的に“安心安全”とは言いがたいものでした。しかし、今では多くの環境で、WANと直接つなぐことができるPublicネットワークと、つなぐことができないPrivateネットワークを明確に分けて作り、オンプレミスと同じような構成を作ることができるようになりました。仮想サーバーの技術に、仮想ネットワークの技術が追いついた、良き時代の到来です。

「Publicネットワークが WANとつなげられる」といっても、内部的には直接グローバルIPアドレスが割り当てられるのではなく、ロードバランサなどを通して、特定のグローバルアドレスにリクエストが来たら特定のインスタンスに転送される手法となります。インスタンスから WANに接続しようとする場合は、デフォルトゲートウェイを経由して通信します。

AWSを例に出すと、自動で作成するPublicネットワークとPrivateネットワークの違いは、「外につなぐためのデフォルトゲートウェイが設定されているかどうか」程度で、たいした違いはありません。そこに任意で

- 「ElasticIPアドレス」と呼ばれるグローバルアドレスを割り当てて、外からつなげられるようにする
- Privateネットワークから外につなげられるようにするために、NATインスタンスを作成して、Privateサーバーのデフォルトゲートウェイを

設定する
- Privateネットワークの VPN機能と、会社のVPNサーバーを接続して、会社から直接つなげるように見せかける
- NAT構成を避けるために、全用途のEC2インスタンスをすべてPublicに配置し、VPCセキュリティグループで安全性を確保する

など、必要に応じていろいろカスタマイズできるのが特徴的です。

多くのパブリッククラウドは、顧客の規模や用途にあわせて「Publicだけの」「Privateだけの」といった構成を組むことができますが、インフラエンジニアとしてはそのクラウドで組むことができる最大構成を理解したうえで要不要を判断すべきです。

そして、ネットワークは運用に入ってしまえばほとんど触ることはないものですが、最重要な仕組みです。運用フェーズで大きな変更をすることは慣れていても、やりたくないことなので、中長期的にみて必要なものを最初から、もしくはいつでも組み込めるように設計するよう心がけましょう。

アドレス設計

オフィスの設計の時に、以下のようにIPアドレスを定めました。

- データセンターには、クラスA（10.0.0.0/8）を使う
- 第2オクテットは、データセンター単位とする
- オンプレミスなデータセンターは、10.0.0.0/16 〜 10.99.0.0/16の100個とする
- クラウドは、10.100.0.0/16 〜 10.199.0.0/16 の100個とする

これはただの区切りなので、サブネットで綺麗にする必要はありません。ただの好みです。

念のため、データセンター単位とはなにか確認しておくと、オンプレミスなら「○○国○○都道府県○○市区町村にある○○番目のデータセンター建屋」で1つのデータセンターです。クラウドは、パブリッククラウドごとに

変えなくてはいけないかもしれませんが、「1契約ごとの○○国の○○番目のデータセンター」で1つになります。

そして、第2オクテットを10区切りで、国を表現しておくことにします。

- オンプレミスの日本　→　10.0.0.0/16 ～ 10.9.0.0/16
- オンプレミスのアメリカ　→　10.10.0.0/16 ～ 10.19.0.0/16
- クラウドの日本　→　10.100.0.0/16 ～ 10.109.0.0/16
- クラウドのアメリカ　→　10.110.0.0/16 ～ 10.119.0.0/16

これで10の国に展開していくことができますし、必要があれば細かくも広くもできます。

スタートアップでこんなことを考えても、ムダっちゃムダかもしれません。ですが、別にすぐに物理的なネットワークに設定を切るわけでもないですし、数分少し考えるだけで将来役に立つかもしれないのですから、笑いながらでも設計しておけばいいのです。

ただ、パブリッククラウドでは自由にネットワークの範囲を決められるところと、できないところがあります。そのため、上記の国別設計などは一瞬にして消し飛ぶ可能性はあるのですが、それ以上に厄介な問題があります。たいていのパブリッククラウドはクラスAかBを用いるのですが、会社が持つ既存のネットワーク環境と重複すると、ややこしいだけでは済まず、VPNでネットワークをつなげたい時にルーティングが困難になるということです。その場合は、なんとかパブリッククラウドに頼んで、別のネットワークを割り当ててもらうことになるでしょうが、重複に気づかずに突き進むと悲惨なことになるので注意しましょう。綺麗でなくてもいいので、少なくともデータセンター単位でユニークなCIDR（Classless Inter-Domain Routing）のネットワークにすることが肝心です。

では、AWSを例に出してみましょう。AWSには「Region」という大きな地域の単位があり、日本の場合はTokyo Regionを使います。そして、「Availability Zone（AZ）」という、物理的に離れたデータセンターの単位があります。AZはデータセンター単位ではあるのですが、「Region内のAZ同士は直接ネットワークをつなぐことができる」という特徴があるため、ネットワークの単位としてはRegionを1つとして設計します。そして、1つのAZに1つのPublicサブネットと1つのPrivateサブネットを設定し、複数のAZで運用することで冗長化を図ります。

この場合、VPC（Virtual Private Cloud）機能でTokyo Regionを10.100.0.0/16とし、実際に切るサブネットとしては以下のように一定のルールを決めて範囲を切ります。

【Public】

ap-northeast-1a → 10.100.0.0/22
ap-northeast-1b → 10.100.4.0/22
ap-northeast-1c → 10.100.8.0/22

【Private】

ap-northeast-1a → 10.100.20.0/22
ap-northeast-1b → 10.100.24.0/22
ap-northeast-1c → 10.100.28.0/22

AZは実際には2箇所しか利用できないようになっていますが、存在としては3箇所あるということと、最近になってAmazon Aurora（次ページのコラムを参照）のような3つのAZを必要とする機能が出現したため、ネットワーク設計上は全AZに対応させておいたほうが無難です。

ほかにも、ステージング環境を必要としたり、2000台以上のインスタンスを扱うような場合は、同VPC内に別のサブネットを切ったり、範囲を変えたり、別のVPCにするなどして対応していきましょう。

■ AWSのIPアドレス設計

大分類	割り当て範囲
オンプレミス	10.0.0.0/16 – 10.99.0.0/16
パブリッククラウド	10.100.0.0/16 – 10.199.0.0/16

国単位	割り当て範囲
国内クラウド	10.100.0.0/16 – 10.109.0.0/16
アメリカクラウド	10.110.0.0/16 – 10.119.0.0/16
欧州クラウド	10.120.0.0/16 – 10.129.0.0/16

クラウド単位	割り当て範囲
AWS（1）	10.100.0.0/16
AWS（2）	10.101.0.0/16
国内クラウド（1）	10.105.0.0/16
国内クラウド（2）	10.106.0.0/16

サービスVPC単位	割り当て範囲
サービス（1）	10.100.0.0/19
サービス（2）	10.100.32.0/19
サービス（3）	10.100.64.0/19
サービス（4）	10.100.96.0/19

公開対象	AZ	実効範囲
Public	1a	10.100.0.0/22
	1b	10.100.4.0/22
	1c	10.100.8.0/22
Private	1a	10.100.20.0/22
	1b	10.100.24.0/22
	1c	10.100.28.0/22

column

Amazon Aurora

RDSと同じデータベース機能として、2014年の終わりにAmazon Auroraが発表されました。MySQLを大きく改良して動いているシステムで、性能面や可用性において非常に優れているとされています。

費用面でRDSよりも有利かというとそうでもないのですが、費用対効果でいえば大きく上回りそうなポテンシャルを秘めています。それゆえに、あえて紹介させていただきましたが、RDSやEC2上のMySQLから移行する場合、MySQL 5.6である必要や、innodb_file_per_tableが無効である必要があり、それ以外は一度mysqldumpでのバックアップ／リストアが必須となってしまいます。

もし、RDSやEC2上での運用を検討する場合は、Auroraへの移行条件を満たしておくべきですし、Auroraが利用可能になっていればAuroraを強く推奨します。

VPN

クラウドにあるサーバーにSSHログインするには、Publicネットワークのサーバーなら直接SSHポートでログインしたり、Privateネットワークのサーバーなら Publicサーバーを踏み台にしてログインする、といった手段があります。ただ、それではセキュリティ的にも手間的にも非常に面倒くさいので、VPNを使って、プライベートIPアドレスで直接つなげられるようにします。

一般的なクラウドだと、VPN機能はなく、Publicネットワークにインスタンスを作成してVPNサーバーを作ることになるかもしれません。AWSの場合は、VPCを作成するとVPN機能がおまけでついてくるので、オフィスのVPNサーバーから指定されたアドレスにVPNコネクションを張るだけでネットワークを築くことができます。

VPNの仕組みはググってしっかり理解していただきたいところですが、大雑把に説明すると、WAN間でVPNコネクションを作成してルーティングを整えることで、アチラとコチラのサーバー同士がプライベートIPアドレス同士で通信できるようになり、ついでに通信が暗号化されるという優れものになります。用途としては、以下のようにさまざまです。

- 先ほどのSSHログインのように、踏み台不要でログインできるようにする
- オフィスとデータのレプリケーションをする
- マル秘データの転送経路にする

ただし、VPNは暗号化処理をしていたり、負荷分散に向かないことから、高トラフィック用途に使うことは推奨されません。

具体的に構築に使用するものは、AWSなら有名ベンダーのL3スイッチが推奨され、インポートするだけの設定も配布されています。Linuxでipsec-tools + racoon + quaggaを用いることでも接続できますが、正規の冗長化ができないのでチャレンジャー向けになります。一般的なクラウドでVPN用インスタンスを自分で起動するところから始めるならば、双方のLinuxに

OpenVPNまたはIPsecを入れて接続します。特にこだわりがないのであれば、OpenVPNをオススメします。

小規模であれば最初は不要かもしれませんが、あると便利な機能の1つなので、隙あらば構築してみると、意外な幸福の道が拓けることでしょう。

DNS

外部にサービスを公開するには、必ずドメインが必要です。いまだに直IPアドレスでアクセスさせるサービスもごく稀にありますが、機能的には説明するまでもなく、名誉的にも絶対にやめましょう。

ドメインには、サービス名で1つ新しくとって利用するか、会社名などがついたドメインのサブドメインを使うかの2つの方法があり、それぞれ特徴があります。

まず費用面と管理面において、1サービス1ドメインの方法は微量とはいえ費用がドメイン数だけかかり、更新期限やゾーン、レコードの管理に手間がかかります。一方、サブドメイン方式だと1ドメインで済むので、すべてがスッキリします。

それとはまったく別の考えとして、「サービスのイメージ」という点があります。サブドメイン方式だと、どうしても「○○社のサービス」という見え方になるため、サービスの評価にどうしても会社のイメージを含んでしまいます。しかし、専用ドメインにすると会社名はなくサービスしか見えませんし、URLも短くなります。「ユーザーは会社のファンになるのではなく、サービスのファンになるのである」という真理により、専用ドメインのほうがサービスとしての伸びしろが大きく早くなる……気がしませんか！？

まとめとしては、以下のように選択すると、少なくとも誤った方向性ではなく、幸せになれるのではないかと私は考えますが、宗教チックなので、あくまで参考程度にお願いします。

- 「ググッと伸びてほしい」と願うなら専用ドメイン
- ポータル系サイトを目指すか、ユーザーにURLが見えないならばサブドメイン

··> インスタンスを選択するうえでのポイント

クラウドサーバーといえば、まずはスペックと費用の表を見て、キャッハウフフするのが醍醐味です。現物のパーツと違って、メーカーや型番、消費電力など細かいことを気にせずに、上っ面のスペックだけ見て決めるだけでいいという幸せの中でも、どのように選択していくべきかを考えていきましょう。

CPU

CPUは、各種パーツの中でも最重要かつ、高価でスペック項目が多い、インフラエンジニアとして選択が楽しい部位なのですが、クラウドではそんな小難しい検討項目を取っ払って、一律な数値で性能を表しています。

項目として見るべき順に並べると、まずOSから見えるCPUのスレッド数が最初にきます。Linuxでいうと、/proc/cpuinfoに記載されているprocessorの数がこれにあたるのですが、クラウドではそれを「Virtual Cores」「vCPUs」「コア数」などとさまざまな表現をしています。仮想サーバーとしてはvCPUsが最も一般的だと思われますが、この数自体はCPUの性能を直接的に表すものではありません。せいぜい、「本番サーバーでは、1vCPUではなく、2vCPUs以上にすべき」程度しか、確実にいえることはありません。

次に、CPUの性能を表す各クラウド独自の単位があります。「ECU」や「ICU」などがそれにあたり、それがvCPUsに関係なくそのサーバーのCPU性能を表しているもので、真の性能の判断基準となります。これは、数多くあるクラウドサーバーのCPUの型番を統一できないことから生まれた表現だと思われますが、当然、こんな略称の単語じゃ意味がわからないので、必ず近くの注釈に「1ECUは、Xeon55xx番台の、n.nGHz　1スレッド分に相当します」といった説明が書かれています。それにより、その型番の性能を知らなくとも、少なくともそのパブリッククラウド内におけるスペックプランごとの性能を比較することができます。

このクラウド独自のCPU性能表現が存在しないクラウドもあり、CPU大好き人間ならば突っ込みどころ満載となるでしょう。「1コア 2コア」と表現されていれば、「1コアならマルチスレッドで、OSから見て2vCPUsになるのか！？」と突っ込みたくなりますし、「1vCPU　3GHz相当」と説明されていれば、「いつの時代の、どのCPUの周波数だよ！？」と突っ込みたくなります。vCPUsは複数か否かで「プロセスを並列処理できるか」という重要な部分に関わるので、1vCPUなのか2vCPUsなのかはっきりしてほしいですし、型番の世代が違えば同じ周波数でも性能差は歴然としているので、うやむやにしてほしくないところです。

最終的には、試用の段階でベンチマークをとって決断するのが正解なのですが、CPU性能の表現に気を使っているかどうかで、エンジニア気質や運営粒度の匂いを感じざるをえません。私としては、vCPUsの数、性能の独自表現値、そしてその独自表現の説明がキチンとされているところに好感がもてます。

かといって、表現があいまいなところでも意外に高性能なCPUを積んでいたりするので、営業さんに説明を聞いたり、実際にベンチマークをとることを忘れずに、しっかり理解と納得をしたうえで利用させてもらいましょう。

メモリ

クラウドのメモリ容量は、たいていCPU性能とセットになって1つのスペックとなっており、CPUとほぼ比例する形でメモリ容量も定められています。そのため、「CPUとメモリ、どちらをより多く必要としているのか？」「どちらが先にボトルネックとなるのか？」という視点でスペックを決定します。

どのくらいメモリが必要かは、サーバーの用途によって変わります。

Web／APサーバーや単体APサーバーのように負荷分散が容易で、最大接続数や起動プロセス数を調整できるものは、与えられたメモリ容量に対して総使用量がオーバーしないように設定するだけです。こういう性質のものは、1インスタンスあたりのvCPUsや全体の台数、CPUのコストパフォーマンスを優先してスペックを決めることができます。

DBサーバーの場合は、以下などを考慮することになります。

- メモリに載せるべきデータ容量とその中長期的変動
- 設定値がそのまま消費量となる「グローバルバッファ」の設定
- 設定値に最大接続数をかけて総消費量となる「スレッドバッファ」の設定

これらは、どれもメモリ不足がパフォーマンス低下に影響してきます。特に、データ容量は誤魔化しの効かない現実なので、データ容量の変化を算出し、そこにさらにバッファ設定の分の余裕をもってスペックを決めることになります。

ただ、データベースは生き物なので、日々成長します。そして、クラウドサーバーには、移行することなくOSやデータをそのままにスケールアップすることが可能なものもあります。その特徴を活かすためには、数ヶ月単位の先を見て余裕あるスペックを選択し、時が来れば「サービスをメンテナンスモードにして、DBサーバーを再起動するとともにスケールアップする」という前提で運用することが、ムダなく現実的といえます。

最近の流行りというか、必須になりつつあるKVS（Key-Value Store）サーバーの場合は、アプリケーションによってメモリに載せるデータの特徴を考える必要があります。「メモリ不足になった場合に、古いデータから削除されていってOKなデータなのか？」「ユーザー数の分はガチッと確保しなくてはいけないか？」といった特徴です。前者の場合は、不足がパフォーマンス低下につながる可能性があるので、拡張は計測レスポンスタイムとの相談になります。後者の場合、「1ユーザーあたり何バイトのメモリが必要なのか？」を算出し、ユーザーの増加や仕様の変更に対して拡張を計画することになります。

メモリは多く積むほど安心なものですが、多すぎてもお金のムダです。正確な必要容量を算出するのは難しいですが、がんばって少しだけ余裕をもったスペックを選択し、その後は監視計測によってエラーの増加やレスポンス速度の低下を検知することと、迅速なスケールアップ、スケールアウトに対応できることが肝心です。

ストレージ

ストレージは、データを何度も大量に読み書きし続けるデータベースなどにとって、パフォーマンスに直接影響する大切な部位です。ログやバックアップなどを蓄積するようなサーバーの場合は当然、容量が命になります。つまり、ストレージはボトルネック候補No.1ということです。

多くの場合は、基本インスタンスのローカルディスク容量は数十GBと決まっていて、そこに数十から数百GBの追加ディスクをつけて利用します。AWSのように、CPUやメモリと同様、比例する形でディスクの基本容量も増加するパターンは稀です。

ストレージの性能には、容量のほかに、IOPS、アクセスレイテンシ、耐久性など評価項目がいくつかありますが、クラウドのそれは非常にシンプルになっています。「容量が何GBか？」「ドライブはHDD（遅い）か、SSD（速い）か？」しか判断基準がありません。そのため、容量が足りないとわかっていれば追加オプションで調整し、読み書きのIOPS性能に不安があればSSDを選択することが基本になります。

実際にサーバーのHDDを運用したことがある人ならば、「RAID（ミラーリング）により、冗長化はできているのか？」といった故障時の対応や耐性、「IOPS値は、最大／最小でいくつになるのか？」といった細かい点が気になるでしょう。クラウドはそういった細かいことに気を使わなくていいように構成され、説明されていることがほとんどです。

しかし、それを“メリット”と捉えてノホホンと利用するほどお人好しではいけません。気になった事柄は自身で調査し、ブラックボックスな部分は可能な限りパブリッククラウド管理者から聞き出すべきです。その回答次第で、そこのシステムや運営者の信頼性を計ってもいいくらいです。

耐性については、HDDならまちがいなくミラーリングされているでしょうが、それを確認して悪いことなどありません。SSDは何を使っているかまでは回答できなくとも、構成の説明や稼働率の実績で納得させてくれるならば、何も問題ありません。

速度的な性能については、明確に表記しているところはまずありません。これは、共有ストレージであるがゆえに、お隣さんと影響しあうベストエフォートだからという理由が考えられます。しかし、性能はインスタンスさえ借りてしまえば、自分でベンチマークを採ることで確実に評価できます……と思ったのもつかの間、数カ月後に、荒ぶるご近所インスタンスによって性能が劣化することなど、クラウドサーバーではめずらしくありません。そういった懸念については、事前にリスクを説明してもらったり、性能保証付きのストレージを提供しているクラウドを選択することで解決していきます。

最近は、SSDやioDriveといった高速ドライブの選択が一般的になり、ユーザーにとって非常に良き時代になっています。しかし、容量や性能に限界があることに変わりはないので、容量節約やパフォーマンスチューニング、リファクタリングといった施策を前提として、ムダなく利用していきましょう。

ネットワーク

ネットワークにはいくつか種類があります。

- インスタンスのスペックとは直接関係のないグローバルネットワーク
- インスタンスのスペックに含まれるプライベートネットワーク
- 追加ディスクや別ネットワークといった特殊な経路

トラフィックの上限に到達するのはサービス機能が停止するのと同義ですし、費用によっては削減施策を施す必要が出てくるので、条件についてはしっかり把握しなくてはいけません。

グローバルネットワーク

まず、グローバルネットワークは、大きく2つの課金形態があります。

1つは、GB単位の従量課金制です。WANからインスタンス（またはロードバランサ）へのIN、インスタンスからWANへのOUT、それぞれGBあたり何円と定められ、ある程度のボリュームディスカウントがありつつも、青天井な仕組みです。正しく利用し、正しく工夫できれば安く済む可能性がありますし、トラフィックの上限がない場合はキャパシティーオーバーによる機能停止の心配がほぼありません。しかし、おざなりに構成したり、予測しないうれしい悲鳴によって、青ざめる可能性もあります。最近ですと、ネイティブアプリのリセマラ（リセットマラソン）によって本来の数倍のトラフィックを生む事例があり、売上が安定する前にネットワーク費用で赤字になるパターンもあります。

もう1つは、上限付き固定費用制です。ロードバランサ（LB）の利用を前提として、LBにおけるIN／OUT合計が、10、20、50、100、……2000Mbpsといった区切り以下になるよう利用します。それぞれの区切りには月額固定費用が定められ、上限を超える通信は遮断されます。優しい環境だと、即遮断されず、事前にプラン変更を促してくるところもあるかもしれませんが、説明があいまいな場合はしっかり確認しておくべきところです。このプランは、「上限」という機能停止のリスクがありますが、「費用が青天井」というリスクを避けることができます。

ほかにも、固定費と従量課金を混合したようなプランや、「上限値が低めな代わりに、グローバル回線は無料」というクラウドもあります。トラフィックは日々変化していくので、日頃のトラフィックグラフのチェックと増設計画を元に、費用の計算や契約の変更を考えておきましょう。

プライベートネットワーク

次に、プライベートネットワークです。こちらはインスタンススペックごとに上限が決まっているものと、特に明記されていないものが多いです。上限が決まっているインスタンスは当然、ネットワークトラフィックがボトルネックになった時にはスペックプランを上げる必要があります。明記されていない場合は、利用前に上限について質問しておくべきです。プライベートネットワークは、特にAPサーバーの共有物となるDBサーバーでボトルネックになることがあるので注意しましょう。

特殊な経路

最後に、特殊な経路についてです。スペック項目とは関係ありませんが、追加ディスクとの通信量に制限が存在する場合があることは、一応知っておくべきです。“一応”というのは、ディスクの場合は、通信量よりもIOPSやレイテンシのほうがボトルネックになる場合がほとんどだからです。また、1つのパブリッククラウドにおいても、「仮想サーバーと物理サーバー」といった別のネットワークが存在する場合、その間のトラフィック制限にも気をつける必要があります。把握しておくと、仮想サーバーを配置するネットワークや数を適確に決めることができます。

ネットワークは、スペック的にはそれほど重要ではありませんが、アーキテクチャとしては最重要なポイントです。それが、パブリッククラウドごとに説明や仕様がかなり異なるところなので、地味ながらもしっかり調査と質問をして、不安を振り払っておきましょう。

column

高橋名人

むかしむかし、パブリッククラウドが流行りだした頃、ドリコムでもいくつかの環境を試し、とあるクラウドに落ち着いて、サービスを運用していました。当時としては十分に安価で、拡張性も運用しやすさもそれなりに満足し、数ヶ月が経過したころに事件は起きました……

「……サ、サービスが重い……ッッ！！」

一報を受け、トラブルシューティングに強いエンジニアが颯爽と立ち上がり、原因の究明に尽力しました。サービスのピークタイムは昼休み＆22～23時と一般的な時間帯でしたが、重くなるタイミングがそれとは関係なく発生し、原因の特定に苦しんでいました。

「……なにか……なにかがオカシイ……サーバーのご機嫌が悪い……！？」

違和感しかないその環境を相手に調査を続け、確信した原因は「DB追加ディスクの遅延」。よくある、というよりも、最たるボトルネックの確信までに四苦八苦したのは、タイミングが不規則であること、発生期間が数秒から数十秒程度と短いことが理由でした。

そして、担当エンジニアは歯を食いしばってコンソールと睨み合い、異常時にベンチマークツールを実行することに成功しました。その結果がコチラ……（ド ド ド ド ド）

平常時IOPS → 400
異常時IOPS → 10（ズキュウゥゥン）

なんということでしょう……！！ 私たちは目を疑いました。高橋名人の秒間16連打よりも遅いディスクを、大切な大切なデータベースサーバーに利用していたなんてっ！

私たちは再計測しました。しかし、何度やっても高橋名人を超えることができません。

私たちは問い合わせました。このディスクの正体はなんなのかと。なにゆえ、10IOPSしか性能が出ないのかと。答えは簡潔でした。

「仮想ディスクはSANを用いています。共有物のため、近くのインスタンスが高負荷をかけていることが原因と考えられます」
「な、なるほど。どうにかならないですか？」
「ならないです」
「では、出ていきます」

そんな流れで、そのパブリッククラウドの利用を断念し、お引っ越しをしました。当時はまだSSDやioDriveを採用できる時代ではなく、オンプレミス環境のRAID10を強化し、そのまま高トラフィック戦国時代に突入していきました。

仮想環境を自分で構築してみるとわかるのですが、メモリは親OSから確保されていても、CPUとストレージとネットワーク、特にストレージの性能を100%確保することは困難です。その時はまだ、データベース用の高性能サーバーを借りるには、仮想サーバーではなく物理サーバーになってネットワークが離れたりと、不都合が多い時代でした。しかし、今ではIOPS値の保証をオプションでつけられたり、SSDやioDriveの選択があたりまえになって、ストレージ困難期から抜け出したといえるでしょう。

私たちは、クラウドコンピューティングの恐ろしさを身に沁みて知っています。今では、私たちはクラウドコンピューティングのありがたみを身に沁みて知っています。それでも、私たちは忘れません。秒間10回しか処理ができない、クソストレージの存在を。

AWSの活用例

ここまで、ところどころAWSの話題を出してきましたが、もし何もしがらみなしにパブリッククラウドを使い始めるとしたら、まずはAWSの一連の流れを知ってからほかの研究にとりかかるべきです。AWSは、初中級者にとっては機能的に不足する点はほぼなく、試験費用も最小インスタンスを使って、不要時に丁寧に落とす分には無料かせいぜい数千円程度の金額で済ませることができるからです。

ただ、AWSを正しく効率的に運用するためには相応の努力が必要で、インフラをかじり始めの人にとってはお世辞にもかんたんな仕組みとはいえません。もし、やる気も自信もないのであれば、「外部のAWS運用業者に任せる」という手段もあることにはあるので、選択肢の1つとして知っておいて損はありません。多少お金が多くかかろうとも、仕上がるインフラがより早く、速く、安定的なのであれば、それも正解の1つだからです。

しかし！　そこまで外部に委託していては、インフラエンジニアとして成長したいエンジニア、インフラエンジニアを育てたいと思っている組織にとっては、恥以外の何物でもありません。AWSを知ることは、技術力の向上や技術文化の醸成におおいに役立つ良い機会なので、多少リソースや難易度に苦しもうとも、ぜひとも突っ切っていただきたいところです。

それでは、AWSの活用例を順に説明していきます。「活用例」と書いたのは、AWSは機能が切り分けられている分、非常に自由度があり、「コレが正解」というものがないためです。動かすサービスや運用ポリシーなどで有効な構成は変わってきます。ここでは、スタートアップに相応しいであろう構成を目的とし、あまり複雑なことはせず、しかし最低限の拡張性や冗長性を満たしたうえで、日々の運用が簡素になることを目標として設計する前提で解説していきます。

アカウント

AWSのアカウントは、クレジットカード登録と電話認証があるくらいで、ほかは一般的な項目を入力するだけで作成することができます。

アカウントの管理機能も充実しており、権限で本番環境とテスト環境を分離できたり、支払情報を共有したり、明細を分けることができて便利です。

まずは無料枠を利用する形で気軽に登録し、操作に自信がつくまでは細々と最小インスタンスを使ってアーキテクチャを決めていきましょう。そして、くれぐれも最初のうちは、不要なインスタンスの削除と費用のチェックを忘れないようにしてください。高性能インスタンスを起動しっぱなしにして、数ヶ月で数十万円を請求された個人の方もいるようですので……。

RegionとAvailability Zone

すでに解説しましたが、AWSのコンピュータは、「Region」という地理的に大きく離れた単位と、Region内で物理的に離れたデータセンター単位となる「Availability Zone（AZ）」という構成で成り立っています。

Regionは「アジアの東京」「アジアのシンガポール」「アメリカの西」と

いった世界規模を区切った単位であり、国レベルのリスク分散にもなりますが、メインはユーザー端末との距離を縮めるための施策となります。ユーザー端末とサーバーの通信において、太平洋をまたぐとなると、1往復するだけでも数百ミリ秒かかってしまい、1ページで複数のコンテンツを読み込むとなると数十秒になりかねません。そのため、日本国内のユーザー用のサービスなら東京Regionを選び、アメリカ用のサービスならUS Regionを選ぶことになります。

Availability Zoneはデータセンター単位であり、データセンターの障害に対するリスク分散となっています。インスタンスの構成を、AZをまたぎつつフラットな構成にすることで、1つのAZが潰れても、もう1つのAZがすべてのリクエストを受け付けることで、ダウンタイムを少なく抑え、DB系のマスター機能を自動的にフェイルオーバーすることで冗長化を実現できます。

AZは、時に一部の機能が選択できない場合がありますが、2つのAZで運用できればいいので、その時に利用できるAZを選択すれば問題ありません。また、1つのAZでも運用はできますし、そのほうが性能面で劣化する部位を減らすことができるかもしれませんが、サービスを中規模以上に育てる気があるならば、複数AZによる高可用性（High Availability）を確保するべきです。

VPC

実際にシステム構築をしていくにあたって、まずやるのは、最重要となるネットワークの構築になります。ごく小規模なシステムならば運用に支障はないかもしれませんが、それなりの規模であったり、小規模であってもメインのデータセンターとして利用するならば、VPC（Virtual Private Cloud）による独自ネットワークが必須といえます。

以降、VPC作成ウィザードに限らず、おおまかな実行手順を解説していきますが、AWSは変化が激しいので、説明と管理画面の構成が異なる可能性があります。できるだけ理解に食い違いが起きない説明にしていきますが、その辺はご容赦ください。

VPCの新規作成ウィザードへ進むと、いくつか選択肢が表示されますが、ここでは最大構成となる「Public + Private + VPN」とします。「最大」といっても、「Publicだけ」「Privateだけ」という選択肢は小さく見えて逆に特殊なので、最大が通常構成ともいえます。ほかにNAT構成などもあるかもしれませんが、NATサーバーは今回はあとで追加作成するものとします。

VPCは作るだけなら無料ですし、VPNは接続しなければ料金は発生しないので、気兼ねなくテストができます。WANとPublicネットワークにおける通信や、同Region内における一部のAZ間の通信など、料金が発生する場合もいくつかあるので把握しておく必要はありますが、短い時間ならばどうやっても小銭程度にしかなりません。

VPCの作成には、いくつかのネットワーク情報が必要となります。

まず、大きなネットワークの範囲となるCIDR（Classless Inter-Domain Routing）です。ここでは、前に設計した「10.100.0.0/16」とします。これはあまり範囲が小さすぎても作成できませんし、ほどよくキリがよくRegion単位であることを考慮すると、/16が推奨範囲になるでしょう。

次に、PublicとPrivateのサブネットを入力します。これも設計済みのPublicが「10.100.0.0/22」、Privateが「10.100.20.0/22」とし、両方とも同じAZを指定します。もし、ウィザードでMulti-AZを同時に作成できるならば、Public「10.100.4.0/22」、Private「10.100.24.0/22」で別のAZを指定して作成してください。Multi-AZの同時作成ができないならば、2つめのAZの分はVPC作成後にメニューのSubnetsから新規サブネットを作成してください。

AZは、東京Regionならば、以下から2つ選びます。

・ap-northeast-1a
・ap-northeast-1b
・ap-northeast-1c

もし選択できなかったり、選択してエラーが出る場合は、それ以外の2つを選択してください。

VPN関連の情報は、Customer Gateway IPに、ユーザー側のVPNサーバーのGlobalIPアドレスを入力します。この時点で決まっていなければ、あとで変更可能なので、自社管理のGlobalアドレスを適当に入力し、Routing TypeはDynamicを選択してスキップしてください。

これで、2つのAZに、それぞれ1Publicと1PrivateのVPCが作成できました。まだ何も入っていないただの箱ですが、少しずつブツを入れていくうえで理解不足があれば、重要な基盤なので後回しせずに、その時点で納得するまで徹底的に調べてください。

NAT

外と接続する必要性を考える

VPCによって、外と直接通信できるPublicネットワークと、外と通信できないPrivateネットワークができました。Publicが外と通信できるといっても、Publicネットワークに置くインスタンスに直接GlobalIPアドレスが割り当てられるのではなく、外から来た通信はブラックボックスとなるネットワーク機器を介して転送されるものであり、インスタンスから外への通信もインターネットゲートウェイを経由して外に出ていく仕組みになっています。とはいえ、結果的に直接通信できるように見えるのですから、問題ありません。

それに対して、Privateネットワークに置かれるインスタンスは、外から接続されることはありませんし、初期構成ではインスタンスから外へ通信することもできません。その時点で通信できるのは、VPC内のPublic／Privateに所属するすべてのインスタンスのみ、ということになるので、「Privateネットワークのインスタンスから外に接続できる必要があるか？」を考える必要があります。

たとえば、DNSの名前解決です。/etc/resolv.confのnameserverに名前解決を依頼する仕組みですが、AWSの場合はnameserverのアドレスはそのメインサブネットに指定してあるPublicネットワークの、前から2番目のアドレス —— ここでは10.100.0.2（10.100.0.1はインターネットゲートウェイ）となっています。つまり、名前解決には外への通信は不要なため、問題ありません。

では、メールはどうでしょうか。メールは利用するソフトウェアによって設定は異なりますが、第三者中継を使ったリレーサーバーを指定していなければ、直接外へつなげる必要があります。

HTTPはどうでしょうか。yumやaptによるパッケージ管理では、各OS用の公開リポジトリを指定してあれば外部接続が必要ですが、VPCのPublicにパッケージのキャッシュサーバーを作って指定すれば不要となります。普通にwgetなどで接続するには当然、外部接続が必要ですし、アプリケーションサーバーなら某プラットフォームのAPIを叩くために必須かもしれません。

……など、必要な処理から要不要を判断し、Privateネットワークからの外部接続が必要ならば、NAT（Network Address Translation）サーバーをPublicネットワークに作成する必要があります。NATサーバーのおもな用途は、WANへの通信手段を持たないサーバーの代わりにパケットを受け取り、ソースアドレスを書き換え、通信が往復できるように転送することです。

NATを構築する

NATサーバーの用意は、VPCの新規作成ウィザードでできるようになりましたが、もし仕組みを理解していないのであれば、手動で作成してみるのも良い経験となります。NATサーバーの構築はそう難しくはありません。

まず、最小でもいいので、小さめのインスタンスを作成します。作成する際に、Elastic IP（EIP）というグローバルアドレスを割り当て、"Change Source/Dest Check"という項目を"YES, Disable"にし、イメージはNAT用のAmazon Linux AMIを指定します。

次に、VPCのRoute Tablesの設定において、Privateネットワークの Routes設定に以下を指定して追加します。

- Destination → デフォルトゲートウェイ（0.0.0.0/0）
- Target → NATサーバーの名前

そして、Subnet Associationsに2つのAZのPrivateサブネットを追加します。そうすることで、Privateに置かれたインスタンスのOS内にデフォルトゲートウェイが追加されます。

これでPrivateのインスタンスのWANへの通信はNATサーバーへ送られることになりますが、これだけではまだ転送されません。NATサーバーのセキュリティ設定が必要になります。VPCのセキュリティグループでNAT用グループを作成し、以下を許可しておきます。

- Outbound → All Traffic
- Inbound → すべてのICMPと、VPCネットワークに限定したすべてのTCP

これで、VPC内から受けたすべてのパケットを転送し、かつ外からはPingを除いた余計な受信をしない設定になりました。

もし、Publicに置くインスタンスがNATサーバーだけになるのであれば、ソースアドレスをオフィスのアドレスに限定した、SSHを許可してもいいかもしれません。VPNが停止した時に最後の助けとなるでしょう。

Linuxの設定

Linuxにおいて NATサーバーを実現するには、2つの設定が必要になります。インスタンスの作成にNAT用のAmazon Linux AMIを使った場合は、設定が施されているため、意識しないで済みますが、インフラエンジニアならばNATサーバーの仕組みを知っておくべきなので、知識の深堀りをしておきましょう。

1つは、カーネルパラメータの管理システムであるsysctlの「net.ipv4.ip_forward = 1」という転送を許可する設定です。普通のOSは、セキュリティ面からデフォルトで「0」と転送を拒否しており、iptablesの処理に到達する前にパケットを落としてしまいます。そのため、本来は自分で/etc/sysctl.confないし/etc/sysctl.d/配下に設定を書いて反映する必要があります。

もう1つは、iptablesによるNATの設定です。Amazon Linux AMIで作成したインスタンスで、iptablesのNATテーブルを確認してみてください。

```
iptables -L -v -n -t nat
```

VPCのCIDRをソースアドレス制限として、MASQUERADEによるアドレス変換が設定されています。これにより、パケットのソースアドレスが最初のインスタンスのアドレスから、NATサーバーのグローバルアドレスとなるEIPに変換され、WANとの通信の往復を実現しています。もし変換しなければ、相手のサーバーがレスポンスを返すアドレスが最初のインスタンスのプライベートアドレスとなり、返すことができないからです。

NATサーバーにおけるこの2つの設定。

管理画面における、ルーティングテーブルの操作によるインスタンスへのデフォルトゲートウェイの反映。

そして、セキュリティグループの設定。

この3つが理解できれば、NATサーバーの基本は出来上がりです。

NATサーバーの重要度とは

最後に、NATサーバーの重要度についてです。前に書いたとおり、NATサーバーを使う用途を精査する必要があり、その処理の重要度によっては、NATサーバーの障害の対策をしなくてはいけません。AWSではNATサーバーの冗長化の仕組みを提供していなく、必要があれば自分で独自構築する必要があります。

NATサーバーが落ちることで、たとえばインスタンスから少々の時間メールが送れなくても実害がないのであれば、障害検知をして素早く復旧させる程度で十分かもしれません。しかし、「外部のAPIを常に叩き続ける」「bot巡回をし続ける」ような場合、または外部接続機能の停止が直接ユーザーに不利益を与えるような重要なシステムならば、「NATサーバーを冗長化する」か「インスタンスをPublicネットワークに置く」という判断が必要になります。

長々とNATについて説明しましたが、多くのパターンでは以下のように構成するのがシンプルで安定的です。

・EC2はPublicネットワークに置く
・それ以外の、RDSやElastiCacheといったSSHログインができない機能はPrivateネットワークに置く

この場合、何の通信が行われるかを把握するのは同様に必要でも、制御はほぼVPCセキュリティグループに限られるので、運用がかんたんだからです。

VPN

VPCでVPN機能を有効にするには、新規作成ウィザードまたは後で手動で行うことができます。以下の手順で準備完了です。

・VPCに関連づけたVirtual Private Gatewayを作成して、設定で指定
・カスタマー側（AWSではユーザーをCustomerと表しています）のVPNサーバーのGlobal Source AddressとなるCustomer Gatewayを設定
・Routing Optionsにrequires BGPを指定

ポイントは、Customer GatewayのIPアドレスは、「VPNを動かす機器のアドレス」というよりは「AWS VPNシステムから見た、カスタマー側のソースIPアドレス」となることです。つまり、VPN機がGlobalIPアドレスを所持していれば、そのGlobalIPアドレスが該当しますし、PrivateIPアドレスしかなければ、カスタマー側からWANに出てくるための最後のNATサーバーに割り当てられているGlobalIPアドレスが該当します。

AWSに限らず、VPNを構築する時は、必ずしもGlobalネットワーク同士である必要はなく、テストなど場合によってはPrivateアドレスのみのほうがやりやすいことがあります。そういう時、Customer Gatewayに指定するアドレスをまちがえやすく、そしてそのせいで接続できなくともログやエラーメッセージとしては何も残らないので、注意していきたいところです。

AWS VPNの準備ができたら、管理画面のVPN Connectionsから、Download Configurationでネットワーク機器のインポート設定をダウン

ロードしてきます。さまざまなベンダーの設定が配布されており、カスタマー側のVPN機にL3スイッチを使用する場合は、非常にかんたんに構築できるよう配慮されています。

もし、ネットワーク機器ではなく、Linux機で接続したい場合は、racoon、setkey、quaggaの3つを使って、IPsec VPNを実現します。racoonでVPN接続し、setkeyでセキュリティの面倒を見て、quaggaで動的ルーティングを管理します。ただし、冗長化構成をとるには、Liniuxの都合上、正攻法で実現できないので、ひと捻り工夫をするか、片系での接続をする必要があります。

ネットワーク機器、Linux機どちらの方法も、くわしくはググれば公式やブログに載っているので、ぜひ試してみてください。どちらの場合も、社内PCからEC2へのPing疎通確認がとれれば第一段階成功となります。

RDS（データベース）

AWSのRDS（Relational Database Service）は、MySQL、PostgreSQL、Oracle、SQL Serverから選択できる、素敵なデータベースシステムです。以下のように、性能面・管理面どちらにも優れた機能を有しています。

- 極小から超ハイスペックなインスタンスまで選択肢がある
- EBSストレージのGeneral Purposeを利用した、容量1GBあたり3IOPSをベースラインに、バーストクレジットによる一定時間の高負荷耐性
- もしくは、Provisioned IOPS（PIOPS）を利用した、容量に関係のない指定値によるIOPS保証
- Multi-AZでの冗長化
- 参照用SLAVEとなるリードレプリカの作成
- 自動バックアップ

データベースはEC2にも構築できますが、構築から複雑な機能まで管理画面で操作できるようにしているので、最初はRDSがオススメです。もちろん、最後までRDSでいくこともできるので、どちらにするかはお好み次

第です。

RDSの構築は非常にかんたんです。

まず、Subnet GroupでVPCと関連づけをしておきます。必要があれば、DB Parameter Groupで独自設定を作成します。「文字コードのUTF8化」「スロークエリログを有効にする」といった基本的な部分が足りていなかったりするので、ひととおりデフォルト値をチェックしておきましょう。

次に、インスタンスを作成します。DB名は、あとで説明するOpsWorksでの命名規則に従うべきですが、好きな名前にしても大丈夫です。

そして、VPCを選択しつつ、Multi-AZの冗長化をONにします。Parameter Groupを作ったならそれを選択し、バックアップの保存期間を決めれば完成です。

Multi-AZについては補足説明が必要です。冗長化を有効にすると、発行される1つのFQDNでMASTERのほうに接続でき、障害時はDNSが切り替わることでフェイルオーバーします。MASTERではないほうのRDSはSLAVEなのですが、参照することができません。役割としてはMASTERのスタンバイ機であり、バックアップ取得用となります。もし、参照分散用のSLAVEが欲しいのであれば、「Create Read Replica DB Instance」で「リードレプリカ」と呼ばれるSLAVEを作る必要があります。スタンバイ用SLAVEも含め、どのインスタンスも1台ずつ費用が発生します。

RDSを利用するには、とりあえず立ててみたNATサーバーやEC2などから、mysqlコマンドを入れて接続してみましょう。もし通らなければ、VPCのセキュリティ設定が不足しているので、RDBMSの種類に合わせて、TCPとポートを通してあげてください。アプリケーションとしての利用は、後述するOpsWorksでDBの設定をするので、ここでは構築して接続できるまでで十分です。

ElastiCache（KVS）

ElastiCacheは、昨今のエンジニアはみんな大好き、DBA（Database Administrator：データベース管理者）の方々は冷静な眼で「時と場合による」と言い切る、いわゆるKVS（Key-Value Store）です。対応エンジンは

MemcachedとRedisで、メジャーどころは押さえられています。

Memcachedは非常にシンプルなKey-Value機能を提供し、分散手法はクライアントライブラリ任せなシンプルさ。Redisは通常のKey-Value以外に高速なソートや、データのディスク書き込みによる永続化機能を提供してくれ、Ver.3からは分散性にも対応しています。それぞれ、使いどころは求める要件によって適材適所となります。

こちらもRDS同様、EC2にKVSを構築するという選択肢がありますが、特にRedisの場合はプライマリとなるインスタンスの構築から、リードレプリカと呼ばれるレプリケーション用のインスタンスの作成、そして障害時のフェイルオーバーなどのおかげで、運用面が楽になることでしょう。スペックの選択としては、KVSとしてみたコストパフォーマンス的にはEC2とそれほど変わりませんが、それでもメモリに特化している分、多少は優位になっています。

ElastiCacheでRedisを構築するにはまず、Cache Parameter Groupを作って編集しておきます。そして、Cache ClustersでVPCやセキュリティグループを指定のうえ、インスタンスを作成します。

サーバーを作成したら、クライアントとなる適当なEC2にredisパッケージを入れて、redis-cliコマンドでSET、GETができることを確認します。

次に、リードレプリカを作成します。Replication Groupsで先ほどのインスタンスをプライマリとしてリードレプリカのインスタンスを作成します。すると、「Primary Endpoint」というFQDNが発行されるので、DNSへ反映され次第、そこに対して「redis-cli」で動作確認します。

あとはお好みで、Promote（primary昇格）を試したり、Internal ELBや分散ソフトウェアを用いて参照分散してみてください。

RDSとElastiCacheのメンテナンス

RDSとElastiCacheには「メンテナンスウィンドウ」という仕組みがあります。これは、数ヶ月に1回など、インスタンスにセキュリティパッチなどを当てる必要が生じた場合に、指定した曜日の指定した時間帯に自動的に処理が行われるというものです。

その際、Multi-AZで組んでいれば、自動的にスタンバイ機から処理が行われ、フェイルオーバーしてからまたスタンバイ機に処理が行われるので、影響を少なくしてくれます。そのため、Multi-AZは必須であるといえます。

Google Cloud Platformでは、このメンテナンスウィンドウを重くみて、ほぼダウンタイムがないように仕上げてきています。AWSでも、そのように改良されて、より使いやすくなることを願うのみです。

OpsWorks（アプリケーション管理ツール）

OpsWorksはアプリケーションに必要なインスタンス管理やデプロイ、対障害、監視といった仕組みをまとめたツールです。似たアプリケーション管理ツールとして、ほかに「Elastic Beanstalk」と「CloudFormation」の2つがありますが、Elastic Beanstalkはより初心者向けに、CloudFormationはより上級者向けになっています。OpsWorksは最も後発ですが、ちょうどその中間的存在で、要は「自由度が低くてかんたん」か「自由度が高くて難しい」かのトレードオフのバランスがじつにほどよいツールであるといえます。

インスタンス管理

OpsWorksの主要機能として、まずインスタンス管理があります。アプリケーションの準備がひととおり整ってしまえば、台数を増やすも減らすも手動でかんたんにできますし、条件を定めれば負荷に対して自動増減する「Auto Scaling」機能があります。ぶら下げるELBを指定しておけば、インスタンス作成に成功した時にELBに追加してくれます。ただし、Auto Scalingは、インスタンスの起動にかかる時間のために、あまりに急激なトラフィック増加には耐えられない可能性があります。事前に判明しているトラフィックの変化に対しては、スケジューリングで増加させることになります。

インスタンスに障害が発生した場合には、「オートヒーリング」という、新規インスタンスと自動的に交換される機能があります。よって、負荷と障害の両面に対して、管理リソースを減らす工夫がなされているというわけです。

インフラ管理

Ruby on Railsのアプリケーションサーバーとして、保存イメージを利用せず最初から作成した場合、まずはNginx、Ruby、Unicornといったミドルウェア類がインストールされます。このインストールは、構成管理ツールであるChefによって行われ、その基本レシピとしてAWSのGitHubに公開されているopsworks-cookbooksが利用されています。ほかにも、Apache + PHPやTomcat + Javaといった選択肢が用意されています。

Chefのレシピは、もう1つ別にChef用のリポジトリを作成することで、新規の構築処理を追加したり、opsworks-cookbooksの処理内容や設定ファイルを上書きすることができます。内容を変更する場合も、Chefのファイルを変更した後に、管理画面から該当のレシピを適用するだけで対象の全インスタンスに反映することができます。

このように、インフラ管理は、Immutable Infrastructureによるナウい管理となっています。

アプリケーション管理

ではアプリケーション管理はどうなっているかというと、いくつか方法が用意されていますが、ここではGitを選択します。

アプリケーション開発者は、GitのリポジトリURLをOpsWorksに登録しておくことで、管理画面でデプロイボタンをポチッとするだけで、対象の全インスタンスにコードが落とされ、Unicornを再起動することでデプロイを完了してくれます。この処理は、やはりChefによって実現されており、レシピにコード取得やUnicorn再起動の命令が書かれています。

Railsにはconfディレクトリに「database.yml」というデータベースの設定ファイルがありますが、DBのFQDNやユーザー名、パスワードを直接記述せずに、変数を書いたものがテンプレートとしてレシピに登録されています。そして、実際の値はOpsWorksのカスタムJSON（JavaScript Object Notation）に記述することで、Chefが実際のサーバーに静的な設定ファイルとして保存する仕組みになっています。もし、Redisなどを使う場合は、AWSのレシピにはないので、独自レシピにテンプレートファイル「redis.yml.erb」を作り、カスタムJSONに項目を追加することで、同様の機能を実現します。

実際にOpsWorksを使う前にはAWSの公式資料に目を通すべきですが、管理画面ありきのシステムなので、なんにせよ触ってみないことには理解するのが難しいです。まずはOpsWorks内で最大単位となるStackを作り、LayersにRailsアプリを作ってあらかじめ作成しておいたELBを指定し、Instanceを追加することになります。

そして、OpsWorksとは別に、必要があればELB、RDS、ElastiCacheを先に作成しておく必要があります。これらの一部はOpsWorksの管理外となっている場合があるので、それぞれの管理画面で作成し、ホスト名などの設定を埋め込むことで利用します。ただし、DBやKVSをEC2上に構築する場合は、LayersにDBやKVSがあるので、アプリケーションレイヤー以外のレイヤーを作成することになります。

監視については、後述するCloudWatchというLayerがあるので、それを使うもよし、EC2上にアラート系監視であるNagiosやZabbix、グラフ生成ツールであるCactiやGangliaを構築するもよし。好みの選択をしたほうがいいでしょう。

運用に入れば、たまにAuto Scalingで台数を調整し、Chefレシピを更新し、障害対応をする以外、日常でやることはデプロイボタンをポチることだけになるはずです。また、そのくらいかんたんな運用になるように目指すべきです。OpsWorksによって、インフラ管理とアプリケーション管理の両方を一元管理することは、管理者のリソースを大幅に節約してくれるでしょう。

とはいえ、システムを煮詰めていくと、どのような管理ツールにも必ず自分たちにとっての不足点が出てきます。初めは管理ツールに頼るのもいいですが、管理ツールの理解を軸に独自路線を歩む可能性も考慮して、決めていくことが肝心です。

S3（ストレージ&静的コンテンツ配信）

S3（Simple Storage Service）とは、その名のとおり、ストレージサービスです。インスタンスからの各種バックアップやインスタンスイメージの保管場所として利用される以外にも、好きなファイルを膨大な容量まで保管することができます。AWSが99.99％の可用性と99.999999999％の堅牢性による信頼性、そして容量の拡張性を自慢するだけあって、非常に優れたサービスになっています。

そして、“Simple”と名付けられているにも関わらず、保存したファイルをWebサーバーのようにHTTPで取得できるようにすることが可能になっています。これは「Static Website Hosting」と呼ばれ、公開ディレクトリを設定することで、割り当てられたFQDNを使ってブラウザなどで容易にアクセスできるようになります。

この仕組みを使うことで、Webアプリケーションの画像や動画といった静的コンテンツをS3にアップロードし、動的コンテンツとは別のFQDNを使うことで、ユーザーに安定した動作を届けることができます。また、Webサーバー全台に静的コンテンツを置いてロードバランサで分散する従来の手法に比べ、容量が大きいファイルをWebサーバー全台へデプロイする必要がありません。

初期のころは、Webサーバーに動的／静的コンテンツ両方を置いてもいいかもしれません。しかし、運用性や堅牢性、トラフィック課金などを総合的に考慮すると、「静的コンテンツをS3に分けたほうがいい」と判断する時が来るかもしれません。その時のためにも、アプリケーションのURL構成を、初めから動的／静的コンテンツを分けるように作りこんでおくと、移行の際の手間が楽になります。

CloudFront（コンテンツキャッシュ）

CloudFrontは、かんたんにいえばキャッシュサーバーです。通常はWebサーバーなどのオリジンサーバーから直接ユーザーがコンテンツをダウンロードするところを、CloudFrontにアクセスしてもらい、CloudFrontが代わりにオリジンサーバーからデータを取得して返します。そして、次からの同じコンテンツへのアクセスは、データの使用期限が過ぎていなければ、CloudFront上に保持されたデータをそのまま返してくれます。この構成によって良いことは2つあります。

1つは、オリジンサーバーへの任意のトラフィックの大半を節減し、CloudFrontに集中させることができること。これによって、まず単純にレスポンス速度が速くなります。ELBやEC2を経由する場合に比べて、コンテンツキャッシュという機能に最適化されているからです。そして、WANと通信する従量課金の額が安くなります。これは、ELBやEC2の料金に比べて、CloudFrontのほうが最適化されていて単純に安いことと、ボリュームディスカウントやリザーブドキャパシティといった、多く使うほど安くなる価格設定になっているからです。

もう1つは、ネットワークトラフィックの増加に対する耐性。通常のデータセンターで利用できる回線は数百Mbpsから数Gbps程度が限界ですが、CloudFrontではより多くのトラフィックを流すことができます。ただし、初期設定では1000Mbps or 1000RPS（Requests per second）に制限されているので、上限を引き上げるには申請が必要です。とはいえ、従来では実現することが困難な性能を、お金さえ払えば使えるというのは、少しでもネットワークトラフィックに苦しんだことがある人ならば、そのありがたみをひしひしと感じることができるでしょう。

「CloudFrontは、基本的にAWSのEC2と連携するもの」と考えるかもしれませんが、そんなことはありません。オリジンサーバーとなるコンテンツ置き場の指定はなんでもいいので、EC2やS3、まったく別のデータセンターにあるWebサーバーなどを利用することができます。これはキャッシュサーバーの良いところの1つです。ユーザーにコンテンツキャッシュを使用してもらうには、コンテンツ用のDNSレコードを編集するだけでいいので、直接オリジンサーバー、CloudFrontとコロコロ切り替えても、ユーザーから見て影響はありません。インフラシステムの中では、わりと気軽に本番構成を変更できるシステムになっています。

CloudFrontは、価格、費用ともにかなり優秀な部類なのはまちがいありません。ただし、いくつかの選択肢を用意しておくことは、インフラエンジニアにとって重要な思考であることを忘れてはいけません。類似サービスの有名どころに「Akamai」というサービスがあります。もし、初めてコンテンツキャッシュの利用を検討するのであれば、この2つを比較検討してみて、余裕があればほかのサービスも探してみるくらいでいいのではないでしょうか。そして、その中から2つを、いつでも利用可能な状態にしておくことで、障害時でもDNSの切り替えだけで切り抜けることができます。

■ AWSのアーキテクチャ構成

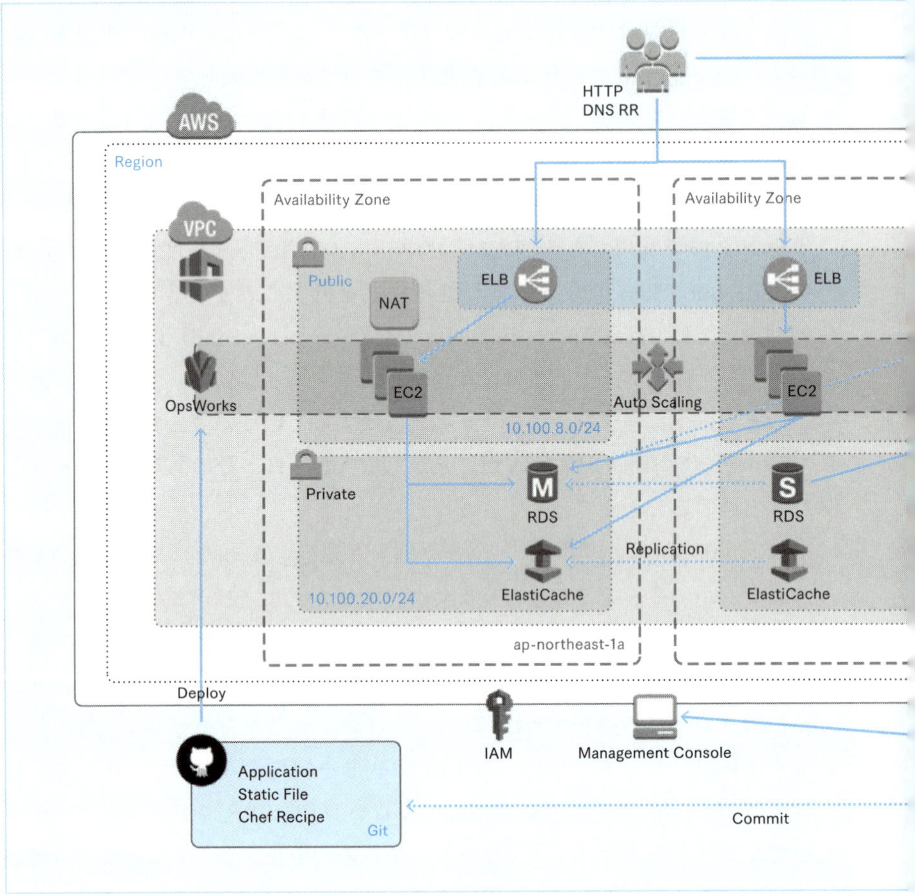

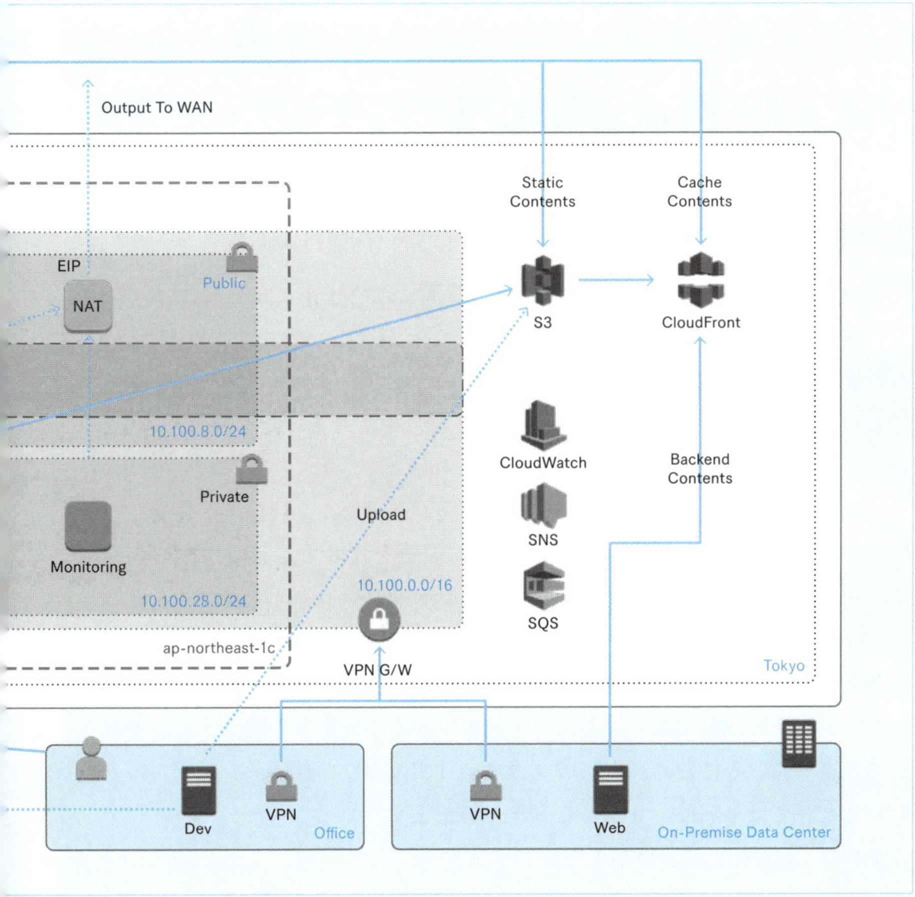
Output To WAN
EIP
NAT
Public
10.100.8.0/24
Private
Monitoring
10.100.28.0/24
ap-northeast-1c
Upload
10.100.0.0/16
VPN G/W
Static
Contents
Cache
Contents
S3
CloudFront
CloudWatch
SNS
SQS
Backend
Contents
Tokyo
Dev
VPN
Office
VPN
Web
On-Premise Data Center

2-7 クラウドサーバーを運用する

デプロイの仕組みをつくる

一般的な手法

インスタンスを新規に作成する時は、構成管理ツールによって、インストールや設定ファイルの配布を自動化することが今や一般的です。または、その構築の実行が完了したインスタンスのスナップショットイメージを採っておいて、それを使用して立ち上げることで、やはりまったく同じ内容で、かつ、より早く構築することができます。

そして、システムを運用していると、開発が進んだり、問題点が発覚して修正するといった理由により、システムに変更を反映する必要が出てきます。その変更処理を一括して全サーバーに行わせる処置を「デプロイ」といいます。いちいち手動で全サーバーにログインして、1つ1つソースコードを落としてデーモン（バックグラウンドプロセスとして常駐稼働し続けるプログラム）を再起動する……なんて手間のかかる不安定な手段は、害悪でしかありません。そのため、もしデプロイの仕組みがなければ、システムづくり全体としては早期にとりかかるべきといえます。

デプロイは2種類に分けることができます。

- 低頻度でミドルウェアの設定を変更するような、インフラ面のデプロイ
- 高頻度でソフトウェアを更新してサービスを改良し続ける、アプリケーション面のデプロイ

もしかすると、インフラの場合は「デプロイ」と言わずに、「初期設定」

とか「環境構築」と言うかもしれませんが、そこはあまり気にするところではないので、「デプロイ」と表記していきます。

インフラ面では、有名どころでは「Chef」や「Puppet」といった構成管理ツールを用いて、初期構築から設定の更新までずっと面倒を見続けることができます。昨今の日本では圧倒的にChefが人気になっているため、これから利用を考えている人はChefを中心に検討するといいかもしれません。

アプリケーション面では、「Capistrano」や「Fabric」といったデプロイツールを用いて、全サーバーへのアプリケーションの更新やバージョン管理を行うことができます。

どちらも「全サーバーへの処理の配布」という点では同じなのですが、インフラ用のツールはミドルウェアの管理に向いていたり、アプリケーション用のツールはDBのマイグレーションやロールバックに対応しやすかったりと、それぞれ利点があって、別々のツールを採用する例が多いようです。

AWS

上記のような一般的手法はAWSでももちろん有用ですが、AWSではデプロイを含んだアプリケーション管理ツールであるOpsWorksを利用するのが非常に便利です。インスタンスが必要になれば管理画面でポチッとするだけで自動的に起動し、Webサーバーの場合はエラーが出なければそのままELBにぶら下がってくれます。インフラ／アプリケーション面どちらにおいても、デプロイしたければ対象のアプリを選んでDeployをポチッとするだけで、全台にデプロイが走ります。

仕組みとしては、インスタンスやELBの管理はAWSのEC2が把握しているので、そこにChefを組み込むことですべてを自動化しています。ChefのレシピはAWSがGitHubにopsworks-cookbooksとして公開しており、利用するプログラミング言語やミドルウェアにあわせて、起動時・デプロイ時などそれぞれのタイミングに必要なレシピが実行されるようになっています。

レシピを改良したい場合は、Gitに独自のレシピを作成し、AWSのレシピを上書きする形で実行できます。レシピのテンプレート内で変数を扱いたい場合は、OpsWorksの管理画面でJSON配列を記述することで、データベースのホストなどを指定することができます。

日々の運用としては、初めのELB、RDS、ElastiCache、監視、Auto Scalingといった構築や設定が完了してしまえば、ひたすらGitのソースを更新してDeployボタンを押すだけのかんたんな仕組みに仕上げることができます。そして、たまに障害が発生したら状況の把握と構成修復を行ったり、パフォーマンスチューニングのためのメンテナンスや、ミドルウェア設定のデプロイを行います。

OpsWorksですべてをまかなえるわけではありませんが、インスタンス管理とデプロイという部分の運用リソースを大幅に削減できるため、AWSを利用するならば一度は触れてみて、そのうえで独自路線を進むなどの検討をしてみるといいでしょう。

監視の体制を整える

インフラの運用において、最大級に重要なシステムが監視です。監視システムがなければ、サーバーリソースの利用状況の変化を視覚的に追うことができず、サーバーリソースのスケジューリングを行うことができませんし、サービスに異常があっても実際にサーバーにログインしたりユーザーのクレームが届かないと気づけないからです。

監視には大きく、アラート系とグラフ系の2種類があります。

アラート

アラート系は、サーバーにおけるある項目がある条件を満たした時に、大きくはOKかNGを返し、それによって管理者にメールやチャットで通知したり、管理画面のステータスリストを緑にしたり赤く染めたりします。また、サーバー単位ではなく、サービス単位でのチェックも重要で、擬似ユーザーによるリクエストを出すことで、本物のユーザーに影響が出ていないことも確認する必要があります。そうすることで、影響度の把握と原因の切り分けをより迅速にできるからです。

一般的には、オールグリーンが太平の世を表します。1つでも黄色や赤があれば、それは障害発生やキャパシティオーバーを表し、お仕事開始の合図となります。たとえば、サーバー単位でPingが通っていなければそのサーバーは重症ですし、ディスク容量が20%を切っていれば対策を練り始めなければいけません。サービス単位でアラートが発生していれば、「最大レベルの危機」と認識して動かなくてはいけませんし、サービスが無事でもサーバー単位で障害が起きていれば耐久性の低下となるため、その程度によって「即対応」か「翌営業日対応」かを判断しなくてはいけません。

監視サーバーのネットワーク経路も考慮する必要があります。基本となるサーバー単位の監視はプライベートネットワークでの通信で行うべきですが、サービス単位の監視はプライベートネットワークでは意味がありません。なぜなら、ユーザーの通信はWANから飛んでくるものですし、プライベートネットワークそのものに障害が発生した場合、管理画面を見たりアラートメールを飛ばすことすらできなくなるからです。よって、「サービスはそのデータセンターの外のサーバーから監視すべき」ということになります。

アラート監視は、運用経験が少ないうちは、ディスク容量やLoad Averageなどの基本項目をチェックするだけで終わらせがちです。しかし、たとえばDNSの名前解決や、NTPによる時刻同期など、あたりまえのように使っていて、じつは機能停止すると重症となるのを見落としがちなシステムが必ずあります。また、サーバーがオールグリーンでも、ユーザー目線でレスポンス速度が遅かったり、接続すらできなければ、重症であると認識できなければいけません。初めは、動いているシステム1つ1つの重要性を確認し、監視項目を整理する必要があります。

運用においては、アラートメールを大量に受けたり、放置してしまうと、アラートを受けることに慣れてしまい、ナァナァ運用に陥ることがあります。かんたんなようで難しいのですが、常にオールグリーンを目指す姿勢を忘れないことが、運用において非常に重要なポリシーになります。黄色いWARNINGや赤いCRITICALが出現した時点で、インフラエンジニアとしてどう対応すべきか考え、そのサービスの担当者とどう対応していくかの相談を後回しにせず、すぐにすべきです。

アラートが発生するのはさまざまな要素が起因となりますが、最も影響する要素はインフラアーキテクチャとしての完成度です。冗長化や負荷分散、拡張性といった基盤の耐久度によって、サービスの品質は大きく変わります。そして次に、グラフの確認によって、サービスの状況の変化に対してどれだけ事前に対策を練ることができるかが影響してきます。障害の発生頻度を減らし、かつ障害が起きても即対応をしなくてもいいように改善を重ねなくては、夜も健やかに眠れぬ辛いインフラエンジニア業になるだけです。アラートの数は1つの指標として、常に減少を目指しましょう。

以下、2つの監視ソフトウェアを紹介します。

Nagios

1つめは、かなり枯れつつも十分な機能を提供してくれるNagiosです。Nagiosは、定期的に各サーバーをチェックしに回る「ポーリング型」の監視ソフトで、監視対象のサーバーにてNRPE（Nagios Remote Plugin Executer）を動かすことさまざまな項目を監視できるようにします。

NRPEを入れる理由は単純です。監視サーバーから見た監視対象のサーバーはただの他人なので、Pingを飛ばしたり、稼働中のデーモンのポートに接続したりする程度しかできず、そのままだとOSの細かい情報を取得することはできないためです。そこでNRPEを動かしてもらい、NRPEがLoad Averageやディスク容量、任意のコマンドの結果を返すことで、Nagios側が監視対象からさまざまな項目の状態と詳細を得ることができるようになるわけです。

監視すると、管理画面でサーバーのステータス一覧や、WARNINGやCRITICAL状態のサーバーを確認したり、一時的に監視やアラートメールを飛ばすことを停止したりできます。また、それまで起こったステータスの変化を履歴として閲覧することもでき、なかなかよくできています。

監視対象のサーバーや監視項目は、NagiosサーバーにSSHログインして、設定ファイルで管理します。設定自体は慣れればそう難しくないものなのですが、サーバーの台数が増えてくると、いちいち監視ホストを手で編集するのが億劫になってきます。ホストはグルーピングすることができるので、完全に1台1台の手間がかかるわけではないのですが、「クラウドで台数勝負！」なこの時代、少しでも手間を減らしていかなくてはいけません。

Nagiosは良いソフトウェアなのでぜひ触れてみてほしいものですが、上記の理由により、次のZabbixを推していきたいところです。

Zabbix

Zabbixは、監視対象のサーバーが追加されると同時に自動的に監視が開始される「トラッピング型」として稼働させることができるソフトウェアです。監視対象サーバーでZabbixエージェントを動かすだけで、定期的にZabbixサーバーに取得するべきデータのリストを要求し、取得したデータを送ってくれます。昨今のクラウドやインフラ事情ですと、インスタンスの起動イメージにZabbixエージェントを仕込むことで、またはChefでエージェントのインストールを組み込むことで、自動的に監視対象として追加されることになります。Nagios同様、ポーリング型にもできますが、トラッピング型にしたほうが圧倒的に楽です。

これだけでも十分幸せになれますが、ほかにもZabbixプロキシで拠点ごとのデータの収集を容易にしたり、Jabberなどいろいろな方法で障害通知を送信できるなど、かなり多くの機能が備わっています。

この2つのソフトウェア以外にもいくつかありますが、初めての監視ならば、まずはこの2つをお試ししてから次に行くことで、より要件にあったモノを深く理解して決定できるでしょう。

グラフ

続いて、障害を発生させないためのグラフ系監視のお話です。

アラートは数分間隔における瞬間的状態に対する断続的な結果ですが、グラフは数分間隔の状態をすべて保持し、その連続した値を使ってグラフを生成します。そうすることで、ある項目の値の変化を可視化することができ、ピークタイムを把握したり、項目ごとのキャパシティに対する猶予を見極めることができます。

キャパシティとは、ここでは「限界値」のことを指します。わかりやすいところでは、ディスク容量という項目において、2TBのHDDならば当然、限界値はそのまま2TBとなります。しかし、実際の運用においては、2TBに到達した時点で機能が停止するので、もっと手前の値を限界値として認識しておく必要があります。たとえば、「残りディスク容量が20%になる時を許容限界値とする」とルールを定めます。アラートを設定しておくと、20%を切った時点で明確にアラートメールを飛ばして気づくことができますが、さらにグラフを用意することで、日常的に診ていれば50%、40%、30%、20%と経過を追い、20%に到達するおよその日時を推測することができます。

ほかにも、以下のように許容値を定めることで、同様に経過を追うことができます。

・CPU → 利用率が半分以下
・iowait → 20%以下
・ネットワークトラフィック → 200Mbps以下

グラフの形状は、以下の2種類があります。

・負荷型（トラフィックに比例する）
・蓄積型（ディスク容量のように、ひたすら増え続ける）

蓄積型はある程度の予測をつけやすいため、早く対応ができます。一方、負荷型はサービスの性質によってピークタイムが異なったり、広告を打たれて急激にトラフィックが増えることがあり、グラフだけで予測できないことも多いため、関連者との情報連携が大切になります。

取得する項目は、以下あたりが基本となります。

・ネットワークトラフィック
・CPU利用率
・iowait
・メモリ
・ディスク容量

・Load Average

もう少し突っ込んだ項目としては以下のものがあり、取得しておいて損はないマイナーな項目も多く存在します。

・CPUのContextSwitch
・CPU温度
・ディスクのIOPS
・Bandwidth

さらに、サーバーの役割ごとに取得する項目が変わってきます。

・Webサーバー → HTTPリクエスト数/秒、平均レスポンスタイム
・DBサーバー → 秒間のクエリ数を表すQPS（Queries Per Second）、データを載せるためのメモリの使用量など

グラフの監視は、情報を取得する基本項目を定め、サーバーの役割ごとの項目を決め、キャパシティを認識し、日々眺めつつ、キャパシティを超えてきたら増強対策を行うという、非常に地味かつ重要なお仕事になります。

負荷対策として負荷分散サーバーを倍に増やせば、グラフの高さが半分になることは当然とはいえ、眺めていると面白いものです。ソフトウェアのリファクタリングやデータベースのチューニングによって改良した場合は、崖のように急激な角度で負荷が激減するケースも少なくありません。「もうそろそろ対策しなくちゃな……」というキャパシティ観測はわりと地味ですが、改善施策によってグラフに急激な変化を起こすのは非常に刺激的で、してやったぜ感がたまらないものがあります。

インフラエンジニアにとって数少ない、グラフィカルな管理物なので、丹念に可愛がって、グラフからサーバーの心情を読み取れるようになるまで使い込んでいきましょう。

それでは、こちらもソフトウェアを紹介します。

Cacti

まずは、サボテンのロゴが特徴の「Cacti」です。Cactiを動かす監視サーバーから、監視対象サーバーで動いているsnmpdにデータを定期的に採りにいく、ポーリング型となります。

snmpdに項目を追加したり、スクリプトを駆使することで、さまざまな項目を取得することができます。管理画面ではホストを追加する手間がかかりますが、ツリー構造を作成したり、グラフを指定した種類や時間で診たりと、なかなか便利にできています。グラフの表示デザインを変更したり、関数や定数を用いて任意のグラフ線を引くこともできます。リソースデータはRRD（Round Robin Database）形式で保存され、RRDtoolによって描画されます。

ポーリング型であるがゆえに、サーバー数や項目数が増えてくると、リソースデータの保存にそれなりのディスクI/Oを必要とします。そのため、5分に1回、数千・数万のデータを採取するとなると、遅いHDDでは正常に動作できなくなってくる点には注意してください。

また、分散指向の仕組みでもないため、複数のデータセンターが存在すると、データセンターごとにCactiを設置したり、VPN経由などで無理矢理データを1箇所に集めるハメになります。そして、集めても、ディスクやCPUの分散は基本の仕組みではできません。

ユーザーインターフェースとしては十分便利ではあるのですが、インフラのアーキテクチャとしてはあまり良い仕組みとはいえず、かといってわざわざ改造するのも開発リソースがもったいありません。そして、やはりホストを手動で追加するのが面倒くさいのは言うまでもありません。

Ganglia

ポーリング型の面倒くささがない、プッシュ型のリソースモニタリングツールがGangliaになります。こちらは監視対象サーバーでgmondというデーモンを実行することで、CPUやメモリの使用状況などのメトリックを送信します。

アーキテクチャは数千台を想定されて作られており、スケーラブルな分散型に仕上がっています。ユーザーインターフェースが好みであれば、使い続けることは十分に良い選択肢といえるでしょう。

Zabbix

アラート用のソフトウェアとして紹介済みですが、ZabbixはCPU利用率など取得した値を保存しており、グラフを生成する機能が備わっています。そのため、機能要件が十分であれば、アラートとグラフ監視を1つのソフトウェアで管理できるので、グラフ用途を検討することは正しいといえるでしょう。

主観としては、やはりグラフ生成ツールとして作られたソフトウェアと比較すると、インターフェースの構成やグラフの使い勝手が劣っていると感じます。しかしそれは、私がCactiに長らくお世話になっていたからで、初めからZabbixに触れれば違和感なく利用できるかもしれません。アラートにZabbixを検討した際には、同時にグラフの感触も試してみてください。

Graphite＋Collected

ドリコムではCactiを長く運用してきましたが、台数の増加に対してアーキテクチャに不満が出始めたため、代替案を探し始めました。結果は、良い代替案がなかったために、まずアーキテクチャを既存のソフトウェアで組み上げることにしました。

選択したのは、Graphiteというグラフ生成ツールと、Collectedというメトリック収集ツールです。複数のデータセンターからデータを暗号化して1箇所のGraphiteに収集し、すべてのポイントに冗長化と負荷分散を施すことに成功しました。

そしてユーザーインターフェースを、独自プログラムとGraphiteのAPIを利用して作成しました。Cactiのようにサーバー単位のグラフ表示だけではなく、複数サーバーでの平均値や異常値を表すグラフを作成することで、多くのグラフを眺めることなく、少ない時間で目視監視できるようになりました。

この例は少々極端であるため、オススメするわけではありませんが、何を選択するにせよ、まずはインフラアーキテクチャとしての安定性・分散性・堅牢性を満たすことを優先し、それからユーザーインターフェースの選択に入るほうが、長い目で見て安定的であるといえるでしょう。

台数が少数と確定しているのであれば、構築リソースの減少を優先することは正しい場合もあります。なんとなく選択するのではなく、先の展望がどうなっていて、何を必須と考え、どのようなインターフェースやグラフを欲しているのかを真っ先に整理することが近道となります。

ローカル

アラートやグラフは、監視対象サーバーの外から監視サーバーがチェックをして状態を収集するものでした。今度は、監視対象がプロセスやデーモンとなり、監視はそのデーモンが稼働しているOSにおける監視ソフトウェアが担当します。ゆえに、「ローカル監視」と呼んでおきます。

ローカル監視を仕込む目的は、おもにシステムの安定化を図るためです。たとえば、NTPサーバーはたいていのOSで動いて時刻同期をしていますが、そもそも起動していなかったり、通信障害などで同期処理が正常にできていないと、OSの時間が少しずつ遅れていってしまいます。

この現象に対して、対策は2つあります。まずはアラート系監視によって、時刻同期ができていなかったら管理者にアラートを飛ばし、手動オペレーションによって原因を調査して修復する方法。もう1つは、ローカル監視によって、そもそもNTPサーバーが起動していなかったら自動起動してあげたり、同期に失敗していたら自動再起動を仕込む、という方法です。これにより、うまくいけば何事もなかったように最速で修復され、その出来事は管理者が寝起きにでもアラートメールで気づくことができるでしょう。

ただし、この例だと、時刻同期に失敗した場合は、NTP設定やネットワーク設定に手を加えないと修復できないこともあるため、活躍できないかもしれません。もっとシンプルに、rsyslogやsyslog-ngのようなsyslog系デーモンのように「とにかく起動していてくれたら大丈夫！」というシステムならば、突然のプロセスダウンに対して最速で自動起動し直すことはログの紛失を防ぐ良い手段となります。

あとは、OS起動時のinitスクリプトで起動しないパターンに対して、確実に起動させる手段にもなりえます。ただ、それは後ろ向きな理由になるので、その場合は根本的に解決しておいたほうがよさそうです。

ローカル監視には、もう1つ使い方があります。さきほどとは逆に、「そのサーバーのメインシステムを停止する」というものです。

たとえばWebサーバーの場合、「ネットワークの調子が悪い」「Webサーバーが何か変」「アプリケーションサーバーが怒り狂っている」といった原因により、部分的に挙動がおかしくも、なんとなくレスポンスを返せてしまう、“中途半端な死”というパターンがあります（くわしくは6-2節を参照）。これを防ぐために、ローカル監視で擬似ユーザーのリクエストを投げ続け、レスポンスの品質が一定条件以下になったらWebサーバーを自動停止します。そうすることで、ロードバランサから自動的に切り離され、怪しいサーバーの修復や入れ替えに専念することができます。

また、データベースのようにMASTER/SLAVEの関係性があるシステムにおいて、VIP（Virtual IP）で冗長化している場合、ローカル監視によってMASTERが自身のシステムの状態をNGと判断したら、VIPを自動で破棄することで、SLAVEをMASTERに自動昇格させることができます。

シンプルなことから少し複雑なことまで、「○○ができていなかったら、○○させる」というように、ある条件に対してアクションを自動で行わせることで、障害期間を短くしたり、運用を楽にできるシステムがまわりに意外とあります。一度検討してみるといいでしょう。

monit

ローカル監視で私が愛用しているソフトウェアはmonitです。プロセスに対するチェック、CPUなどのリソースに対するチェックなど、さまざまな条件を下に、任意のアクションを起こすことができます。何気にAWSのインスタンスにも仕込まれていたりするので、マイナーと思っていましたが意外と広く愛されているのかもしれません。

ドリコムではこれを用いて、デーモンの強制起動や、冗長化の仕組みに組み込んでいます。自動化は強力ですが、失敗した時の反動も強力になるので、できるだけシンプルに、だれでも理解して使える程度に抑えて利用しています。

ほかにもローカル監視のツールはあるようですが、数年間、特に不満なく

monitを使えています。インストールから設定までたいして難しいことはなく、マニュアルも整備されていて、動作も非常に安定しているので、オススメできる逸品です。バージョン5.5からは任意のスクリプトによってチェックできるようになっているので、5.5以降をオススメしておきます。

ヘルスチェック

ロードバランサやリバースプロキシにおいて、バックエンドのWebサーバーなどに転送をする際、機能停止しているサーバーに対してムダな転送をしないために、定期的に現在健康なバックエンドを把握し、そこだけに転送を行います。この、状態を把握する処理のことを「ヘルスチェック」と呼びます。

ヘルスチェックにはいくつか種類がありますが、TCPチェックとHTTPチェックがよく利用するものでしょう。TCPチェックは、ポートの指定はあれど、感覚としては「Pingが通ればOK、通らなければNG」という程度のもので、チェックとしては非常に軽くかんたんなものになります。

バックエンドがHTTPリクエストを受け付けるWebサーバーの場合、このTCPチェックがOKでも、実際のHTTPレスポンスが返ってこない、または遅い場合がよくあります。そういうパターンに対応するために、HTTPチェックを利用します。HTTPリクエストに必要なバーチャルホストやリクエストパスなどを実際に送り、「返るステータスコードが200ならばOK、それ以外ならNG」とします。

HTTPチェックを行う場合、ただステータス200が返ればいいわけではありません。なぜなら、Webサービスの提供には、Webサーバー・アプリケーションサーバー・データベースサーバー・KVSサーバーなど、複数の種類のサーバーが関係しているからです。ロードバランサから投げたHTTPチェックが、ただrobots.txtの存在を確認するだけのものならば、何も意味がありません。実際のユーザーがサービスを利用するHTTPリクエストにレスポンスを返すための処理に必要なシステムと同様のシステムの生存を確認する必要があります。

つまり、アプリケーションサーバーにヘルスチェック専用のURLを用意し、そのURLでの処理内容は、最低限としてはデータベースサーバーに接続し、KVSサーバーに接続し、すべてが成功してようやくステータス200と返すべきなのです。もっと厳密にやるならば、擬似ユーザーを用意して、Cookieヘッダも送ることで、そのユーザーとしてリクエストを投げることになります。ただ、ロードバランサによってはそこまでできないかもしれませんし、そこまでやらなくとも「これだけ処理の確認ができていれば大丈夫」という判断はできるはずです。

AWSのELBもこのようなヘルスチェック機能を備えているので、ぜひ活用してみてください。ミドルウェアでいえば、「Keepalived」や「HAProxy」なども、バランサ機能として備えています。

モノによっては、「Sorry Server」という機能も備えています。これは、バックエンドのサーバーがすべてNGになった場合に、代わりにエラーページなどを即座に返してもらうサーバーを指定する機能のことです。これがないと、ユーザーはレスポンスが返ってくるのを数秒、数十秒と待ち続けなくてはならない場合があります。たとえサービスを正常に提供できない状態だとしても、その状況を即座にユーザーに伝えられることは、サービスの提供における当然の心配りといえるでしょう。

そのSorry Serverは、代わりに同様のHTTPリクエストを受け付け、どのようなリクエストパスに対しても、特定のエラーページをステータスコード503で返すべきです。適当に400番台で返してはいけません。世間一般に、ステータスコードによってエラーの原因を伝えるということは、検索サイトの巡回ロボットにもそれが伝わるということで、永続的なものなのか一時的な現象なのかを正しく表現しないと、SEO的に不利益を被ることになるからです。

ヘルスチェックは「監視」というイメージにあまり近くなく、軽視され気味かもしれませんが、最もユーザー目線に近いチェックを行うところなので、最前戦の監視といえるでしょう。一歩まちがったら全バックエンドが一瞬にしてNG状態に切り替わるので、細心の注意を払って設定してください。

AWS CloudWatch

AWSの場合、CloudWatchというグラフツールがあり、閾値を超えるとSNS（Simple Notification Service）に通知を送信したり、AutoScalingGroupにアクションを起こさせたりすることができます。

AWSにおける監視としてはこれが超基礎となるので、一度は触れてみる必要があります。しかし、実態としてはCloudWatchにおけるグラフ監視自体はあまりイケているとは言い難く、OSSのアラート／グラフのソフトウェアをEC2に入れて管理するパターンも少なくありません。

その場合に問題になるのが、ELB・RDS・ElastiCacheといった、マネージド型のサービスはSSHログインができないことです。そのため、Zabbix Agentといったクライアント用ソフトウェアを入れて動かすことができず、監視ができません。

そこで、CloudWatch APIを利用することになります。APIを叩けば、CPUやメモリ使用率といった通常のリソース値や、課金額まで取得できるようになるため、それをZabbixなどに放り込むことで、マネージド型インスタンスの管理もOSSで実現することができます。

- CloudWatchのみ
- OSSのみ
- OSS + CloudWatch API

といったパターンが考えられるので、利用するインスタンスや、欲しいグラフやアラート機能を元に、最適な構成を選びましょう。もし、運用フェーズで気に食わなくなっても、監視なんて別の構成を並列して運用することができるので、まずはあまり遠い先のことを想定せず、短中期程度でベストと思える構成でいきましょう。

⋯> オートスケーリングを活用する

Webサーバーやアプリケーションサーバーは、DBやKVSなどと違って、共有データを持たない構成にできます。そのため、トラフィックの増加によりリソース不足になれば台数を横並びで増やすだけで対応できますし、リソースが余れば丁寧に切り離すだけで節約することができます。

その特性を活かし、台数の増減を自動化したものが「オートスケーリング」です。たとえば、CPUの平均利用率が半分を超えたら、同じ内容のインスタンスが自動的に起動し、ロードバランサに自動的にぶら下がることで、管理者の手を煩わせることなく負荷分散が強化されます。逆にリソース条件が一定以下になった場合は、ロードバランサから自動的に切り離され、インスタンスが自動削除されることでムダなインスタンスを節約できます。

この仕組みを利用する利点は2つあります。

急激なトラフィックの増加に対応できる

1つめは、サービスへの急激なトラフィックの増加に対応できること。昨今のサービスは、何がトリガーとなって盛り上がるか予測がつかない部分があり、それによってキャパシティオーバーが発生して、ユーザーへのレスポンスが正常に返せなくなる、なんてことは、だれもが通る道です。昔ならば、こまめにグラフを診たり、アラートメールを大量受信してから、せっせとサーバーを追加していました。それが自動化されることによって、休日に呼び出されることも、深夜に叩き起こされることもなくなるわけです。

自動的に青天井に増えると予算が困るので、増加の上限は設けますが、それでも少々の金を払うだけでユーザーのストレスを回避できるならば安いものです。そして、波が去ればリソースが余ることになるので、費用を節約するために自動削除できます。

ただし、1つ弱点があります。超！急激にトラフィックが増加した場合、インスタンスの起動が間に合わず、増設が完了するまでの間にユーザーのストレスが発生する可能性があるということです。たとえば、テレビCMを流した場合などはありえる話です。そういった、事前にトラフィックの増加を把握している場合は、「リソース条件ではなく、時間条件で増減させる」もしくは「管理者が手で追加して、波が去るまでPCの前で監視しておく」という方法が健全となります。

費用が削減できる

もう1つの利点は、地味ですが、ピークタイムにあわせてインスタンスを増減させることによって費用を削減できることです。インターネットのサービスはたいてい、お昼休みと21 〜 23時の夜に盛り上がり、深夜4 〜 5時に最も低いトラフィックとなります。こういった性質はサービスによって異なるので、トラフィックグラフを生成して確認していただきたいところですが、24時間の平均値に対してピークタイムは約2倍、寝静まる深夜には半分以下となり、最小と最大の差が4 〜 10倍になることでしょう。

昔ながらの負荷対策では、ピークタイムにあわせてリソースを準備するのが当然でした。たとえば、ピークにCPUの利用率が50%を超えないように台数を調整していたのです。しかし、この性質を利用してこまめにオートスケーリングを行うことで、不要なリソースを確保せずに済み、従量課金制のクラウドでは費用節約につながるのです。この、ピークタイムにあわせる手法と、オートスケーリングの差は、トラフィックグラフの空白面積がそのまま差となるので一目瞭然です。

■ 必要リソースと台数の変化（オンプレミス）

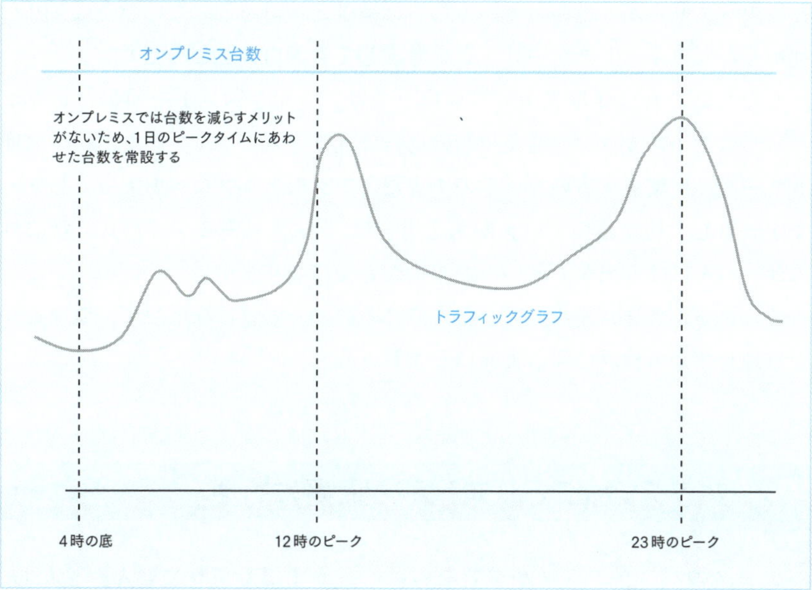
オンプレミス台数
オンプレミスでは台数を減らすメリットがないため、1日のピークタイムにあわせた台数を常設する
トラフィックグラフ
4時の底
12時のピーク
23時のピーク

■ 必要リソースと台数の変化（クラウド）

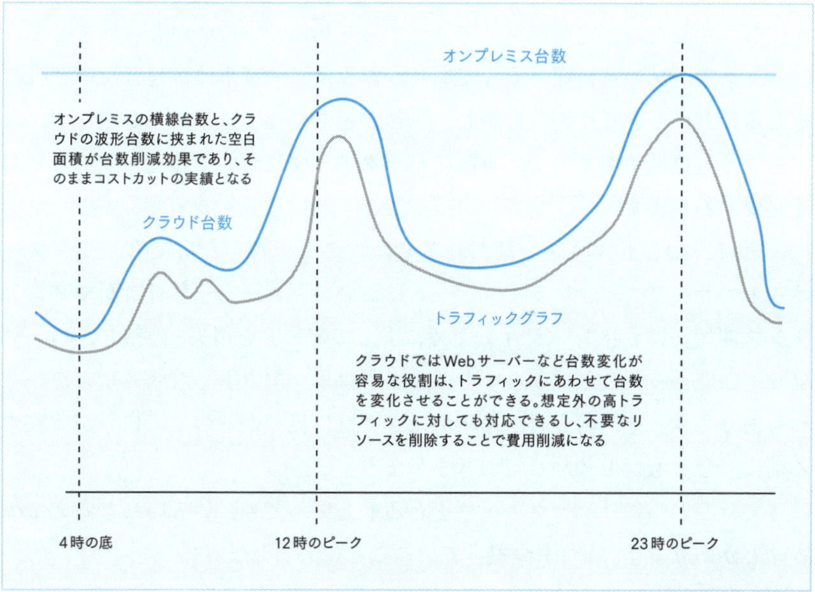
オンプレミス台数
オンプレミスの横線台数と、クラウドの波形台数に挟まれた空白面積が台数削減効果であり、そのままコストカットの実績となる
クラウド台数
トラフィックグラフ
クラウドではWebサーバーなど台数変化が容易な役割は、トラフィックにあわせて台数を変化させることができる。想定外の高トラフィックに対しても対応できるし、不要なリソースを削除することで費用削減になる
4時の底
12時のピーク
23時のピーク

パブリッククラウドには必ずしもオートスケーリング機能が備わっているとは限りませんが、備わっているならば検証と検討をし、ないならばAPIを利用した独自オートスケーリングを考慮しても面白いところです。

ただし、これは従量課金制が前提となり、一定台数以上を前提としたボリュームディスカウント的な契約の場合は成り立ちません。また、日に何度もサーバーが増減するので、そのままだとアクセスログなどを失ってしまいます。もし大切な蓄積データがある場合は、「ストリーミング形式で常に外のサーバーに吐き出す」といった工夫が必要になります。

そういったさまざまな要因が絡んでくるので、安易に採用せず、環境条件を整理してから検討に入るようにしましょう。

バックアップとリストアを確実に行う

データのバックアップが重要なのは、言うまでもありません。しかし、データ容量が小さかったり、サービスが開始ホヤホヤでエンジニアもピチピチの場合、適当にスナップショットだけとって安心しているかもしれません。もしかしたら、定期バックアップすら仕込んでいないかもしれません。

バックアップの重要性、そしてありがたみは、一度事件が起きないと肌で感じることができません。しかし、事件が起きた後では後悔しか残らず、職すら失う可能性があるので、事前にバックアップについて考え、理解しておく必要があります。

これは、少しも大げさではありません。ここ十数年だけでも、インターネットのサービスやオンラインゲームにおいて、サーバー移行計画やメンテナンス開始後にオペレーションミスによってデータを消失・破損し、バックアップがなかったことによってそのままドロップアウトしたサービスがいくつもあります。その阿鼻叫喚な事例はググれば見つかるので、自分が体験する前にぜひとも疑似体験しておきましょう。

さて、ひと口に「バックアップをとる」といっても、いろいろと考えるべきことがあります。1つずつ追っていくことにしましょう。

データの性質

バックアップという視点でデータの性質を考えると、3種類に分類することができます。

スナップショット型

1つめはスナップショット型、つまり「あるタイミングにおいて、そのデータの全体を丸っと取得する必要がある」データです。データ全体がまんべんなく参照も更新もされていると、部分的に取得しても意味がないので、丸っと全体を取得するしかありません。

スナップショットというのは、ある1つのタイミングにおける一貫性のあるデータのことです。データの更新には、複数のデータの変更を1つの処理として扱うものがあるため、少しずつダラダラと取得した整合性のとれていないデータには価値がありません。データの一貫性が重要であるデータならば、それに見合った手法を選択する必要があります。

蓄積型

2つめは蓄積型です。日時が経過するほどにデータ量が増え、過去のデータは更新されることはなく、参照されることはあれどその頻度も限りなくゼロに近いものです。

このような蓄積データは、放っておくとディスク容量に困る元凶となりえます。しかし、「過去データはほぼ不要」というのであれば、月日で区切って1度バックアップを取ってしまえば、同じ箇所は2度と取得しなくていいことになります。

さらにたいていの場合、その箇所はそのまま削除することが可能です。もし、後で「統計データとして利用したい」と言われても、テスト機などにリストアして利用すればいいので、サバサバと扱うことができるデータといえます。

大容量微更新型

3つめは良い名前が思いつかずに恐縮ですが、大容量微更新型です。データベースでもありえますが、ファイルサーバーのほうがイメージしやすいかもしれません。

容量がTBクラスになってくると、丸ごとバックアップをとるのは時間的にも保存サーバーのディスク容量的にも厳しくなってきます。そんな大容量データでも、じつは更新量が全体の数パーセント以下しかないとしたら、前回のバックアップからの差分を取るだけで済むかもしれません。

これらの性質を見極めることで、より効率的にバックアップをとることができます。それでは、それぞれの手法を考えていきましょう。

バックアップの手法

スナップショット型

まずスナップショット型の場合ですが、最も必要とされるであろうデータベースのMySQLを例に考えていきます。

MySQLにはmysqldumpというツールが付属しており、一部や全部のデータをINSERTクエリベースのデータとしてバックアップを抽出することができます。スナップショットなのでもちろん全部をバックアップするのですが、テーブルエンジンがMyISAMのテーブルを含んでいる場合、バックアップ中はテーブルロックがかかってしまうので、サービスに影響が出てしまいます。しかし、テーブルエンジンをInnoDBのみにすると、トランザクション機能を備えているため、テーブルロックなしにバックアップを取得することができ、しかもデータの整合性を崩すことはありません。

まったく別の手法として、Percona社のxtrabackupがあります。これは、クエリベースではなく、データ領域としているディレクトリを丸ごとファイルベースでバックアップしてくれます。もともと遅くはないですが、並列処理が可能なので、速度的にも困ることはありません。それでありながら、データの整合性は保たれますし、なによりリストア時にINSERTクエリを発行することなく、ファイルを元に戻すだけなので非常に高速です。

そして最近よく利用されるKVSですが、Redisにはスナップショット機能があります。メモリ上での処理を工夫することで、バックアップ中も本体の処理に影響を与えないようにできています。KVSでもバックアップをとれることはありがたいのですが、KVSの場合は用途とデータ内容から、「はたしてバックアップをとる必要があるのか？」から検討するべきです。セッションデータだけならバックアップが役に立つとは思えませんし、ソートデータも数十時間前のデータが役に立つかは怪しいところです。KVSの使い方は開発者のセンスによるところが大きいので、インフラエンジニアとしては「紛失しても作り直すことが可能なものしか格納しない」のか「バックアップが必要な重要データを格納するのか」といった性質を確認し、バックアップの要不要を判断しましょう。

どの手法も「データベース本体に影響しない」という名目とはいえ、データの読み取りと、バックアップデータの書き込みがある以上、MASTER機で実行した場合にまったく影響がないとは言い切れません。データベースの運用において、MASTERのみにするパターンはそもそも好ましくないため、レプリケーションによるSLAVEを作成してあることでしょう。できればバックアップ処理はSLAVEで、さらにできればバックアップ&ホットスタンバイ専用のSLAVEを用意し、そこで実行するほうが安全です。

蓄積型

データベースならばひたすらINSERTされる履歴系のテーブル、ファイルベースならばひたすら追記されて1日ごとにローテーションするログ形式――そういった蓄積型データのバックアップは、ムダなく行うべきです。

方法はかんたんで、日が切り替わるたびにバックアップを実行し、前日の日付分のデータだけを抽出します。そして本体に残ったデータは、もうサービスとして確実に利用しない過去データとなった時に削除します。もし「過去データを使って解析したい」といった要望がきた場合は、テスト機に復元して使ってもらえばいいのです。

この方法は、ファイルベースならば、ログローテートしたりファイル名に日付を入れるだけで1日1ファイルにでき、バックアップや削除がかんたんなのですが、データベースだと事情が変わってきます。WHERE句で日時をBETWEEN指定して取り出すために、インデックスを作成しなくては良いパフォーマンスを出せません。そして、削除も迅速にするためには、テーブルパーティション※を日付単位や週単位で切っておきます。そうすることで、範囲指定によるレコード削除ではなく、パーティション削除で済むので、非常に高速です。

データ容量に苦しむパターンとして、蓄積型データが原因になるものが多いです。その場合、バックアップ&削除を提案することで、すぐに解決できることも多いため、ディスク容量のアラートが飛んできたら、まず蓄積データがないか探すことが解決への近道となるでしょう。

大容量微更新型

データがTBクラスと大きすぎると、バックアップの取得時間にも、保管場所の容量にも困ってしまいます。しかし、蓄積型ではなく全体を保存する必要がある場合、以下の2つの手法のどちらかで切り抜けることができます。

まず1つめは、まったく同じ容量のストレージを用意し、日に1度、差分だけを適用する形式です。差分の取得方法はシステムによって異なりますが、Linuxのファイルサーバーならば「rsync」を利用します。この方法は、データ削除やデータ上書きが発生していた場合、差分を適用した時点で最新状態になってしまうことで、更新前のデータを取得できなくなってしまいます。これを防ぐには、より多くの容量を用意して、2～3世代にローテートしてバックアップを作成したり、一部だけ週1回の更新にしたりと、ルールを工夫することになります。この辺は、用意できるストレージ容量や、削除リスクをどれだけ回避したいかの要求によって決めていきます。

もう1つは、差分のみをバックアップする手法です。毎日、差分だけを取得すると、1回の量が少ないため高速ですし、保存場所がいくつかに分散していても問題ありません。しかし、あまりに量が大きくなると、完全なデータに戻すときにすべてを適用していくことになるため、時間が非常にかかります。しかし、それと引き換えに、「どの日時の状態にも戻すことができる」というメリットもあります。現実的には、ずっと差分のみを持つことは運用的に不安で胸がいっぱいになるため、「一定期間ごとに、完全なバックアッ

※パーティションとは、分割された個々の領域のことで、分割することを「パーティショニング」といいます。エンジニアにおいてよく使われるのはデータベースにおけるテーブルのパーティションと、ストレージデバイスにおける容量分割のためのパーティションです。

プを更新する」という中間的選択もありえることでしょう。

レプリケーション

レプリケーションのようなリアルタイムでのデータコピーは、一見バックアップのように見えて、バックアップの役割を果たしていません。なぜなら、マスターデータを誤って削除した時点で、そのデータを失うからです。

バックアップは、「システム本体の状態に影響されることなく、いつでも可能な限り最新のデータに復旧できるもの」とすべきです。バックアップデータが限りなく最新に近いことは理想ですが、それと本体の誤更新に影響されないことを両立するのはほぼ不可能でしょう。

そのため、レプリケーションの役割は、そのものがバックアップとなるのではなく、「バックアップを取得する場所」として活用します。そして、ほかにも冗長化のホットスタンバイや参照専用として活躍することができます。こんなわかりきったことをあえて書いたのは、レプリケーションだけ設定して、バックアップを取らずに安心するエンジニアをゼロにしたいからです。

容量と保存期間

容量についてはまず、「オリジナルデータに対して、1つのバックアップが何バイトになるか？」を把握することから始まります。「圧縮するのか、しないのか？」そして「圧縮するなら、元の約何%に縮めることができるのか？」は、知らなくとも初めは大丈夫かもしれませんが、後のことをふまえると知っておいて損はありません。

そして、バックアップは圧縮する場合、いったんローカルディスクに保存することがほとんどです。そのため、「保存するパーティションはどこにするのか？」「どのくらいの容量を常に空けておく必要があるのか？」を考えておく必要があります。

もし、オリジナルデータと同じパーティションに保存する場合、不要になっているバックアップデータを除いて、少なくとも50%以上の空きが必要になります。作成したと同時にパーティションがディスクフルになっては、システムが停止してしまうからです。そのため、別のパーティションに保存するほうが、稼働中のシステムに影響が出ないため、安全なのはまちがいありません。データは日に日に増加するため、ふと油断した隙に1つのパーティションが埋まってしまうこともありえます。それを分けておきさえすれば、「バックアップの作成に失敗した」という障害のみに抑えることができます。

さらに、ローカルに何世代分のバックアップを置いておくのかも決めておきましょう。バックアップは、作成後にほかのサーバーに転送してしまえばそれで完了ですが、もしそのサーバーでのリストアを行う可能性が高い場合、2世代分を置いておくことで、確実に、ネットワーク転送なしに、リストアを開始することができます。ただ、最近の一般的な冗長構成をふまえると、「1台での可哀想なワンオペ」なんてことは少ないでしょうから、1世代の上書きで十分かもしれません。

最後に、転送先のディスク容量を考えます。そのためにまず、そのバックアップの重要性と必要性から、「どのくらい残し、間引きするのか？」を決めます。毎日バックアップを取ると、30日で30個、1年で365個となり、たいていの場合に容量が足りませんし、必要もありません。確実に必要なのは、まず最新のバックアップです。そして、2日前、3日前と、何日前まで必要となる可能性があるか考えます。1週間なら最新7個を残し、それ以外を自動削除します。さらに、月初めだけ残したいならば、月初のデータは削除せず、残すようにします。

このルールにすると、年間で最大、月初分12個と最新7個の、計19個で済むことになります。ですが、これでもまだ多いことでしょう。こういったルールを考えるとき、人はたいてい「できるだけ残すに越したことはない！」と考え、残す量が多くなりがちです。しかし実情としては、ほぼ最新のファイルしか利用することはなく、それ以外のデータはごく稀に過去のデータをほじくり返したいオペレーションが来るときだけで、それも年に1度あるかどうかです。よって、せいぜい「最新3世代と、半年前までの月初分の9個」を残せば、たいていの場合に十分でしょう。

そして、1バックアップの容量をかけて、1サービスに必要なディスク容量を算出します。さらにそれを、バックアップサーバーを利用するサービスの数分だけ考えることで、最終的に必要なストレージ容量がわかります。とはいえ、必ず1箇所にまとめる必要もないため、管理さえ綺麗にできれば、複数台に分散することでかんたんに解決できるものでもあります。

作成時間

バックアップデータの作成を開始してから、何分、何時間かかるのかは重要な要素です。日に一度の実行なのに、24時間以上かかっては話になりません。リソースに余裕があり、「ユーザーが少ないから」と深夜に実行したのに、昼までかかってはサービスに悪影響が出るかもしれませんし、そのままズルズル伸びていく恐れがあります。

小さなサービス、小さなデータならば気にすることなく、そのシステムにおけるごく標準的な手法でバックアップをとればいいかもしれません。しかし、規模が巨大になると、バックアップの完了時間にまで気を使う必要が出てきます。

事情はサービスによって異なりますが、それでも目安としては「AM2時からAM7時までの間にバックアップを完了できないのであれば、改善を試みるべき」といえるでしょう。たとえば、以下のような施策を試します。

- データを分割することで、1台あたりのデータ容量を減らす
- バックアップのCPU処理を並列化する
- ストレージやネットワークの速度を強化する
- 差分バックアップにすることで、変更分の容量に抑える

平和なときにはあまり気づけないところなので、一定時間以上かかったらアラートメールを飛ばすような仕込みをバックアップスクリプトにしておくと、より安定に運用できるのではないでしょうか。

転送時間とボトルネック

バックアップデータをローカルに作成したら、次に別サーバーへの転送を

行います。転送の処理順序とボトルネックは、以下3点となります。

- ローカルディスクからの読み出し
- ネットワーク転送
- 保存サーバーのディスクへの書き込み

このうち、ローカルディスクのディスク速度が問題になることはほぼないでしょう。

ネットワークは、100Mbpsなら最大12.5MB/sの転送速度となるのですぐボトルネックになりますが、1Gbpsならば最大125MB/sとなるので、そこそこの余裕があります。しかし、ネットワーク経路を考えると、データ送信サーバーから少し先はほかのバックアップ転送と共有になるので危うい可能性があります。

同様に、保存サーバーのディスクも複数のバックアップの保存場所となるので、並列処理となるとボトルネックになりえます。ゆえに、最大何MB/sの書き込みができるのかは把握しておくべきです。

そうした問題を考慮し、ある程度サービスごとに転送時間がバラけるように設定……しなくとも、おそらくかなりの余裕があるでしょう。これらのボトルネックにより、1つ1つの転送時間が長くなる可能性はあるのですが、バックアップ転送のピークにストレージがヒィコラ言ってても、すべての転送がボトムタイムの深夜のうちに終わればいいからです。

たとえば、実際の転送速度として、SCP（Secure CoPy）による通常転送では60MB/s程度の速度が出ます。SATAディスク1本で100MB/sの書き込み速度が出るとしても、この転送処理には、ネットワーク転送・SSH処理・ディスク書き込みがあり、SSHとしての処理にけっこうなCPU時間を使うため、思ったより速度が出ません。これを、scpコマンドのオプションに-c arcfourをつけることでゆるい暗号化処理をすると、80MB/sを出すことができます。

――できますが、これを2処理同時に行うとすると、160MB/s必要となり、SATA1本では捌ききれませんし、ネットワークも1Gbpsに引っかかり、どちらかの処理または両方の処理が遅くなってしまいます。

では、「確実に転送できるであろう80MB/sとは、いったい何分で何GBを転送できるのか？」というと、10秒で800MB、1分で4.8GB、10分で48GB、1時間で288GB、4時間で1.1TBとなります。つまり、わりと平凡なネットワークとストレージでも、深夜に合計1TBの転送・保存を完了できるというわけです。

サーバーの運用的には「高負荷状態を作らずに、できるだけ分散する」という考えは正しいです。しかし、バックアップサーバーは本番サービスの動作とは関係がなく、最大の目的はバックアップデータをすべて正常に保存することなので、「途中経過でどれだけ高負荷状態が続こうとも、結果的に目標時間内にすべてを保存できればいい」というのも1つの正しい考えといえます。

このことから、「当分は全然気にせず転送できるじゃん！」で済まさず、データが大きくなる過程でデッドラインを見逃さないように、急に大きなデータを扱う機会ができた時にどのようにバックアップを捌いているのかといったことに気を配れるようにしていきましょう。

リストアの手法

ペーペーの頃は、バックアップを取る設定をして、バックアップデータが保存されている確認だけして満足してしまうことがあります。それではとても実践最前戦のエンジニアとはいえません。バックアップを取り、データを転送したら、今度は逆方向に向かってデータを転送し、リストアするところまで確認してはじめて、真に「バックアップの設定を施した」といえます。

どのようなシステムにも、バックアップの手法がある限り、必ずリストアの手法も用意されています。肝心なのは、その手順が本当に問題なく動くのかを事前に確認し、本番の慌ただしいであろう事件時にスムーズに事を終えられるようにしておくことです。

時には、中途半端に利用されたサーバーにリストアすることがあるかもしれません。そういったサーバーにはゴミデータが残っていたりするので、正規の手順以外の作業も必要になります。たとえそのパターンを事前に試せなくとも、基本手順を経験済みならば、多少のイレギュラーにも落ち着いて対応することができるはずです。

リストアの容量

リストアする時、もしかしたら元のサーバーと異なるスペックのサーバーにリストアすることになるかもしれません。リストアには、バックアップデータの転送が必要で、そのバックアップデータを伸張すると、ディスク容量が2倍以上に膨れ上がります。つまり、リストアサーバーのディスク容量がバックアップデータの2倍以上ないと、リストアができないということになります。

あたりまえに感じるかもしれませんが、リストア時はおそらく慌ただしいので、こういったミスで余計な手間を取られないようにしましょう。そして、どうしても突っ切りたい時は、がんばって伸張してから転送する方法をとり、回避しましょう。

リストアの所要時間

なかなか事前に計測しづらいですが、リストアに必要な時間を把握するのも非常に重要です。なぜなら、バックアップと違って、リストアはサービスの稼働時間や耐久度の復旧にもろに影響するからです。テスト環境へのリストアだとしても、リソースを節約するために、短いに越したことはありません。

処理時間を事前に知るためには、本番データと同じくらいの容量のデータを作って、実際に実行してみるしかありません。リストアの手順を確かめるときに、軽量データではなく重量データにし、そしてついでに時間を計測するだけです。非常に面倒くさく感じるでしょうが、やるとやらないとではトラブルシューティングのレベルに大きな差がでます。

まず、バックアップを保存したストレージからリストアサーバーへの転送に何分必要かを計測し、その後のリストア処理に何分必要かを計測しておきます。転送中は残り時間が表示されて把握できるかもしれませんが、リストア処理の残り時間が表示されるシステムはほとんどないので、ここで運用レベルに差がでます。

エンジニアのオペレーションでは、「何があと何分で完了し、次に何をするのか」という計画がしっかりしていなくては事故の元となりますし、サービス運営の告知などにも悪影響が出ます。なにより、処理を実行した本人が、その処理があとどれくらいで終わるのかわからないと、異常な不安にかられるはずです。そのまま放置するべきか、それとも Ctrl + C でキャンセルして違う手段を試すべきか、ムダな迷いでスタミナを消費してはいけません。

事前にテストし、そして遅いと感じれば工夫を施し、手順メモがあれば所要時間も書き加えてあげましょう。

AWS RDSとElastiCache

AWSのバックアップは、保存先がS3となるため、非常に安定的です。特に容量については、エンジニアとして“無限”とは表現できませんが、保存容量の限界に困ることなく利用し続けることができます。これだけでも、バックアップにとってうれしすぎる性能でしょう。

EC2からならば、バックアップを独自に仕込んでS3の任意の場所に保存すればいいですし、RDSならばMulti-AZ構成のスタンバイレプリカから自動でS3へ、ElastiCacheのRedisならば任意のクラスタからS3へ、バックアップを送らせることができます。

そしてリストアでは、バックアップデータを指定してかんたんにインスタンスを作成することができます。

いろいろと管理画面にまとめられたり、自動化されている分、管理者の細かい気配りが疎かになるかもしれません。しかし、これまでに説明した、バックアップ時間やリストア時間などは変わらず重要な要素なので、こういったフルマネージドサービスを利用するときにも各要素の確認を怠らないようにしましょう。

ディスク容量を節約する

クラウドだろうと、オンプレミスだろうと、ディスク容量は可能な限り節約するために、蓄積データの扱いは丁寧に、そして時に厳しく切り捨てる必要があります。クラウドでは、納期を気にせず、管理画面だけで、容量を拡張できてしまいます。それにより、容量不足という問題を解決することで、何も知らない上司には褒められてしまうかもしれません。

しかし、少し工夫するだけで救えるお金があるとしたら、インフラエンジニアとして未熟と言わざるをえません。増設で対応する前に、まず技術的に節約できる箇所がないかを探し、考え、それからマネーのチカラに頼るようにしましょう。以下、容量を節約するための手段を紹介します。

圧縮

古くなったログなど、すぐに利用することがないデータは、圧縮しておくことで、ファイルサイズを縮小することができます。どのくらい小さくできるかは、ファイルのデータ形式と、圧縮形式によって異なってきます。

データ形式は、普通の平文テキストデータならば、オリジナルサイズの10～30％程度に縮められますが、バイナリデータだと中身によって全然縮められなかったり、かなり縮められたりとまちまちです。元となるファイルサイズの大きさによっても割合は変化するので、実際に圧縮して把握してしまうのが早いでしょう。

圧縮形式は、1つのファイルを1つの圧縮ファイルにするものと、複数のディレクトリやファイルを1つのアーカイブファイルにするもの、2つの方法がありますが、これは圧縮率にはあまり関係ありません。重要なのは、圧縮アルゴリズムです。

アルゴリズムはいろいろありますが、メジャーどころではgzip、bzip2、マイナーどころではlzo、lzma、xzと、ほかにもたくさんあります。どの形式も、Linuxならばパッケージをインストールすることでコマンドを入れ、圧縮／解凍を行うことができます。

これらの形式を、実際にテストデータを作成して圧縮／解凍し、圧縮率と処理速度を計測すると、全然性能が異なるため、非常に面白いです。ググれば比較データは見つかりますが、本番で圧縮したいデータでやるとまたひと味違うので、オススメしたいところです。

この結果はごく単純で、圧縮率の高さと処理時間の速さは、綺麗な反比例とはなりませんが、相反する数値となります。CPUを使って時間をかければ高い圧縮率を実現し、淡白に済むほど圧縮率が低くなります。

その中で、圧縮率と処理時間のバランスが非常に良い形式が、gzipとbzip2です。どちらも、遅すぎない時間をかけて、十分といえる圧縮率を実現します。処理時間はgzipのほうが速く、圧縮率はbzip2のほうが高いので、要件にあわせて選択すればいいです。そして、gzipはpigz、bzip2はpbzip2として、どちらも圧縮／解凍の結果が変わらない並列処理のコマンドがあるので、CPU利用率がいっぱいにならない程度に活用すると、時間の短縮を実現できます。

私見としては、CPUはある意味無限に利用できますが、ディスク容量は明らかに有限のため、多少遅い程度ならばディスク容量を優先して、bzip2を選択すべきと考えます。もし、1分が2分、1時間が2時間になったとしても、圧縮率を30%から20%にできるのであれば、迷わずbzip2を選ぶべきです。「絶対」とは言い切れませんが、ほとんどの場面でbzip2にしておけば正着といえるでしょう。

さらに高い圧縮率を望むならば、lzmaやxzを試すことになります。しかし、これらはgzipやbzip2に比べて5～10倍以上の時間をかけるわりに、bzip2より数%縮められるだけなことがほとんどなので、さすがにコスパが悪いといえます。1時間が10時間になってしまっては、1日という区切りの大部分を占めてしまい、健康的とはいえません。また、得られる結果に対して、あまり一般的ではないアルゴリズムを選択するということが、はたして正着であるといえるのか？　それを一度考慮してから判断すべきです。

圧縮による容量節約は、なにもログだけに限らず、サービス用データにも適用できる場合があります。開発時に、「ちょっと容量が大きくなる可能性があるな」と思ったら圧縮を検討し、サービスリリースの前にはあらゆる蓄積データに対して圧縮を検討するようにしましょう。

間引き削除

「間引き」という言葉が適しているかは怪しいところですが、蓄積したデータを部分的に削除することで、全体のディスク容量に余裕をもたせる処理のことを指します。

これはバックアップの項でも触れましたが、より身近にあるログなどの蓄積データでも同じことです。「月初と最新3日分だけ残して削除する」「最新10日分だけ残して削除する」といったルールに沿って不要なデータを削除することで、すべて残す場合に比べて大幅に容量を節約することができます。

この仕組みを初めから適用してくれているのが、syslogのログに対して設定されたlogrotateです。logrotateは、あるログファイルパスに対して、「何日分を残して、圧縮形式は何にするのかしないのか」といった設定をすることで、深夜のcronによって、最新ファイルパスをそのままに、過去ファイル名に数字を付与してローテーションしてくれます。そして、「10日分」と設定していれば、11日目以前のデータは削除されていきます。

ローテート実行時のログの扱い方に注意

logrotateで気をつけたいのは、ローテート実行時のログの扱い方です。ログに対して、コマンドプロンプトで言うところの>>のような追記型ならば、単純にローテートすればいいのですが、デーモンがログファイルをつかんでいる場合は注意が必要です。

いきなりログをmvする形で移動してしまうと、デーモンはログに書き込めなくなってしまうので、copytruncateという設定により、「cpで複製してからログファイルを空にする」という処理にすることで、inode（UNIXにおいて、ファイルやディレクトリなどの情報が格納されるデータ構造）が変わらず書き込み続けられるようになります。もしくは、ログを移動した後に、デーモンに対して「kill -HUP」を投げることで、ログ書き込みを再開させられるデーモンもあります。

こういった事情によって、「ローテート後にログが採れていない！」という現象がよくあります。特に新しいシステムを扱うときには、一度はローテート後に正常にログを書き込めているか確認するといいでしょう。

アプリケーションログは1つのファイルのみに書き続けないようにする

もう1つのログパターンとして、syslog経由ではなく、アプリケーションログがあります。アプリケーションログはデプロイごとに切り替わる場合がありますが、デプロイ後も共通のログに書き込み続ける場合もあります。

もしシンボリックリンクなどでデプロイとは関係のないところに書き込み続ける構成ならば、1つのファイルのみに書き続けることをやめるべきです。でなければ、1つのファイルが肥大してしまい、整理を手動でやることになるからです。

こういうパターンの場合、当然アプリケーション側でも対応できますが、logrotateでも十分に対応できます。たとえば、アプリケーション設定にlogrotateの設定を置いておき、/etc/logrotate.d/にシンボリックリンクを置くことでも作動させることができます。

このように、蓄積データに対しては「間引きしやすいファイル構成になっているか？」「間引きルールを適正に設定してあるか？」を1つずつ確認するようにしましょう。

ログを確保する

EC2のAuto Scalingのように、自動的にインスタンスが増減するシステムの場合、放っておくと溜まったログを紛失してしまいます。アプリケーションによっては、KPI（Key Performance Indicators：業績評価指標）に利用するための重要なログを保存し続けるかもしれません。

そういったログは、1日に一度回収するような頻度では間に合いません。アプリケーションからログに追記されたら、すぐにストリーミング処理でほかのサーバーに渡すことで、いつインスタンスが削除されても紛失なく運用することができます。

昨今流行りのビッグデータでは、ログを常に回収し続ける仕組みが一般的になりつつあります。ここ数年で急激に人気が出てきた「Fluentd」というソフトウェアは、非常にストリーミング処理に強く、既存プラグインの多さ、独自プラグインの作りやすさなどから、一部のモヒカン族に持ち上げられています。ドリコムでも早くから採用し、十分な実績を残してくれています。

そもそも今の時代に、「ログファイルを1つ1つかき集めて、アクセス解析プログラムを通して解析するぜ！」なんて古臭い手法は取られないと思いますが、インスタンスの扱いが軽くなった昨今ならではの、こういったログの扱いに気をつけていきたいものです。

Chapter 3

イベント(1)
引っ越し

3-1 引っ越しに臨むための心がまえ

引っ越しは現場で決められるんじゃない、会議室で決められるんだ

ベンチャー企業として、現行オフィスやサービス運営も軌道に乗り、安定した日々を送れるようになりかけたころ、それは唐突にやってきます。

「○ヶ月後に△△に引っ越すことになったので、移転チームに加わってください」

そうです、引っ越しは現場で決められるんじゃない、会議室で決められるのです！

インフラエンジニアとして、最初は拙くもできるだけ綺麗に安定するよう努めてきた自慢のオフィスインフラは、うれしいことに企業として躍進すると、悲しいことにすぐさま撤去しなくてはいけなくなります。しかし、悲しんでいる暇はありません、次のオフィスがアナタの設計を待ち望んでいます。

ほかの理由としては、「本社はそのままに、分社化を図る」「規模を縮小する」といったものがありますが、縮小なんて後ろ向きな話をしても全然楽しくないので、今回は「丸ごと移転する」というストーリー設定で、引っ越しというイベントの乗り切り方を見ていくことにしましょう。

経営陣や人事とのコミュニケーションが大事

引っ越しは、言うまでもなく、膨大なリソースを必要とします。インフラの設計や運営には、事前に移転を前提とするかしないかとで、大きく影響

—— ひらたく言えば、面倒くさくなる事柄がゴロゴロ転がっています。それゆえに、第2章では、初めから移転を前提とした設計思想を重要視して説明してきました。

だからといって、引っ越しというボールを突然投げられて、冷静にキャッチできるかというと、実際には難しいものがあります。それまでに予定していたモノがすべてひっくり返りますし、冷静沈着な鉄仮面インフラエンジニアも人の子なので、一瞬にして膨大な作業量をイメージし、「うわ〜マジかよ〜……」と心のなかで呟くことまちがいなしです。

急にそうならないためにも、普段から人事に関わる部署や経営陣と会話しておくことが役に立ちます。たいして話したいことなどないとしても、「これもインフラエンジニアとしての1つの技術」だと割りきって、がんばりましょう。

現在の収容人数に対して、中途採用の増員ペースは今後どのように変化させようとしているのか。

新卒採用を開始する計画がないか。

ぶっちゃけ、あと2人分しか席が空いていないけど、アンタらは今後どう考えているのか。

そんな具合です。

引っ越し自体は別に悪いことではないので、それをいかに早く察知し、現行オフィスにムダな手を加えないようにし、新規オフィスのために奔走できるかが、勝負の分かれ目になってきます。インフラエンジニアの普段の仕事のほとんどは、納期というよりは常にAs Soon As Possibleですが、引っ越しは完全に日程のケツが定められた厳しいミッションです。

社員みんなが移動してくる当日に、「インターネット回線は午後からつながります、ゴメンナサイ！」なんて恥はかきたくないですよね！？　たとえ、それがインフラエンジニアのせいではなく、スケジュールの見積が甘かった引っ越し担当のせいだとしても、じつは遅延を回避する術を持っていたのは、インターネット回線の用意に最低限必要な期間を知っていたアナタだけかもしれません。

ほいほい落ちてきたスケジュールに受け身で合わせていても、決していいことはありません。積極的に経営企画にも関わるよう意識していきましょう。

⋯▶ 大変＝とてつもなく大きな成長機会

引っ越しが大変なことはだれでもすぐ認識できますが、それをネガティブに捉えてはいけません。翻せば、これはとてつもなく大きな成長機会です。

旧オフィスを構築したり運用していたエンジニアがもしまだ在籍しているならば、その人はぜひとも補助に回り、新オフィスの設計の見直しやメインの移転構築作業は別のエンジニアに任せましょう。それにより、社内にもう1人希少なインフラエンジニアが出来上がることになります。すでに経験済みの人が、また同じ経験を食い潰してしまっては、希少な成長機会を活かせないと考えるべきです！　……それなりに余裕があれば、の話ですが。

補助に回った人は、以下の仕事を行い、移転そのものがコケたり、クソ設計で突入するような最悪の事態を回避するように努めます。

- 既存環境の伝達
- 新設計のレビュー
- 手順のレビュー
- スケジュール調整のお手伝い

そして、メインタスクの大半を任せることで、小さな企業にとっては貴重な物を手に入れることができるでしょう。それは

「インフラエンジニアの冗長化」

です。システム同様、これがいかに大切かは、説かなくとも想像できることでしょう。これを実践できるかは状況によるとしか言えませんが、「多少の不安やリスクと引き換えに、企業として将来的に安定した土台を作ることが

できるのだ！」などと、周囲への説得を試みてください。

もし厳しい状況ならば、メインではなくサブでついてもらい、業務を確実にこなしつつ、設計や手順などを少しずつ把握してもらうことで、次なるインフラエンジニアを育てましょう。しかし、その違いは、念能力※を無理矢理起こすか、ゆっくり目覚めさせるかほどの違いがあるであろう、ということを記しておきます。

※マンガ『HUNTER × HUNTER』に出てくる特殊能力。

3-2 現行オフィスを整理する

引っ越しは、黒歴史を払拭するチャンス

会社の引っ越しはまだしも、自宅の引っ越しを手がけたことがある人は多いでしょう。自宅でさえ、

- インターネット回線の解約、開通
- 生活インフラである水道・電気・ガスの解約、開通
- 家具の数や大きさの確認
- 引っ越し業者の選定
- 住所変更の手続き

とやることが多くてゲンナリするのですから、会社の引っ越しはドンヨリすることでしょう。

そうはいっても、お仕事なのでやるしかありません。そのためには、1つ1つ現状を確認し、それぞれ「次の場所ではどうするのか」「いつまでに、何をやるのか」といったタスクを整理してしまうことが、ヤル気の面も含めて近道になります。そして、1つ1つ丁寧に潰していき、余裕を持った進行具合に酔い、楽しく励みましょう。

別の視点として、いろいろなデータを整理したり、オフィスを見回ってみて、現状の感想を考えてみてください。

クソみたいな設計や管理方法。

パスタのように散乱し、絡み合った配線。

我慢して使い続けた、古臭い機器。

サーバーの熱対策に購入した、昭和臭のする扇風機。

スタートアップとしてスピード重視に起ち上げた企業、初めてのオフィスだとしたら、現状のオフィスを再確認することによって、気に食わない、やり直したいポイントはいくつも見つかるはずです。ちょうど、プログラマが数年前の自分のコードを眺めて「黒歴史」と断定するように、過去のものが今の自分より上手にできているはずがないのです。

—— という考えから、引っ越しは「黒歴史を払拭するチャンス！」と捉え、今度こそ物理設計も論理設計も非の打ちどころがないオフィスにすべく、張り切っていきましょう！！

⋯▶ インターネット回線の契約内容を確認する

オフィス構築時に回線を契約した人がすでにいない、もしくはその人の管理がショボければ、現行ではどんな回線を利用していて、いくらお金がかかっているかわからないかもしれません。解約手続きをとるために必要な情報ですし、次のオフィスでどんな回線にするのかを比較して決めるためにも、詳細を把握しなくてはいけません。

本当に何もわからなければ、まずは経理担当者に、毎月の回線費用の支払いを聞いてみましょう。それで回線業者を特定し、月額費用を知ることができます。

次に、回線契約書を管理していそうな人のところに行きましょう。契約書があれば、回線速度が何Mbpsで、ネットワークアドレスとサブネットマスクがいくつで、品質保証がどのような契約かを知ることができます。

それすらなければ、ゲートウェイ機を見てアドレス情報を確認したり、月額費用から逆引きして契約回線がどれかをググって探ることはできます。しかし、おとなしく回線業者に直接、契約内容を確認しましょう。

「いち企業が何を言うか」と思うかもしれませんが、スタートアップの混沌期には十分にありえる話です。未来の自分や後継者がムダな苦労をしなくて済むよう、契約の管理はキッチリ行うように心がけましょう。

そして、忘れてはいけない、日々の転送量を計測しましょう。グローバルゲートウェイ機が高価なものならば、管理画面で見れるかもしれません。普通のものだったり、Linuxでやっている場合は、SNMP（Simple Network Management Protocol）でトラフィックを取得できるので、Cactiなど慣れたグラフ生成ツールで可視化しておきましょう。パブリックなサービスと違って、思ったより不規則なグラフになるかもしれませんが、それでもピークタイムが何時で、転送量が何Mbpsなのかを知らないと、次の契約を検討できません。少なくとも1週間分を確認するために、サクッと生成しておいてください。

⋯> 稼働するサービスや機器を整理する

オフィス内で稼働するサービスや機器を整理しましょう。

廃棄するのか。
そのまま移転させるのか。
ついでにアップグレードするのか。

あらためて方針を決めることで、新オフィスが小綺麗になります。
扇風機とかそういうのはナシにしましょう。サービスが稼働する機器には、必ずDHCPではない静的IPアドレスが割り当てられているはずなので、IPアドレスリストがまとまっていればすぐに確認していくことができます。もしリストがなければ、オフィス内を徘徊して、すべての機器を把握してください。

そして、その機器で動いている機能やサービスをまとめます。NASやSambaなどのファイルサーバーがあるならそのサービスはファイルサーバーだけですが、ゲートウェイとなるとNAT・DHCP・無線LAN・DNS・VPNなど多種にわたるかもしれません。1つの機器に対して複数のシステムが稼働しているであろうことを前提に、漏れなくチェックしていきます。
すると、じつは不要になっている機能や、不足する機能が見えてきます。

切り捨てるなり、今後のタスクとして積んでおくなりしましょう。

新オフィスでは、引っ越しと同時に「一部の機器を新しいものに入れ替える」もしくは「一時的に新旧オフィスを並列で運用する」といった事情により、新機器の導入が必須になる場合があります。入れ替えていく際に、整理して最終的に残すことにした機能が漏れることがないよう、対応する機器を購入したり、分かれていた機能を1つの筐体にまとめたり、逆に分けたりするよう決めていきます。

数年間の運用をしていると、ムダに機器が増えていくことがあります。あとで整理して再考すると、「重要性や冗長性をふまえても、1台にまとめたほうが効率がよかった」「じつは筐体を分けないとリスクが高い」といったことがわかります。そういった改善・変化に対応するためにも、社内でもかんたんな仮想環境を構築できるようにしておいたほうが、スマートな設計と運用ができるでしょう。

IPアドレスの割り当てをまとめる

IPアドレスのクールな設計については、すでに長々と説明しました。しかし、仮にセグメントの切り方が上手でも、IPアドレスの割り当て方が汚ければしょうもありません。そもそもの設計から汚ければ、新オフィスのための再設計を試みることになります。

さきほど、IPアドレスの整理について触れましたが、IPアドレスには

- ネットワークアドレス、ブロードキャストアドレス、ゲートウェイアドレスといったネットワーク用アドレス
- 機器に直接割り当てる静的アドレス
- ユーザーに自動的に割り当てるDHCPアドレス

の3種類があります。もしかすると、動的アドレスであるVIPを追加して、4種類になります。

現在運用しているネットワークセグメントに対し、これらのアドレスが実

際にどのように割り当てられているのかをまとめた資料が、引っ越しには必須になります。なければ、Wikiでも表計算ソフトでもいいので、作成してください。

そして、それを眺めて、まとまりがない割り当てや、拡張が必要になる部分がないかをチェックします。特に何もなければそれもよし。何か見つかれば、「その汚物を消毒するのはいつやるか！？　今でしょ！！」。システムのシャットダウンが必須となる引っ越しにおいて、アドレスの変更を実行してしまわなければ、またズルズルとやらなくなってしまいます。ある役割と定めた1つのセグメントとはいえ、その中で散乱したアドレスはいったん前方や後方にまとめて変更するのも、ネットワークの大事な運用です。その整理のためにも、Before／Afterのリストが必要になるのです。

もし、最初のオフィスの設計時に、なんとなくルーター機のデフォルトネットワークとなっている192.168.1.0/24などだけで運用し続けていたとしたら、たいしたものです。ただ、それまで運用できていたなら決して悪いことではないですが、決して良いことでもないので、引っ越しを機に再設計を行う覚悟を決めてください。現状がクソ設計であればあるほど、お掃除の効果は計り知れないというものです。

‥▶ DNSの値を変更する

IPアドレスに変化が生じるということは、DNSサーバーのレコードにも影響があるということです。プライベートアドレスが登録されているレコードは、IPアドレスが変更されてシステムが稼働し始めると同時に、値を変更する必要があります。

ここまであまり触れていませんが、プライベートアドレスのDNS管理は、グローバルDNSではなく、プライベートDNSで行うほうがいい場合があります。が、スタートアップ期はそれをグローバルDNSで管理していたり、/etc/hostsファイルで管理しているかもしれません。また、登録レコードにも不要なレコードが大量に残っていたりと、カオスを醸し出しているかもしれません。

そういった面も含め、変更すべき・削除すべきレコードを整理しましょう。そして、適当なDNS管理になっている場合は、余裕があればグローバルDNSとプライベートDNSの役割について再考しておいたほうがいいでしょう。

DNSの管理を綺麗に行うことは、インフラ管理を綺麗に行うために大切な事項の1つです。プライベートDNSでミスっても、社内の人間が見えなくなるだけ —— などと思わず、きっちり整理して仕上げていきましょう。

‥> 従業員数と機器数を把握する

ここまで論理的な項目ばかりでしたが、「最重要」と言っても過言ではないのが、物理的な質量を把握することです。

現在のオフィスには最大何人が就労できて、ゲストが何人入れるのか。

インフラシステム用の機器は何が何台あって、従業員用のモニタとPCは何台あるのか。

そういった内容です。

新オフィスが旧オフィスの規模より拡大することを前提とすると、

- 物理的にサーバー機を置くスペース
- 各席・各島に必要な電源差込口の数
- 各島・オフィス全体に必要な電力量

などの最低必要量を把握することになります。モバイル機はこれらの管理目的とは少々離れるため、別途整理することにしましょう。

今まで日々の業務では特に気にせず、人数や機器を増やしていたとしたら、それは単に運良く運用できていただけにすぎません。いつ、電力不足などの隠れた問題が顔を出してもおかしくないからです。

しかしそうだとしても、せっかく運が良かったのですから、そのまま新オフィスでも何事もないよう運用したいものです。そのために、今度はしっかり数値で管理するために、まずは現状の機器の数と大きさ、それぞれの電力量を把握し、新オフィスの設計に役立てましょう。

3-3 新規オフィスを設計する

より良い環境へアップグレード

新規オフィスの設計といっても、第2章で説明したオフィス構築の内容が基本となります。ただ、それと違うところは、すでに旧オフィスという事例と環境がある点です。

完全新規で起ち上げた当初に比べ、想像以上に人数も機器数も増え、さまざまなシステムを利用し、そのためのソフトウェア設計がいくつもあることでしょう。完全新規でゼロから構築することは言わずもがな厳しい作業ですが、既存の環境を別の場所に移転させるという作業には、少し異なる、言うなればジワジワと絡みつくような苦行が待ち受けています。

最低限、既存のものに悪影響がなく、折り合いをつけ、可能であればより良い環境にアップグレードすることが望ましいです。そのために、先に現状確認をすることの大切さを先に説明しました。次は、それに対して何を考慮して移転先を設計すべきかを考えていきましょう。

インターネット回線で考えるべき4つのこと

回線契約で考える項目はいくつかあります。

回線速度

まずは回線速度です。さきほど、現状の回線の契約速度と、実際に利用している転送量を確認するように書きましたので、それを元に考えていきます。

既存回線の転送内容に特定のシステムによる大きめの通信がなければ、従業員数に比例して増強を考えましょう。もし、大きな転送を行うシステムがあれば、その転送量を抜いて、従業員数に比例し、システム用の転送量を足す形で計算すれば大丈夫です。

とはいえ、現実的には上下合計100Mbpsの回線が最低ランクとなるでしょうから、まずは「現行の転送量がそれで十分に余裕があるか？」から考えます。

次に、「新オフィスの最大人数・システム規模的に足りるのか？」「足りなくなったらスケールアップする方針にするのか？」を検討します。モノによっては、機器数による同時接続数に制限があるので注意が必要です。

回線の契約は通常、「単体で契約変更する場合は、一時的に利用不可になる」「一時的に2本を引いて、移行したら片方を解約する」といった面倒なことがほとんどです。よって、予算が許すのであれば、少し余裕を持った太さにすることが好ましいです。もし、速度の契約を変更するだけで、回線業者側が上限値を変更するだけのような仕様ならば、状況に応じて契約変更をするだけなので、非常に良い選択といえます。

固定IPアドレス

次に固定IPアドレスです。旧オフィスでは固定アドレスがないのか、1つなのか、複数なのか。そして、現状に対して必要性はどう感じているのかを考えます。

固定契約なしでも、じつはそれなりに同じアドレスを使い続けてしまえたりする場合もあるのですが、あまりヤンチャなことはし続けるものではありません。拡張引っ越しならば、予算に多少は余裕ができているでしょうから、固定アドレスを契約して身を固めるべきです。IPを1つか複数にするかは要件と好みによりますが、今まで1つで上手にやりくりしてきたならば、複数にした時に運用が楽にならないかを考えてみてください。IP8（利用可能アドレスが5つ）にしても、費用はそう高くなるものではありません。確固たるポリシーがあるわけでないならば、複数アドレスで柔軟な運用を目指すことをオススメします。

回線の品質

回線の品質は、ベストエフォート型のような通常品質と、それ以外の高品質とで、価格が大きく異なります。現状のオフィスに抱えるシステムや、従業員がインターネットを利用することに超重要な要件がない限りは、通常品質で十分です。速度保証やSLA（サービス品質保証制度）による可用性・遅延・パケット損失の保証が必要かどうかは、オフィス内で稼働するサービスから判断してください。もしあるならば、同時にデータセンターへサービスを移行することも検討してみましょう。

スケジュール

最後にスケジュールです。回線の準備には、最低限必要な期間というものがあります。それが1週間なのか1ヶ月なのかは業者によりますが、「なにをどう足掻いても、早くしてもらうことはできない」と考えておきましょう。そのため、新オフィス開設に向けて余裕あるスケジュールにするためにも、タスクの優先順位を高くし、回線の選定を早めに済ませるようにしてください。「期間が足りないから」という理由で、あまり望んでいない回線を利用することは避けましょう。

サーバールームを設計するチャンスはオフィス構築時だけ

ネットワーク機器や社内サーバーが増えている場合は、ぜひともサーバールームの敷設を検討したいところです。そして、規模が数十人ならばそれなりのネットワーク機器や電源管理が必要になってくるので、「サーバールーム」とまでは言わなくても、重要な機器を外的要因から守るための個室や囲いといった設計をするほうが無難といえます。

サーバールームが要るか要らないかは、その会社が扱うシステムやセキュリティポリシーなどによるものなので、「絶対に必要」とはいえません。しかし、少なくとも50人を超えるような企業ならば、重要な機器をパイプラックにむき出しに設置し、配線もダラダラ這い回るような状態にするのは健全とはいえません。

個室にすることで熱問題が出たり、セキュリティポリシーを定める必要が出たりと、面倒事も増えますが、キチンと設計できれば必ず「あってよかった」と思えるはずです。そして、それを設計するチャンスは、オフィス構築時にしかありえないということが肝心です。あとから部屋の一角を改造してサーバールームを作るのは、ほぼ不可能でしょう。

それをふまえて、現状からどのようなサーバールームが必要かを考え、新オフィス推進プロジェクトに対して必要性をアピールしなくてはいけません。最終的には小ぢんまりした広さに落ち着くでしょうが、あるとないとでは大違いです。これについても、早期に検討を開始していきましょう。

⋯> 執務室の配線は常に綺麗に

社畜の皆様が日々生活する執務室は、常に綺麗に保ちたいものです。特に、床下から出すであろう配線によって、足元がゴチャゴチャするのは避けたいところです。「配線はそれなりに綺麗なら十分だ」と考える人は多いかもしれませんが、配線技術はインフラエンジニアにとって立派な“技術”の1つです。いまいちそれが理解できない人は、プロが構築したデータセンターのラックを一度見学させてもらいましょう。

旧オフィスの配線はどうだったでしょうか。綺麗ですか？　汚いですか？

綺麗だったけど汚くなりましたか？

配線のテクニックはだれも教えてくれませんが、一度経験してしまえば、二度目は永続的に綺麗な配線を目指せるはずです！

■ オフィス配線の基本(1)

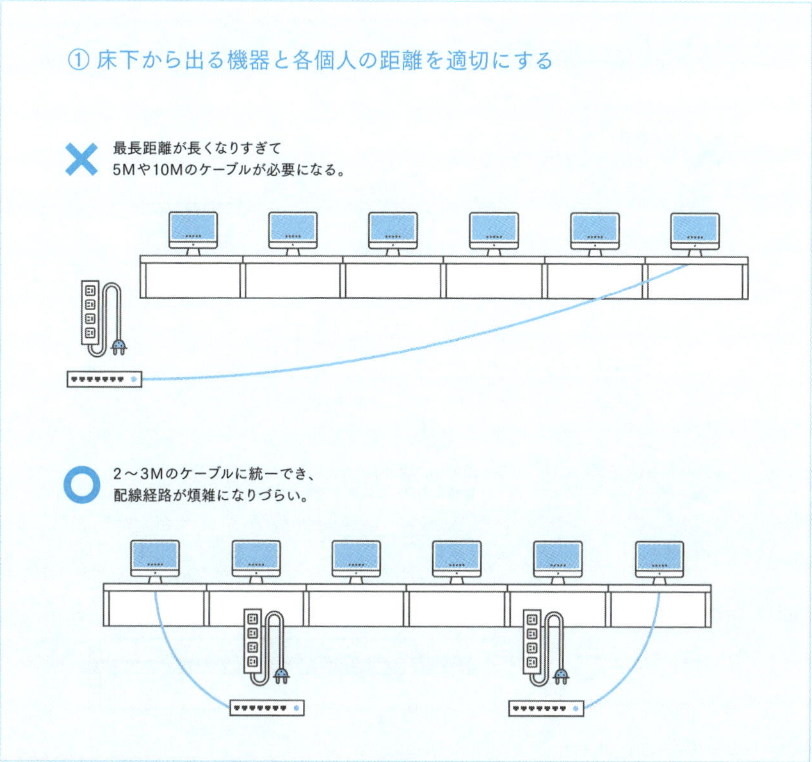
① 床下から出る機器と各個人の距離を適切にする
最長距離が長くなりすぎて
5Mや10Mのケーブルが必要になる。
2〜3Mのケーブルに統一でき、
配線経路が煩雑になりづらい。

■ オフィス配線の基本（2）

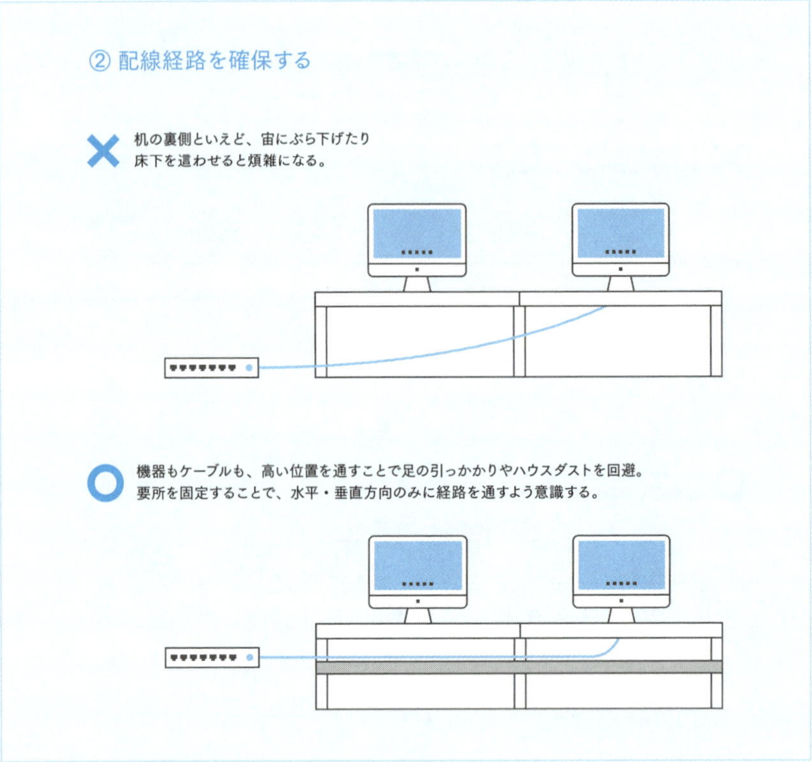
② 配線経路を確保する
机の裏側といえど、宙にぶら下げたり
床下を這わせると煩雑になる。
機器もケーブルも、高い位置を通すことで足の引っかかりやハウスダストを回避。
要所を固定することで、水平・垂直方向のみに経路を通すよう意識する。

そのためにまず、従業員の席が集まる各島々へ、どのような種類の配線をするのかを決めます。電源タップは必須ですが、ケチらずに、1席ごとに4口1タップを配置したほうが、結果的に個々人が綺麗に利用できるでしょう。

有線LANは、PCの種類をすべてノートPCにできれば不要になるので、デスクトップPCの廃止を提案してもいいかもしれません。もし、有線LANが必須、もしくは「念のため配線しておきたい」という思想ならば、スイッチングハブとケーブルを綺麗に机に這わせ、極力ぶら下がりがないよう、かつ利用者が不便なく利用できるようにしなくてはいけません。そのために必要な周辺パーツや雑貨があれば、ケチらず購入しましょう。

プリンタや無線LANアクセスポイントへの配線は、床下や天井経由になるため業者任せかもしれませんが、本当に綺麗に設計しているのかを確認し、その技を盗むのも一興です。

そして、肝心の無線LANですが、第2章でも説明したとおり、適当に構築するとすぐに接続断が発生したりします。執務室の形状や従業員数をふまえ、しっかりと設計してもらうのが吉です。

それでも、自分たちで設計し、敷設したいかもしれません。家庭用のショボい無線機をようやく廃棄し、かっこいい親機とアクセスポイントを扱いたいことでしょう。もちろん、その意気は買いますが、それはアクセスポイントごとの利用人数や電波干渉に問題なく設計することができる人材がいればの話です。そして、アクセスポイントは、通常は天井に配置するので、あとで位置を調整するにも業者が必要になり、大変な手間となります。そういったデメリットを乗り越えてやり切るのも男前ですが、費用（リソース）対効果をよく考えて、方針を決めましょう。

IPアドレスのBefore／After表を作る

移転するうえで、全機器のIPアドレスを変更しないことはできますが、大きな変更はしないとしても、なにかしら小さな整理をしたい部分があるのではないでしょうか。もしそうならば、IPアドレスのBefore／Afterの表を作り、変更点をわかりやすく整理しなくてはいけません。たとえば、/24ならば、「192.168.0.0/24」という列名で、0～255の羅列と、その横に機器名を記述し、その右側に変更後の割り当て機器を記述するイメージです。ついでに、破棄する機器もわかりやすくチェックしておけばなおよしです。

DHCPのアドレス範囲の変更も検討しておくといいでしょう。新オフィスにおいて、一般社員が有線LANを利用する機器の最大数、無線LANを利用する機器の最大数を考慮して、必要なら拡げておきます。もし、ゲスト用ネットワークを新規に作成するならば、新しいスコープを設定することになります。

大枠のネットワークセグメントの設計から変更するとしても、やることはそうたいして変わりません。一般従業員の機器には基本、DHCPしか関係ないので、気を使うことはありません。新オフィスでネットワーク環境を構築するのも、同じセグメントにすることと違うものにすることの作業量にそう違いはありません。大きく違うのは、システム用機器の静的アドレスを、無変更や一部変更ではなく、全部変更しなくてはいけない点です。じつはこれも、アドレス情報と手順が整っていれば、作業量が増えるだけで、リスクが余計に生じるということはありません。ですので、計画性に自信があるのならば、再設計を試みることは十分に現実的です。

･･> 引っ越しと同時に日常システムに変更を加えるのは避ける

社内で稼働するサービスの整理はすでに行いましたが、新オフィスにおいては、そのサービスに関する設計はとりあえずやることがありません。せいぜい、IPアドレスの変更を検討する程度です。

「とりあえず」と書いたのは、引っ越しが落ち着いた後で変更するのはかまわないのですが、引っ越しと同時に日々利用するようなサービスに手を加えるべきではないからです。仮に、ショボい社内ファイルサーバーがあり、それをクラウドストレージに変更したいとします。そして、「ファイルサーバーを破棄してしまいたい」といった理由から、移転のタイミングが最適だとします。それでも！　引っ越しと同時に日常システムに変更を加えることはやめましょう。

引っ越し自体、関係者全員にかなりの負荷をかける出来事なので、さらに負荷をかけるような変化は避けるべきです。システムの都合でユーザーに負担をかけてはいけません。ひととおり落ち着いてから、安定した手順で、移行計画を練りましょう。それでも、どうしても「新オフィスに旧システムを持ち込みたくない、持ち込むべきではない」というならば、引っ越し日のはるか前の日に実行できるように計画しましょう。

こういったことをふまえ、未来を見据えて、日々利用するシステムは常にクラウドサービスの利用を視野に入れて検討するのが、今の時代ならではのテクニックといえます。

3-4 スケジューリングを考える

当日の安定化に最低限必要なこととは

現状の内容に不満がなければ、引っ越しの理想は「今あるモノを丸ごと新オフィスに持っていって、同じように利用する」ことです。そうすれば、さまざまな値を変更／管理する必要がなく、余計な機器を購入せずに済むからです。

しかし、現実的にそれは不可能です。インターネット回線だけ準備されたまっさらなオフィスに、既存の機器をガバっと持っていって、無線やらなんやらすべてを、その日または次の日までに綺麗に設置し終える、というのはあまりにブラックかつ不安定だからです。

そのため、引っ越し当日は、最低限の物理移動と少々の設定作業だけですべてが問題なく終えられるように、スケジュールと設計を立てていきます。旧オフィスの状態を、引っ越し前日までにほぼそのままにし、かつ新オフィスへの移転当日の作業を少なくするためには、新オフィスに最低限何を用意しておくべきかを考える必要があります。

計画によって、自分たちでやること、業者にやってもらうことは、項目ごとに異なります。ただ、それはここでは分けずに、引っ越しを安定的に済ませることを目的としたインフラの準備を考えましょう。

まず、なにより必要なのは電源です。これがオフィス全体で予定どおり利用でき、かつ各所への配線が完成していることが必須となります。

次に、インターネット回線です。これがないと陸の孤島になってしまうので、いまや生命線です。

そして、プライベートネットワークです。この単語にはいろいろな要素が含まれていますが、わかりやすい目的は1つ、「従業員が席について、即座

に業務に取りかかれること」です。そのために必要な最低限の要素は、

・有線／無線LANに接続できる
・DHCPサーバーからアドレス情報を取得できる
・DNSの名前解決ができて、外部サービスを利用できる

――すなわち「ググれれば大丈夫！」ということになります。

ここまででわかるとおり、事前に準備しきるべきは、内外のネットワークです。それだけを堅実に構築しておけば、あとはなんとでもなるはずです。電源と回線は、そもそも新規でしかありえませんが、プライベートネットワークは旧オフィスの機器を流用できるものの、諦めて新規に購入して構築しておくことになります。とはいえ、捨てずに持ってきて別の箇所で使いまわすことはもちろん大切です。

‥❯ 社内システムの移動をどう考えるか

ググれるようにすることは、すなわち全クラウドサービスの利用ができることなので、業務内容によってはそれだけで十分な場合があります。しかし、イントラネット専用のシステムが必要な場合は、どうしても移転が慌ただしくなる要因となります。それは、旧オフィスで利用中のシステムは、新オフィスに事前に持ち込んでおくことができない場合があるからです。

重要な永続的データを保持しないシステムならば、新オフィスに別途構築してしまうことができますが、保持する場合は、その筐体を当日に移動させ、すぐに稼働させるという原始的な方法となります。

それで問題ないならばいいのですが、限りなく停止時間を短くする必要がある場合は、ネットワーク越しに工夫がいるかもしれません。たとえば、「新オフィスに同システムを構築し、旧から新へデータを同期しておく」「あるタイミングで旧サーバーを停止して、新サーバーをMasterに切り替える」といった具合です。

これはパブリックなサービスにおいて、データセンターを移転する際に使

うようなテクニックですが、引っ越しが業務に与える悪影響を限りなく少なくするために、オフィス移転でも必要になるかもしれません。しかし、物理移動よりも手間やリスクが増えるパターンもあるので、その辺もふまえて、良い落としどころを探しましょう。

計画の鬼門とは

なにをどう足掻いても大変な引っ越しの負荷を少しでも緩和すべく、スケジュールはキッチリ引いて、こまめに調整していきましょう。

引っ越しのスケジュールの軸になるのは、新オフィスの契約と工事です。これはおそらくインフラエンジニアが関与するところではないでしょう。軸となるポイントは、以下のような順となります。

- 新オフィスの契約が確定
- 内装工事が開始
- インフラエンジニアの入室作業が許可される
- 回線業者のMDF※への入室を許可（必要かは回線による）
- 旧オフィス閉鎖＝引っ越し開始
- 新オフィス開放＝通常営業開始

インフラエンジニアが関与してくるのは、回線を引いたり、サーバールームやネットワークの敷設を実際に現地で行うあたりからです。それまでは、ひたすらそのための準備やスケジューリングを済ませておきましょう。

そして、入室できるようになったら、インターネット回線のケーブルを中心に、ネットワーク／サーバー機器を構築するサーバールームまたはそれに類似する一角を確認しにいきます。事前に、部屋の設計図からサーバールーム全体の広さを把握し、その中に何をどのように設置するのかを決めておきますが、それが問題なく実現可能かは、現地を見なくてはわかりません。

※MDF（Main Distributing Frame）とは、データセンターやオフィスビルなどの建屋に回線を引き入れる際に、最初に経由することになる回線集積設備のこと。

19インチラックやパイプラックを設置できるか。
扉の開閉や人の通り道、機器の排熱経路は確保できているか。
部屋に大きすぎる隙間がないか。逆に、密閉されすぎていないか。

そういった問題になりそうな箇所を、日々の運用をイメージしてチェックしていきます。

インターネット回線が契約済みなら、業者が現地作業にやってきます。これは、何気に1つめの鬼門となりえます。工程において回線契約のクライアントとなる私たちは、「現地に一緒に入室して、立ち会うだけで終わる」と考えます。そして回線業者は、実際にケーブルを出す部屋の位置を確認するのは当然として、場合によってはMDFへの入室を要求してきます。そこで初めて、MDFの存在を知ったり、「MDFへの入室は前日までに申請しないといけない」といったルールを知ることになります。

私の経験上、回線業者にとってはMDFはあたりまえの存在すぎるせいか、契約者に事前に知らされないことが少なくありません。これにハマると、ムダに1～2日、悪くすると業者スケジュールの都合でもっと遅延してしまいます。そのようなことがないよう、現地工程スケジュールを確認するタイミングで、オフィス執務室・オフィスビル管理者に対して済ませておく作業や確認事項がないかを、こちらからしっかり質問しておきましょう。

2つめの鬼門というか炎上ラインは当然、通常営業の開始日です。営業開始時間に、従業員全員が新オフィスに出勤し、少々の荷物開封作業を終えて、すぐにいつもの業務に取りかかれる必要があります。空調だとか蛍光灯だとかは総務系の人に任せればいいですが、インターネット回線、ネットワーク関連、業務システムのすべてが正常に稼働することは完全にインフラエンジニアの責任範囲です。当日に不具合が見つかれば即対応するのは当然ですが、そもそもミスがありえない手順とスケジュールを組むことが肝心です。

∙∙⊳ スケジュールの例

新旧オフィスの契約やオフィスデザインなど全体も含めると非常に細かく多くなるので、インフラ周りに関することだけを、大きくポイントで区切って整理してみます。

【移転決定】

- オフィスレイアウト・設計図を入手
- サーバールームとインフラ機器設置スペースを確保
- サーバールーム内の物理設計
- 旧オフィスのインターネット回線の解約手続き
- 新オフィスのインターネット回線の選定と新規契約
- 旧オフィス内システムを整理
- 新オフィスに向けてのシステム変更点を整理

【設計完了】

- 移転前にできるシステムの変更・撤去作業
- 新オフィスで必要な機器・周辺アイテムを購入
- 新オフィス用のシステムを構築

【新オフィス入室可能】

- サーバールーム設計図と現地を確認・検討
- 分電盤の構造と電力分配を確認
- インターネット回線敷設の業者入室作業
- 新オフィス用サーバー用ラックを設置
- ネットワーク機器を設置
- LANケーブルを配線
- ゲートウェイ機を設置
- DNS／DHCP／ルーティングなど基本ネットワークシステムを構築
- 無線LAN用ネットワークを構築（コントローラ・AP機）

・新オフィス用サーバーを設置

【引っ越し当日】

・サーバーのIPアドレスに変更があれば、停止前にネットワーク情報を書き換えておく
・ゲートウェイ／DNS／DHCPなどのネットワークシステムを残して、すべての機器を停止
・停止した機器の配線を抜去し、綺麗にまとめる
・旧オフィスを完全に閉鎖していいならば、ネットワークシステムを最後に停止
・機器／備品をすべて運び出し、運搬してもらう
・新オフィスに到着したら、自動販売機のラインナップを確認
・サーバールームにラックを設置
・運んできたネットワーク機／サーバー機を設置
・LANケーブルを配線
・気持ちゆっくり、全機器の電源をONにする
・ネットワーク／サーバー、全システムの動作を確認
・DNSレコードを変更
・分電盤で使用中電力量を計測
・備品類を綺麗に整頓
・ゴミを撤去
・社長がご飯を奢ってくれる

【後始末】

・営業日初日は早く出社して状況を見守り、保守する
・残してあれば、旧オフィスのネットワーク機器を撤去
・旧オフィスのインターネット回線の解約に立会
・振替休日をちゃんととって、リフレッシュする

楽なタスクなどほとんどありませんが、この中でも特に大変で重要なのが、前半の設計と事前準備です。ここがしっかりできているか否かで、当日

に肉体労働に集中して平和に終わることができるか、ソフトウェアのトラブルシューティングまでやるハメになってデスマるかが決まります。

当然、この内容がすべてなわけもなく、企業によって異なります。そして、どれだけ丁寧に設計し、スケジュールを引いても、自身のミスによって、業者との認識齟齬によって、サーバーの移動中の物理的故障によって、一度シャットダウンしたサーバーが正常に起動しなくなることによって、手に汗握る展開が待ち受けているかもしれません。

そういったトラブルも加味して、スケジュールにも気持ちにも余裕を持って進行できるように、日々の精神修行を怠らないようにしましょう。

3-5 移転当日に注意すべきこと

移転当日は、関係者全員が慌ただしく動き、肉体労働によって汗をかき、スケジュールやインフラシステムのトラブルによって手に汗握る、ハードな展開が約束されています。……約束されていますが、少しでもそれを軽減するためのポイントを考えていきましょう。

··▷ 装備を万全にして肉体へのダメージを抑える

日々機器を触っていたり、データセンター作業をしたことがある人ならわかるのですが、機器やケーブル類を触ったり動かしたりする行為は、思ったより肉体にダメージを与えます。埃でノドがやられたり、ケーブルで手が荒れたり。

そのため、引っ越し作業中はマスクと軍手を装備すると、ダメージを抑えることができます。さらに、軍手は手のひらに全面ゴムがあるモノにすると、筐体を持ち上げたりするときに滑らず、楽に持てるようになります。

さらにさらに、足元はサンダルなど弱い靴を履いてはいけません。筐体を落としたり、ぶつかったりしたらケガをしてしまいます。UPS（Uninterruptible Power Supply：無停電電源装置）など、岩のように重い機器を落としたら、足が潰れてしまいます。

これらは引っ越しの基本ではありますが、全員がキッチリ気をつけるのも難しいので、事前に総務あたりにマスクや手袋を購入しておいてもらい、靴の着用から注意喚起しておいてもらうといいでしょう。

IPアドレスの変更ではコンソール作業を極力なくせるように

もし、新オフィスのネットワークのIPアドレス設計を刷新する場合、既存の機器の静的IPアドレスの割り当てを変更することになります。そのため、「どのサーバーを、何のアドレスに変更するのか」という変更リストは事前に作成済みかと思いますが、機器の数が多いと変更作業量もバカにならないので、ひと工夫します。

何も考えずにIPアドレスを変更しようとした場合、旧オフィスでシャットダウンし、新オフィスでノートPCでも見ながら、1台1台とコンソールをつないで設定を変更するかもしれません。ただでさえ狭いサーバールームで、セコセコつないで設定して —— なんて物理作業を繰り返すのはナンセンスです。

IPアドレスの変更は、シャットダウン前にSSHログインして、ネットワーク設定ファイルを変更しておきましょう。再起動しない限り何も起きないので、これは当日ではなく数日前に済ませておくことができます。そして、新オフィスでケーブルをつないで電源をONするだけですべてが問題なく動作することを願いましょう。ダメだった時だけ、コンソールでつないで診ればいいのです。大元のネットワークがコケてたり、設定の編集ミスをしていない限り、SSHログインくらいは成功するはずです。そこのメインシステムが立ち上がらない場合は、SSHログインして復旧作業をすることができます。

コンソール作業が入るか入らないかで、作業効率は大きく変わります。特に、サーバーのアドレス設定だけでなく、ほかの、たとえばDNSサーバーやLDAPサーバー、メール中継サーバーなどを直接IPアドレスで指定している設定がある場合、それもコピペできないコンソールでカタカタ書き換えていくとなれば、気が狂ってしまいます。すべてのIPアドレスは、前もってSSHから書き換えておきましょう。

もう1つ、一歩手前のテクニックがあります。それはリモート管理ツールを利用することです。IBMでいうところのIMM、DELLのiDRAC、HPのiLOなどです。最近では、有名ベンダー以外のサーバーにも標準でついていることでしょう。それ用のLANポートがついていても、社内サーバーでは近距離のために接続していないかもしれませんが、接続しておけば目の前にいかなくともコンソール操作ができるので、LANケーブルは増えますが、やはり便利です。

とはいえ、リモート管理ツールやIPMIといった仕組みは、サーバー起動時にIPアドレスを設定しなくてはいけないので、コンソールによる変更作業は発生してしまいます。もし利用するならば、旧オフィスでシャットダウンしてサーバーをトラックに積む前にでも変更しておくといいでしょう。

DNSの変更もひと手間で完結できるようにしておく

同じように、IPアドレスを変更し、かつプライベートアドレスを管理するDNSサーバーがある場合、DNSレコードの値を変更することになります。この変更作業は、ひととおりサーバーの起動が完了したあたりで実行してしまうべきですが、これも現地でチマチマやっていては時間がもったいありませんし、ため息が出てしまいます。

そのため、変更作業はシェル上でのひと手間で完結できるように準備しておくべきです。「bind」のように、レコード情報が設定ファイルベースのソフトウェアならば、新設定をどこかに作成しておいて入れ替えるだけになります。「PowerDNS」のように、レコード情報をDBに保存するタイプならば、UPDATE／DELETE文のリストを用意しておいて直接流しこむことで一括変更したり、データディレクトリを別に作っておいて入れ替えるだけにすることができます。

どちらの場合も、バックアップをとっておくことを忘れずに。変更が完了したら、必要ならデーモンを再起動し、hostコマンドなどで反映されたことを確認しましょう。

‥▷ システムの動作確認にはアラート監視システムを活用しよう

無事に全機器を設置した後、1つ1つ手でシステムの動作確認を行っていては効率的ではないですし、抜けが出るかもしれません。もちろん、ブラウザでログインして〜という確認が必要なシステムもありますが、確認の基本方法はやはり自動であるべきです。

その方法は、アラート監視システムを利用することです。もし、「社内サーバーだから」という理由で甘く見て、旧オフィスにてアラート監視を入れずにいたならば、引っ越し前に構築しておくべきです。そうすることで、普段から社内システムの障害に迅速に対応できるようになります。

そして、移転時には一括動作確認の役を担ってくれます。旧オフィスでオールグリーンだったならば、当然、新オフィスでもオールグリーンにならなくてはいけません。全機器を起動し終わった後、最後に監視システムを起動すると、即座にダメなシステムに対してアラートが飛び、修復対象を把握することができます。

システムが多いと、すべてが自分の担当というわけではないので、再起動した時にメインシステムが自動起動するよう設定されてあるかわかりませんし、久々の再起動だと立ち上がってこないことなどザラにあります。その挙動を、1つ1つデーモンプロセスを確認して、何かコマンドを叩いて、ブラウザで閲覧して、という方法は非効率的です。監視の管理画面を見て、赤いところだけに対応するほうが早く確実です。

そのためにも、監視する内容をしっかり考えて設定しなくてはいけません。そのサービスのポートに対してTCPチェックするだけではあまり意味がなく、ブラウザで利用するサービスならば、正常稼働を証明してくれるページを表示するためのヘッダ付きでリクエストを送る監視にします。これは、パブリックなサービスのチェックと同じことです。

アラートが飛んだシステムを修復し、オールグリーンになれば、引っ越し当日の重要な作業はひととおり終わっているはずです。あとはゆっくり片づけをし、汚い手と顔を洗い、埃を吸った口をうがいし、それから社長にご飯を奢ってもらいにいってください。

Chapter 4

中小企業期に求められること

4-1 中規模の段階で必要な心がまえ

システムの重要性が高まり、責任が重くなってくる

社会的には、中小企業や小規模企業について、業種ごとに「何人以下」「資本金が何円以下」という定義があります。いち従業員の感覚としては、名前を知らない同僚がチラホラ増えてきたあたりから中規模といえるかもしれません。インフラエンジニアとしては、家庭用のシステムで耐え切れなくなったり、共有利用するシステムが増えたり、パブリックサービスのトラフィックに捌きがいが出てくることでしょう。

そして、すべてのシステムの重要度が高くなり、責任が重くなってきます。小規模ならば、ちょっとオフィスのインターネットやネットワークが落ちても、軽く皆でコンビニに繰り出す程度で笑って済ませたかもしれません。しかし、中規模となって数十人でコンビニに出ていくとなると、時間×人数のリソースがムダになるのでよろしくありません。もちろん、それは小規模だろうと同じ話なのですが、ある障害によって失う人的リソース量や、パブリックサービスの停止に伴う売上減少や信用失墜の度合いは、小規模時代とは比べ物にならない大きさになっているはずです。

ほかにも、人数が増えることで、目の届きづらい箇所が増えたり、人によって与えられる権限の種類が変わってきます。これにより、データの破損や漏洩、オペレーションミスの頻度上昇など、それまで考えもしなかった出来事が起こるかもしれません。

和気あいあいと仕事をしていた小規模時代に比べて、インフラに求められる質は大きく変わっていきます。「可用性」「拡張性」「耐久性」「堅牢性」「運用性」「効率化」といったさまざまな表現がありますが、すべてにおいて高品質に仕上げる必要が出てきます。また、そうしなければインフラエンジ

ニアが何人いても倒れてしまいます。

ただ動けばよかったシステムから一歩進んで、多角的に要素を検討しましょう。既存の高品質に仕上がったシステムに関わる場合も、ただ動いている様を見て、ただ運用するのではなく、「なぜ、そのように仕上げられたのか？」を要素ごとに理解するよう心がけていきましょう。

･･▶ 予算や決済の流れに関わるよう働きかけていく

スタートアップ期はわりとざっくばらんに、必要なときに、必要なものを即座に購入していたと思いますが、規模が大きくなるにつれ、特にお金の扱いは慎重になってきます。数人ならば取締役あたりが管理し、即決済していたところが、「経理」という部署ができ、高額ならば決済まで2～3人を通らなくてはいけないようになっていきます。

面倒に感じるかもしれませんが、お金は大切なので仕方ありません。企画や技術決定のために2～3人の判断を通す必要があるのを「面倒だ」というのとはワケが違います。

とはいえ、決済が遅くていいことなどありません。少額であるほど部署内での即時決済を可能にし、高額でも最終決済者までスムーズに流れていくように、ボーっとせず働きかけるべきです。

インフラエンジニアに売上は存在しませんが、お客さんとして他社のサービスや機器を購入することは、それなりに頻繁にあります。そして、仕事が多岐にわたり、ほとんどの仕事がAs Soon As Possible であることを考えると、四半期ごとの予算に関わったり、組織的にスピーディな決済が可能なように風土を変えていくことは、普段の構築／運用とはまた違った重要な仕事と考えるべきです。

･･▶ 人材の変動に対応する

仲良しこよしでやってきたスタートアップは終焉を迎え、激動の人材変動時代へと突入するかもしれません。経営方針の相違、技術評価の不満、開発技術の方向性、はたまた音楽性の違いによって、出る人は出て、代わりにまた人が入る、の繰り返しとなるでしょう。最近では、「起業する」という前向きな理由により、「そもそも、時が満ちれば退職する予定だった」という人も少なくありません。

周囲でそのような変動が起きるようになったとしても、インフラエンジニアは微動だにすることはありません。それに対してやるべきことは、可能な限り入社準備を早く効率的に行い、退職者の処理をいかに早く的確に行うかを考え、改善することです。ただし、これは「冷徹に任務を執行せよ」という意味ではないので、来る者去る者どちらにも笑顔で接しましょう(:-)

問題は、インフラエンジニアが来る時、去る時です。

言うまでもなく、インフラシステムは重要なので、新しい人にどこまで任せるかの判断は重要になります。極端に言えば、その人がポカって「rm -R /」を打つような人間かどうかを見極める必要があります（最近はオプションをつけないと/を消せませんが)。それによって、どのような作業からお願いするのか、システムユーザー的にどのような権限を割り当てるのかを決めなくてはいけません。

新しい人が現在の担当者の上につく人だろうと下につく人だろうと、担当者にとっては良い機会です。説明のためにあらためてシステムを見直すことにもなりますし、もし単独で運用してきたシステムならば、それからは自分勝手な「とりあえず動けばいい！」的なシステムを生み出すことはなくなるのではないでしょうか。

そして厳しいのは、当然、去る人の対処です。もし、インフラエンジニアが1人しかいなければ、内製でインフラを運用していた会社はてんてこ舞いです。できるだけ退職時期を調整し、インフラエンジニアを中途採用するか、別の社員がインフラエンジニアに転身するしかありません。

会社から見ればこれは一大事ではあるのですが、エンジニアからすればビッグチャンスです。もし、多少はいろいろなことができて、インフラが好きでなくとも嫌いでなければ、ぜひ飛び込んでみましょう。その海は水平線が見えるほど広くはありますが、足が海底に着いたり着かなかったり程度の深さであるブルーオーシャンです。責任と苦労はお墨付きですが、レベルアップを望む人にはまたとない機会となるでしょう。

実際、私は過去に、急にインフラエンジニアをバトンタッチをした経歴があります。最初はチンプンカンプンな部分も多かったですが、何事もやらざるをえない環境にブチ込まれれば、一気にできるようになるものです。前任者とは普通に仲の良い間柄でしたが、数年後には「あの時に退職してくれてよかった」とすら思うほどに、「エンジニアとしてひと皮むけた」と自信を持って言えます。

「インフラエンジニアとして実力を向上させるためには、大規模トラフィックを抱える企業に入ればいい」と思う人がいますが、道はそれだけではありません。小中規模のシステムに少人数で責任を持つことも、激動の企業に身を投じることも、「やらざるをえない」「捌ききらなくてはいけない」という環境に依存して向上します。

特に、若いうちに自身が流動する人材となる時には、あえて荒波を選ぶように転身・就職活動をすることをオススメします。

column

卒業

退職者が増えてくると、MLに投げられる退職メールに1つの共通点があることに気づくはずです。そう、「『卒業』します」という文言です。この言葉は“退職”というネガティブな印象をオブラートに包みこんでくれる魔法の言葉で、見るたびに「モーニング娘。は偉大だな」と思うわけです。

しかし、インフラエンジニアにとっては、“卒業”などと宣うのはおこがましいにもほどがあります。膨大にやることがあるインフラエンジニアが、「その組織でやることをすべてやり切ったか？」と問われれば、口が裂けても「YES」などと言えないはずです。

そこは粋に、「より激しい荒波を探しに、旅に出やす」などと、正直かつ立つ鳥跡を濁さず、インフラデータを綺麗にまとめてから出て行きましょう。

4-2 オフィスを構築する

サーバールームで考慮すべきこと

組織が中規模以上になると、オフィス内にサーバールーム、もしくは“部屋”と言わないまでも重要な機器を集約する一角が必要になってきます。「サーバールームは絶対こうあるべきだ」というルールなどありませんが、どのようなことを考慮して設計すべきかを考えていきましょう。

サーバールームの役割には、以下のようなものがあります。

- ネットワーク機器や基幹システム用サーバーといった、重要かつ一般従業員が触れるべきではないものを収納する場所
- テストサーバーなど、普段使うパソコン以外の筐体を作業机の周辺に置かないよう集める場所
- 電源容量の管理、排熱処理、DMZ（De-Militarized Zone）としてのセキュリティ管理を行う場所

「オフィスにサーバールームを作るか、作らないか」というところから考えると、作ることを必須事項として捉えるべきです。しかし、ごく小組織だとオフィスが狭くて専用の部屋など作れないと思うので、「何が重要で、どこまで構築すべきか？」を決めていくことになります。

また、サーバールームは1つの組織のものですが、それが進化して複数組織を相手に商売している最終形態がデータセンターになります。規模も出来栄えもまったく別次元ですが、基本的に考えるべき項目は近いため、一度はデータセンターを見学しておくと、サーバールームの運営に好影響を与えてくれることでしょう。

セキュリティ

サーバールームの機能で最重要なものは、セキュリティ管理です。組織の基幹システムの脅威となるものは、大きく2つに分かれます。1つはWANからの外敵、そしてもう1つはLANからの脅威、つまり従業員や来訪者です。前者はあたりまえですが、後者も忘れてはいけません。悪意はなくとも、深夜の休憩で投げたダーツがサーバーのリセットボタンに当たったり、仮眠の寝返りで電源ケーブルが引っこ抜けても、立派な脅威なのですから。

外的から守る

まずは外敵から守ることが、セキュリティの基本中の基本になります。これは物理的な攻撃ではなく、ネットワーク越しの攻撃になります。そして、オフィスには通常、外部公開のサービスを置かないので、トラフィック系ではなく、アクセス権限系の攻撃に気をつけることになります。そのアクセス権限も、普通に考えれば会社の回線を特定して攻撃してくる可能性は限りなく低いですが、もしかしたら退職者がWANから忘れ物をとりにくるかもしれません。

こういった脅威から守るためには、ルーターにおけるWAN側の必要最低限の開放と、DMZによるWAN／LANの完全な隔離が必要です。これを満たすだけなら、サーバールームという個室は必要ありません。ルーターの設定と複数台のスイッチングハブがあれば実現できるからです。回線口の近くに安価なパイプラックでも置いて設置することになるでしょう。

物理的に隔離する

組織内の人間が信頼に足る人物だけなら、上記の対策でいいかもしれません。しかし、自身を含むだれしもが、つまずいてコーヒーをぶちまける可能性がある以上、重要な機器がむき出しであることは賢いといえません。そのため、次に物理的に隔離することを考えます。

物理的な隔離は、データセンターに置かれるような19インチ型ラックを用いる方法と、個室の2つが考えられます。ラックは2メートルの通常サイズとハーフサイズがあり、ハーフだとオフィスでもそう邪魔にはなりません。ラックを使えば、筐体を直に積み上げることなく綺麗にラックマウントできますし、普段は配線や筐体に直接触れる可能性がほぼなくなるので、悪意をもって隙間から水鉄砲や霧吹きで濡らされでもしない限り、大丈夫になります。

そして、最終形態として、個室になります。機器の数が少なければ、2畳からあれば十分機能します。安価なパイプラックなりハーフラックを置いて、鍵やカード認証で特定の管理者しか入室できないようにして、入退室管理を行えばバッチリです。オフィス内の電源容量を管理する分電盤を設置したり、回線のケーブルを引いてきたり、基幹システムを置いたりと、まさにインフラエンジニアの“城”と言えるでしょう。

空調

オフィスに築く城には、特に気をつける点があります。空調です。データセンターと違って、それ専用の造りとはほど遠く、非常に熱がこもり、そのせいで機器が故障する頻度が高くなります。

対策としては、エアコンがあることが一番ですが、設計上どうしても付けられなかったり、それだけでは冷やしきれない場合があります。そういう場合は、扇風機をたくさん設置したり、部屋の壁上部に人が入れない程度の通気口を用意したりします。熱のこもりは風通しを良くすることで劇的に改善するので、ン十万ン百万のクーラーの購入を悩む暇があったら、3台ほどAmazonでポチッて回してみるといいでしょう。

ソフトウェア技術的には、仮想化にして、サーバーの台数を減らすことが最も効果的です。

目安としては、「人間が半袖で入室してほど良いくらい」には室温を下げたいところです。見方によっては、サーバールームでの作業が少ないほど、インフラエンジニアとして卓越しているともいえます。ずっと入室していたくなくなるほどの肌寒さにしておくと、エンジニアにも機器にも効果テキメンです。

19インチラック

大切な機器を床に並べておくことなどありえないと思いますが、場所がもったいないですし、埃が溜まるので、絶対にやめましょう。

扱う機器に、ネットワーク機器やラックマウントサーバーが多いのであれば、19インチラックがあると非常に便利です。筐体を積み上げてしまうと一番下の筐体を移動させるときに大変なことになりますが、19インチラックがあれば1台1台を独立して設置でき、抜き挿しがかんたんにできます。

ラックマウント用レールはネジ不要なものがオススメ

ほとんどのネットワーク機器は、付属の両翼と、ラック用のケージナットとネジがあれば設置することができます。

サーバーは、1Uハーフならばネットワーク機器と同様に取り付けられるものもありますが、1～4Uだとそもそもラックマウント用レールが必要なので、サーバーの購入時にコミコミで付属しているのか、オプションなのかを確認しておきましょう。ラックマウント用レールにはいくつか種類があり、大きくはネジが必要なモノと、不要なモノに分かれます。たいてい、不要なモノのほうが若干高価ですが、どちらも体験すると、ネジ不要なほうがヤミツキになるくらいオススメです。

ラック前後の支柱の幅を確認しておく

サーバーにラックマウントレールも取り付けて、「いざ設置」となる前に、確認することがあります。ラック前後の支柱の幅です。ラックマウントするために、前後に2本ずつ、計4本の支柱があるのですが、前は固定されていて、後ろの支柱は位置を調整できるようになっています。1Uハーフを前後に設置したり、短め・長めの1Uサーバーもあるので、そこに設置する機器の形状と構成をふまえて、後ろの支柱を調整しなくてはいけません。これをまちがえると、後で設置するサーバーのために、一度すべてのサーバーをシャットダウンしてラックからアンマウントして……という膨大な肉体労力を消費するハメになります。

基本、支柱に取り付ける側のレールは伸縮可能なので、多少の融通は効くのですが、適当にマウントしていると物理的にどうしようもなくなることもあります。サーバー本体の前後の長さ、レールの伸縮最小／最大長を確認してから取りかかりましょう。そして、それを理解したうえで、後部支柱を最長幅か1～2個分近くする程度にしておけば大丈夫です。前後幅を短くしすぎると設置不可能な場合があっても、最大長さにはたいてい対応されているからです。

余裕をもって配置して、熱のこもりを抑える

さて、ここまでUという単位を出してきましたが、これはラック内の高さの最小単位です。通常の19インチラックは、だいたい45Uという高さになっており、ネットワーク機器や1U／1Uハーフサーバーならば詰めれば45台、3Uサーバーなら15台入る計算になります。

しかし、実際にはキチキチに詰め込むことはありません。データセンターで本格的なIaaSを構築するならともかく、オフィス内ならば「2U使用するごとに1U空ける」など余裕をもって設置することで、熱のこもりを抑えましょう。

総重量を計算しておく

最後に、重量についてです。ラックは集積率を高くできるということと、そもそもラック本体が重いということから、総重量は計算しておくべきです。そして、オフィスの床の耐荷重がどれほどなのかを事前に調べておき、床が抜けないように気をつけて、増設していきましょう。

パイプラック

扱う機器にデスクトップ型が多いのであれば、パイプラックが有用です。オンラインショップで5,000円前後で購入できます。3段くらいで高さを調整できて、足にコロコロがついていなければ十分使えます。ラックだと、ラックマウントできない機器は棚をマウントして、その上に置くことになりますが、それでは全然美しくないので、それをやるくらいならパイプラックのほうが使い勝手がいいです。

さまざまな高さの機器を置けて、至るところがパイプなためにケーブルを縛るのも容易で、安い・強い・早いの三拍子がそろっています。サーバールームは在庫機器などを保管するための倉庫にもなりうるので、パイプラックや細かい備品を収納するケースは必ず役に立ちます。

そして忘れてはならないのが、木槌のようなものです。段を外す時、支柱のパーツに食い込んでなかなか取れないので、下から何かで叩く必要があるのですが、ハンマーだとうるさいので、木槌がいいのです。パイプラックを組んだり解体する時は、疲れるし危ないので、必ず2人以上で取りかかるようにしましょう。

配線

他所様のラックをお手本に

みんな大好き、ケーブル配線のお時間がやってまいりました。インフラエンジニアにとって、配線技術は重要事項であるにも関わらず、たいていはだれにも教わらず、自分なりに配線しているのではないでしょうか。それこそ、データセンターの現場作業員にでもならない限り、ガチな配線テクニックを学ぶ機会などないでしょう。

ヘタクソな配線だと、交差しているせいで1本配置換えするために別の1本も抜かなくてはいけなくなったり、ナイアガラの滝のように上から下に垂れ落ちていたり、パスタのように床を這いまわっていることでしょう。それがインフラエンジニアにおけるクソコード（物理）です。

「データセンター作業員のようなプロのレベルで」とは言わずとも、最低限やってはいけないことを知っておけば、オフィス内サーバールームでは十分な出来にすることができます。また、「何が綺麗なのかを知らないために、綺麗にできない」ということもあるので、データセンターに入室する機会があれば付き添って、他所様のラックを覗いてみましょう。きっと芸術的な配線を目にすることができ、自分の愚かさに気づくことができます。機会がなければ、ググってラック配線の画像を見てもOKです。

さて、実際にどうしていくべきかを考えていきましょう。19インチラックだと、格好良くて便利なケーブリング用アイテムを使えたり、電源が後部のファクトライン＋コンセントプラグで綺麗に利用できる、といった輝かしい要素が盛りだくさんです。そういった構成要素が19インチラックとパイプラックとではかなり異なりますが、基本となる考え方はだいたい同じです。

LANケーブル

まず、機器から出るLANケーブルは、必ずラックの扉側を回す形で、横の支柱に向かわせます。ラック横の前後支柱の間を通すと、ほかのサーバーの出し入れに不自由するので禁止です。パイプラックなら、段を伝って支柱に向かって出し、固定します。その時、1台から複数のケーブルが出る場合は、左右どちらに向かわせるかは、ケーブル差込口の配置とネットワークの役割ごとにルールを決めて、全機器で統一してください。

この、ケーブルの基本ルートが最大の勝負の分かれ目になります。「左に50cm、上に50cm」と這わせるべきところを、近いからと$\sqrt{2}$の対角線を通ったり、真上や真下にダラリとぶら下げないでください。サーバーを見渡すための空間を遮ることは、多少遠回りになろうとも厳禁とします。のちの運用において、ケーブルをかき分けてサーバーに触れることになったり、何がどこに向かっているのか追いづらくなるからです。

支柱への固定、そして途中の要所要所で複数本を束ねるために、結束バンドやねじねじが必要なので、多めに購入しておきましょう。オフィスならば、結束バンドはマジックバンドで、ハサミで切って使うタイプのモノがほどよく使いやすいです。堅い結束バンドの場合、あまりキツく縛りすぎると中身が折れるので注意してください。

電源ケーブル

電源ケーブルも、LANケーブルと同じ要領で配線します。19インチラックの場合は、ファクトラインの位置を調整して、それぞれのサーバーに近く、かつ束ねやすい位置にしてください。そして、左右のファクトラインごとに最大電力が決まっているので、電力を散らしつつ、配分パターンをわかりやすく接続していきます。どのサーバーを左右どちらに接続するかは、現場ではなく、あらかじめ机で計算して決めておくといいでしょう。

パイプラックの場合は、執務室に使う電源タップと同様、ムダな電源切替スイッチがなく、3穴で、タップの頭に紐を通す穴がついているモノがいいです。とにかく、ちゃんとラックに固定できればOK。そして、段と支柱を伝うように配線します。もし、台数が多めなのであれば、ケチらずに、1段1タップ以上を設置すると綺麗になります。

余りをきちんと始末する

配線したLANケーブルと電源ケーブルは、どうやっても余りが出て邪魔になります。これは必ず、折りすぎないよう軽く曲げるか、できれば円形にして結束しておきましょう。

余りやケーブルの体積が嫌な場合は、市販のもので多種類の長さを用意しておくか、特注する方法があります。機能的にデータセンターではほぼ利用されませんが、極細やきしめんのような平細のLANケーブルも、オフィス内サーバールームでは使ってもいいでしょう。特に扱いづらい電源ケーブルも、コネクタ部分がL字になっていて邪魔になりづらいものや、ケーブルが柔らかめのもの、1メートルと短いものを使えば、かなりスッキリします。ただし、たまに大きめのサーバーに細いケーブルを適当につけると電力関係のアラートが出るので注意してください。

LANケーブルならば「自作」という手もあります。作ること自体は難しくないのですが、切って、くっつけて、接続チェッカーを通して、とそれなりに面倒くさいです。ただ、少し安く、いつでも好きな長さのケーブルを用意できるので、あまりオススメはしませんが、検討してもいいかもしれません。

ビニール手袋を常備

最後に、ケーブルを扱う時、皮膚が弱い方は絶対に手袋をしましょう。ビニールの摩擦と埃で、手が荒れてはいけません。マスクと一緒に、部屋に常備しておくといいでしょう。

分電盤

サーバールーム、そして執務室の電力は、サーバールーム内で管理する場合があります。オフィス構築時に、分電盤を設置してもらっていれば、それを使って電力を管理できます。家庭では「ブレーカーが落ちる」と言うことから「ブレーカー」を総称としているかもしれません。

分電盤は、以下の要素で構成されています。

- 全体の使用電力量が超えた時に電気を停止するリミッター（アンペアブレーカー／サービスブレーカー）
- 漏電を感知して停止する漏電遮断機（主幹ブレーカー）
- フロア内の各所へ電気を流すための配線用遮断機（分岐ブレーカー）

このうち、管理すべきは分岐ブレーカーです。分岐ブレーカーからは赤線と黒線が出ていますが、その線をクランプメータ（電流測定器）で挟むだけで、実際に今、何アンペア（A）流れているかを知ることができます（使い方は、測定器ごとに説明書を確認してください）。値段はピンキリですが、プロの業者ではないので、数千円のもので十分です。

1つの分岐が20Aになっているとすると、25Aが流れると60分以内にブレーカーが落ちることになっています。落ちると、当然その分岐先の電気が利用不可になり、電子機器は全滅し、運が悪いとデータを失ったり、パソコンやサーバーの電源パーツが壊れてしまいます。

それを防ぐために、定期的に、もしくは機器追加時に、電力を測定します。電子機器1台あたりの使用電力量は、それぞれのスペック表に記載されている消費電力（W）を確認するとだいたいわかります。表記単位は通常、W（ワット）なので、日本の交流電圧100V（ボルト）で割れば、A（アンペア）になります。10Wなら0.1A、100Wなら1.0Aです。

23インチモニタなら40Wで0.4A、1Uサーバーなら1～2Aといった具合に、およその数値は機器によって決まっています。ただ、モニタなら輝度によって、サーバーなら起動時／平時／高負荷時でかなり差があるので、完全な固定値と考えてはいけません。

そのため、「絶対安全」と思われる台数を起動した後に、さらに機器を追加する場合は、追加後に該当する分岐ブレーカーを計測し、安全であることを確認します。また、負荷の状況や利用状況によっても異なるので、最も利用されているであろう時間帯に定期的に測っておくと安心できます。オーバーしそうな分岐は、現地で何が動いているか確認し、移動するなど調整してください。

このことからわかるように、機器数が増えると電力が足りなくなる可能性があります。そのため、オフィス構築時に、機器数と電力量を想定し、契約アンペア数を決める必要があります。そもそもオフィスの契約ではかなり大容量になっていますが、もし限界が来た時にかかる手間を考えると、先行して計算と対策を行っておくべきでしょう。

ネットワーク

IPアドレスなどの設計はスタートアップ期と特に変わらないので、物理設計から実際の構築までを見てみましょう。仮に業者にお任せするとしても、物理／論理設計ともに把握しておくのはインフラエンジニアの責務でございます。

ネットワークは、よほど小規模でない限り、IPアドレスやVLANといった論理設計と、機器や配線などの物理設計を分けて図示することが一般的です。ネットワーク図はもちろんデータで書くことが望ましいですが、重要なのは形に残すこと、そしてわかりやすいことです。設計時から構築が落ち着くまでは、手書きスキャンでも大丈夫です。構成に決まった正解はないので、ここでは参考までに、3つの規模ごとの図を記載します。そして、説明はこのうち最大規模である「DMZあり」で行っていきます。

■ DMZありの構成

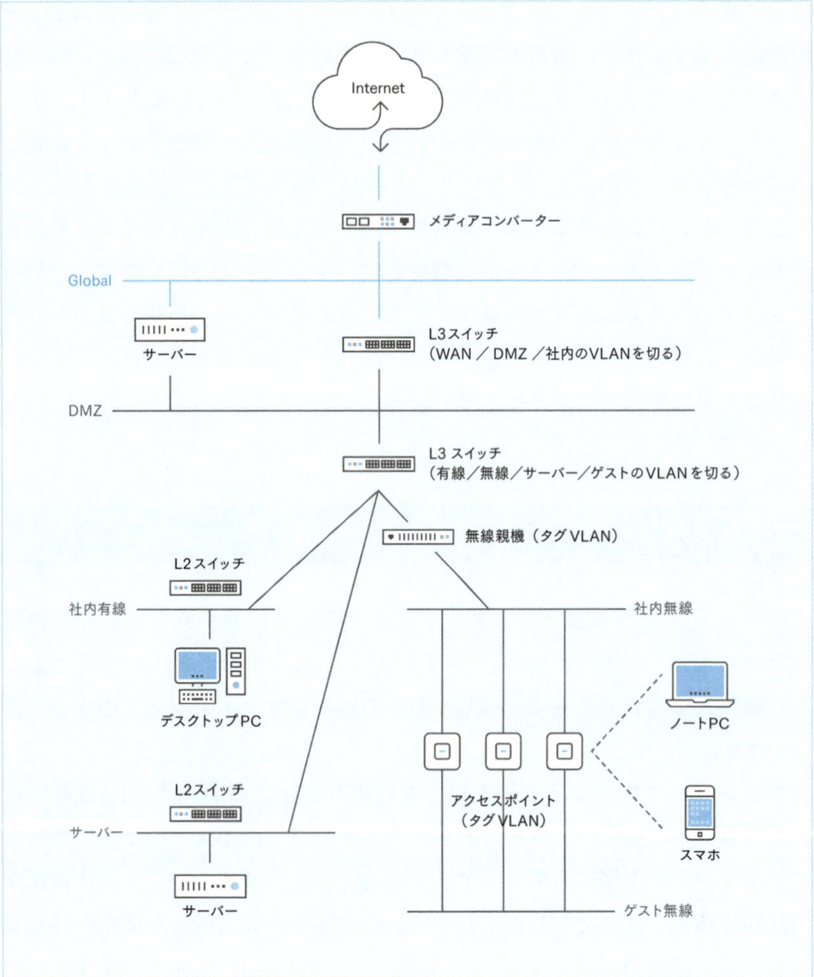

物理構成

物理構成は、第2章で解説したものと重複するところもありますが、一から見ていきましょう。

まずWANですが、契約回線によって設置する機器が変わります。古くはモデム、今なら光回線終端装置（ONU）と呼ばれるものが一般家庭で使用する接続機器ですが、オフィスでも使われます。ビジネス用としては、光ファイバーを引いてメディアコンバーター接続をするものがあります。どのパターンにせよ、回線の利用方法に従って、借りた機器を接続し、最終的にLANケーブルをルーター機に接続することを目指して構築します。

終端装置の次は、環境によって異なるところです。自宅などの場合は、ルーターと接続し、PPPoE認証でWANと接続のうえ、残りのLAN用ポートにPCを接続したり、ルーター機に搭載された無線機能でWi-Fi接続します。

オフィスで複数のグローバルアドレスを扱う回線の場合、PPPoE認証などが不要のイーサネットで構築されたネットワークであることが多いです。そのため、まずL2スイッチに接続し、複数の機器がWANに直接接続できるようにします。このL2スイッチでVLANを切ることで、1台のネットワーク機でWANと複数のLANを構築することができますが、ここではDMZを挟むので、WAN用スイッチではVLANは不要となります。

また、このWAN用スイッチを多機能のインテリジェンスにすることで、ファイアウォールやゲートウェイ、VPNといった機能を満たすことができます。ただ、Linux好きの私は、このL2スイッチからゲートウェイ用Linuxに接続するという構成で常々構築してきました。このLinux筐体にはNICを2枚積んであり、1つはWAN用、1つはDMZネットワーク用となるわけです。ちゃんとしたルーター機でやるにせよ、Linuxでやるにせよ、必要な機能さえ満たせばいいので、得意なほうで構築するといいでしょう。ちなみに一般的には、専用のL3ネットワーク機を用意することが多いようです。

WAN用ゲートウェイ機から、さらにL2スイッチに接続し、DMZネットワークを作成します。そこからさらに、3枚のNICを背負ったLAN用ゲートウェイLinuxを接続することで、LANの中心部を据えます。このLAN用Linuxは、DMZ・社内・無線の3つのネットワークを所有します。ここで内外部へのパケットの出入りをすべて管理し、セキュアにします。もちろん、ここも「L2ネットワーク機+VLANで構築する」という選択肢があります。

そして、LAN用ゲートウェイから、1つは社内用L2スイッチを接続してそこから必要なだけカスケード、もう1つは無線用PoE付きL2スイッチと接続して無線コントローラやAP機へ配線します。無線用スイッチや無線機では、タグVLANを用いることで、社内の有線ネットワークとの遮断を表現します。

これで、論理設計を満たす物理構成となりました。ネットワークは非常に重要なので、それぞれの機器を冗長化すべきですが、小中規模程度ならば、すべてを2台構成にする「ホットスタンバイ」ではなく、故障時に手動で物理的に予備機に入れ替える「コールドスタンバイ」程度がいいかもしれません。それならば、用意する台数が少なく、設定も複雑にならないので、金銭的・技術的・時間的に多少の不安があっても対応できます。さらにケチると、予備機すらなしに「故障時に交換」となりますが、それだと復旧に半日～数日かかる恐れがあるので、予備機をケチることは避けるべきです。

ゲートウェイ

物理構築が終われば、まずやることはゲートウェイ（G/W）の設定です。ゲートウェイにはグローバル用とプライベート用があるので、それぞれの役割を整理してから設定していきます。

グローバルG/Wの役割

グローバルG/Wが担当する役割はおもに2つです。

1つめは、グローバルアドレスを持たない機器から送信されるWAN向けのパケットを、代わりにNATで転送してあげること。これは、オフィス内のほぼすべての機器が頼る、重要な機能となります。

2つめは、外部からのパケットフィルタリング。外部からの余計なリクエストを受け付けないよう最低限の開放とし、セキュリティを守ります。

プライベートG/Wの役割

プライベートG/Wのおもな役割は2つです。

1つめは、LANからWANへ向かうパケットをグローバルG/Wに転送してあげること。つまり、執務室から外部サービスを利用するには、2つのG/Wを経由して出ていき、そして同じ道を返ってくることになります。

2つめは、複数のLANを分断すること。基本的に、別セグメント同士は直接接続できないようにしてセキュリティを高め、必要があれば最低限の開放をします。たとえば、ゲスト用無線から重要な機器へ通信が通っては大問題ですし、一般従業員がDMZのネットワーク機と通信できる必要はないので、必要のないものは開放しません。

この最低限のプライベートG/Wの役割に、さらに肉付けをしていきます。ネットワークを使ってもらうためには、DHCPサーバーが必要になります。DHCPサーバーはG/Wと別の筐体に構築することもできますが、プライベートG/Wで機能させてしまえるのであればムダがなく、スッキリします。そして、DHCPで指定するDNSサーバーをLANに置く場合、DNSリカーシブサーバー（キャッシュサーバー）としての機能を構築するかもしれません。これも別筐体に構築できますが、プライベートG/Wに同居できるなら、したほうがスッキリします。

これで内から外へ、外から内への基本的なネットワークの役割が決まりました。

追加機能を利用する場合は

是非は別として、企業によっては「業務時間内は2ちゃんねるやSNSは閲覧禁止」を掲げるところもあります。そういったフィルタリングをする場合は、プライベートG/Wに仕込むことになるでしょう。なぜなら、グローバルG/Wでフィルタリングした場合、プライベートG/WからグローバルG/Wへの転送はされてしまい、ムダになるからです。

こういった追加機能を利用する場合は、その機能の性質と重要性などをふまえ、どちらのG/Wに構築するのか、それとも別途筐体に構築するのかを検討し、適切な箇所になるよう設計していきます。

VLAN

VLAN（Virtual LAN）とは、ネットワークを仮想的に分割するための機能です。たとえば、3つのネットワークを作ろうとすると、最低限、物理的に3つのスイッチを追加することが必須となりますが、VLANを使うと、1

つの機器で3つのネットワークを作成することができます。

よく使われ、わかりやすいのが、「ポートVLAN」です。たとえば、ポート1～4をVLAN1、ポート5～8をVLAN2とすると、VLAN1に接続した機器同士は通信できますが、VLAN1に接続した機器とVLAN2に接続した機器は通信することができません。ネットワーク機が内部で遮断してくれているという、至ってかんたんな仕組みです。

ポート数が多く、機器数がそんなに多くなければ、ポートVLANからのカスケードだけで足りるかもしれませんが、より大規模になると、「タグVLAN」を使うことになります。タグVLANは、MACフレームにタグ情報を挿入することで、フレーム単位でVLANを識別し、それによって複数のスイッチを跨いでVLANを設定したり、無線コントローラからの複数種の通信を識別したりできるものです。

当然、VLANとゲートウェイは別の機能ですが、プライベートG/Wとしては、L3スイッチ1台で両方を実現したり、Linux G/WとL2スイッチVLANをあわせて構築することもできます。

社内ではVLANを切って遮断する場面はそれほどないかもしれませんが、少なくともゲストにネットワークを提供する場合は、必ず執務室の機器との通信を分断しなくてはいけないので、そのためだけにVLANを学ぶ必要が出てくる可能性があります。

無線LAN

安定化

最近だと、ノートPC＋無線LANで業務をこなすパターンが多いと思われますが、無線LANの調子が悪いと従業員をイライラさせてしまうどころか、業務に支障が出てしまうので、安定化は非常に重要事項となります。

無線LANの安定化のためには、まず接続機器数を把握します。種類としては、ノートPC、スマートフォンやタブレットとなります。執務室内での人数に対する最大機器数、ゲストユーザーが利用するエントランスや会議室スペースにおける最大機器数を多めに予測します。

そして、無線のAP（アクセスポイント）機あたりに接続できる数と、AP

機同士の電波干渉距離を知り、AP機間が近すぎず、遠すぎずなるよう配置する必要があります。この設計自体が難しめというのもありますが、AP機の設置箇所はたいてい天井か壁になるので、設置後の変更や追加が困難であることを考えると、業者に任せたほうが無難である、というのは先に書いたとおりです。ただ、任せる場合でも、自身でも台数と配置の根拠を理解することは重要です。設計を教えてもらい、場合によっては危なそうな箇所をこちらから指摘しましょう。業者といっても、100%の信頼はありませんゆえ。

セキュリティ

通信が安定したとして、次にセキュリティについて考える必要があります。意図しないユーザーに接続されないためと、通信を傍受されないためです。

スタートアップや家庭用だと、コントローラのボタンを押すだけで認証が完了するかもしれません。さらに、MACアドレスでフィルタリングするかもしれませんが、それは偽装可能なので、確実ではありません。

ではどうするかというと、まず暗号化方式は前に説明したとおり、WPA2-AESまたはWPA2-PSK／AESにします。そして、SSIDを「ANY接続不可」で設定します。接続機器のフィルタリングには、セキュリティキーやMACアドレスではなく、電子証明書を利用します。そのために、証明書を管理する「RADIUSサーバー」を構築し、ノートPCを貸し出す際に証明書を発行してインポートする、といった手順を踏むことになります。

ノートPCは執務室内の多くのサービスを利用するため証明書を利用するとしても、スマホのようにWANへの通信ができればいいだけの機器の場合は、SSIDとセキュリティキーだけで接続できるようにしてもいいでしょう。ゲスト用もスマホと同様ですが、接続方法が同じでも用途は違うので、タグVLANを使ってしっかりルーティングやパケットフィルタリングの設定をしましょう。

あとは、無線コントローラなどでDHCPサーバーを動かせば、IPアドレスを取得できます。そして、DNSサーバーと通信できれば、WANのサービスを利用できるようになります。

かなり短縮して説明してしまいましたが、実際に構築するとなると、以下のようにかなり多くの機器と設定を扱うことになり、大変なことは、たやすく想像できることでしょう。

- AP（アクセスポイント）機
- L2スイッチ
- L3スイッチ
- コントローラ
- RADIUSサーバー
- DHCPサーバー
- DNSサーバー
- ゲートウェイ

運用に入っても、必ずいつかは通信が不安定になったりして、改善を求められることになります。たとえ、どれだけ自分の会社のフロアで上手に構築しても、もしかしたら上下の階からの電波干渉によって、こちらの電波が不安定になるかもしれません。AP機が、周辺の電波状態によって自身が出す電波を強めたり弱めたりする機能を備えている場合、他所からの強い電波を見つけると自分の電波を引っ込めてしまったりするからです。

無線LANは非常に便利で、できればそれ1本でいきたいところなのですが、安定度100%を望んだり、思い込んだりしていると、臨機応変に対応できなくなります。つながらなくなる時のことを想定し、ある程度は有線LANを配線しておくといった設計も頭に入れておかなくてはいけません。業者に任せるとしても、「保守において、どの程度、どのくらい迅速に対応してくれるのか？」をしっかり確認しておきましょう。

DMZ

WANとLANを明確に分断して運用するためのDMZですが、ネットワーク設計にこれを含むかどうかは、企業の性質によってきます。たとえば、DMZにサービスを置いて、グローバル経由でアクセスしてもらうサーバーが多いのであれば、必須となることでしょう。

しかし、そういったシステムどころか、基幹システムなどのほとんどすべてをクラウドサービスで利用することで、「LANからは、ただインターネットができればいい」という環境も昨今ではありえるのではないでしょうか。その場合は、WANの前段に置くL3スイッチだけで十分かもしれません。グローバルネットワークのVLANを切り、複数のプライベートネットワークのVLANを切り、必要なだけL2スイッチでカスケードするだけで、要件によっては十分な環境を整えることができます。

要は、WANからLAN、LANからWAN、LANからLANの通信の分断と制御ができればいいので、機器数をできるだけ少なく構築したい人にとっては、物理的に分断するDMZは不要と判断することもあるでしょう。

「ネットワーク機器を最小限に、業務用基幹システムもできるだけ外部サービスを」というポリシーの下に設計すれば、サーバールームも2畳間で済みそうです。私自身はDMZの存在は好きなほうですが、1つの機器で実現できる機能の多様化と、SaaSというクラウドサービスの増加が進む、今の時代ならではの構成を検討することも大事にしていきたいものです。

ハードウェア

システムのほとんどは、ラックやネットワーク機器、サーバーなどで構成されますが、それ以外にどのようなものがあるかを見ていきましょう。

UPS

UPS（Uninterruptible Power Supply）とは、「無停電電源装置」といって、停電などで大元の電源が断たれても機器たちが一定時間、独立して稼働できるようにするための電源装置です。

突然の電源断というのは怖いもので、それによってハードウェアのパーツが故障したり、ソフトウェア的にもデータが破損したりと、いいことはありません。データセンターでは全体的な電源断はほぼ起こりませんが、オフィスではそれなりに起こる可能性があり、どうしても障害から守りたい機器は

UPSに接続して稼働させる必要があります。

UPSに接続しておくと、電源断の時もUPSのバッテリーに貯められた電力を消費するので、バッテリーがなくなるまでは稼働します。なくなる前に電源断が復旧してくれるのが一番いいのですが、そのままバッテリーがゼロになると結局、接続機器もダウンしてしまうので、バッテリーが一定量以下になると接続機器にシャットダウンを促す仕組みがあります。

APCという有名なメーカーの製品は、UPSと、MASTERとなるLinuxサーバー1台をシリアルケーブルで接続し、接続機器すべてに「apcupsd」というソフトウェアを入れて設定するだけで、バッテリー残量が一定以下になった時に全台にシャットダウンを実行させる仕組みを持っています。ほかにも、UPSのバッテリーの寿命によって弱くなってもホットスワップで入れ替えることができたりと、非常によくできています。

UPSは多少値が張りますし、推理モノの凶器となる“鈍器のようなもの”と言われてもおかしくないほど重いですが、導入はかんたんです。オフィス内におけるネットワーク機器やファイルサーバーといった重要なシステムを守っておくと、また少し睡眠が安らかになることでしょう。

コンソール一式

モニタとキーボードはサーバー管理に必須ですが、おそらく狭くなるであろうサーバールームでは、コンソール一式を対象のサーバーの前まで持っていって配線して……という作業のせいで、シェル作業前にムダに気が重くなってしまいます。

19インチラックだと、一式をラックマウントできるオプションパーツが存在するので、綺麗に収めることができます。私も昔、データセンターで他社の方がラック前で使っているのを見て、羨ましく思っていた時期がありました。ウチは当然のように、備え付けの机を持っていくか、床で作業をしていましたゆえ。

しかし、今ではそれすらも必要ありません。たいていのサーバーにはリモートコントロール機能がついていて、ネットワーク越しにコンソールを操作できるからです。オフィス内は身近にあるとはいえ、リモートコントロール用のLANケーブルを接続し、IPアドレスを設定しておくと、運用管理がしやすくなります。

そうすると、コンソール一式は、最初のBIOS/UEFIでIPアドレスを設定する以外は、よほどの事件が起きない限り使うことはなくなり、机から動く必要が少なくなるため、オススメです。

扇風機(サーキュレーター)

格好良く言えば「サーキュレーター」ですが、名前などどちらでもよく、欲しいのは冷気です。閉鎖空間となるサーバールームの天敵は熱であり、熱問題を解決する方法は意外と難しいということは、実際に問題にぶち当たってようやく気づけます。

機器の数が増えてくると、部屋全体が熱でこもります。入室したくない気分が生じてきていたら、それは赤信号です。コンピューターにとって、室温の上昇は故障率の上昇につながるので、早急に手を打つ必要があります。

では、どうやって部屋の温度を下げるかというと、まず思い浮かぶのがエアコンやクーラーといった類のものになります。天井に備え付けるタイプのエアコンは、オフィス設計時に付いていないと、あとから取り付けるのはかなり厳しいです。そうなると、据え置きタイプのエアコンを探すことになりますが、効果的なものは数十万から数百万とかなり高価になり、場所もとってしまいますし、確実に冷えるかどうかはわかりません。

そんな時、まずは扇風機を試してみてください。1台数千円のものを3～4台購入し、サーバールームの隅々に設置します。そして、できるだけ空気が部屋を循環するように、サーバーの排気口側を中心に位置と方向を調整し、部屋に空気口があればそこを出ていくようにしてください。

これだけで、ムンムンとこもっていた熱が落ち着いてくれます。少なくとも、2万円程度には見合う効果を実感できるはずです。ただ、それだけで完全に解決するわけではないので、並行して仮想環境化でサーバー数を減らす施策をとったり、どうしようもなければ高価な製品の購入を検討することになります。

ソフトウェア

プライベートDNSサーバー

プライベートに用意する理由

DNSは、文字列からIPアドレスを知るための仕組みです。サービスを提供する側は、ドメイン情報に指定したDNSサーバー上に、FQDN（Fully Qualified Domain Name）とIPアドレスのDNSデータを保存し、サービスを利用する側はDHCPで指定されたDNSサーバーなどを利用してそのデータを取得し、名前解決を行うことで、サービスにIPアドレスでアクセスします。

サービスは全世界に向けて公開するものと、社内など限定的に提供するものに分類できます。公開サービスのDNSサーバーは当然、公開された場所になくては成り立ちませんが、社内サービスのDNSデータは公開されている必要はありません。ここでは、公開用をグローバルDNSサーバー、社内用をプライベートDNSサーバーと呼び、プライベートDNSの必要性について説明していきます。

例を挙げてみましょう。example.comというドメインがあるとします。ホームページのFQDNを「www.example.com」とし、グローバルDNSにグローバルIPアドレス「1.2.3.4」を登録しました。これで、社外の人も社内の人もwww.example.comで検索すると1.2.3.4を取得することができます。

次に、社外秘のデータが詰まっている、社内に設置したファイルサーバーを「file.example.com」とし、グローバルDNSにプライベートIPアドレス「172.16.16.10」を登録したとします。これで当然、社内外問わず、file.example.comで検索すると172.16.16.10を取得することができます。

これはあくまで可能性の話ですが、file.example.comという文字列がわかれば、重要なファイルサーバーのプライベートIPアドレスが全世界に知られてしまうという状況になります。文字列がわからなくとも、誤って全ゾーンのデータを転送するための「AXFR」が有効になっていればバレてしまいます。172.16.0.0/12というネットワークはLANなので、WANからつながることはありませんが、もし攻撃の対象になった時にどこまで何をされるかなどわからないので、外部に出す必要のない情報は最初から出さないことが賢明です。

ではどうするかというと、DNSの管理をグローバルDNSサーバーだけでするのではなく、LANにプライベートDNSサーバーを置いて、グローバルアドレスとプライベートアドレスの登録を分けることで、セキュアにわかりやすくなります。

プライベートDNSサーバーには、以下の2つの機能をもたせます。

- LAN用のDNSデータの管理
- そのデータにマッチしなかった場合に、WANのDNSサーバーへ再起検索する

そして、DHCPサーバーのDNS指定をプライベートDNSサーバーにすることで、クライアントPCはプライベートDNSと、一般に公開されているDNSの両方を検索できることになります。

専用TLD

プライベートDNSに登録する内容ですが、先ほどのファイルサーバーを扱う場合、まずLAN用のDNSゾーンを作成します。このゾーンの、「.jp」や「.net」といったトップレベルドメイン（TLD）の部分を、存在しないTLDにすることが望ましいです。そうしなければ、プライベートDNSとグローバルDNSに両方登録しなくてはいけなかったり、意図しない結果が返される可能性があるからです。わかりやすい例では、「.drecom」といった社名をTLDにすると、まちがいなくユニークになります。そして、今回はオフィスなので「office.drecom」というゾーンを作成し、このゾーンに「file」というAレコードを「172.16.16.10」で登録することで、「file.office.drecom」にアクセスできるようになります。

この、存在しないTLDを使う手法は非常に有効なのですが、2013年10月から実施されたgTLD（ジェネリックトップレベルドメイン）の追加によって、名前衝突（Name Collision）問題が起こることへの注意喚起がされてい

ます。「.site」や「.music」といった一般的な単語が1000以上も増えるため、ユニークだと思ってプライベートDNSで採用したTLDが、グローバルと被るかもしれないからです。もし被ると、DNSサーバーの仕様によっては意図しない結果を返すことになるかもしれません。プライベート用のTLDを使う時は、現存するTLDを検索して、被らないように注意しましょう。

DNSサーバーの構築

DNSサーバーを構築するにあたって、選択肢となるミドルウェアにはいろいろありますが、私は「PowerDNS」というミドルウェアを推します。はるか昔は「bind」や「Djbdns」を使っていましたが、利便性を求めて、「管理画面があり、データをMySQLで管理できること」という条件で探した時に見つけて、入れ替えました。有効なTLDしかゾーンに使えない仕様なので、存在しないTLDを使うには改造が必要ですが、PHPで作られていて、有効なTLDが配列で指定されているだけなので、かんたんに改造することができました。また、レコード管理と再起検索のデーモンが分かれているのもわかりやすいです。私はPowerDNSをかれこれ7年以上使っていて、1度も事故ったことがないので、オススメできる逸品となっています。

PowerDNSは、ゾーンやレコードの登録、そのデータをレスポンスするためのserverと、再帰検索を担当するrecursorに分かれています。ユーザーからのリクエストをserverが受け、自身がそのゾーンデータを所持していなければ、recursorが代わりに外部から結果を取得してくる、という流れになっています。ただし、再起検索の挙動はソフトウェアやバージョンによって、自身にレコードが見つからなければそのまま再起検索をするものと、自身にゾーンもレコードもない場合はNotFoundとする場合があるので、構築時に確認しておくといいでしょう。

データの管理はMySQLなので、バックアップ／リストアが容易ですし、レプリケーションによって冗長化構成にすることも難しくありません。プライベート用ならば負荷対策やグローバル対応などの高機能も不要ですし、DNS商売でもやらない限りは十分なシステムではないでしょうか。

DNSの知識は思っているよりも奥深く、インターネットにおいて重要な仕組みであり、インフラエンジニアならばしっかり習得しておいたほうがいいところです。付録にて、もう少しくわしく触れています。

外部DNSサービスの利用

グローバル用とプライベート用を分けるパターンをお話しましたが、DNSの管理性や冗長性などを総合的にふまえると、1周回って「1つのDNSサービスで賄ってしまう」というのも1つの正解です。そうすることで、自前で冗長化しなくていいどころか、サーバーも不要になり、1箇所で管理できるため、まちがいなく楽だからです。

その場合、DNSサービスは外部にありますし、グローバルDNSが必要なため、当然グローバル側で運用することになります。それによって起きる、プライベートIPアドレスが流出する可能性や、その際のリスクやセキュリティについてはきちんと理解しておく必要があります。そのうえで、自分たちの運用方法にあった外部サービスを選択し、場合によってはAPIなどで便利にしていくことになります。

VPN

最近ではクラウドのサービスを利用することから不要な場合も増えてきたかもしれませんが、会社の拠点が複数ある場合は、VPNでプライベート接続ができるようにすると便利です。

たとえば、ある拠点に置いたファイルサーバーに対し、別の拠点からプライベートIPアドレスでアクセスし、普段どおりに利用してもらうことができます。勤怠管理などの基幹システムは、ある1つの拠点で運用管理するものが多いので、複数拠点で共通利用できることになります。そういう場合、重要なデータを扱うことになるため、WAN経由の転送に気を使う必要がありますが、VPNでは通信自体が暗号化されているため安全です。

ただ、転送量が大きいと、距離がある分は速度が遅くなってしまいます。機能だけ見れば、プライベートネットワーク化と暗号化で素晴らしいものですが、しっかり用途と構成を設計しなくては、いつか十分ではない利用状況になるでしょう。

かんたんな構成事例を紹介します。さきほど説明したプライベートDNS

サーバーですが、これもやはり1つの拠点で管理したいかもしれません。これをVPNで全拠点から直接DNSサーバーを利用してもらうとします。すると、そのメインの拠点にある機器は、そのDNSサーバーが落ちない限りは名前解決をすることができます。しかし、別の拠点はVPNが切れただけで名前解決をできなくなってしまいます。

そうなると、インターネットが見れない、クラウドサービスが利用できない、と大変なことになってしまいます。そして、対応策としては「VPNが復旧するまでは、利用したいサービスのFQDNとIPアドレスをhostsファイルに直接記述して凌いでください」もしくは「社内用DNSレコードを解決できないけども、DNSサーバーにGoogle先生の『8.8.8.8』を指定すれば動きます」といった不格好なものになってしまいます。

これを防ぐ1つの案として、「各拠点にDNSサーバーの複製を置く」というものがあります。PowerDNSならばデータはMySQLで保存できるので、メイン拠点をMASTERとして、各拠点にレプリケーションしてSLAVEを置き、そのSLAVEを使ってDNSサーバーを構築します。各拠点のDHCPが指定するDNSサーバーを、各拠点のDNSサーバーを指定することで、VPNが切断してもDNSの利用を継続することができます。

では、VPNが切断したらどうなるかというと、レプリケーションが途絶えるので、最新レコード情報が更新されなくなります。それと、各拠点からMASTER用の管理画面で更新作業ができなくなります。この、VPN切断時に継続できること、できなくなることを把握するのが大切です。社内DNSの場合は、多少データの更新が遅れたり、更新できないことなど、大きな問題ではありません。しかし、インターネットにつなげなくなるのは致命傷なので、回避しなくてはいけません。

VPNは非常に便利なものですが、VPNを失った時のことを、そしてVPNを失わないための設計を心がけることが重要になります。

監視

第3章で多少触れましたが、オフィス内のシステムは台数が少なめとはいえ、監視を導入することは必須です。パブリックなお客様相手ではありませんが、早く異常に気づき、早く事前に対策できるに越したことはないのは、どのシステムも同じです。

とはいえ、プライベートネットワークで完結するものであり、台数が少なめなことから、監視サーバー自体の拡張性や、経路上の暗号化など、気にする必要がない項目が多くなります。

導入と運用がかんたんであるべきことは外したくないので、できればNagiosやCactiのようなポーリング型ではなく、ZabbixやGangliaのようなプッシュ型がいいですが、小規模なので、とりあえずは使い慣れているシステムを選んでも大丈夫です。監視は並列稼働が可能なため、あとでいくらでも入れ替えられます。

アラートもグラフも、基本監視項目に加え、実際にサービスが稼働していることを保証するチェックができていれば十分です。通常、負荷がかかるところではないので、ディスク容量やディスク障害、そしてHTTPリクエストなどによるデーモンへの動作チェックをしていれば、最低限は賄えます。

できれば、サーバーだけではなく、インフラシステムすべてを対象とし、ネットワーク機器のSNMPを有効にして監視したり、無線のAP機まで通信を確認したいところです。IPアドレスのリストがあるならば、システム用セグメントの機器すべてに対して監視するイメージとなるでしょう。

唯一監視できないのが、インターネット回線です。厳密に言うと、監視してもアラートを受ける手段がないということです。たいていの場合、WANにあるメールサーバーやメッセージサービスのAPIを経由して通知するから、そもそも受け取れません。かといって、いちいちWANに監視サーバーを1つ動かしてオフィスを監視するのも面倒です。

とはいえ、現場的に考えれば、昼は切断されればオフィスにいるだれかがすぐ気づく事象ですし、夜は人がいないので、外部からアクセスするサービスを置かない限りは不要なはずです。こういったことから、内部でのインターネット回線の監視は、適当なWANのサーバーへPing監視だけでもしておけばいいでしょう。通知こそ受け取れないものの、そうすることで、あとでDown／Recoveryのログを見て、いつからいつまで落ちていたかを知ることができます。

もし、パブリックサービスのための監視だけして、オフィスの監視をしていない場合、面倒臭がらずに導入してみましょう。結果的に運用が安定し、安心感も出て、気が楽になるはずです。

4-3 共有システムの扱いを検討する

組織が中規模以上になってくると、管理するものが増え、それにつれて扱うシステムの数も増えていきます。それらはおもに基幹システムとなりますが、そのシステムの運用／管理自体をインフラエンジニアがやることはあまりなく、ハードウェアの用意と構築までくらいが担当範囲となるでしょう。

そして、昨今ではほぼすべてのシステムがSaaSとしてクラウド環境にて提供されているため、それすらもなくなってきているかもしれません。そのため、ここではどのようなシステムがあるかを軽く触れる程度にし、クラウドにするか否かを考えるヒントとなればと思います。

従業員データの管理

各システムについて考える前に、方針を検討すべき重要事項があります。「システムのアカウント管理をどうするか？」です。多くのシステムは、ユーザーを識別するために、アカウントでログインをしてから閲覧なり編集なりを行うようにできています。システムが増えてくると、システム数×ユーザー数のアカウントができてしまい、運用管理が大変ですし、ユーザーとしてもムダな労力となることが容易に想像できるでしょう。

それを回避するために、「できればアカウントデータの共通化を図りたい」と考えるはずですが、現実は非情です。気づけばシステムの追加や入れ替えごとにアカウントを増やし、どうしようもない状況に陥るか、「そもそも実現できない」という理由があるからです。

ここで、従業員データの管理について考えてみます。会社における従業員のデータは、管理部になにかしらの形で保管されているはずです。その管理方法は、会社運営のためのソフトウェア製品を利用しているかもしれませんし、表計算ソフトに記載されているかもしれません。そういった類の形式で保管されているデータは、システムのアカウントとして利用するのが極めて難しいといえるでしょう。

そのため、IT業界として標準的なルールで管理されたデータが望ましくなります。それがLDAP（Lightweight Directory Access Protocol）です。LDAPのデータはツリー構造になっており、DNSドメインのように下側（右側）が上位階層として表現されています。管理するデータはユーザー情報だけでなく、グループやコンピューターホストなどいろいろあり、スキーマ定義があればなんでも利用することができます。

肝心のユーザーアカウントとしては、名前、アカウント名、パスワードの3つを基本に、メールアドレスやHOMEディレクトリのパス、SSH公開鍵などを登録することができます。このデータを利用して、SSHログインしたり、各システムで認証連携することで、アカウント作成を不要にできるというわけです。

LDAP管理のソフトフェアとしては、UNIX系だと「OpenLDAP」、Windows Serverだと「Active Directory」というものになります。Active Directoryのほうが機能がいろいろついていますが、基本となるLDAPデータは同じです。ただし、システムがどちらかに、またはどちらにも対応しているかというと、それはモノによります。どちらにするにせよ、選ぶシステムによっては認証連携ができないことが多々あり、それが統制をしきれない理由の1つとなっています。

LDAPに対応しているソフトウェアは、おもにOSSです。Webサーバー、SSH、sudo、IRC、Wiki、Git、バグトラッキングシステムなど、非常に多くのソフトウェアが対応してくれています。また、ほとんどのプログラミング言語でもLDAPを扱えるので、自作ソフトウェアでも連携することができます。

それに対し、クラウドのSaaSは無理があるとしても、インストール型の製品のほとんどは、忌々しいことにLDAPに対応していないものがほとんどです。とはいえ、ソフトウェアはその機能面や使い勝手から選択すべきなので、LDAP対応を基準に考えるとまちがった道を歩むことになります。

ゆえに、結果的にOSS系はLDAPを利用し、製品系はそれぞれアカウントを作成し、会社の管理部ではまた違う形式で管理することになるのが実情となるでしょう。それでも、一部でもLDAPでアカウントを共通化することはまちがいなく良しであると実感できるはずです。新しいシステムを導入する時にアカウントを作成する必要がなく、新入社員が入った時にはLDAPにデータを追加するだけで各システムにログインでき、各サーバーに権限を持ってSSHログインをすることができるからです。

理想を言えば、組織内における従業員データは1つに統制したいところです。組織が大きくなるほどその想いは強くなるはずなのに、システムが増えるほどにその理想から離れていくことになります。そこを食い下がり、可能な限りLDAPを使う方法を考えたり、データ同期の自動化を図ったり、シングルサインオンなどの仕組みがあれば積極的に組み込んでいくことは、一見正義だとは思います。しかし、ユーザーにそれほど不満がなく、管理にもそれほど負担となっていないのであれば、ただのインフラエンジニアの一人相撲になるかもしれません。正解がないからこそ、何をどこまでやるかを決めて、ポリシーの下に設計していきましょう。

勤怠管理

従業員数が1桁だと、タイムカードで勤怠を管理している企業もあるかもしれません。しかし、少し人数が増えると、すぐにまともなデータで管理するタイプの勤怠管理に移行することでしょう。

勤怠管理システムは、それ専用の機器にカードをかざすタイプや、ドアのカード解錠と一体型のもの、手をかざすものや、管理システムがOSSのものなど、さまざまあります。インフラエンジニアとしては、どれにするかを決める相談をすることなく、決まったシステムに対して仕組みを理解し、設置箇所を検討したり、障害時の運用について把握しておく、といった補助役になるのではないでしょうか。

とはいえ、管理データをどこに収納するかとなると、サーバールームが関わってきます。「1台サーバーを置く必要がある」と言われれば、サーバーを用意してインストールし、動作確認までする必要があります。また、何かしら定期的な処理を仕込むかもしれませんし、運用における渉外担当になるかもしれません。

インストール型の勤怠システムの場合、1台のサーバーで完結する構成も多いことでしょう。もしそうならば、バックアップの扱いには気をつけてください。システムの構築がかんたんに済み、バックアップも勝手にとってくれるとしたら、「ローカルにバックアップを保存した場合、HDDが壊れたら終わりじゃないか」ということに気づけなくてはいけません。

だれが、どんなシステムを採用するかはわかりませんが、基幹システムはバックアップなどの重要事項を軽視している場合も少なくありません。どんなシステムだろうと、インフラアーキテクチャの基本の考えを忘れずに、安全に運用できるよう心がけ、どうしても仕様に不満があるならできるだけ早く申し出ましょう。

グループウェア

グループウェアは完全に企業ごとの文化によるものなので、「何にすべき」といった話ではありません。ただ、既存の文化だけでなく、文化醸成にも関わるものでもあるので、希少なインフラエンジニアの1人として、選択のための意見を出すくらいはしていいかもしれません。

UIなどはともかく、ソフトウェアの仕組みとしては、勤怠管理と同様、インストール型からSaaSモノまで、ゴロゴロと転がっています。クラウドならばアカウント管理やAPIの利用をどうするかを検討するくらいですが、イントール型ならばやはりインフラアーキテクチャの考えに沿って、システムの重要度から可用性や堅牢性がどうなっているかを確認し、対策しなくてはいけません。

機能的には、タスク管理やスケジュール管理などのほかに、コミュニケーションツールとしても利用するものがあるでしょう。いちエンジニアとしては、システム管理の面というよりは、「ユーザーとして、いかにコミュニケーション機能をうまく使いこなすか？」という点に注視することになるでしょう。

··▷ メッセンジャー

メッセンジャーサービスはグループウェアにも1つの機能として付属しているものがありますが、通知性に乏しかったり、UIがクソだったりする場合は、ほかのソフトウェアを選定する必要があるかもしれません。メッセンジャー単体で機能が欲しい時はいいのですが、グループウェアと分けることになってしまうと統制が取りづらくもなるため、注意が必要です。

クラウドサービスのものならば特にやるべきことはないのですが、IRCをJabberなどで自前で構築する場合は、以下のように考えることがたくさんあります。

- アカウント管理はどうするのか？
- レスポンス速度は速いか？
- WAN／LANの両方から利用できるべきか？
- 会話のログは残すのか？
- クライアントソフトには何を推奨するのか？
- 負荷分散と冗長化は確保できるか？

ドリコムにおける事例の1つとして、ejabberd + LDAPで構築した場合、機能的には仕事の効率化を満たすには十分なものでしたが、インフラ的にいろいろと問題が出てきました。

まず、クライアントソフトによっては、初回接続時にLDAPサーバーに異常にアクセスするために、LDAPサーバーが重くなることがありました。その対処としては、クライアントソフトの変更を推奨したり、LDAPサーバーをレプリケーションして分散することで対応しました。そのついでに、ejabberd自体も複数サーバーにして、LVS（Linux Virtual Server、本章で追ってくわしく解説）を通すことで、負荷分散もしました。そうすると、今度は会話のログが各サーバーに分散してしまうので、日に一度、自動収集してログを生成する仕組みとしました。

これらはそれなりに大変な対応でしたが、その分、非常に良い経験になったと思います。ただ、その苦労に費したリソースのわりに、得られるものが機能的には変わらず、「大人数で使えるようになる」というだけなので、振り返ってみると、言ってしまえば“苦労のわりに報われない仕事”だったかもしれません。

どんなシステムも、1台でのほほんと組む分にはたいして難しくないのですが、拡張するとなると、そのシステムが拡張機能を組み込んでいない場合は独自に構成することになるので、一気に苦労度が跳ね上がります。

自前での構築は楽しく、経験値になる —— まではいいのですが、「はたして、会社にとって有効な結果が得られるか？」というと、もしかしたらクラウドシステムを採用してほかのことをしたほうがいい場合もあるかもしれません。Jabberを使ったことは時代的には適切であったと思っているので後悔はありませんが、今現在だと自前で構築・運用するリソースと効果を想像し、冷静にクラウドサービスの利用と比較できることが大切になってきています。

⋯▶ ブログ

ここでいうブログとは、パブリックな場におけるものではなく、イントラネットにおける閉ざされた情報共有や問題提起の場とするためのブログを指しています。これがそもそも必要かどうか、組織的にうまく意味のあるものとして使いこなせるかは、企業文化によるところとなります。

Twitterの登場以来、ライトなメッセージサービスを前面に組み込むシステムが増えていきましたが、それだけだと技術情報や課題などをまとめて共有する役割が足りないため、ブログのような長文型も残していくべきだと考えます。とはいえ、ブログは読むだけならまだしも、書くことは難しく、書けない人間のほうが多いと捉えるべきなので、取っつきやすい簡易メッセージサービスと両立することが、テキストによる有効なやりとりを全社に広めるための土台となることでしょう。

ツールとしては、今ではSNSツールの中にブログを含むものも多いため、ブログ単体でなくSNSと捉えてもいいかもしれません。社内ブログ／SNS

の構築方法には3つあります。

有償製品を導入する

1つは、有償製品を導入することです。選択肢は山ほどあるので、どれか1つくらいは自社にあったツールを見つけることができ、導入自体はスムーズに行えることでしょう。ただ、もしエンジニアを多く抱える企業ならば、やめたほうがいいかもしれません。グループウェアなど、業務に直接関係するモノならまだしも、文化醸成に関わるツールは、浮ついた雰囲気のものが嫌われる傾向があるからです。

そのため、まず「書き手の大半がどういった業種の人間になるのか？」を考え、機能だけでなく、雰囲気が合っているかを検討することが肝心です。目的は導入することではなく、使ってもらうことで、パブリックなサービスと同じなのですから。

OSSを利用する

2つめは、OSSという選択肢になります。ブログなら「WordPress」、SNSなら「OpenPNE」あたりが有名です。これにしたからといって、皆が書いてくれるかというと、そういうわけではないのですが、「有償製品を入れたぞ、使ってみろ！」という雰囲気よりは、「お試しでOSSを入れてみたから、触ってみてよ！」というフランクな流れのほうが、ユーザーとしては協力的かつ「遊んでみよう」と思うものです。また、OSSを運用するという面でも、インフラエンジニアにとってはちょうどいい材料なので、それほどクリティカルでない社内ツールで人材育成を兼ねるのもいいかもしれません。

自作する

3つめは、奥義「自作」です。これの意図するところは、「エンジニアの、業務とは少し離れた開発意欲・開発グセを促進する」といったものです。

ドリコムでは、社内ブログを長く使ってきたのに、メッセージサービス中心のツールに置き換えたり、公開エンジニアブログがいまいち続かなかったりと、右往左往してきた経歴があります。「でも、やっぱり社内ブログが欲しいよね」という話題から、社内ブログをいちから皆で開発し、みんなで記事を書くという文化ができています。

自作は少し極端かもしれませんが、ブログというシステムはWebシステムとしてはひととおり基本的な機能がそろっていて、プログラミングの練習としては最適です。そして、先輩から後輩まで気軽に共通のものを開発することで、Git上でマサカリを投げたり投げられたりする、ほどよく刺激的な環境ができるのです。

Wiki

第2章でも出てきましたが、WikiとはWikipediaのことではありません。ある決まった記法で文書を書くことで、システムがHTMLに変換して表示してくれる仕組みのことです。

用途としては、なんらかの情報を表でまとめたり、作業手順を整理したり、バッドノウハウを共有したりと、何でもアリです。記法が決まっていてかんたんなのでだれでもすぐに慣れることができ、だれでもブラウザ上で編集ができるので、情報の共有と更新を複数人で行いやすいことが強みです。インフラエンジニアならば、ミドルウェアの構築手順をこういったWikiなどにほかの人に見てもらう形でしっかりと残してこそ“仕事”といえるでしょう。

どんなWikiでも記法ルールが書いてありますが、たいていはHTMLでいう見出し<h1>、リスト<li>、表<table>、整形済みテキスト<pre>の書き方を覚えれば、十分に文書を書くことができます。そして、Wiki独特の機能である、見出しの目次化や、Wiki内の簡易リンクなどを使えれば、それで気分はウキウキです。

さて、Wikiはまずソフトウェアの選択から始まります。最も重要な選択事項は当然、使い勝手や機能面なのですが、Wikiはベースシステムが決まっているので、どれもよくできています。そのため、もう1つの選択事項として、「どのプログラミング言語で作られているか？」を考慮するといいかもしれません。

ドリコムでは、PHPを主体としていた時代にはPHPで作られた

「PukiWiki」を、Rubyの時代にはRubyで作られた「Hiki」を使ってきました。また、BTSにWikiを含む「Redmine」もRailsで書かれています。直接手を入れて改良することは少ないでしょうが、運用するうえですぐコードを確認できるのは心強いことです。ほかにも、Wikipediaのエンジンとして利用されている「MediaWiki」というものもあります。これもPHPで書かれていますが、おなじみのサービスと同じエンジンにしてみるのも面白いかもしれません。

構築自体はWebサーバーを立ててソースを配置し、必要があればデータベースを作るだけという、よくあるWebサービスと同じ程度の手間で作ることができます。社内Wikiなど、よほど使い込んだとしても、レスポンス速度に影響するほどの量にはならないでしょう。負荷分散は必要なく、余裕があれば冗長化し、定期的にバックアップを取っておけば大丈夫です。

もし人数が多くなった場合、「だれが、いつ、何を編集したか？」を残したくなるかもしれません。そのため、ドリコムではLDAPで認証し、編集記録を残しています。ソフトウェアを選定する際には、アカウント管理機能にも気を配るとなおよし、といったところでしょう。

それらをひっくるめて、ベターな選択はGitかもしれません。アカウント管理が必要なため、Git付属のWikiを活用するだけになるからです。ただ、その場合、エンジニア以外を置いてけぼりにする可能性があります。情報が複数の箇所に分散するのは避けたいところなので、全社的には難しい統制になるでしょう。

ファイルサーバー

人数が多くなってくると、「共有すべき各種ファイルをどう管理するか？」という課題が浮上します。その解決策は「ファイルサーバー／ストレージサービスを用意し、適切に利用する」といったものになるのですが、ファイルサーバーの運用は難しい部分もあるため、おいそれと実行できるものではありません。

クラウドのストレージサービスに頼り続けることもありえなくはないです

が、大きめのデータを扱う可能性のあるクラウドサービスを大人数で使い続けていると、オフィス側のネットワークトラフィックの問題にぶつかったり、ユーザー／グループ管理の仕組みが要望を満たせなかったりするため、社内ファイルサーバーを検討する場面も少なくないでしょう。

時代の流れによってもかなり事情が変動してきたシステムなので、「何を、どのように運用／管理するべきなのか？」を考えていくことにしましょう。

NAS

NAS（Network Attached Storage）は、共有ストレージとして独立した1つの小さな箱であるハードウェアです。わりと古くから存在し、ビジネスでも家庭用としても活躍してきました。最近の製品だと、スマホやテレビ録画対応など、いろいろな機能がついています。

ビジネスでも十分に利用できますが、システムの仕様が完全にその製品のものとなるので、大規模に独自のアカウントや使用状況を管理したいとなると、どうしても無理が出てきます。安めのものだと、接続数や転送量など性能的にも困ることが出てくるでしょう。「導入のしやすさ」という点では文句ないので、用途と利用量の見極めがしっかりでき、機能と性能を十分に満たすのであれば、心強い製品となります。

Samba

Sambaは「Linuxなどに構築する、Windows用のファイルサーバー」という名目ですが、Macからでも普通に利用できます。Linuxサーバーの運用が得意な人にとっては、構築が楽しめて、運用でもいろいろ工夫ができるので、オフィス内に構築するものとしては良い選択肢となるでしょう。

Sambaにはいくつか機能がありますが、メイン機能のファイルサーバーを目的として構築するのが普通です。Linux上に置いたファイルを、エクスプローラからsmbプロトコルを使うことで、通常のファイル操作と同じように利用することができます。

Sambaのアカウント管理では、Linuxのローカルユーザーで認証することもできますが、LDAP連携ができるので便利です。また、Samba 4からはSambaの機能としてActive Directoryを構築できるようになったので、ファイルサーバーの認証だけでなく、LinuxでOpenLDAPを使わない時の有力な選択肢とすることもできるようになりました。

NASが固定仕様なのと違い、Linuxで動かすので、quotaでユーザー／グループごとに容量制限をかけたり、LVMでパーティションを細かく切ることでも使用量を管理することができます。ほかにも、細かい機能としてはゴミ箱機能があり、Windows／Mac側で削除したように見えてもじつはLinux上のゴミ箱に移動しただけにし、数日後に自動削除するといったこともできます。

保存するストレージは通常はHDDとなるので、やはりファイルサーバーという特性上、最低でもRAID1（RAIDの詳細は4-6節を参照）によってデータの保全を図る必要があります。さらにいえば、速度向上のためにRAID10にするのも、サーバーの筐体が許す限り自由ということになります。

所詮Linuxなので、「運用が大変か？」と聞かれれば、「それなりに大変」という回答をせざるをえません。ただ、よほどヘビーな使い方をしようとしない限りは、柔軟に機能要件を満たすことができるため、便利かつインフラエンジニアとして一度は経験しておきたいシステムであるといえます。

NFS

NFS（Network File System）は、Linuxサーバー上のあるディレクトリを、ほかのクライアントがマウントする形で利用するための仕組みです。マウントするということが、一般的な「ファイルサーバー」というイメージと離れるかもしれませんが、ファイル共有という意味では同じです。

構築は至ってかんたんで、Linuxにnfs-kernel-serverをインストールし、/etc/exportsにマウントを許可するディレクトリのパスとIPアドレスの条件を記述するだけです。

一応、Windowsからも利用できますが、Linux同士での利用が中心となるかもしれません。/etc/fstabにNFSマウントする旨を記述しておけば、起動時に自動的にマウントしてくれますし、「mount -t nfs」コマンドで手動マウントすることもできます。

ただ、一般ユーザーの共有ファイルサーバーとして利用するには、アカウント管理が少々厳しいかもしれません。ファイルの所有権は、各サーバーで保存した際のユーザーIDやグループIDで保存されるので、クライアント側の/etc/passwdや/etc/groupsのIDがそろっていないと不都合なことが起こりやすいからです。そのため、アカウント管理がLDAPで統制がとれていると、より使いやすくなることでしょう。

また、autofs + LDAPを使うことで、たとえば「ユーザー名：username」でSSHログイン時に「/home/username」にそのユーザー専用権限でのHOMEディレクトリをNFSにマウントすることができます。もちろん、先にNFSサーバー上に「/data/home/username」といったディレクトリを適切な権限で作成しておく必要があります。このように、HOMEディレクトリをどのLinuxからも共通して使えると、.bash_historyや.vimrcなどを筆頭に、日々の運用に関わるファイルをどのサーバーでも共通して利用できることになるので、非常に便利です。

column

NFSの思ひで

NFSは、高負荷をかけるとたちまち逝ってしまわれるので、注意が必要です。

単純に、多数のクライアントから大量の読み書きをしただけでNFSマウントが固まって利用できなくなることなど、日常茶飯事です。そうなると、クライアントから強制アンマウントすることすらできなくなり、NFSサーバーが再起動して復活してからようやくアンマウントできる、といった挙動になります。

また、ファイルロックの仕組みはお世辞にも強いとはいえないので、1つのファイルを高速に読み書きすることも、まったくもって推奨できません。そういうことは、DBやKVSを使ってやりましょう。

NFSサーバーのCPU利用率やディスクI/Oが高まると、レスポンス速度が遅くなります。すると当然、全クライアントからの利用において性能が劣化してしまいます。サービスにおいて、「ファイルを共有して利用したい」という要望に対し、無邪気にNFSを使うと、必ずと言っていいほど痛い目を見ます。さまざまなシステムができてきている今の時代では"御法度"といってもいいくらいで、「じゃあ、NFSを使おうか……」という設計イメージが出てきた瞬間に、「いやいや、別の手段を検討するべきだ！」と戒める必要があります。

さきほど紹介したautofs + LDAPのHOMEマウントにおいても、1人のユーザーが無茶したせいで、全ユーザー、全サーバーに迷惑がかかることになり、便利さに対する両刃の剣となります。

「本番システムでは、NFSマウントされたHOMEディレクトリを使わないように」というルールを掲げても、たとえばApacheをsudoでrestartした時に、pwdで表示されるカレントディレクトリがHOME配下の場合、環境変数に埋め込まれてしまい、これまたHOMEのアンマウントができなくなって、Apacheのstop／startが必要になったりします。そしてそのせいで、「SSHログイン直後にsudo作業はせず、cd /など移動してから」という、アホらしいルールができたりします。

このように、NFSを使うと必ず苦い思ひでができるので、利用する際には必ず軽量な利用に留まることを確信、できれば保証もしてから、導入しましょう。ヤンチャしなければ、かんたんで便利なシステムであることはまちがいありませんゆえ。

クラウド

そして、当然のように出てくる選択肢がクラウドストレージです。有名どころでは、「Google Drive」「Dropbox」「Amazon Cloud Drive」「Microsoft OneDrive」「Apple iCloud Drive」「Box」と、完全にストレージ戦国時代に突入しています。

どのサービスも、数GBまでは無料、それ以上は数十GBから数TBまでを月額数百円から数千円で借りることができてしまいます。機能的にも、個人用からビジネス用までプランがそろっており、ユーザー側としては選びたい放題の素晴らしい時代になったといえます。2014年6月には、「Google Drive for Work」と称して、月額1200円で容量無制限、1ファイルの最大容量も5TBまで利用できるというモンスターストレージが発表され、もはやわけがわからない状態になっています。

ビジネス的には値段も大事なのですが、ストレージという特性上、価格以上に大切なことが多くあります。

- アカウント管理やグループ管理がかんたんで、適切か？
- 転送速度は十分速いか？
- スマホでも利用できるか？
- セキュリティ面で問題ないか？

といったことです。

セキュリティに限っていえば、ストレージサービス自体の落ち度というよりは、個々人が携帯を落としたりするリスクのほうが高かったりするので、使用環境の制限などをできるほうが重要かもしれません。戦国時代なだけあって、機能的にはどこも十分です。あとは好みや組織ごとの要件で決めればいいので、3～4つのサービスを比較検証してみればいいでしょう。

クラウドストレージを使うことで、「自前でファイルサーバーを構築しなくていい」という最大のメリットを享受することができます。「ディスク容量が足りなくなってきた」「HDDが故障した」などのトラブルへの対応が不要になるため、かなりのリソース削減になることはまちがいありません。イメージ的に、「社内の機密ファイルはクラウドに置くべきではない！」という印象があるかもしれませんが、それはただのイメージにすぎません。自前で構築する場合とクラウドを使った場合でのメリット・デメリットを整理して判断することが肝心です。

正直な感想としては、ファイルサーバーを自前で管理することは、物理的にも運用的にも決して楽とはいえないものなので、できることならクラウドにしたほうがいいと思っています。そして、どのクラウドストレージを使うにしろ、使い方次第で良くも悪くも感じられるので、「あのクラウドはダメだ、こっちはイケる」といった話ではなく、各クラウドの仕様を正しく理解し、最も要件を満たせるシステムを選択し、できるだけ綻びが出ない運用を心がけることが大切です。

運用／管理のポイント

自前サーバーなり、クラウドなり、ファイルの置き場所を用意したとして、そこからの運用が本番となります。ユーザーにログインしてもらって、「さぁ、好きなだけ保存するがいい！」で終わるほど、ファイルサーバーは楽なシステムではありません。

ディレクトリ構成を決める

まずは、ユーザー個人と、部署などのグループ単位で利用するためのディレクトリ構成をどのようにするかを決めなくてはいけません。ユーザー個人は、ホームディレクトリ的な場所があればいいですが、グループは組織構造に従って綺麗に整理する必要があります。

読み書きの権限を設定する

そして、ファイルやディレクトリごとに、読み書きの権限を設定できるべきです。1つの部署の中には、「社内全体に共有すべきもの」「部署内だけのマル秘ファイル」などさまざまあるので、全員が参照／更新権限を持っていたり、逆にアップロードした本人しか更新権限がないのであれば、使いづらいことこの上ありません。

- 特定個人しか利用できないホーム
- アップロードユーザーが所属するグループのメンバー全員が利用できる場所
- 社内全員が閲覧のみできる場所

など、権限とディレクトリ構造を設計し、周知してから、利用してもらうことになります。

また、「権限と部署という情報は、変わっていくものである」という認識の下に設計をしないと、後で泣きをみることになります。組織の事情が変わっても、多少の作業で対応できるようにしておきましょう。

データの整理整頓

ファイルサーバーを長く利用していると、利用容量が膨大になってきて、自前サーバーならディスク容量のキャパシティに近づき、クラウドなら費用にヒットしてくることになります。大容量のストレージを使えるからといって、ユーザーはいつまでも適当な構成で適当にファイルを放り込んでいいわけではありません。できれば、個々人が意識して、こまめに整理整頓してくれるのが一番ですが、全員がそうできるわけもないので、おそらく管理者が以下のような点を定期的にまとめてチェックし、ユーザーとグループに直接、整理整頓を促すことになります。

- ユーザー個人のディレクトリ、グループごとのディレクトリが、合計何GBを消費しているのか？
- 一見ムダに見える大容量ファイルは存在しないか？

「自然利用で容量の限界がきたから、ストレージ容量を増やしましょう」ではなく、「整理整頓ができたうえで、足りなければ増やしましょう」という手順にしなくては、容量的にもファイル整理的にも上手な運用とはいえません。

バックアップなどの定期的に増加するファイルは、1日1回のバックアップをいつまでもとっておく必要などないので、「数ヶ月以上経ったファイルは、月初だけ残して、間引きする」といったことが必要です。ただ、そういった「おそらく消して大丈夫だろう」というファイルでも、いきなり消すわけにはいかないので、自動的に検出し、削除を促すような仕組みにすると便利です。

column

突き抜けしユーザー

どんなWebサービスを運用していても、トップクラスのユーザーというやつは、常に運営者の予測の範囲を超えてくるものです。短期間で異常なレベルに到達したり、リストデータの登録数が数千数万を超えるなど、驚くとともに、ヘビーユーザーの存在にうれしくなってしまいます。

ファイルサーバーも御多分に洩れず、トップユーザーは尋常じゃないディレクトリ階層を作ったり、1ディレクトリ内に数万のファイルを置いたり、1人で数百GBの容量を消費したりと、想像を超えた使い方に対応せざるをえない場合もめずらしくありません。

ただ、それが必然的な使い方ならば、多少すごい使い方でもいいのですが、明後日の方向に酷い使い方をするパターンもないとは言い切れません。

私が、気まぐれ気味に、グループ別の容量やファイルチェックを定期的に行っていたはるか昔のSambaサーバーのできごと —— そこそこ個人ディレクトリが膨れているユーザーをピックアップし、何に使っているのかをザッと眺めていきました。その中で、単体で1GB以上あるファイルや、10GB以上のディレクトリがないかチェックしていったところ ——

『加藤鷹のxxxなxxxxxxxxxx.avi』

という、男子たるもの見過ごせぬタイトルのファイルを発見してしまいました。そして、そのファイルはすでにユーザー別のゴミ箱に移動された状態で発見されたのです！！　おそらく、どこかの共有場所にアップし、だれかにダウンロードさせ、すぐさま削除したものと推測されます。ゴミ箱という機能は周知しているものの、一般ユーザーがちゃんとそこまで仕様を確認して使うわけもなく、

Linux上でまだ残ることなど知る由もないでしょう。

嗚呼、あと数十時間経てばゴミ箱から自動的に削除され、見つかることもなかったろうに……。発見者の私は、このことをユーザー名を出さず、優しく包み込むように周知しました。加藤鷹だけではなく、著作権侵害物やプライベート的なもののために使用しないように、と ――

⋯> 情報統制を考える

さまざまなシステムを紹介してきましたが、「なんでもかんでも使えばいい」というものではありません。役割ごとに特定のシステムを使うように、絞り込むことも大切です。特に、文化醸成に関わるシステムは、ユーザー数が一定以上いないと効果的に意味があるとはいえなくなるので、分散することは避けなくてはいけません。

たとえば、グループウェアやSNSにはメッセージサービスがついていたりしますが、それを複数箇所に分散して好き勝手使ってしまうと、どちらを見たらいいのかわからなくなったり、どちらも見るのが億劫になり、良くて片方が淘汰され、悪いとどちらも使われなくなっていきます。導入する目的が「忌憚なく意見を交換する場とする」といったものならば、盛り上がらなくては失敗といえるでしょう。

Wikiも、単体WikiやBTS内のWikiがあったりするので、情報をまとめるための場所自体が分散してしまっては、効果が半減してしまいます。1つのWikiにまとめることが厳しそうならば、せめて「全体共有すべきものと、共有するまでもないバッドノウハウ的なものに分ける」といったルールを決めるべきです。

共有メッセージ、ダイレクトメッセージ、ブログ、Wikiなど、昔は1つ1つのシステムとして成り立っていたものが、今では「1システムの中の1機能」という位置づけにもなってきており、重複は避けられないかもしれません。そうなった時に、目的や存在する機能を整理し、「何を、何のために利用するのか？」を明確にし、全社員に周知することで、1つ1つのシステムを有効活用できるように運用していきましょう。

これはまた、情報漏洩といったセキュリティ面にも関わる話となります。世の中には無料で利用できるサービスがゴロゴロ転がっているため、何も社内で導入したサービスだけを使わなくともやりくりしていけるわけです。社内SNSを使わなくとも、Facebookだけでコミュニケーションを取ろうとすることは十分可能ですし、グループメッセンジャーもSkypeを使ってできてしまいます。ただ、それを許してしまうと、「どこから、どのような情報が出入りしているのか？」を会社として把握できなくなりますし、退職者が出た場合などにその管理を迅速かつ正確にできないという問題があります。

Facebookで会社用のグループを作って従業員を入れたとして、退職者が出た場合は、当然グループから削除しなくてはいけません。たとえ、書き込まれる内容がおふざけばかりだとしても、いつ、だれが、重要事項を書いてしまうかなどわからないからです。そして、退職者の処理をするとなると、社内の該当ユーザーのデータを綺麗に削除するどころか、利用不可の状態にするだけでも大変なのに、一般サービスの分まで面倒みるとなると、かなり危ういことが想像できるはずです。

もちろん、こういったツールは社内の人間同士に限らず、社外の方とやりとりするためにも存在し、相手や業界にあわせたシステムを利用せざるをえない場合もあります。そのため、ある程度は利用を許容しつつも、「許容範囲が、だれの、何までなのか？」を把握し、勝手なことをしてはいけないルールを定めなくてはいけません。

こういった話は、特に小規模から拡大してきた人間にとっては煩わしく感じるのは当然です。しかし、「大人数が全員正しく行動できるなんてことはありえない」ということを理解していれば、情報統制の重要性を優先できるはずです。統制の進め方如何では、考え方の相違によって、摩擦が起きる可能性は十分にあります。慎重に、かつ時には大胆に決定していくことになるでしょう。

4-4 物品を購入する

購入にあたって押さえておくべきポイント

組織が小規模な時代には、必要なものを、必要な時にすぐ購入していたかもしれませんが、規模が大きくなるといろいろな制約ができてスムーズに物品を購入できなくなってきます。お金は大事なので、会社としてはそれが普通といえるかもしれませんが、それなりに規模が大きな会社でも、部署によっては即座に購入できる体制を整えていたりするので、絶対的なものではなく、“企業文化”であるともいえるでしょう。

軽やかな手順にしろ、重苦しい手順にしろ、どのようなことをふまえてモノを購入したり、リースしたり、契約したり、という行動を起こしていくかを見ていきましょう。

予算

まず、お金を使うには、四半期ごとなどに組まれた「予算」というものを確認する必要があります。基本的には、ある期間が始まる前に確定された予算内でしかお金を使えないことになります。企業として、「今期の収支は、こうこうこうなる予定ですよ」という計画を社会に示し、それを守る必要があるからです。

そのため、ある日、急にピン！と思いついて、「1,000万円の機器を導入したら、劇的にパフォーマンス改善ができるかも！」となっても、実現できる可能性は低いわけです。事前に購入する可能性があるとして、予算に組んであれば問題ないのですが、何もない状態で承認されるためには、よほどの確たる情報がなければいけないでしょう。

ただ、IT業界は変動が激しい業界なので、仮に3ヶ月スパンだとしても「それでは遅い」ということがよくあります。変動具合をあらかじめ理解できている組織ならば、そういった突然の支出分すらも予算に組み込んでいるかもしれません。もし、インフラエンジニアとして高価な製品の購入を検討する立場にあるとしたら、「自分の組織の予算がどうなっているのか？」にも興味を示しておくと、よりスムーズに仕事を進めることができるでしょう。

相見積もり

世の中には似たようなサービスや製品がたくさんあり、ある分野において「これしかない」というモノのほうが少ないことでしょう。たとえ一択の状況があったとしても、いつかはほかのモノが追いつき、追い越すのもめずらしくありません。

自分たちが欲しいモノについて調べていくと、どんなものでも2～4つの選択肢を得ることができるはずです。その中から、真に要件を満たせるモノがあればいいのですが、実情としては要件の達成度、費用、納期などを総合的に判断し、優勢なものを選択することになるでしょう。

その総合評価の中で最も重要なものが、「費用」です。要件は最低限を満たさないと意味がありませんが、最低限を満たしていれば、あとは費用を重くみて選択することになります。

そのためにやることが「相見積もり」です。相見積もりとは、複数社へ同時に見積もりを依頼し、返ってきた見積書について、おもに額面と、その他の機能やサポート待遇などを考慮し、最終決定を行うことです。客側となった時、「いいモノを、できるだけ安く得たい」というのは至極当然のことです。相見積もりは、企業にとっても、やらないよりやったほうが確実に有利な結果を得られるため、行うことが普通ではないでしょうか。

特にIT業界の製品というのは、価格表示にかなり適当な側面があり、直接営業に来てもらったり、相見積もりをとったり、ボリュームディスカウントしてもらうと、「製品ページに“定価”と表示されている金額の半額になった」なんてことはザラにあります。どれだけ良い製品だとしても、1社に単発で見積もりをとって、適当に納得して購入することは、そういった有利になる条件を知らずに購入する、情弱優良顧客ということになりうるため、相見積もりはそのリスク回避と考えることもできます。

また、単純な価格以外にも、相見積もりを取ることで、機能や性能、その他サポート条件などを比較することになるので、その分野における各種項目の理解を深めることができ、実際に利用する段階に入った時に役立つ知識も多くなることでしょう。

相見積もりで1つ注意をしておきたいのが、限度というか、モラルの話です。たとえば、まちがっても「お客様は神様だ！」なんて態度で値下げを要求してはいけません。今後、取引を続けるかもしれない相手と不仲になっても、なにも良いことはないからです。

しかし、同じ値下げ要求をするにしても、ギリギリいっぱい、モラルの範囲内でやれることはやりましょう。2社に相見積もりを取ったとして、1回の結果で決めてしまうかというと、そうではありません。額が高く、結果的に負けとなった片方の会社に対して、当然そのように返答をするのですが、「もう1社のほうが安かったので」などと理由を告げると、「見積もりをやり直したい」と言ってくれることもあります。製品を売るほうにしてみれば、「ここで買ってもらえるかどうかで、今後長く付き合う優良顧客になってもらえるかどうかのキワになる」と判断することもあるからです。

そうなると、見積もり合戦が2～3往復続いたりすることもあり、いちユーザーとしてはより有利な条件を願ってゲスい顔でメールをするかもしれません。ただ、あまり長引くことは、双方にとって良いことではありません。最初の相見積もりの連絡をする際には、「今回は相見積もりをとらせていただいています」ということを社名を伏せてやんわりと伝えておくと、一発目から「それでダメなら、もう無理です」くらいの内容で出してもらうことができます。

そして、1社に決めたとしても、購入しなかった会社にも丁寧に連絡をしなくてはいけません。もし、次にまた同様の機会があったり、最初に決めた製品がじつはショボくて切り替えることになった時に、またお願いをすることになるからです。

これらは社会人として当然かもしれませんが、自社を有利にするよう努力しつつも、「商売は相手ありき」ということを忘れずに取引していきたいものです。

台数と納期

規模が大きくなると、自ずと導入する機器の台数が増加していきます。数台ならば、その辺のショップで買ったり、オークションから引っ張ってきたりとなんとかなりますが、十数台以上となり、それが定期的ともなると、計画的に事を進めねばいけなくなります。直販での購入ならば、メーカーにそれなりに在庫があるでしょうが、代理店経由の購入やリースなどの場合は、その会社の在庫力がかなり影響してきます。

いざ注文となれば当然、先方から「何台までなら何日までに、より多くなら何日以上かかります」と教えてもらえるので問題ないのですが、その台数と納期の感覚を知っておかなければ、社内でのスケジュール調整の場で円滑に話を進めることができません。多人数が入社する日や新企画のリリース予定を聞いては、購入台数を決定する最遅日をきっちり周知し、既存サービスの負荷上昇度合いとキャパシティの観点からもキャパシティオーバーする前に対処できる納期から対応開始日を逆算することになります。

納期は、その製品を扱う会社によっても異なりますし、季節的な時期や、他社の大量発注などの事情によっても変わってきます。顕著な例では、2011年のタイの水害によってHDDの供給がまったく追い付かなかったのは記憶に新しいです。常時一定のモノではないので、重要な部分については営業担当の方と密に連絡をとって、こまめに確認しておくようにしましょう。

保証

インターネット回線でいえばSLA（サービス品質保証制度）による保証、Webサービスでもデータの保証などがされていたりしますが、ここでお話するのはパソコンやサーバー、ネットワーク機器など「筐体として購入する製品についての保証」とします。

製品を購入する時によく、「1年保証付き！　費用の5%上乗せで5年保証！！」などの表示を見かけるのではないでしょうか。「5年なんて、もう消費期限が過ぎてるからいらないでしょう」という話もしたいところですが、大事なのは保証期間よりも保証内容です。

身近でわかりやすいところでは、携帯電話は水没や水濡れが原因での故障は保証の対象外になるのが基本となっています。水以外にも、さまざまな要因が保証規定に書かれていることでしょう。ビジネスでも会社用携帯電話やノートPCを水で壊す可能性はあるので無視できない原因ではありますが、携帯電話をトイレの便器に落としたり、ノートPCに飲み物をこぼすなんて低レベルな現象は今回は置いておきましょう。

サーバーやネットワークの筐体には必ず電源パーツがあり、これはほとんどが保証対象でしょう。マザーボードやメモリなど、壊れづらく、初期不良がありえるものも、保証対象であることがほとんどです。しかし、HDDやファンなど、故障率が高く、消耗品として捉えられるパーツは、保証外の可能性があります。HDDといえど、高価なサーバーならば対象としてくれるベンダーも多いですが。

水で濡らしたり、落下させたりといったビジネスにおいてはアホくさいものから、平常運転中に突然故障したり、経年劣化での故障まで、故障の原因はいろいろあります。数千円～数万円程度ならまだいいのですが、数十万円クラスの高価な機器となると、「どういう故障なら交換してもらえて、どうならダメなのか？」というリスクの程度を知っておかなければ、予算や運用スケジュールに関わってくることになります。

故障に関わる機会は、ひたすらハードウェアに関わる業者でない限り、そう多くはありません。ですが、せっかくお金を出して購入しているものなので、より適切な運用をするためにも、保証内容には目を通しておきましょう。

保守

保証が効いたところで、次は保守の話になります。たいていの機器は、故障した場合、なにかしらのログが残されたり、筐体のシステムランプなどの外見から故障内容の大雑把な概要がわかるようになっています。

修理もしくは交換という保守を受けるためには、「なんという筐体に、どのような現象が発生したのか？」をメーカーに伝える必要があります。そして、それを元に、どういった対応となるかを決めてもらうのです。「ログをダウンロードして、サポートセンターに送付する」「電話で筐体の状況を伝える」など、方法はその時によって異なります。

そして、保証対象であるならば、復旧に向けて保守をしてもらうことになります。

保守のパターンを知っておく

最もわかりやすい保守は、オンサイト保守です。オンサイトとは、サポート技術者が機器のある現地に赴き、修理してくれる形態のことです。オンサイト保守の場合は、早ければ当日に直してもらえますが、一緒に現地入りしてもらう必要があるので、その手はずを整えておく必要があります。

現地で修理するような筐体ではない場合は、筐体を丸ごとサポートに郵送して、修理が完了したら返送されてくる方式もあります。ただ、それだと復旧に時間がかかってしまいます。郵送と同時に同製品を交換してくれるパターンもありますが、郵送自体にも時間がかかるので、最低復旧時間を予測する必要があります。そして、それが許容できない長さならば、あらかじめコールドスタンバイ機を用意しておくなり、冗長化しておくことになります。

筐体の蓋を自分で開けないように

これはほとんどの製品に共通していることですが、筐体の蓋を自分で開けてしまうと、その瞬間に保守が切れてしまうという制限があります。何かを交換するだけならかんたんなので —— と開けてしまうと、さらに次にマザーボードが故障した場合に交換してもらえないことになってしまうので、注意が必要です。

逆に、保証期間が切れている場合は、好きに蓋を開けることができます。開き直ってメモリを増設したり、好き勝手使うことができます。その状況で何かが壊れたとして、そのパーツを直したいとなると、パーツを購入して、自分で交換することになるでしょう。たとえば、「RAIDカードのバッテリーが切れただけ」とログから判断できたならば、ボタン電池だけ購入して送ってもらえばいいことになります。

このように、実際に保守運用をするとなると、いろいろなパターンがあります。自分で修理することは基本的にないでしょうが、もしも自分で触るときのためにも、絶縁手袋などの工具をそろえておくといいかもしれません。

column

納品は手元に届くまでが納品です

ITインフラ用の筐体は、数万円から高いと数百万以上するので、購入から無事に稼働するまで油断することはできません。ベンダーにおける製造工程において綿密なチェックがされているとはいえ、100%完璧などありませんし、自分自身が蹴飛ばしたり落っことす可能性も十分にあるわけです。

そして、じつはわりと多いのが、運送屋によるミスです。「精密機械」と外箱に書いてあるにも関わらず、置くときにドカンと置いたりされることがあります。それだけならまだしも、トラックから社内に運ぶ間にドガガンと荷崩れさせて、何くわぬ顔で届けようとすることもあります。そして、じつはそれを目撃されており、指摘されて納品しなおし、ということもありました。

ベンダーさんは非常に気を使った工程で、「故障率をいかに低くするか？」を大切に作ってくれているのに、運送ミス一発で水の泡になってしまうのを見ると、なんともやるせない気持ちになります。そんな運送屋さん —— というよりは運搬者はごく少数ですが、製造・運送・設置まですべて含めて“成功”といえるので、運搬業者の選択にも気を使っていきたいところです。

ちなみに、待ちに待った挙句、荷崩れを起こしたサーバーさんは、そのまま受け取るともし動作に問題があった時にどこに保証してもらうべきか、保証してもらえるのかが怪しくなるため、開封せずにそのまま引き取ってもらい、ベンダーさんに事情を話して交換ということになり、また何日も待機することになりました。

そういうこともあるので、何かあった時には対応をまちがえてムダな不利益を被ったりしないよう、落ち着いて対処していきたいものです。ベンダーの保証、そして運送会社の保証といったものにも目を向けておくと、不幸を回避できることがあるはずです。

支払い方法に気をつける

第2章で減価償却について軽く触れましたが、高価な買い物は支払いにも気を使わなくてはいけません。

いつもニコニコ現金払いにしてしまうと、支出がもろに決算にヒットしてしまうので、会社の状況によってはあまり好ましくない場合があります。その点、分割払いなりリース契約なりにすることで、支出自体は分散されるため、数字的にはより健康的に見えて、対外的に良しとされることがあります。

支払い方法だけならまだしも、レンタルやリース契約という話になると、インフラエンジニアとしての決断に多少の影響が出てきます。一括購入ならば、自分が選ぶジャストスペックを選択できますが、リースとなると選択の幅が狭まり、思惑と外れた結果になる可能性があるからです。

インフラエンジニアとしての願望よりは、会社としての金銭管理のほうが大切なので、お金の都合を満たしつつ、その範囲で効果と願望を満たしていくことになるでしょう。ただ、前にも述べましたが、レンタルやリースも悪いものではありません。使用終了後のお片づけがだいぶ楽になりますし、保守も実作業をする必要がなくなるからです。

機器のスペックだけではなく、こういった支払いや契約などもあわせてベストチョイスをできることも、1つの“技術”であるといえましょう。

column

決算期の割引を狙え

一括購入には、時にとてつもない破壊力を発揮する時期があります。それが決算期です。

どんな会社にも、定期的に決算がやってきます。そして、決算前にググっと成果を上げたい状況というものが必ず存在します。それにつけこむかのように、ベンダーに見積を取ることで、驚くような割引価格で機器を購入できてしまったりします。

ただでさえ、「スペック的に80万台で十分に安い、ありがたや～」と思っていたサーバーが、決算期には60万円台で買えることがあります。そもそも、それを狙っていなかったならば、「しめたもの」と考え、3台の予定を4台にしたり、スペックを上げてしまいたくなります。

こればっかり狙うのも考えものですが、別に悪いことをしているわけではないので、知らずにいっさいの恩恵を受けないよりは、時にはこういったイレギュラーにうれしい物品購入をするくらいが、人生楽しいというものです。

4-5 オンプレミス環境を選定する

オンプレミスとパブリッククラウドを比較すると

第2章では、サービスの本番運用環境をパブリッククラウドに構築する条件で説明しました。小規模組織にとってパブリッククラウドがとても有用なのは言うまでもありませんが、大規模になっても大丈夫なように設計できるため、パブリッククラウドで最後まで継続することも十分にありえることでしょう。

それに対し、クラウドが流行る前は、オンプレミス（自社サーバー管理）の形態が一般的でした。クラウドの選択が1つの正着になったとはいえ、オンプレミスが死んだかというと、そんなことはありません。要件次第ではオンプレミスのほうが効果的になりえますし、オンプレミスでしか得られないものもあります。最近では、オンプレミスに自社で構築するクラウド「プライベートクラウド」も一般的になりつつあります。

各形態がどのように異なるのか、メリットとデメリットを追ってみましょう。

物理的労力

なんといっても最大の違いは、「物理的にハードウェアを扱うか否か？」となります。

オンプレミスでは、データセンター業者にどこまでお任せするかで作業量が変化します。すべてを含むとすると、機器の購入から設置、保守、撤退まで、無機質な配線や筐体と戯れる必要があります。サーバーを持ち上げて筋肉痛になり、ケーブルで手は荒れ、ネジをラック下に落として、肩を落とすことでしょう。

それに対し、パブリッククラウドならばそのすべてが免除されるという、インフラエンジニアにとってまさに夢のような、そして人によってはエンジニアのキャリアプランを変更しなくては食い扶持がなくなってしまう、大変な仕組みが出来上がってしまいました。ブラウザの管理画面でカチカチするだけでなく、APIも使えば腱鞘炎になることもありません。

その中間的な存在として、リース／レンタルサーバーのような形態がありますが、それはあくまで1台1台のサーバーを提供するものなので、「仮想環境よりも物理的な故障などの影響を受けやすい」「柔軟な対応をしづらい」といった難点がありました。それでも、借りる側は物理的作業をしないでいいことに変わりはないので、その点はクラウドに近いといえるでしょう。

資産管理

機器を購入するということは、会社の資産になるということです。一見、資産として残ったほうが得しそうなイメージが湧きますが、資産になるということは、減価償却や交換リソースの観点から「ホイホイと入れ替えたりできなくなる」ということです。

電子機器は、長くても3～5年、早ければ1～2年で、次の世代の機器を利用したほうが費用対効果的に有利になる場合があります。動いてればいいだけのシステムならば古いものをそのまま放置したほうがいいかもしれませんが、高トラフィックを受け、パフォーマンス効率を要求されるシステムにとっては、資産とすることがアダになる場合が多いです。

リース契約にすると資産にはなりませんが、今度は「最低利用期間」といった制約がついてくることになります。そして、期間終了後に使い続けるとなると、そのままの月額費用がかかることになり、契約の性質上しかたないとはいえ、実質価値が低くなり、古くなった筐体に同じ費用をかけ続けることになります。

それがクラウドになると、一気に事情が変わります。資産にはならず、最低利用期間もなく、いつでも始めて、いつでも止めることができます。スペックが古くなった場合は、一度の再起動を行う程度でスケールアップすることができるため、あらゆる面で有利です。その代償としては、少々割高な初期費用と、従量課金がかかることがほとんどですが、それも予約型（リザーブドインスタンス）にして初期費用を多めに払うことで長期的に見て安くできたり、「継続利用するほどに安くなる」といったさまざまな費用形態が設定されているため、それほど高くつかないのが実情です。

資産として所持していれば、古くなっても「違う場所でテスト機にする」などできなくもないですが、物理的に移動を重ねて、OSも入れなおして―― というスタイルは、今ではもう古いのではないでしょうか。資産として所持せざるをえない場合はもちろんありますが、データセンター事業などを営むのではない一般企業ならば、大半の機器を資産として持たないことがベターな選択となっていくことでしょう。

費用対効果

「オンプレとクラウド、どちらが安いのか？」と費用だけみれば、「オンプレのほうが安く済みます」という回答になるでしょう。総合的に見なくては意味がないものではありますが、パッと見の費用だけなら、クラウドのほうが2～3倍ほど高くなることが多いようです。

オンプレならば、機器を購入してしまえば、何年使っても、その機器には初期費用だけしかかかりません。ラック一式という“不動産”を借りるにしても、他社を経由して使わせてもらうより安いですし、運用の人件費も他社のリソースではなく自社のリソースとなるのですから、当然の結果です。

サーバーのスペックについては、購入となると選択肢が広くなるので、その時だけでいえば最も費用対効果の高いCPUやメモリを選択したり、SSDやNANDフラッシュといった高速ドライブを狙いすまして導入することができるので、その時代にあわせて安く速いサーバーを使うことができます。ただ、最近のクラウドはスペックでいえば高速ストレージを筆頭に、CPUやメモリもひと昔前ではありえなかった高スペックを選択できるようになっており、その差はなくなりつつあるといえます。

サーバーのパフォーマンス効率でいえば、仮想化することで必ず何かしらのオーバーヘッドが生じ、物理サーバー100％の性能に比べたら劣化することはまちがいありません。そのため、データベースのような超重要な部分だけ物理サーバーにする選択もあります。

それでも仮想化が推進されてきた理由は、運用リソースを削減できるだけではなく、物理サーバー1台に複数のOSを集約することで結果的にコンピュータリソースのムダをなくすことができるからです。つまり、「仮想環境だからムダが生じる」という考えは通じないということです。

また、クラウドにてお金の対価として得たハードウェア保守や運用人件費のカット分を、オンプレミスでは自社で賄う必要が出てきます。人材がいればそれもまた叶うのですが、いない場合、そういった人材を集め、的確に運用するという人事管理は、エンジニアが思う以上に難しい問題となります。

長期的に見た時、オンプレに比べてクラウドはかなり費用が高く試算されることでしょう。しかし、短中期的に見た時、オンプレはクラウドに比べて融通が利かないことがわかるはずです。物事がすべて3～10年スパンで進むのであればオンプレが有利でしょうが、今の時代は数ヶ月～2年でどんどん事情が変わっていくため、費用対効果の良し悪しよりも、融通の利きやすさを優先する傾向があります。

エンジニアとしては、あらゆる面で効率的な選択・設計をしていきたい想いがあるでしょうが、コンピュータリソースだけでなく、運用費や人件費まで総合して考えた時、真に「費用対効果が高い」といえる選択をできることが、インフラエンジニアとしての技量ともいえます。

技術力は金で買えない

オンプレだろうとクラウドだろうと、サービスを稼働させられるのであれば、ユーザーにとって、運営者にとって、それは立派なインフラ環境です。しかし、インフラエンジニアにとっては、その中身にだいぶ差があります。

パブリッククラウドを使うということは、そのパブリッククラウドを管理画面やAPIで使いこなすということです。それに対してオンプレミスでは、クラウドの恩恵として関わる必要がなくなった、ネットワーク、ハードウェア、ミドルウェアまでを構築する必要があります。

この、オンプレミスでしか経験できないレイヤーは、金で時間とリソースを買うパブリッククラウドを選択する限りは一生関わることができません。調べればなんとなくイメージがつくかもしれませんが、百聞は一見に如かず。自分で設計し、自分で物理構築をしなくては、「正しく習得した」とはいえないことが多いです。
逆に考えると、そんな小難しいレイヤーに関わる必要をなくしてくれたのがパブリッククラウドですが、“インフラエンジニア”と名乗るとしたら「はたして、それでいいのか？」という問答が出てきます。

自分の使っているクラウドのインフラ環境が、いったい地球上のどこで稼働しているのか？
どういった機器が、どのような構成で組まれているのか？
サーバーの中身や使い方はどうなっているのか？

そういったことを知らぬままでいていいのだろうか、と。
知らぬを良し、知るべきを良しとするかは、人それぞれ目指すところが違うので、是非などありません。しかし、オンプレミスにプライベートクラウドを作ることができる人間と、パブリッククラウドを使うだけができる人間では、人材としての価値に大きな差が出ることは明白です。
インフラエンジニアは、頭でっかちではなく、「時には泥臭いこともこなせてこそ一人前」という部分があることも否定できません。「苦労は買ってでもせよ」といいますが、ここでは逆に「お金をケチって苦労することでチカラを得よ」といったところでしょうか。
どちらも良し悪しアリということですが、この違いは日々の業務内容に関わることなので、方針によって組織に集まるエンジニアのタイプが異なることが推測できます。また、オンプレミス技術に明るいエンジニアがいるかいないかでも、技術文化に大きな違いが出ることでしょう。
時代が時代なのでパブリッククラウドに流れがちですが、「効率化がすべてではない」ということを頭の片隅に入れておくと、より柔軟な組織となることができるでしょう。

⋯▶ プライベートクラウドを構築する

そこそこ規模が大きくなった組織においては、「インフラ環境は、はたして今のままでいいのか？」という検討を、中長期的視野を持って定期的に行うべきです。より安く、効率的な環境を得られるのであれば、移行リソースをなんとかすることで支出を大きく削減したり、要望に沿ったシステムを構築できる可能性があるからです。

「パブリッククラウドの情報をこまめに収集し、よさそうなサービスができたら移行する」というのも正解ですが、それでは話としてつまらないので、ここではオンプレミスを利用することを検討するとしましょう。

オンプレミスといっても、古代からある、物理サーバー1台1台を普通に使う方法は当然とりません。パブリッククラウドよりも安く、効率的で、自分たちの要件にジャストフィットするような、プライベートクラウドを構築することを目指します。

仮想化のメリットとデメリット

物理サーバー1台を1つのOSとして利用することが基本として、それに対し、仮想化によってサーバー1台で複数のOSを動かすことには、どのようなメリット・デメリットがあるのでしょうか。

リソースの効率

サーバーの基本構成としては、WebサーバーとDBサーバーがあればだいたいのサービスを動かすことができます。WebとDBを同居させることもできますが、そこは役割とリスク分散、負荷分散の観点から、分けることを前提とします。

WebとDBをそれぞれ物理サーバー1台ずつで稼働させた時、どのようなリソース配分になっているかを考えてみましょう。リソースには、CPU、メモリ、ディスクI/Oの3大項目があるとします。Webはアプリケーションサーバーも兼ねてるとして、CPUは大、メモリは中、ディスクI/Oは小といった使用量になることが多いです。それに対し、DBでは、CPUが中、メモリが大、ディスクI/Oが大、といったところでしょうか。

DBサーバーは全リソースをまんべんなく多く必要とするので、物理サーバー1台を独占してもあまりムダはないかもしれません。しかし、Webサーバーは大半がCPUリソースとなるため、独占してしまうともったいないお化けが出てくることになります。

中規模以上のサービスのためにサーバーを準備する時、必要な台数を都度1台ずつ、2台ずつと増やすことは少ないです。1度の発注から設置までは数週間単位で時間が必要なため、先を読んで数十台単位で増設することになります。そして、「その数十台のうち、何台がWeb用で、何台がDB用」という用途ごとの台数までは確定しづらいものです。

そうなると、全サーバーを同スペックで発注し、運用の工夫でカバーするほうが柔軟に対応できることになります。たとえば、全サーバーをXeonのデュアルCPU、メモリ128GB、SAS8本でのRAID10と高スペックにしておくと、どのような役割のサーバーでも利用できる筐体となれます。

―― なれますが、Webサーバーにした場合はせっかくのRAID10が持ち腐れになりますし、KVSサーバーにしたものならばCPUもRAID10もスカスカになってしまいます。DBサーバーにしても、最初から全リソースをフル活用するかというとそんなことはなく、メモリは64GBで十分かもしれません。

この、もったいないリソースを有効活用するために、仮想化をします。分配を考えるために、より詳細なサーバースペックを仮設定しましょう。

- CPU → 24vCPus
- メモリ → 128GB
- ディスクIOPS → 1000IOPSまで

ディスクIOPSは明確に上限を設けることは難しいため、予測になってしまいますが、Web、DB、KVSを1台ずつインスタンスとして作成する場合、以下のような分配にするとどうでしょうか。

【Web】CPU → 10vCPUs／メモリ → 32GB／IOPS → 50以下
【DB】CPU → 12vCPUs／メモリ → 64GB／IOPS → 900以下
【KVS】CPU → 2vCPUs／メモリ → 32GB／IOPS → 50以下

リソースをムダにすることなく、3つもサーバーを稼働させることができます。そして、DBサーバーにメモリ不足などリソース不足が発生した場合は、KVSを別筐体に移してDBスペックを上げるなり、DBを1筐体占有型とするなり変更することで対応できます。

もっと極端な例では、極小サービスを数多く動かすならば、1インスタンスあたり1vCPU／メモリ4GBでも与えておけば、少なくとも24サービスは作れることになります。CPUの重複利用を嫌わなければ、もっと多くのサービスを稼働させることができます。

ただ、最近ではDB負荷に耐えるために、ioDriveのようなNANDフラッシュやSSDを導入する必要が出てくることがあります。その場合、全台に入れるわけにもいかないので、ある程度は発注するスペックの種類を分けて運用する必要もあります。とはいえ、それはそれで、その筐体にDBインスタンスを複数載せられる可能性もあるので、設計次第で美味しく運用することができるでしょう。

リスクの集約

仮想環境では、1台のサーバーに1つの親OS（ホスト）があり、その上で複数の子OS（インスタンス）が稼働します。ということは、ホストがダウンした場合は、そこのインスタンスもすべて道連れでダウンすることになります。よって、「便利だから」とあまり数多くのインスタンスを載せすぎるのも危ないということです。

同じ理由で、機能的に近しい役割のインスタンスを同じホストの上に載せることも危険です。たとえば、DBサーバーはレプリケーションによるMASTER／SLAVE構成をとることができますが、せっかくSLAVEが自動的にMASTERに昇格する仕組みにしていても、1つのホストに載っていては、昇格どころか、同時にダウンする可能性があるからです。

このように、ホスト単位で見ると1台で複数のOSが落ちる可能性が出るため、物理サーバー単体に比べてデメリットといえばデメリットです。しかしこれは、配置に配慮する仕組みや運用にすることでなんなく防げることでもあります。1つのホストが落ちても、DBサーバーとしての機能が停止しないよう、Webサーバー群としての性能が急激に劣化しないよう、考えてインスタンスを配置しましょう。

リスクの分散

ホスト単位で見るとリスクの集約となりましたが、OS単位で見るとどうでしょうか。

たとえば、1つのOS上でWebサーバー、KVSサーバー、クローラーや集計などの定期処理といった複数の機能を実行しているとします。1つのOSに集約できることは性能面で有利だったり、運用面で楽な場合がありますが、リスク管理やリソース管理の面で不利になっています。

リスクとしては、1つのOSが落ちた時に複数の機能を同時に失うため、システム全体としてはダメージが高くなります。

リソース管理の面では、システムの負荷が高くなってきた時に、どの機能がどのリソースを食いつぶしているのかがわかりにくく、対処法を明確に判断できなくなる場合があります。

どちらの問題も、仮想化によって、1インスタンス1機能として設計することで解決できます。仮想化すれば、OSハングにおける被害が最小限になり、リソース管理では生成した監視グラフが確実に1つの機能の分を表すので解析しやすくなります。

機能を集約することは「リソースを効率的に利用するため」という考え方もできます。しかし、その効率化はそれほど大きな効果ではなく、それに対して抱える問題のほうがはるかに大きいため、あまり筋の良い選択とはいえません。それでも、複数の機能を載せるとしたら、フラットな負荷分散と拡張性を確保している構成に限りますが、リスクを消せてもリソース管理が混ざることは防げないので、よほど管理に自信があるか、あまりに貧乏でない限りは止めるべきでしょう。

管理のしやすさ

物理サーバーを直接使うと、ホストのアドレス管理などはWikiなり表計算ソフトなりを使って、原始的な方法で管理し続けなくてはいけませんでした。最近ならば、監視ソフトや自動構築ツールなどによって、ホストのリストを見るくらいはできるかもしれませんが、それでは「サーバーの管理」という面では少し用途がズレている気がします。

仮想環境となると、なにかしらのクラウド基盤ソフトウェアを導入します。ホストを登録し、ホストの空きリソースが許す限り、インスタンスを作成していくことになります。

ということは当然、ホストのリストは存在しますし、インスタンスのリストも存在します。ほかにも、ホストのスペック、インスタンスに割り当てたスペック、インスタンスがどのホストで稼働しているかといった情報もまとめて管理されていることになり、それによって空きリソースの量を割り出す機能もあたりまえのようについてきます。

物理サーバーを扱う場合も、古くから管理しやすくするための工夫はされてきたでしょうが、仮想環境ではその仕組みゆえに、ナチュラルにすべての管理が高い視認性をもって行えるようになります。

運用のしやすさ

仮想環境の最強のメリットは、なんといっても開発効率がグンバツにいいことです。物理サーバーに比べて、運用の手軽さが天地ほども違い、一度仮想環境に慣れたら二度と戻ろうとは思えないでしょう。

はるか昔は、物理サーバーを使えるようにするには、サーバーの目の前でCDを読み込ませ、インストール画面でシコシコとOSを入れて、SSH接続できるまでもっていく必要がありました。それが進んで、ネットワークに接続された時点でOSを自動インストールする仕組みもありますし、後述するIPMI（Intelligent Platform Management Interface）を使ってリモートから再起動したり、サーバーのリモートコントロール機能を使って遠隔にあるisoイメージをマウントしてOSをインストールできるようになりました。

それだけでも十分な進化ではあるのですが、OSをインストールする作業やその実行にかかる時間はそれなりに長いものであり、「開発中にOSをまっさらにしたくなった」からといって、そうそう気軽に入れなおす気が起きるものではありませんでした。

仮想環境においても、最初の物理サーバーに親OSを用意するまではそれほど事情は変わりませんが、実際に開発や本番サービスとして使うインスタンスの扱いにおいてはすさまじく効率が上がりました。元となるOSのある状態をスナップショットとして保存しておき、そのイメージを元にインスタンスを起動できるからです。これにより、OSや基本パッケージのインストールなど初期設定の手間や時間が省けるため、新規作成を実行してから1分も経たずに利用可能な状態までもっていけるようになりました。インスタンスを削除するにしても、物理サーバーだとOSを入れなおしたりHDDを丸ごとフォーマットしたりするところが、ただインスタンスのイメージファイルを消すだけになるので、非常に効率的です。

ほかにも、ストレージの追加において、物理サーバーでは物理的に筐体を開けて追加するところから始まるのが、仮想環境では親OS上や共有ストレージ上に作られたイメージファイルをデバイスとして認識させるだけで使えるようになります。

ホストサーバーと基盤ソフトウェアの準備さえできてしまえば、インスタンスは作りたい放題・消したい放題、スナップショットは取り放題と、サービス開発者にとっては尋常じゃなく幸せな環境となります。新しいミドルウェアを試すにしても、既存の環境を汚すことなく、別のインスタンスで試して、ダメなり終わるなりすればポチッと消すだけ、という物理サーバー1台1OS時代からみるとありえない状況といえます。

物理サーバーを直で使うことがなくなるわけではないですが、パブリック／プライベート含めて、最低でも1企業に1つ仮想環境があるべきなのはまちがいないでしょう。

準仮想化と完全仮想化

クラウド基盤ソフトウェアについて考える前に、仮想化の方式について知っておく必要があります。親OSの上でどうやってインスタンスが稼働できているかというと、「ハイパーバイザー」という仮想化技術を実現するための制御プログラムがハードウェアとインスタンスの間に入って、インスタンスが直接ハードウェアを扱えなくとも必要なリソースやデバイスを間接的に使える状態で提供してくれるからです。

ハイパーバイザーの有名どころとしては、VMware ESX、Hyper-V、KVM、Xenなどありますが、LinuxではKVMが最も一般的かと思われます。

ハイパーバイザーは2種類の技術タイプに分かれます。それが、準仮想化と完全仮想化です。大雑把に説明すると、以下のとおりです。

- 完全仮想化 → ハイパーバイザーを利用するだけでインスタンスを動かすことができる
- 準仮想化 → カーネルに手を加えることで、よりインスタンスが効率的に処理できることを目指して設計されている

つまり、完全仮想化は「かんたんに動くけど、オーバーヘッドが大きい」、準仮想化は「準備が面倒だけど、より軽快に動く」ということです。どのくらい違うかというと、CPUやメモリの利用効率はそれほど変わらないのですが、ネットワークやディスクI/Oを発生させると、完全仮想化のホストCPUは数十パーセントの利用率を示すのに対し、準仮想化はほとんどホストにおける負荷を観測できない、というくらいです。

これは私が準仮想化のXenと完全仮想化のKVMで比較したときの話ですが、「KVMは動かしやすく、便利であるけども、高負荷をかけた時の差は少々眉間にシワがよるくらいオーバーヘッドがあるな」という感想でした。この辺については、完全仮想化のシステムも努力を重ねてオーバーヘッドを軽減してきているようですが、準仮想化に並ぶことは厳しそうに見えます。

利便性と性能のトレードオフの話なので、どちらが良い・悪いという話ではなく、要件に応じて選択するための知識となります。基盤ソフトウェアによってはどちらかが確定するものもありますが、目的によっては基盤ソフトウェアから見直すことにもなるでしょう。たとえば、ひたすら高トラフィックを捌くための基盤を作りたいなら、完全仮想化のオーバーヘッドは見過ごせないでしょう。「CPU利用率が20%高い」となれば、用意するサーバーの

台数も2割増しになるため、費用の面から許容できないかもしれません。ただの開発環境として利用したいだけならば、ベンチマークでもとらない限り高負荷になることはないので、完全仮想化にしてひたすら利便性を追求すればよくなります。

根本的な部分のため、あとで変更するのは厳しく、早い段階で決定してしまう必要がありますが、決定するには両方を知らなくてはいけないのがまた厳しいところです。ただ、適当気味でいい開発環境用ならまだしも、本番サービス —— 特に、B to Cではなく、B to Bでクラウド事業をやるような責任あるもの —— を手がけるならば、仮想化について深く勉強することは避けられないでしょう。

クラウド基盤ソフトウェア

OSS

オンプレミスでプライベートクラウドを構築するのに最もてっとり早いのは、既存のクラウド基盤ソフトウェアを利用することでしょう。有名どころとしては、CloudStack、OpenStack、Eucalyptusがあります。それぞれ特徴はありますが、どれもよくできているので、目的と好みに合わせて選択することになります。

「てっとり早い」とは言いましたが、それは「出来上がるモノの素晴らしさに対して」という意味であり、何を選択肢したとしても、完成までには今まで経験したことがないような苦汁を味わうことになるのは確定事項です。「サーバーを用意しました」「基盤ソフトウェアをインストールしました」とすんなり動いてくれるようなヤワなシステムではありません。それなりに大きな規模で中長期的に利用するつもりであるならば、ネットワーク、セキュリティ、リソース配分、共有ストレージなど、設計することは山ほどあります。

どのシステムも、1つ1つの機能がコンポーネントとして独立しており、それらが合わさることで、1つの基盤システムとなります。もちろん、できるだけ導入がかんたんになるようにしてくれてはいますが、そもそもインストール時に必要な設定値を決めたり、安定した運用を目指すならば、1つ1

つのコンポーネントの理解から逃げることは避けられません。

私が経験済みであるOpenStackでは、以下のようなコンポーネント構成になっています。

- Keystone → 認証
- Neutron → ネットワーク管理
- Glance → イメージ管理
- Cinder → ストレージ管理
- Nova → インスタンス管理
- Horizon → 管理画面

■ OpenStackのコンポーネント構成

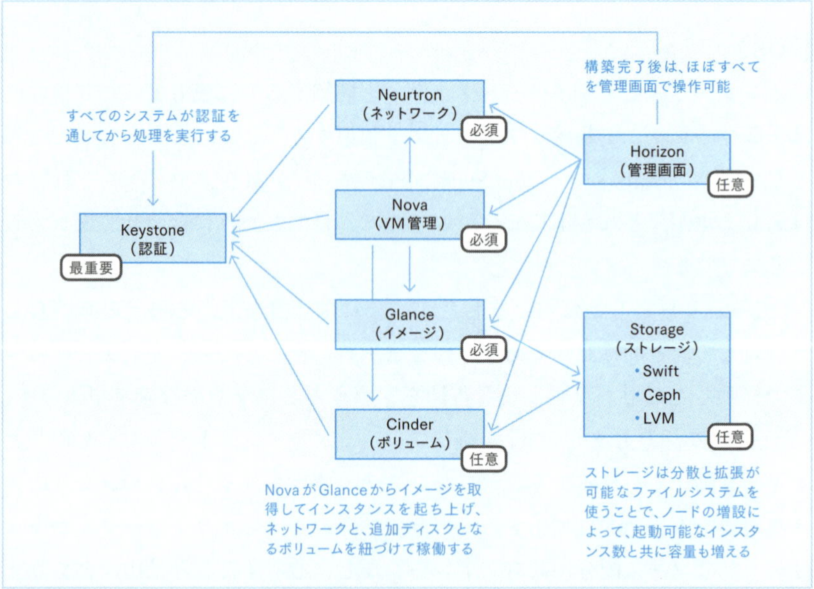

すべてのコンポーネントにAPIはありますが、普段は管理画面で操作するとします。Horizonでアカウント情報を入力すると、Keystoneで認証され、各コンポーネントの情報を確認したり、作成／削除などの操作をすることができます。

ネットワークの定義やサブネットを切るとNeutronに指示がいき、Open vSwitchなどを使った仮想ネットワークを構築してくれます。ネットワークがないと何もできないので、重要なところです。

インスタンスを立ち上げるためのイメージは、どこからかダウンロードしてきたり、自分でKVMと各種OSのnetinst.isoなどを使って作成し、Glanceに登録します。

そして、登録されたイメージと、ネットワークサブネットを指定し、インスタンス作成を指示すると、Novaが複数台あるであろうホストのどこかにKVMなどの指定されたハイパーバイザーを使ってインスタンスプロセスを起動します。

起動したインスタンスには、Keystoneで登録したアカウントと鍵を使うか、インスタンスの独自設定による方法で、SSHログインをすることができます。ここまでくれば、そのまま利用するなり、Neutronのロードバランサに配置するなりして、楽しく利用することができます。

もし、ディスク容量が不足ならば、Cinderにイメージディスクを確保してもらって、/dev/配下にアタッチし、ファイルシステムをフォーマットしてマウントすることができます。Cinder自体が扱う大元のストレージシステムにはいろいろありますが、LVMやSwift、Cephといった、追加もしくは分散可能な仕組みを使うことができます。

—— と、ここまでが基本中の基本となります。さらにまっとうに扱うには、以下のようにあらゆる運用に手間がかからないように仕込みまくる必要があります。

- 全システムの冗長性を確保する
- SSDなどのストレージを選択できるようにする
- イメージをたくさん用意する
- Chefで起動時の状態を保証する

おそらく、自分の妄想を100%叶えてもらうことはできなく、せいぜい60%が関の山といったところでしょう。開発環境として利用するのか、本番環境として利用するのかによって、自分たちで補完する量はかなり変わるはずです。実際、OpenStackを商用利用でIaaSとして提供している企業がありますが、相当な量の改良を施したとされています。

事前調査ですべてを把握することは不可能ですが、一度決めて構築してしまうと後戻りはほぼできないモノに仕上がることを考えると、初めに機能や性能の要件を整理し、十分に満たせるかをこまめに見なおして、引き返すなり、舵を切るなり、臨機応変に柔軟に進めることが、プロジェクト成功の鍵となります。

自作

もし、開発力と時間があるならば、プライベートクラウドの基盤システムを自作するという選択肢もあります。自作はどのようなシステムでも同じことですが、開発と保守にリソースが割かれる分、お望みの要件を満たすシステムを使うことができ、エンジニアの乾きを潤してくれるので、うまくいけば強力な選択肢となります。

自作となると、組織によって目的が異なるので、「どのような仕組みにすべきか？」「何が最適解であるか？」を話すことはできません。ただ今ならば、OSSの各システムのアーキテクチャを参考にし、「良いところは取り入れ、足りないところを補う」というスタイルにすると、極端に道を踏み外すことなく設計できるでしょう。

ドリコムでは、2010年頃にプライベートクラウドを自作し、今では複数の環境を併用しているものの、そのどれもが元気に動き続けています。開発人数も2人と少人数でしたし、決して無茶な選択ではありません。どのような設計思想で作られたかは、4-7節にて紹介します。

データセンターの契約をする

オンプレミスといえば、まずはデータセンターの契約をするところから始まります。「一生、腰を据える」というわけではないですが、一度根を下ろすと移転することはかなり厳しいため、念入りに比較調査をし、そのうえで“当たり業者さん”を引く運をもちあわせたいものです。

データセンター選定のポイント

データセンターを選ぶうえで指標となる項目は山ほどあります。立地、費用、耐震・防災・電気・空調・通信といった設備……すべてを見て判断していたらキリがないほどです。それでも、どのような項目があるかは一度は目を通しておいてください。『データセンター完全ガイド』（インプレス 刊）というムック本の最新号を見れば、何を見て考えるべきかがわかってくるでしょう。

そういった項目すべてを追っていくことは大切ではありますが、データセンターは当然それ相応の条件を満たしたうえで作られています。たとえば、耐震対策を施していないデータセンターなどおそらくありません。停電対策をしていないところもないでしょう。空調も、エネルギー効率は違えど、借りる側からすれば十分冷えていれば満足するわけです。

データセンター側からすると、その建造物の素晴らしさや仕組みについてアピールしてくることでしょうが、その内容が決め手になることは少ないかもしれません。借り手としては、もっと現実的な基本部分で選定するでしょう。しかし、データセンターの小難しいアピールポイントも決して無視してはいけません。アピールできる取り組みをしていること、アピールしようとする姿勢、説明のわかりやすさなどは、あとあと運用において信用度や信頼度に関わってくるからです。

また、どれだけ調査したとしても、事故というものがあります。それなりに大きな業者だとしても、大規模な電源断が発生した事例がありますし、運用には人間が関わっているので、どういった人材が担当してくれるかによっても、日々の細かい作業での事故率は変わってきます。そういった「人事を尽くして天命を待つ」ような、運の要素もあるのです。それゆえに、「サーバーが今年も無事でありますように」と祈願する文化があったりなかったりと、笑えないお話もありますが、ここでは人事を尽くすためのお話をしていきましょう。

立地

借り手がまず重視することは、立地です。

データセンターを借りるということは、大なり小なり「現地で作業をする」ということです。その頻度ができるだけ少なくなる運用を心がけますが、エンジニアが所属する会社から近い、もしくは交通の便が良いに越したことはありません。サーバーを持ち込んだり、障害対応でデータセンターに出動することはとても大変なので、1時間以内で行ける立地がいいでしょう。

あとは、ないとは思いますが、地盤がゆるゆるの立地でなければいいのではないでしょうか。発電所そのものがデータセンターである建屋もあるので、そういった特徴的な弱み・強みもいろいろあるかもしれません。

費用

データセンターにおいて継続して発生する費用として、ラック、追加電源、インターネット回線あたりが確実に必要なものとなります。ネットワーク機などを自前で構築／運用せずに任せるのであればそれも費用に載ってきますし、オペレーションなどのオプションをつけるとさらに追加されることになります。

これらは莫大な固定費になるため、少しでも抑えるに越したことはありません。データセンター業は不動産業に近いものがあり、各種単価を安くしてもらうことはあまりできませんが、データセンターを比較していくと、思ったより金額に差があることがわかります。だいたいは土地代に比例するのですが、ネットワークなどはバックボーンの違いによって性能も費用も差が生じやすいようですし、ラック単価も20万だったり40万だったりとブレブレです。

「安かろう、悪かろう」ということもあるかもしれませんが、それよりも「安いから」とほかの条件を落としすぎるのもよくありません。拡張性などの運用に関わるポイントを落としすぎて、あとあと移転を迫られることになっては意味がないからです。逆に言うと、高いから良いわけではありません。自分たちに最低限必要な条件を明確にし、それを満たしたうえで、費用と相談しましょう。

回線

WAN回線の品質や価格は、業者によって大きく差があります。数Gbps

までしか限度がないものから、数十Gbpsをゆうに超えるバックボーンのデータセンターまで、さまざまです。

最初は100Mbps程度の回線で始めたとしても、サービスが1つ当たれば、そんなものはすぐに突き抜けていってしまいます。「必要に応じて、何Gbpsまで上限を上げることができるのか？」「上げるために必要な期間やダウンタイムはどの程度なのか？」といった、運用ベースの話を聞くことが大切です。

「もし、トラフィックの上限に到達した時にどうなるか？」を確認するのは重要です。回線というか、業者によって、「完全にキャパシティ制限を設けている」「実質的に制限を設けずに、超えそう／超えたら契約を変更する」というものがあります。どれだけ丁寧に監視していても、突然トラフィック上限に到達することはありえるため、1回線の契約ごとのキャパシティ制限を明確に設けずに、後日相談で済ませてくれる運用形態のほうが、良い意味で"適当"と言えるでしょう。

上限には、以下の3種類があります。

・1回線の契約ごとの上限
・ケーブルを含むネットワーク機器による上限
・バックボーンの上限

それぞれ、「どのようなプランがあるか？」「上限に達する時の挙動はどのようなものか？」「次の上位プランはどういう対応になるのか？」を確認しましょう。

あとは回線品質がありますが、これについては可用性向上のための仕組みを説明してもらったり、それまでの稼働率の実績を確認することで納得するしかありません。SLAの稼働率に対する料金返還について理解しておくことは大切ですが、そもそも稼働率が高く、万が一の障害にも迅速に対応できる体制であることを確認しておきましょう。

それでも回線に不安が残るのであれば、データセンター単位での冗長化を検討することになります。それはまた第6章でお話しします。

ラック

建屋と回線の次は、19インチラックを借りることになります。ラックには、通常の2メートル弱のものと、高さが半分のハーフラックとがあります。小規模ならばハーフラックも使いますが、そのくらい小規模なことが確定しているのならば、今の時代はパブリッククラウドを使ったほうがいいかもしれません。

ラックを借りるときに気にすべきことはいくつかあります。

まずは、「天井・床・扉の通風性は良いか？」「両隣のラックとつなぐための小窓の配置はどうなっているか？」「ラックの奥行き幅と支柱の前後の移動猶予はいかほどか？」といったラックそのものの仕様です。ラックには19インチラックという規格があるものの、製品によって扉や壁、内部構造には多くの違いがあります。扉がメッシュになっていて風の通りがよくなっていたり、隣のラックと直接つなぐための小窓の数と位置、奥行きの長さが異なっていたりします。自分たちでサーバーを購入して持ち込む場合は、持ち込む予定のサーバーを収納できるかをきっちり調べなくては、あとでどうしようもなく泣きをみることになるので、正しく計測しましょう。室内の冷却設計について伺っておくのもいいでしょう。

ラック仕様の次は、空きラックの猶予についてです。ラックの貸出は不動産業のようなものなので、「そのフロアにあるラックのうち、何ラックが、どういう並びで空いているのか？」を確認し、今後の予定を聞いておく必要があります。複数ラックを借りる前提ならば、横並びのほうが管理面でも直接ケーブル接続するにも便利なので、バラバラになるのは避けたいところです。今は空いていても他社がガバっと借りてしまう可能性もあり、いつまでも借りたいところが借りられるわけでもありません。それでも、ある程度今後の予定を伝えておくと、お互いの会社にできるだけ不都合が起きないように便宜を図ってくれるので、予定は包み隠さず伝えましょう。

仮に連続した並びでなくとも、「パッチパネル」というラック間を接続するネットワークが整備されているので、たいていはなんとでもなります。しかし、隣り合わせになっているほうが管理しやすいですし、ラックの仕様によってはラックの横っ腹の小窓を開けて直接ケーブルを通すこともできるため、可能な限り隣接させてもらうべきです。別フロアに増設することもできますが、その場合はフロア間をつなぐために光ケーブルを使ったり、ネットワーク機が余計に必要になったりするので、できるだけワンフロアに収めるべきなのはまちがいありません。

すでに規模が大きく、資金がジャブジャブなのであれば、「ケージに囲まれたエリアを丸ごと借りる」という選択もありますが、それでも数年後の拡張／縮小を考慮すべきなのは変わりません。あとあと苦しまぬよう、慎重に選択しましょう。

ほかには、増設可能な電源の容量あたりを気にしたいところです。

なお、ここまでは完全にハウジングとして自分たちで管理する場合の話です。ホスティングの場合は、データセンター業者がよしなに管理してくれることでしょう。

リードタイム

ハウジングにおけるラックの増設、ホスティングにおけるサーバーの増設などで「依頼を出してから何日、何週間で完了するか？」というリードタイムを把握しておくことは、好調になったサービスを運用するうえで最重要事項の1つとなります。

時期によって前後するのは仕方がないとして、「平均的にどのくらいのリードタイムとなるか？」は、あらゆる物理の準備に対して注意を払いましょう。

これについてはデータセンターごとにものすごく差があるわけではないかもしれませんが、サーバー機のこととなると、在庫を多く所持できる業者が断然有利となります。サービスの成長速度をふまえて、条件を満たせるかを検討しましょう。

保守の品質

データセンター側に責任がある箇所に問題が発生した時に、どのくらい迅速に検知し、対処し、報告を入れてくれるかは、運用フェーズにおいて必ず起きることだけに、非常に重要です。人が関わることなので、良い悪いの差は多少あるかもしれませんが、運用フローが明確になっていれば、そうそう変なことは起きません。そういった保守に関わる説明をわかりやすく得られないのであれば、利用を見送ったほうがいいでしょう。

「前評判は良さそうだったけども、実際に問題が発生して対処と対策を報告してもらったら、内容がわかりづらかったり、酷いと筋が通っていなかったりした」という事例も、なくはありません。とはいえ、データセンター業を営んでいるだけあって、全体的に優秀な人材がいるはずなので、よほど頻発しない限りは、お互いが成長するつもりで指摘したり、されたりすることも、長く運用するうえでのコツになるかもしれません。

ハウジング or ホスティング

物理的な事情により、ハウジングは柔軟性を得られ、ホスティングは管理リソースの削減を期待でき、デメリットはその裏返しとなることは第1章で解説しました。それ以外の比較要素としては、費用面があります。単純にはハウジングのほうが安くなりますが、それよりも重要な要素が人材です。

ネットワークエンジニアやインフラエンジニアという人種は希少なため、小規模な時期にはハウジングでなんとか安価にやりきったとしても、規模が大きくなると希少な人種を増やすことになり、ホスティングに比べて人事や組織構成の運用が格段に難しくなります。さらに24時間365日体制をとるとなると、運用／管理だけではなく、人材の疲弊を想像することは難くないでしょう。

インフラ自体を提供する企業ならばまだしも、製品を開発して売るような一企業が、そのような厳しい体制をとることがはたして正かと考えると、ほとんど多くの一般企業にとってホスティングが安定的な選択になることはまちがいないでしょう。

ただ、この2つはあくまで大きな分類であって、データセンター業者との相談次第では、これらの中間的な利用もさせてくれることがあります。たとえば、10ラックのうち、ネットワークはすべて整備してもらうとしても、「ホスティングサーバーの準備は8ラックにして、残り2ラックは自分たちで購入したサーバーを持ち込む」といった運用にするのです。

その場合は、ラックの物理設計や、ネットワークの論理設計などを都度共有してもらいつつ、互いの運用ルールを定めることになります。実現できる構成がより柔軟になるため、目的によっては強力な運用形態となるはずです。

責任分界点

「責任」といっても、そうたいした話ではありません。データセンター業者と契約者の間で、「どこまでの運用を、どちらが担当するか？」という、契約上発生する当然の話です。たとえば、ラックの電源に関しては確実にデータセンター側に責任がありますし、OS上で動くミドルウェアについては契約者側となるでしょう。

そして、その間がどうなるかは、構築時にどこまで手がけてもらったかによって決まることでしょう。ネットワーク機からサーバーの設置まで任せた場合は、ネットワーク機のハードウェア管理からソフトウェアの設定管理、監視に至るまでと、サーバー機のパーツの故障対応までが責任分界点となり、OSから先は契約者がすべて対応することになるでしょう。その場合、ネットワーク機の一部の設定を管理したくなるかもしれませんが、中途半端に互いの混在管理をするのはできるだけ避けたほうが無難です。

これは目的次第なので正解はありませんが、私見としては、「サーバー機のハードウェアまでと、OS以降のソフトウェア部分の間」で責任分界点を作ることが、互いにとって最も運用しやすい形態と考えます。こうすることで、サーバーのリモート管理とミドルウェアの構成管理ツールが整っている今の時代ならば、契約者は現地に足を運ぶ必要がいっさいなくなるからです。

ただ、「分界点をハッキリする」といっても、共有すべき情報もあります。ネットワークとサーバーの物理構成・論理設計、管理用のIPアドレス、そしてリモート管理ツールから飛ばすであろうアラート情報です。リモート管理ツールからアラートが飛ぶということは、ほぼハードウェアの問題ですが、「いつ、どの程度の問題が発生したのか？」はお互いが認識しておいて損はありません。

互いが必要な情報を持ち、不要な混在運用を避けることで、より安定した運用を続けることができるでしょう。

4-6 オンプレミス環境の基盤を構築する

ネットワーク

IPアドレスの設計

第2章で、データセンターではクラスA（10.0.0.0/8）を使用する設計にしたので、ここにネットワークを作成していくことにしましょう。ネットワーク設計はケチらずゆとりをもった範囲にしていくポリシーで取り組んできましたが、データセンターでもそれは変わりません。

まず、10.0.0.0/8のうち、第1オクテットは10で固定なので、第2オクテットの意味を決めます。これは、以下のようにデータセンター単位とするのが適していると私は考えます。

- 10.1.0.0/16 → 東京の新宿
- 10.2.0.0/16 → 東京の渋谷

さらに、以下のように海外展開もイメージしておくといいかもしれません。

- 10.11.0.0/16 → アメリカ西海岸
- 10.12.0.0/16 → アメリカ東海岸

現状の規模から考えると、このイメージは不要になる場合がほとんどでしょうが、昨今では世界展開することはそれなりに近しい現実なので、「最初はデータセンター1つ分のネットワークしか使わなくとも、あとあとで世界展開対応済みの設計だから大丈夫だよ」とサラリといえるとカッコイイ、というよりは自身の面倒事が少なく済むはずです。

第3オクテットは、データセンター内における用途ごとに切り分けるために使うため、まずはどのような用途があるのかを整理する必要があります。たとえば、大きくは以下のような分類があるとします。

・リモートコントロール用
・インフラ基幹システム用
・サービス用

リモートコントロール用は、IPMI、IMM、iDRAC（それぞれ、詳細は追って解説）といった、OSに依存しない管理システムのためのアドレスです。サーバーの台数分のアドレスが必要となります。

インフラ基幹システム用には、ネットワーク機、ゲートウェイ、DNSサーバー、リレー用メールサーバー、NTPサーバー、パッケージ管理サーバーなど、さまざまな重要・共有システムのために割り当てます。一部のエンジニアにのみ管理権限があり、サービス用のサーバーからは最低限の通信しか許可しないような、堅牢なネットワークとします。

サービス用は、WebサーバーやDBサーバーなどを構築するためのアドレスです。1つのサービスしか運営しない企業ならば大きめのセグメントが必要となりますが、複数のサービスを運営する場合は細くセグメントを切ることになります。

これらをふまえて、以下のように設計しました。サブネットは設計上の範囲であって、実際には/24～/22で切ることになります。

・インフラ基幹システム用　→　10.1.0.0/20
・リモートコントロール用　→　10.1.16.0/20
・サービス用　→　10.1.32.0/19（仮想・親サーバー用）
　→　10.1.64.0/18（インスタンス用）

あとは、これにあわせてゲートウェイ機でファイヤーウォールやルーティングを設定し、自社に合った構成に仕上げていくことになります。

column

オンプレミスとパブリッククラウドを共存させるときの注意点

このアドレス設計思想とは別に、第2オクテットには注意する点があります。パブリッククラウドの存在です。

AWSのVPCのように、自分でプライベートネットワークのアドレスを決定できるところもあれば、自動的に割り振られるところもあります。後で作成する環境が自分で決定できる環境ならば問題ありませんが、決定できないパブリッククラウドを後で利用する場合、既存ネットワークの第2オクテットと被る可能性があります。被ると、企業全体の1つのVPNを運用する際に、ルーティング設定ができなくなったり細かくなったりと運用しづらくなるため、避けたいところです。

そのため、オンプレミス環境と両用する企業の場合は、パブリッククラウドを選定する際に、

- プライベートネットワークアドレスがどのように決定されるか？
- 具体的にどの範囲を使うのか？
- もし被った場合に、変更する手立てはあるのか？

といったことを確認しておくと安心できることでしょう。

ゲートウェイ

施すべき機能はオフィス構築の内容とほぼ同じですが、ゲートウェイは以下の2つに役割が分かれます。

- 外部への通信経路となるグローバルゲートウェイ

・内部通信を制御するプライベートゲートウェイ

プライベートゲートウェイは、サービス用ネットワークの異なるセグメント間の通信を制御したり、デフォルトゲートウェイとしてNATのための経路となったり、VPN経由でオフィスから来る通信を制御します。

グローバルゲートウェイは、余計なポートをいっさい開放せずに、LANからWANへ出て行く通信をNATし、送り届けます。

これらのうち重要な機能は、NATを含むルーティング機能です。サービスのサーバーから外部APIを叩くことはもはやめずらしくなく、その処理が重要であることも少なくありません。そのため、VIPやOSPF（Open Shortest Path First）を用いて冗長化することは必須といえます。

そして、全ネットワークセグメント間において、最低限の通信のみを許可しつつ、サービスに必要な経路は柔軟に対応できるよう運用していきましょう。

VPN

すでに第2章においてOpenVPNやIPsecを使うVPNについて説明しましたが、オンプレミスにおいてはオフィスと直接接続できるようにする以外にもVPNの役割があります。

複数のオンプレミス環境、またはパブリッククラウドとオンプレミスの混合運用をする場合、いくつかのシステムは、重要な中央となる環境に置いたり、データを集約する場とする必要があります。

たとえば、バックアップデータは、サーバーが故障した時のことを考慮して、そのサーバー外のサーバーに置くのが基本です。その考えをさらに推し進めると、データセンター規模で通信不能に陥った時、そしてそれが数日単位の障害となると、サービスの提供ができずに、指を加えて待ち続けることになる可能性があります。

その可能性は限りなくゼロに近いですが、ゼロではないため、最悪の事態には最新・数時間分のデータをロストすることになるとしても、バックアップデータを用いて別のデータセンター環境でサービスを再開できるようにしておくことは、企業としてとるべきリスクヘッジのスタンスといえるでしょう。

ほかの例としては、DNSサーバーやLDAPサーバーなど企業全体で使うシステムは、VPN経由で直接マスターデータとなるサーバーでアクセスするのではなく、各環境へレプリケーションやミラーリングといった方法でデータをコピーして、それぞれの環境でそのセカンダリサーバーを利用することになります。マスターサーバーをどこに置くかは事情によりますが、コロコロ移転する可能性のあるパブリッククラウドよりは、オンプレミス環境に置くことになるでしょう。

こういったVPNの使い方において気をつけたいことは、重要なデータを通信しつつも、VPNが切れた場合に重大な事故とならないアーキテクチャにしておくことです。さきほどのDNSやLDAPでいえば、各環境へのデータのコピーが止まったとしても、各環境での動作には支障が出ません。これを直接アクセスにしてしまうと、VPN障害=大障害となってしまいます。当然、公開サービスもVPNに影響する処理を入れてはいけません。

それでも切断を許容できない部位となるのであれば、OSPFを用いて冗長化をする必要があります。ただ、冗長化はできても負荷分散は非常にしにくいところなので、通信内容には十分気を使って提供しましょう。

ハードウェア

ケーブル配線

みんな大好きケーブリングの時間でございます。スペースが限られた19インチラックにおけるケーブリングというものは、インフラエンジニアにとっての技術力の1つであり、プロの仕事は“芸術”と言っても過言ではありません。

ケーブルの種類はいろいろありますが、LC-LCケーブルといった光回線用、LANケーブル、電源ケーブルあたりが必ず使用されるケーブルでしょう。

このうち、光ファイバケーブルはほとんどの人が扱うことがありませんが、最も扱いに注意しなくてはいけません。理由はかんたんで、光の屈折で飛んでくるため、折ってはいけないのです。ラックの最上段に構えるであろうL3スイッチに接続する際は、余分な部分を丁寧に丸く束ねて、マウント用の板の上に置くなり、支柱横にかけるなり、VIP扱いしてあげましょう。

電源ケーブルとLANケーブルは数が多いため扱いが面倒くさくなりがちですが、面倒くさいものだからこそ、規則正しくケーブリングしないと、あとあと余計に面倒くさくなります。ケーブリング用パーツを使うなど手法はいろいろありますが、いくつかのポイントを守っていればそうそう汚くはなりません。「こうするべき」というよりは「これはやってはいけない」という考えのほうが強いです。

まず、ケーブル差込口から上下に垂らさず、真横に出すことが大切です。ナイアガラのように垂れていると、ほかのサーバーの出し入れやケーブリングに影響するためです。

次に、すべてのケーブルは支柱の外側を通します。内側に入ってしまうと、新しい筐体を設置できなくなる可能性があります。

そして最後に、こまめに結束バンドなどで束ねることが大切です。これにより空間が広くなり、見栄えもよくなります。

LANケーブルの管理は、これに加えて、2つのことをやるとメンテ性が抜群に上がります。1つは色分け。「リモートコントロール」「プライベート」「グローバル」などでオレンジ、白、青と分けると、視認性が段違いです。もう1つは、シール。TEPRAといったラベルライターを使って、「どのスイッチの何番ポートと、どのサーバーのネットワークポートと接続されているか」をLANケーブルの両コネクタ付近に貼っておくと、手で手繰って調べる必要がなくなります。

その他の工夫としては、以下のようにするとスッキリ配線にすることができます。

・細いLANケーブルを採用する
・ラッキング事情にあわせた長さのケーブルを用意する
・電源ケーブルのコネクタ部分をL字型にする

ただし、細いLANケーブルは伝送距離が短くなったり、細い電源ケーブルは電圧不足でサーバーがエラーを出すこともあるため、扱いに注意が必要です。

電源

ラックの電源は後部にあり、左右で電力の上限が独立しています。片方で20A、30Aと選べる場合がありますが、通常は30A×2で運用することになるでしょう。ただ、電源は少々お高いため、必要ないとわかっていれば、20Aにできるなら下げて借りたほうがいいです。

電源ケーブルを挿す部分は、電源タップで提供される場合と、「パワーダクト」というレール型で提供される場合があります。パワーダクトだとコネクタを数多くどこにでも取り付けられるため、非常に使い勝手がよくなります。

電源の使用量については、データセンター側からおそらく「30Aのうち、7～8割までの利用に抑えてください」と言われるはずです。現在の正確な使用量をユーザー側は知る術がないため、超えてから警告されるか、定期的に報告をもらうかになるでしょう。

ユーザーとしては、導入する筐体の電力がどのくらいかを理解したうえで導入していくことになります。電力はサーバースペックに必ず記載されていますが、積んだパーツの数や負荷の状況によって異なるので、絶対的な指標はありません。HDDやメモリは本数がそのまま電力になりますが、CPUは稼働率によってかなり異なります。よって、厳密には22～23時ごろのピークタイムに計測すると安心なのでしょうが、深夜に計測されるわけもなく、そういう意味もあって7～8割までとなっているのです。

もし、筐体の使用電力量を知りたいのであれば、オフィスなどで、電力測定器とそれを使える環境でサーバーを稼働させて、起動時／平常時／高負荷時に分けて計測してみてください。1Uの控えめのサーバーなら最大1A、大きめのサーバーなら2～3Aとなるでしょう。

そして、この計測をさらに困惑させる構成があります。冗長電源です。サーバーの冗長電源自体は故障時にホットプラグで交換可能な優れものなのですが、2本のうちどちらが何割の電力を供給しているのかが不明確なのです。私があるサーバーで調べた時は、8：2の割合で使用されており、ホットスワップの抜き差しによっても変動しました。こうなると、上限計算の意味がなくなるため、2本のケーブルを左右に振り分けず、片側に寄せるほうが正しいでしょう。その場合は、ラック電源の片系ダウンに対応できなくなりますが、左右に振り分けると片方がダウンしたらもう片方も容量オーバーとなるでしょうから、サーバーの冗長電源はラックの電源のためではまったくなく、単に電源パーツの故障対策のみを目的としていることが推測できます。

ネットワーク

ネットワーク機の選定やネットワーク構成は、経験からくる好みが分かれそうなところであり、ラック数によっても異なるところですが、ラック数10台以下程度を目安にした構成を考えてみましょう。

どのメーカーを選べばいいか

まず、ネットワーク機のメーカーについてですが、あまり経験のない状態だと、まず最も有名なCiscoの価格に驚愕し、ほかのメーカーを探すも、何が正着か絞り込めないのではないでしょうか。「どんな筐体も、100%トラブルなしに運用することはできない」と思ったほうがいいですが、よほどマイナーな製品に手を出さない限りは、3年～5年を100%に近い稼働率で動いてくれるくらい、案外壊れにくい部位でもあります。

高価であればサポートが強力であったり、機能や稼働率の高さが十分であるなどメリットは多いですが、よほど運が悪くない限りは、自分に必要な機能を満たしていて、生産数や稼働実績がそれなりにあるメーカーを選べば、安価な製品も十分選択肢となりえます。

また、少々グレーな話ですが、ハードウェアに限らず、IT業界の製品の価格は振れ幅が大きいです。新製品の実績づくり用人柱として値引きしてもらえたり、代理店経由で購入すると半額だったりと、真正面から購入することが知識不足／努力不足となるパターンが少なくありません。ネットワーク機もその1つなので、「自分で調べて、自分で直接買う」というのも大切な考え方ですが、「自分で予備知識を学んだうえで、複数の窓口で質問と相見積もりをする」というのが、初手としては正当です。そして中期的に、購入実績や稼働実績によって、窓口やメーカーを固定していくといいでしょう。

L3スイッチ／L2スイッチのポイント

さて、自分で構築する場合、購入する製品はL3スイッチとL2スイッチになります。

L3スイッチにはさまざまな機能が搭載されているでしょうが、必須機能は光回線の接続です。もし、自分で回線を引いた場合、必要な光ファイバーケーブルの種類についてしっかりおさえて購入しておきましょう。回線業者から、「シングルモード／マルチモード、1芯／2芯のLC-LCケーブルを使用してください」などと指定されるはずです。

L3スイッチでは、光回線と接続するために、SFP拡張スロットとSFPモジュールが必要になります。光ファイバー用のパーツはお高いので、まちがえないためにも、自信が少しでもなければ、回線業者とネットワーク機を購入する業者にしっかり確認をとりましょう。それ以外の機能としては、VLANは標準搭載していますし、SNMPなどでステータスを取得するなど管理機能があれば十分です。その他の細かい機能は、L3スイッチでいろいろやりたい人向けになります。

L2スイッチも、VLANと管理機能があれば十分です。重要なのは、台数とポート数です。ラック数はそのままL3スイッチに必要なポート数、L2スイッチの必要な台数になります。そして、ラック内のネットワークの種類と筐体数が、L2スイッチに必要な台数とポート数になります。

単純かつ十分な可用性をもつ構成としては、以下になるでしょう。

- 光回線を引くラックに、L3スイッチを冗長化含めて2台
- 全ラックに、L2スイッチを冗長化含めて最低2台ずつ

L2スイッチは、サーバーに必要なポート数次第ではもう1セット必要になります。

「L2スイッチからサーバーへも、1ネットワークのために2本ずつ引く」という手段もあるので、L3／L2／サーバーへとすべてたすきがけの冗長構成をとることが最大の可用性となります。あとは、ラックとサーバーの台数に応じてどれだけL2スイッチがカスケードされるかで、台数が決まっていきます。

column

現実的なネットワーク構成例

ここで、(専門のネットワークエンジニアではない) 私が経験してきた一部の泥臭い構成例を紹介するコーナーです。

まずメーカーですが、極貧時代は普通にデータセンターでもBuffaloの一般家庭用スイッチを利用してきましたし、その流れでBuffaloのビジネス用スイッチも長く使い続けてきました。ラック設計がヘタクソで、ラック内の熱量が凄まじかった環境でも、ほとんどの筐体が故障せずに稼働してくれた実績があります。

さすがに3年以上経つと一部のポートが接続不良になったりもしましたが、突然丸ごとぶっ壊れるということはなく、元が安いので、交換も予備機が1～2台あれば十分に回せていました。

ハーフサーバーを積み込みまくる設計の時には、50ポートのL2スイッチが欲しくて、FXCのL2スイッチ、そのついでにL3スイッチも利用したことがあります。ネットワーク機としては比較的安価で、かつ豊富な機能や性能であったため、中小企業として中規模以上のシステムを扱うにはうってつけでした。

代理店経由でかなり安く購入させていただき、最後まで期待したとおりの動作をしてくれました。その時のデータセンターからは移転したので撤去しましたが、50ポートのL2スイッチに至っては、現在も広くなったオフィスの中央プライベートスイッチとして活躍しています。

ネットワークの構築と運用をデータセンター側に任せる環境で

は、予算や必要な機能、運用者の知見などをふまえて、Juniperで構築してもらいました。

この構成では、最重要なL3スイッチを冗長構成にし、各ラックのL2スイッチは冗長化なしに単体で2台ずつ設置しました。ネットワークの種類とサーバーの台数の都合で、1台ではポート数が足りなかったためです。冗長化しなかった理由は、故障率の低さ、冗長構成にした際のリスク、費用削減といったことを総合的に判断した結果です。結果的には、L3／L2どちらも無事故で5年以上運営できています。

冗長構成をとらないというのは、一見滑稽かもしれません。しかし、いざ冗長構成で運用してみると、特に何も起きていないポートで不要なフェイルオーバーが発生したり、ポート数を倍消費したりと、デメリットもあるのです。そのため、スイッチ⇔サーバー間のたすきがけも、故障率や設定の観点から好きではなく、不採用としています。

ただこれは、「ラックの台数とサーバーの台数がこうで、運用イメージがこうで、設計に私が関わったからこうなった、これで十分だった」というものであって、ネットワーク設計として正か否かと問われればじつは否で、結果論で正なのかもしれません。

高価で最大の冗長構成をとることが無難な事情。
身の丈に合わない事情。
超安価な構成にすることがその時点ではベターな事情。
もう一歩堅牢にすべき事情。

いろいろな事情があります。大切なのは目的を達成することなので、企業としての状況とシステムに必要な要件を理解し、決定し、あとは人事を尽くして天命を待つ心境で無事を祈りましょう。

サーバースペック

エンジニアならば、パソコンの選定にこだわったり、パーツの性能を比較したことくらいあるでしょう。基本的なところの考え方は同じですが、データセンター用ではグラフィックボードが不要になったり、一般では使わないパーツを扱うようになるので、選定項目を追っていくとしましょう。

具体的なメーカー名については、私はこれまで5社ほどのサーバーの運用経験がありますが、ステマになってしまうので、感想は控えておくことにします。ぜひとも、相見積もりを取ったり、稼働率やサポートの評判を近辺のエンジニアから仕入れてみてください。

筐体

19インチラックに積むので、当然タワー型ではなくラックマウント型の筐体になります。小さいものは1Uハーフから、大きいものは6Uで重量が100kgの鉄塊まで、さまざまです。標準的なWebやDBのサーバーとして扱うならば、やはり1Uサーバーがバランスの良いスペックを搭載でき、かつラックに多く積載できる、ほどよい選択です。2U以上を選択するのは、HDDを多く積みたいか、ブレードサーバーの場合になるでしょう。大きければ性能を高くできますが、積むパーツ次第でもあるので、必要な機能／性能／価格を考慮して筐体を決めることになります。

特に大きさに影響するのが、HDDです。1UだとHDDは3.5インチで6本、2.5インチで8本積むことができます。最近だと、2.5インチでも十分な速度と容量を実現してくれていますし、高速ストレージとしてはSSDやNANDフラッシュメモリによって1Uで十分になった側面もあります。そのため、2Uや3Uを選択するとしたら、「HDDを10本以上搭載したストレージを作りたい」といった場面になるでしょう。

1Uハーフや、1Uに2筐体分を搭載したような変わった形状を扱う場合は、「排熱口が前面なのか、背面なのか？」「電源ユニットの構成はどうなっているのか？」といったことに注意する必要があります。ただ私の経験上は、奇抜な形状の筐体や、大きな超高スペックの製品を扱うよりも、ごく標準的なサーバーを数多く扱い、綺麗にスケールするアーキテクチャを心がけたほうが、長い目で見て安定的であり、またそれが技術的に地味に難しくもやりがいであると感じています。

ラックマウントレール

レールは筐体にあわせて購入することになります。種類としては、ネジで取り付けるタイプと爪型を引っかけるだけのタイプがありますが、少々高くとも、楽で安定する爪型のものを推奨します。

電源

電源は、搭載するパーツによって必要な物が変化するものの、サーバーを購入する際はたいてい少数の選択肢になっているので迷うことはありません。選択するとしたら、単発電源か、冗長電源にするかになります。

最も故障しやすいパーツはHDDで、それ以外はグッと故障率が下がりますが、そんな中でもそこそこ故障率が高いのが電源です。電源が壊れると当然、サーバーはダウンします。すると、書き込み中のデータが破損したり、さまざまなパーツが故障する可能性があります。

冗長電源にすることで、片方の電源が故障しても、もう片方の電源で問題なく継続稼働することができます。また、ホットプラグ対応ならば、稼働中のサーバー筐体から故障した電源をスコンと抜き、交換部材をガシャンと入れることで、元どおりに復旧することができます。

電源が2つになるので当然お値段は少々上がりますが、それでリスクを回避できるなら安いものなので、検討する価値は十二分にあるでしょう。

CPU

サーバー用途のCPUは、ほとんどがIntelのXeonになることでしょう。XeonについてはWikipedia※に非常に綺麗にまとまっていて楽しいため、ぜひとも参照していただきたいところです。

性能については要件や好みがあるので、ここでは私見となりますが、選択指標としては「時代に沿った十分な性能があり、かつお手頃な型番を狙う」ということです。

※ https://ja.wikipedia.org/wiki/Xeon

たとえば、「周波数は2.0GHz以上、4コア8スレッド以上」を最低基準とし、その旨をデータセンター業者やサーバー販売業者に伝えて、お手頃価格になりつつある型番を推してもらうのです。CPUは新しいほど性能が良いため、周波数の数値よりも世代のほうがパフォーマンスに影響してきます。よって、許容範囲の予算に収まりつつ、可能な限り最新のCPUを選択するのがベターです。

価格は、直接CPUだけを購入するのではないので、CPU単体で価格比較サイトをググった結果よりも当然高くなりますが、目安として利用することはできます。ググり価格で10万円を切ってきたCPUは、最新よりも1～3世代古くなってきたところとなり、狙い目となります。

比較項目にはターボブーストなどいろいろありますが、仮想環境として構築するのであればターボブーストは考慮しなくても大丈夫です。

1つ気を配るとすれば、熱設計電力（TDP = Thermal Design Power）です。大きいものは100Wを超えますが、少ないものは40～70Wと、けっこうな違いがあります。型番に「L」がついたものは低電力版を意味しており、ほぼ同性能であるのに消費電力が抑えられています。その分、少々お高いモノになっていますが、消費電力はラック全体を考慮した時に重要な要素となるため、多少高くとも低電力版を採用することをオススメします。

そして、最後にCPUの数についてですが、たいていのサーバーならばCPUを2つ積むことができるはずです。必要な性能によって変わってくるものではありますが、ラックの積載効率を考慮すると、1台に2CPU積むのがいいでしょう。また、積みたいメモリの数が多いと、2CPUが必須になります。

仮想環境が一般的ではない時代だと、ムダに高いスペックは作らず、必要最低限に留めていましたが、仮想化ができると1台の中で複数のOSにリソースを分配できるので、そういった心配はなくなりました。

あまりリソースに無頓着になると「富豪的プログラミング※」と言われそうですが、どれだけ節約プログラミングができようとも、リソースがない袖

※富豪的プログラミングとは、CPUやメモリやストレージといったリソースの節約に時間をかけて効率的なプログラムを作るよりも、早く目的を達成したり、フレームワークなどでメンテナンス性の高さを重視することです。ハードウェアが貧相な時代から性能豊かな時代に移り変わったことによる考え方の変化を表しています。

は振れなくなってしまいます。予算が許す限りの高スペック・高集積率にしつつ、リソースを意識できるエンジニア集団となっていくべきでしょう。

メモリ

搭載できるメモリ数は、マザーボードとCPU数によって決まります。たとえば、1CPUあたり6メモリソケットあるとするならば、メモリ1枚8GBとすると48GBまで積むことができます。これよりメモリを増やしたいならば、16GBのメモリにするか、2CPUにして12枚まで搭載できるようにするかになります。

メモリの種類はいろいろありますが、サーバーを購入する場合はたいてい選択肢が少なく決まっているので、それほどくわしく調べる必要はありません。

メモリの容量については、まず必要な総量を想定します。16、32、48、64、96、128、256、512GBの中から選ぶことになるでしょう。この選択は、以下によって変わってきます。

- サーバーを1台1OSで丸々使うのか？
- 仮想環境の親サーバーとなるのか？
- Webサーバーなのか、DBサーバーなのか？

もし、仮想化する想定で、1台あたり4インスタンス平均とし、1インスタンスあたり16GB平均とするならば、96 or 128GBぐらいが調度いいでしょう。

1枚あたりの容量は、今なら4、8、16、32GBのどれかになります。最大容量のメモリは少々コスパが悪くなるので、時代にあわせて1～2つ分、少ない容量のモノをチョイスすると、それなりの大容量かつ安価に済みます。とはいえ、今は32GBすらもそこそこのお値段になってきているので、256、512GBと積むのも非現実的ではありません。

そのため、いったん128GBにして16GB×8枚というのは無難ですが、増設を考慮して32GB×4枚にしておき、ムダが発生する入れ替えではなく、追加で済む形にしておくのも、1つの運用のコツとなります。

HDD

ストレージ事情は選択肢がほぼHDDのみだった時代から変わり、SSDやNAND型フラッシュメモリも一般的になりつつあります。それでも、標準搭載するのはまだHDDが大半であることに変わりはありません。

HDDの規格には、SATA（Serial ATA）とSAS（Serial Attached SCSI）の2種類あります。SATAは容量単価が安いので、大容量が欲しい時に選択します。SASは大容量の製品がありませんが、SATAの2～3倍の速度が欲しい時に選択します。

SATAならば1本あたり1～6TBの7,200rpm、SASならば146～600GBの15,000rpmを選ぶことになるでしょう。ディスクの読み書きが少ないWebサーバーならSATAで十分ですし、大容量のバックアップサーバーを作りたいならSATAでなくては実現できません。ディスクアクセスが頻繁にあるデータベースなどは、SATAでは心もとないので、SASにすることになります。

SSD

SSD（Solid State Drive）は、「OSをインストールするドライブ」という意味ではHDDの代替品として選択できる、高速なストレージです。

SSDは、HDDに比べて容量単価が高く、書き込み回数の限度がHDDよりも少ないということで、出始めはあまり導入されませんでした。しかし、書き込み制限の向上、価格の低下、最大容量の向上、そして物理的に故障しづらいといった理由から、採用されるようになってきました。実際、一般用のノートパソコンでも標準的な選択肢になっていますし、使ってみると非常に高速なことが体感できます。

少々お高いという問題はありますが、HDDと比較すると、HDDは結局のところ複数本をRAIDで組むことになるので、その合計費用とそれほど差がつかないという場合もあります。容量は、TBクラスは現実的な選択肢となるまでまだ時間がかかりそうなので、2～300GB程度までの利用に確実に抑えられるもの、かつ高速なアクセスが必要ならば、十分選択肢となりえるでしょう。

RAID

ストレージを扱ううえで、RAID（Redundant Arrays of Inexpensive Disks）は必須の知識です。RAIDとは、複数本のディスクを組み合わせて、1つのストレージと認識して利用するための技術です。まずはその組み合わせにどのようなものがあるかを見ていきましょう。

HDDが1本だと、何もできません。壊れたら、データもOSも死んで終わりです。

HDDが2本になると、2つの選択肢が出てきます。

1つは、データを2本に分けて保存することで、実効容量はHDD2本分として利用でき、かつ読み書きの速度も2倍にする、「RAID0（ストライピング）」です。RAID0は、HDD2本と言わず、3本でも10本でも構成でき、性能もインターフェースの限界がこない限りはほぼそのままスケールしていきます。ただし、1つのHDDが故障しただけですべてのデータが使用不可になってしまうため、本数を増やすほどにリスクが高くなる代物です。

もう1つは、データを複製して同じデータを2本に保存し、片方のディスクが壊れてもデータを失わずに使用し続けることができるようにする、RAID1（ミラーリング）です。実効容量はHDD1本分となり、速度も1本とほぼ同じになりますが、2本以上が同時期に壊れる —— つまり、1本目が壊れて交換するまでにさらに壊れる —— 可能性は低いため、2本でのミラーリングが基本となります。2本より多くのHDDで構成することもできます。

3本以上となると、有効な構成がさらに2つ出てきます。

3つめは、ストライピングのようにデータを分散して保存し、さらに故障対策として「パリティ」という冗長コードを作成して、それも分散して保存する、RAID5です。パリティの保存にはHDD1台分の容量を必要とするので、台数－1の分が実効容量となります。そして、1台故障した場合は、パリティを用いてデータが復元されますが、2台以上壊れると復元できなくなります。速度としては、読み込みは並列読み出しによって少し速くなりますが、書き込みはパリティ生成などのオーバーヘッドのためにあまり速くありません。よって、「RAID1よりは実効容量の効率が高く、読み込みが少し速い」というメリットになります。

なお、RAID5にパリティ用HDDを1台増やすとRAID6となり、2台まで壊れてもデータを保つことができます。しかし、これは速度が劣化し、RAID5＋ホットスペアでも対応できることから、使われることはあまりありません。また、2台が同時期に壊れる可能性が低いことと、2台壊れるまで放置する運用は運用に問題があるということなので、不要と判断するのが普通でしょう。

4つめは、ミラーリングしたグループをストライピングする、RAID10です。たとえば、HDDが8本あるとすると、以下のように構成されます。

【ミラー1】	【ミラー2】	【ミラー3】	【ミラー4】
HDD1・HDD2	HDD3・HDD4	HDD5・HDD6	HDD7・HDD8

※4ミラーでストライピング

HDD1・HDD2にはミラーリングにより同じデータが入っており、ミラー1～4の4つにストライピングされることになります。これにより、それぞれのミラーリングの片方が故障してもデータが壊れることはなくなります。つまり、最大でHDD2、4、6、8といった4台まで故障しても大丈夫になります。最小だと、1つのミラーリングが失われるとストライピングとして破壊されるため、HDD3・HDD4のような同ミラーの2台が壊れるとデータは失われることになります。

RAID10の良いところは、ミラーリングの頑丈さを持ちつつ、ストライピングの性能向上を得られることです。この8本の例では、実効容量こそHDD4本分になりますが、速度はHDD4本分にスケールされます。最近の1Uサーバーは3.5インチならば6本、2.5インチならば8本のHDDを搭載できるので、どちらにしてもRAID10で組むのが最適となるでしょう。

RAID10を組む際に注意したい点が、RAID01の存在です。RAID01はストライピンググループをミラーリングするので、速さこそ同じものの、耐久度がまったく異なります。

【ストライピング1】	【ストライピング2】
HDD1・HDD2・HDD3・HDD4	HDD5・HDD6・HDD7・HDD8

※2ストライピングをミラーリング

この構成だと、1本壊れると片方のストライピングが使えなくなり、残りのストライピンググループで稼働中にもう1本壊れるとそれで終わるので、最大4本まで耐えられるRAID10と違って2本までとなり、段違いです。RAIDの設定画面でもしRAID01を見かけても、迷わずスルーするようにしましょう。

これらをふまえて、SSDの場合についてですが、物理的構造が理由で故障しやすいHDDと違って、SSDには回転盤やヘッドがないため、故障率は格段に低くなっています。書き込み回数の限界については、故障ではなく性能の話なので別の問題となります。そのため、SSDでRAIDを組む時は、「ミラーリングをする必要がない」というポリシーの下に、RAID0で組むことが多いです。「壊れないのだから、実効容量をフルに使い、速度を倍々にしてしまえ」というわけです。

HDDのRAID10にお世話になり続けると、RAID0は少々怖い感覚を覚えますが、SSDなら十分RAID0を採用できますし、仮に壊れても、サーバー単位で冗長化構成がとれていれば深刻な問題となることはありません。壊れないパーツなど存在しないので、必ず厚く対策を立てたアーキテクチャを心がけましょう。

最後に、RAIDを何で実現するかのお話になります。

1つめの方法は、RAIDカードをマザーボードに組み込み、HDD／SSDをRAIDカードにつなげることで実現する「ハードウェアRAID」です。こうすると、起動時にRAIDカードの管理画面に遷移して、物理HDDの数を確認したり、RAIDを設定して仮想HDDとしてOSに認識させることができます。

通常は、HDDが8本あればすべてを使って1つのRAID10ストレージとして組み、OSから見て1つのHDDとして認識させます。しかし、RAIDの設定上はいくつもRAIDを組めるので、「4本のRAID0」「4本のRAID6」と2つ作成して、OSに2つのHDDと認識させることもできます。極端に言えば、8本別々に認識したい場合は8個のRAID0を作成することになりますが、そうなるとRAIDカードを通すことが経路上ムダであり、RAIDカードという故障の可能性となるパーツが邪魔なだけなので、取り外すことが賢明です。

もう1つの方法は、RAIDカード不要で、OS上で認識した複数のHDD／SSDデバイスを使い、mdadmというツールを使ってRAIDを組む「ソフトウェアRAID」です。もちろん、RAID0／1／5／10と選択することができます。

ハードウェアRAIDだと普通のHDDとしてOSが認識するので/dev/sdaなどで使いますが、ソフトウェアRAIDは/dev/sdb、/dev/sdcなどの2つを使って新しく/dev/md0にデバイスが追加されます。パーティションを切っていれば、/dev/md0、/dev/md1……となります。

ソフトウェアRAIDもRAIDとしては問題なく動いてくれますが、以下のようなデメリットもあります。

- OS上でその処理のためのCPUリソースを使う
- ミラーリングの場合、2台目にマスターブートレコード（MBR）がないために、故障時に手動でMBRを作成してから起動ディスクとして使う必要がある

そのため、データセンターで長期稼働するようなサーバーでは、ケチらずにRAIDカードを搭載するほうがいいでしょう。

NANDフラッシュメモリ

SSDの次にストレージ業界に登場したのが、PCIeカード型のNANDフラッシュメモリです。有名どころはFusion-io社のioDriveで、2014年にSanDisk社に買収されましたが、特に変わらず利用し続けられています。ほかには、HuaweiのTecalシリーズ、ViridentのFlashMAXといった製品があります。

HDD／SSDと違って、PCI Expressスロットを利用するため、OSをインストールするディスクとは別に、単体のデータ用パーティションとして利用することになります。

NANDフラッシュメモリの利点は、高速なアクセスです。ディスクの性

能はIOPS（Input Output Per Second）を1つの指標とします。7,200rpmのSATA1本では100〜150IOPS、15,000rpmのSAS8本で組んだRAID10で1,000〜2,000IOPS、SSD1本で10,000〜100,000IOPSという中、PCIeカードのNANDフラッシュは100,000〜500,000IOPSと格別な性能を持っています。

また、I/Oの回数だけではなく、OSとストレージをデータが往復する時間、アクセスレイテンシも桁が変わっています。HDDでは、その物理的構造上、ミリ秒（10E-3）かかりますが、NANDフラッシュだとマイクロ秒（10E-6）となっています。メモリがナノ秒（10E-9）なので、「HDDよりかなり速く、メモリよりちょっと遅い」というイメージでしょうか。レイテンシが小さくなるということは、ディスクI/O waitの待ち時間が常時激減するということであり、ムダな待機時間なしにCPU処理ができることになります。

書き込みの寿命については、SSDでも工夫され続けているように、普通に使い続ける分には数十年保つように設計されています。

このような性能なのに、容量は数百GBから十数TBまで存在します。1枚あたり100万円以上しますが、性能と容量単価でみるとむしろ安いですし、そもそもディスクI/Oという長年のボトルネックを解消できるのですからたまりません。

このような高性能なストレージを何に適用するかは事例がさまざまですが、私の場合はMySQLのデータベース用途としており、Fusion-io ioDriveの愛好家となっています。HDD RAIDだとどうしても更新クエリのQPS（Queries Per Second）に限界がきてサービスのレスポンス品質が劣化してしまいますが、それをioDriveにすることで、一気にボトルネックを解消したというわけです。

MySQLの場合は、サービスが盛り上がると4,000〜8,000IOPSほどの性能が必要になります。しかし、MySQLはどれだけ負荷をかけても30,000IOPSを超えることはまずないため、言ってしまえばioDriveはオーバースペックとも考えられます。それでもioDriveを採用し続けている理由は、以下のとおりです。

- 採用した当時としてはベストな選択肢であり、それしか選択がないといってもいい時代であった
- SSD／NANDフラッシュメモリを含め、ほかの製品が多く出てきた今でも、ioDriveの実績と進化によって変えるほどの理由が出てこない

もちろん、高性能ストレージを必要とした時に、たとえば10,000IOPSで十分であり、より安価な製品を検証した時に要件を満たしていれば、ioDrive以外のNANDフラッシュメモリやSSDを採用することもあるでしょう。

重要なことは、「解決できぬなら、導《い》入れてしまえ、NANDフラッシュ」というノリではなく、サービスに必要な性能要件をまとめ、製品の特徴を理解し、できれば試験してから決定するということです。

しかし、それだけしっかりやっても、すべてが解決するわけではなく、新たな問題も浮上してきます。長年のボトルネックだったディスクI/Oが解決すると、次のボトルネックはCPUだけではなく、ソフトウェアまわりの未経験の出来事が見えてくることでしょう。また、NANDフラッシュメモリがいかに丈夫にできていても、OSやファイルシステムとの相性によって障害が起きる可能性もそれなりにあります。アプリケーション側としても、ストレージ性能の向上によって富豪的プログラミングというか堕落プログラミングになるかもしれません。

ディスクI/Oの問題が解消するのは劇的でうれしい変化ではありますが、それだけ高負荷なサービスを捌いているでしょうから、油断することなく新たな問題を検知し、丁寧に解決していきましょう。

column

ラッキングの思ひで

今でこそ、ほとんど物理作業をしない運用に移行しましたが、昔は大量のサーバーをラックマウントしたり、解体したりしていました。そんな時代の、あまり褒められたものではない思ひでを紹介し

ていきましょう。

Hail 2 U

データセンターの作業は、独りの時もあれば、2人以上の時もあります。大量のサーバーを扱ったり移動する時は、2人以上のほうが効率が良いどころか、最低2人じゃないと困難な作業もあるので、作業によって人数を調整するのは当然のことです。

ある日、1台のサーバーのラック配置を変更する作業をしにデータセンターに行きました。「1台なら」と1人で現地に到着し、ラックの扉を開けて、ゴクリと生唾を飲みました。

なんと、対象サーバーは2Uサーバーで、高さが38Uの配置にあるではありませんか。重量にして28kg、高さは男が両手をピンと挙げてちょうど届くくらいの配置です。

2Uサーバーのラックマウントレールは、単に押しこむ形状ではなく、レールを引き出して上に持ち上げて外す形状なので、高所からさらに持ち上げるのは至難であるのです。……それにしても、なにゆえ前任者はこのような重量級のサーバーを高所に取り付けたのか……そして、ラック実装図にたまたま記載漏れしていたのがコレなのか……言っても始まりません。

私は「普通に立って外すことは無理だ」と判断し、脚立を持ってきて、取り外す作業に入りました。今思えば、日を改めるべきでしたが、サーバーの底に頭をつけ、手探りでレールとサーバーのロックを解除し、渾身のパワーと慎重さで持ち上げ、ゆっくりと下ろすことに成功しました。

正直なところ、落としたらサーバーは壊れるわ、おそらく床が凹んでデータセンターに怒られるわで、大変なことになっていたでしょう。皆さんは決して、重量級サーバーを上に配置してはいけません。そして、必ず2人以上で作業をしましょう。

ぐにゃあっ……

前述のとおり、サーバーとは非常に重いものです。搭載パーツにもよりますが、1Uハーフは10kgに満たないものの、1Uでも15kg近くになる場合があります。

そんなサーバーを物理的に支えてくれるのが、ラックマウントレールと、形状によってはネジとナットです。爪で引っかけるレールだと楽なのですが、ネジを使うタイプは支柱に真っ直ぐ、幅もちょうどよく取り付けるのは意外と難しいものです。

微妙に真っ直ぐではない状態のレールと、サーバーの挿入時にカチリと左右で音がするまで安心できない構造上、経験が浅いとちゃんと入ったか判断できないことがあります。悲しいかな、片方のレールには入ったけど、もう片方はミスっていた時に手を離すと……

「ガシャン！」

と大きな音を立てて斜めにぶら下がるように落ち、それを慌てて支えて筋肉を痛める —— というのが現実にありました。支えたため、サーバーに損傷はなかったものの、レールはそれほど丈夫な材質でできてはいないので、ぐにゃあっと曲がってしまいました。

その時は、余分なレールがあったから作業に影響はなかったものの、最小パーツでASAPなタスクだったら、それこそ視界がぐにゃあっとなったことでしょう。

昨今のインフラエンジニアはクラウドで済ませるパターンも多いでしょうが、皆が皆、こういった物理的苦労を味わえばいいと常々思っています。

ナイアガラの滝

後のことを考えず、超適当に配線していると、一番上のスイッチから一番下のサーバーまで、ラック背面をナイアガラの滝のようにケーブルが垂れ落ちている状態になったりします。

そんな他人が遺したラックを担当した際、少しずつ少しずつ配線を改善し、少なくともラック縦断をするケーブルを排除したことがあります。

え？　どうやって配線を変更していったかって？

それはもちろん、サービスから外した状態で配線を変えたり、サービスがメンテナンスに入ってから変更したりと、サービスに影響が出ないようごく真面目に取り組んでみたり、時にはTCPの再送機構を信じて、手動で1～2秒間内にカチッカチッとケーブルを差し替える場合もありました（良い子のみんなは　以下略）。

ケーブリングは、1箇所でもサボるとズルズル悪化していきます。1つ1つの作業において、綺麗なルールに従うことをサボらず、継続するように心がけましょう。

リモートコントロールで保守する方法

データセンターにサーバーを設置した後、構築から運用に入るわけですが、ハードウェアが故障したり、ソフトウェアの設定に失敗したり、はたまた高負荷でフリーズするなど、事故は必ず発生します。その際に、いちいち現場に赴いて障害対応をしていては、時間も体力も保ちません。

そのため、オフィスなどのリモートからサーバーを保守することが基本となります。今の時代でこそ、安定してリモートからあらゆる作業を行えるようになりましたが、少し昔からサーバーの保守方法にはどのようなものがあるのかを振り返ってみましょう。

コンソール

これはリモートではありませんが、最も基本となる手法なので列挙しておきます。サーバーにはVGA端子がついているので、データセンターに借してもらうか、サーバールーム備え付けのモニタ＆キーボードで接続して直接システムを操作します。

昔はモニター＆キーボードをラックマウントし、かつ切替器を設置して、かんたんに全サーバーを現地で操作できるようにしているところもありました。しかし、今ではリモートコントロールの機能によってそれが不要になり、直接接続する機会はほぼない、ないべきであるという考え方と運用になってきています。

とはいえ、最終手段として直接コンソール接続できるようにしておく必要はあるので、それぞれのデータセンターにおける利用手順は確立して共有しておくべきです。

SSH

最も身近な運用ツールがSSHですが、高負荷でログインできなかったり、メモリの使いすぎによってOOM Killerにプロセスを殺されたり※、ファイヤーウォールの設定をミスってログインできなくなったりと、それなりに事故る可能性を含んでいます。そのため、SSHは日常的に使うものの、緊急時には頼らなくてもオペレーションできるように、それ以外のリモートコントロール手段も用意しておくのが基本となります。

SSHとして最低限注意しておくべきところはいくつかあります。

- rootユーザーでのログインを禁止
- パスワードでのログインを禁止
- 公開鍵／秘密鍵でのログインを必須
- 鍵のbit長は2048以上

さらに意識を高くしたり、組織のルールによっては、以下の工夫が考えられます。

- SSH鍵の署名方式を変えたり、よりbit長を多くしたりする
- ポート番号を変える
- 経路を限定する

※最近のディストリビューションでは、sshdは最初からOOM Killerの対象外になっています。対象外にするには「oom_adj」でググってください。

・サーバーごとにログインユーザーとグループを制限する

サーバーへのログインは、セキュリティで最も注意すべきことの1つです。ほかのミドルウェアの脆弱性へのゼロデイ攻撃で破られたならまだしも、「SSHがガラ空きでやられた」など、インフラエンジニアとしては万死に値します。どのように運用するかはインフラエンジニアが考えることになる場合が多いでしょうが、しっかりと考えて決め、その内容を組織に共有して浸透させるまでが、重要なお仕事となります。

シリアルコンソール

シリアルコンソールは今や馴染みがないかもしれませんが、サーバーのシリアルポートを利用してコンソールを操作する方法です。シリアルコンソールスイッチには、管理用アドレスを割り当てるLANポートと、サーバー群と接続するためのLANポートがあり、サーバーとはLANケーブルと製品専用のコネクタを使ってシリアルポートに接続しておきます。

そして、サーバーのOSではシリアルポート（ttyS0など）を利用できるよう、デバイスファイルを作成したり、BIOSなどのブートオプションを追加しておく必要があります。

それができれば、リモートから管理用ポートにIPアドレスでログインし、シリアルコンソール機のシェルから筐体のLANポートに対応したlocalhostのポート番号にtelnetすることで、サーバーのコンソール画面を表示し、操作できるようになります。

専用の筐体、シリアル接続用のLANケーブルとコネクタ、OSの設定など、煩わしいこともありますが、SSH以外のリモートコントロール手段としては十分に役目を果たしてくれるものでした。ただ、これはコンソールを操作できるだけで電源操作はできないため、やはり現在主流のリモート管理用インターフェースのほうが格段に便利であるといえます。

IPMI

IPMI（Intelligent Platform Management Interface）は、リモートからサーバーを管理するためのインターフェースです。具体的には、サーバーのeth0、eth1などに使うためのネットワークインターフェースのように、別途IPMI用のLANポートがマザーボードについており、そこにLANケーブルとスイッチで接続し、IPアドレスで通信して管理します。

IPアドレスは、サーバー起動時にF12などでIPMI設定画面に遷移し、アドレス情報とアカウント情報を入力することで有効になります。モノによってはPingは受け付けていないので、注意が必要です。

そのIPアドレスに通信できるほかのサーバーから、ipmitoolというコマンドを用いて管理をします。メインの機能はサーバーの電源のON／OFFですが、CPU温度などの筐体の情報を得ることもできます。

これが使えることで何がうれしいかというと、たとえば「SSHで接続できない」「コンソールも固まってどうしようもない」という時に、現地で筐体の電源ボタンを長押しすることなく、リモートからOFF～ONができるのです。

IPMI自体は、LANケーブルと電源ケーブルが接続されていれば有効になるので、OSに依存せず常に動作させることができる最終兵器となります。一時期は、SSHとシリアルコンソールに加えて利用することで、隙を生じぬ三段構えで運用でき、お世話になっていました。ただ、次に紹介する管理ツールによって、現在は不要になっていきました。

IMM／iDRAC／iLO

現在、リモート管理として標準搭載となっているのが、管理画面によるリモート操作です。有名どころのベンダーでいえば、IBMのIMM（Integrated Management Module）、Dellの iDRAC（integrated Dell Remote Access Controller）、HPのiLO（Integrated Lights-Out）、といったところです。最近はほかのメーカーのサーバーも標準搭載しており、今や必須のオプションといえるでしょう。

利用するには、IPMIと同じように、管理ポートにIPアドレスとアカウントを設定し、それからブラウザでHTTPアクセスすることになります。

機能はモノによって異なりますが、大きなところでは電源のON／OFF、そしてコンソール操作。さらに、インストールイメージなどのマウント&ブートがとても役に立ちます。ほかにも、CPU温度などのステータスを表示したり、ハードウェアの警告をアラートメールで飛ばしたりと、さまざまな機能を備えています。コンソールやマウント機能はJavaで動作するので、クライアントPCにインストールしなくてはいけませんが、それだけですべての管理ができるようになるのです。

これによって、たとえばデータセンターにサーバーを新規に増設する際に、通常ならばラッキングしてOSを起動してSSH接続できるところまでを最初の作業としていたところ、ケーブリングと管理ポートのIPアドレスの設定だけしてしまい、後は帰ってオフィスからゆっくり作業すればいい、ということになります。

サーバーが大量にある場合はOSのインストールは工夫するでしょうが、少数ならばOSを手作業でインストールすることもあります。管理ツールでOSの.isoイメージをマウントし、それを使ってブートすると、リモートコンソールでインストール作業をすることができます。そして、SSHで接続できるところまでやれば、コンソールを離れてSSH経由で作業するとより楽になるわけです。SSH接続ができない障害の時は、まずコンソールを表示してみて、そこで復旧できるなら復旧し、ダメそうなら管理ツールで電源のOFF／ONをするというわけです。ここまでできると、最初のラッキング以降はいっさい現地に行かずに済むため、インフラエンジニアとしてはホックホクの幸せ環境といえます。

現地オペレータ

唯一、現地作業が必要なのは、HDDなどのハードウェアパーツの故障や、メモリの増設といった物理作業です。サーバーを完全に自社で管理している場合は、都度データセンターに赴いて作業をする必要がありますが、サーバー契約がリースなどならば、所有者であるデータセンター事業者が代わりに作業してくれることになります。

また、サーバーの契約がリースでなく自前だとしても、データセンター事業者に一部のオペレーションを依頼する契約があります。事前に何がどこにあるかという情報を共有し、有事の際にはWeb申請や電話で連絡し、オフィスへのコールバック確認をもって、現地オペレーターが指定の作業を行ってくれるというものです。

データセンターを借りている側からすると、「データセンターへ行く必要がある運用なのか、ほぼ行く必要のない運用なのか？」で、抱え込むべきインフラエンジニアの人数や技術が変わってきます。大雑把に言うと、ネットワークやハードウェアまで頻繁に触るエンジニアなのか、ミドルウェア中心に作業するエンジニアなのかの違いになります。

どちらが良いということはなく、人材、資金、時間といった面と、組織におけるエンジニアのポリシーや方向性で決まることになるでしょう。私の例でいうと、前半5～6年は現地で作業する運用でしたが、後半5～6年はほぼリモートのみで完結できる運用に移行していきました。正直な感想としては、たびたびデータセンターに行く機会があるよりも、オフィスでの作業に集中できるほうが圧倒的に良い運用だと思っています。しかし、データセンターの現地運用の経験も、とても重要なものであったと感じています。

どちらに寄せるにせよ、「できるだけ効率的に運用する」という点は変わりません。明確な意志で運用ポリシーを決めたうえで、効率化を図っていきたいものです。

column

障害対応の思ひで

データセンター内は、言うまでもなく寒いです。数十分程度の出入りならばTシャツでも大丈夫ですが、数時間入り浸りになると、上着は必須のアイテムとなります。また、ラッキング／ケーブリングを多く行うならば、軍手も欲しいところです。埃やケーブルに触れ続けると手が荒れてしまい、後日のタイピング速度に影響が出るからです。さらに、筐体を落とした時に大怪我しないように、サンダルではなく靴で行くのが基本です。

そんな厳しい環境のデータセンターには、できるだけ馳せ参じたくないものですが、リモートコントロールの環境が整っていない時代、かつサービスの安定化が進んでいなかったころ、たびたびデータセンターに行きましたし、それが休日や深夜であることも少なくありませんでした。

ある障害対応の時には、同僚と2人で昼から緊急対応でデータセンターに入り、当時は未熟なりに死に物狂いで復旧を試みていました。しかし、かなり厳しい状況であり、そのまま夕方、夜へと突入し、目処が立たないまま日が変わってしまいました。

食事は交代でコンビニで済ませたものの、今度は睡魔との闘いが始まりました。1人に限界がきた時、どうしたかというと、壁際のちょっとした段差で横になって寝入ってしまいました。この低温の中でそのまま目覚めない可能性……などまったく考えず、もう1人は一心不乱に調査し続けました。

無事に睡眠から覚めたころ……まだ全然問題が解決していませんでした。そして、交代で睡眠へ。

この交代が2往復したころ、朝の5時を過ぎ、超々妥協案で折れて応急手当し、後日の対応で解決した —— そんな非常に苦い経験があります。

この経験はまちがいなく糧となっていますが、こんな出来事がないようにすべきですし、そのための仕組みも十分にそろっている現在はとても幸せだと思います。今となっては誇りであり、笑い話でもありますが、これからの新しいインフラエンジニアはこういった経験を積む機会はおそらくなく、「どういった面で血反吐を吐いて1人前になっていくのだろうか？」と育成面で気になる昨今でございます。

4-7 オンプレミス環境を支えるソフトウェア

仮想環境

仮想化する理由

一時期はバズワードのように「仮想化、仮想化」と言われていましたが、今では当然のように扱われるようになってきました。これは何も、パブリッククラウドの最大のメリットである「ハードウェアを管理せずに、いつでもインスタンスを作成できる」ことが理由ではありません。プライベートクラウドとして仮想環境を運用すると、よりさまざまなメリットを感じることができるためです。

第2章でも仮想化のさまざまなメリットを説明してきましたが、ここでは自前でデータセンターを運用することによるメリットである「より安価な費用」「技術的介入度」といった側面を選んだという前提で話を進めます。

リソースの効率

さて、ここまででサーバーの物理筐体の準備が整ったとします。最近ではさまざまなミドルウェアを扱いますし、台数も数十台・数百台と大規模になることはめずらしくありません。そうなると、1つのシステムのために1筐体を用意するのは厳しいことが想像できます。たとえば、ほとんど負荷のないシステムのために、1Uサーバーを専有させることは非効率ではないでしょうか。システムごとに最適化したスペックのサーバーを購入したとしても、1Uという空間はそれなりに高価ですし、そもそも「数百台のうちの1台1台を別々のスペックにする」などという運用イメージは湧かないのではないでしょうか。

一定以上の規模になると、サーバーの仕入れは数十台以上をまとめてすることが現実的です。一部を特別な高スペックにすることはあっても、大半は同一スペックにすることになるでしょう。

その同一スペックのサーバーは、それなりに高性能なCPU、メモリ量、ストレージ性能を持っており、どのような用途にも使えるとします。それを1OS1台で割り当てた時、Web／APサーバーならば高CPUリソース／中メモリ量／低ディスクIOPSとなるとすると、ディスクリソースがもったいないことになります。DBサーバーにすると、中CPUリソース／高メモリ量／高ディスクIOPSと、まんべんなく利用できるでしょう。KVSサーバーにすると、低CPU／中メモリ／低ディスクIOPSとなり、かなりリソースが余ることになるでしょう。これがネットワーク系のゲートウェイやVPN、LVSとなると、より余ることになります。つまり、1OS1筐体で使うとなると、どこかしらにもったいないリソースが発生し、仮に物理的にスペックを調整したとしても、たいして働かないのにラックの空間だけ専有するような非効率が発生することになるのです。

この問題を、仮想化によって解決することができます。仮にサーバー1台の性能が、CPU：100／メモリ：100／ディスク：100であるとします。このサーバーに、仮想化インスタンスとしてWeb／DB／KVSの3OSを立ち上げ、以下のようにリソースを振り分けるとどうでしょうか。

- Web → CPU：50／メモリ：20／ディスク：10
- DB → CPU：40／メモリ：50／ディスク：80
- KVS → CPU：10／メモリ：30／ディスク：10

ここではホストOSのためのリソースを無視していますが、この1筐体3OSで遊びリソースなしに運用できるのではないでしょうか。

もし、リソース不足になるシステムが出てきたならば、割当の比率を変えるなり、1台丸々専有させるなりで、対応することができます。

リスクの分散

仮想化以外に、物理サーバーを効率的に使う方法が1つあります。システムの共存です。さきほどはWeb／DB／KVSを3インスタンスに分けてみましたが、じつは分けずに1OSの中で3つのシステムを共存して動作させればいいだけなのです。

ただ、管理するOSが1つになり、リソースもまんべんなく使えるというメリットはありますが、この化石構成はデメリットのほうが大きいです。1つのシステムに悪影響が出た時、ほかのシステムにも影響するからです。

- 1システムがCPUリソースを使い切った
- メモリを使いすぎて、OOM Killerが発動した
- OSがハングした
- ディスクを使いすぎて、書き込みが遅くなった

など、なんでも考えられます。Webならまだしも、DBという重要システムが共倒れになるとサービスも倒れるので、とても許容できるリスクではありません。

また、リソースの監視という点では、可視化が困難になります。OSは起動しただけなら起動完了後はCPUもディスクはほとんど使いませんし、メモリもカーネルモードのプロセスが少々いるだけで微々たるものです。そのため、それなりに動作するシステムを稼働させると、そのOS上で観測されるリソースは、ほぼそのシステムが使っていることになります。しかし、複数のシステムを稼働させると、「どのシステムが、何％CPUを使っているか？」「どのくらいのディスクIOPSを、どのタイミングで発生させているのか？」は判別しづらくなります。

こういった理由から、「1OSにつき1システム」という構成が安定的であるとわかります。管理するOS数が増えるというデメリットはありますが、システムが停止するリスクに比べたら可愛い物でございます。

イメージの管理

インスタンスの状態を保存する機能はパブリッククラウドでもお馴染みですが、実際にプライベートクラウドを扱ってみると、OSイメージや追加ディスクといったものは、親OSで見るとただの1ファイルであることがわ

かります。1つの大きなファイルが、インスタンスにおいて1つのデバイス／パーティションとして認識されているのです。

ということは、そのイメージファイルを別の筐体にコピーして、そのルートイメージのファイルを使ってインスタンスを起動すると、そっくり同じ状態のOSが起動できるということです。OSをいちいち.isoからHDDにインストールしていた時代と比べると、はるかに作業効率が上がった点の1つといえるでしょう。

この仕組みは、Linuxにおいてはそう難しい話ではありません。たとえば、ddコマンドで適当な大きさの空ファイルを作成したとします。そして、普段/dev/sdbなどに行うファイルシステムのフォーマットをそのファイルに対して実行し、そのファイルを任意のパスにmountすることができます。一度これを体験すれば、単体ファイルがパーティションとして扱えることに違和感を覚えなくなります。

サーバーの管理

物理サーバーで運用する時代だと、サーバーの管理は手動で表を作成して更新するパターンが多かったのではないでしょうか。当然、自動化したほうが楽ではありますが、サーバー表の自動作成のためだけに何かしらのデーモンを仕込むなど、なかなか考えづらいものです。

これが、インスタンスでOSを運用すると、自然とインスタンスの管理をシステマチックにすることになり、ひいてはホストサーバーの管理も自動化するようになります。ハードウェアを追加したあとは、ちょちょいと登録する程度で、あとは管理画面からすべてを操作できるようになるわけです。

サーバーの管理を自動化するために仮想環境を構築するわけではありませんが、「OSの中でOSが動く」という複雑な新環境のお陰で、システマチックなサーバー管理が当然になるという、逆説的な恩恵もあるのではないでしょうか。

クラウド基盤ソフトウェア

プライベートクラウドを実現するための1つの手段として、OSSであるクラウド基盤ソフトウェアを使うという手があります。有名どころでは、OpenStack、CloudStack、Eucalyptusなどです。「クラウドシステム」などという、わりと途方もないシステムを、OSSを導入するだけで構築でき、しかもそれなりに高品質なのですから、ありがたやと言わざるをえません。

ただ、できあがるモノのありがたみが濃ゆい分、システムの複雑さはそれ相応にあります。自分で作るとした時のアーキテクチャ構想などをすっ飛ばせる分、構築が早く堅くできるのはまちがいないですが、構築にも運用にも苦労を、時には苦汁をなめる覚悟が必要です。

そして、どのOSSも、複雑とはいえできるだけシンプルに、わかりやすく、柔軟に作られているのですが、「大規模なプライベートクラウドを作りたい」となると、ところどころで要望を満たせない部分が出てきます。そこは折れるのか、改良するのか、判断が分かれるところですが、自分の道を突き進むとしたら、より茨の道を歩むことになるでしょう。

とはいえ、OpenStackなどを用いてパブリッククラウドを構築し、商用利用している企業もあるくらいなので、非現実的というわけではありません。相応の覚悟と人的リソースが必要というだけの話です。それらを乗り越え、構築できた時には、数年先の分のオンプレミス環境ができているでしょうから、手がける価値は十分にあります。

有償製品

クラウドが「当然」というほど流行ったということは、多くの企業が参入したということです。プライベートクラウドを構築するための製品も、いくつか見かけることができます。

私はいっさい試用したことがないのでくわしくは紹介できませんが、私見としては、今の時代にオンプレミス環境を構築する判断をする組織ならば、OSSもしくは自社開発を選ぶべきであり、それができないという判断ならばおとなしくパブリッククラウドを採用するべき、と考えます。

これは何も好き嫌いの問題ではなく、オンプレミスとパブリッククラウドのメリット／デメリットを考えれば、ここで製品を投入する理由が見当たらないからです。とはいえ、試用したことがないので言い切れることでもなく、ぜひとも多くの製品を試用して、実用的な製品を探し出してほしく思います。

自社開発

最後の選択肢として、自社でプライベートクラウドを開発する、というものがあります。“自社開発”といっても、そう大仰なシステム構築ではありません。ハイパーバイザーを選択し、管理画面でインスタンスの作成／削除や、一覧管理ができればいいのです。

ここでは、私が作成したクラウド基盤システムの機能をかんたんに紹介します。ただ、作成したのが2010年ごろのため、昨今のOSSのようにネットワークをSDN（Software-Defined Network）にしていませんし、そうする必要もなかったので、考えが古いといえば古いです。それでも、一部でも参考になれば幸いでございます。

さて、私が選んだハイパーバイザーはXenでした。当時は、サーバーリソースの効率化を重視していたため、KVMなどの完全仮想化によるオーバーヘッドを嫌い、準仮想化のXenを選択したのです。Xenを動かすためにはXen用のカーネルにする必要がありますが、Debianでは標準パッケージにあるため、かんたんにインストールすることができました。

Xenパッケージには、インスタンスイメージを作成するコマンドや、インスタンスを操作するコマンドが付属しており、コマンドベースで運用するまではそう難しくありません。起動後は、直接コンソールを操作するなり、SSHログインして、作業をすることができます。

インスタンスのリソースは、メモリこそホストから指定値を確保しなくてはいけませんが、CPUは空いているスレッドを勝手に選んで使ってくれますし、ストレージはイメージファイルが置いてあるパーティションに使った分だけディスクIOPS負荷がかかり、余計なCPU負荷はなく、ネットワークはSDNと違ってまるで直接ハードウェアを扱うようにオーバーヘッドがありません。

もちろん、いくつか苦労した部分はあります。特に、時間の扱いはXenカーネルのバージョンによって異なり、大変です。過負荷によってインスタンスの時間が進むスピードが1/10以下になる現象は、時間まわりのオプションを設定することで対処しました。突然インスタンスがダウンする現象は、ホストとインスタンス間で直接時刻を同期しているのが原因だったため、直接の同期を排除し、NTPでの同期のみに変更することで対処しました。ほかにも、外部サーバーとインスタンスとのネットワークパケットのやりとりは、ホストから見るとインスタンスへの、インスタンスからのFORWARDパケットとなるため、いくつかの特殊なiptablesを設定しなくてはいけませんでした。

さまざまな苦労の末、単体の親サーバーとしては動くようになり、次の課題は「複数の親サーバーとインスタンスをどう管理するか？」ということでした。幸い、Xenのxmコマンドは多くのステータス情報を返してくれたため、その情報を一元管理することにしました。

ブラウザでの管理画面を作成し、ホストの追加やインスタンスの作成、IPアドレスの一覧や、ラック実装図まで確認できるようにしました。そして、ホストサーバーにはXenを管理するためのデーモンを仕込み、管理画面からデーモンへ命令することで、各ホストで必要な操作をできるようにしたのです。

インスタンス作成時に指定する項目は、以下のようなものです。

- OSバージョン
- ホスト名
- プライベートIPアドレス
- グローバルIPアドレス
- CPUコア数
- メモリ
- イメージを置くホスト上の物理デバイス
- 追加ディスク容量
- SSHのAllowGroups

リスク回避を目的として、ホスト上でCPUスレッドがほかのインスタンスと共有されないようにしたり、ホストサーバーのためのメモリやディスク容量を一定数確保したりと、さまざまな工夫をしてあります。ストレージは共有ストレージではなく、ホスト上のものしか使えませんが、ホストにHDD RAID10とioDriveの2つのパーティションがあれば、どちらかを選択できるようになっています。サービスのレスポンス速度も重視しているので、「すべてをローカルで完結する」という思想もあります。

このシステムは、個人的趣味で龍をモチーフにデザインしたので、クラウド＋ドラゴンから銘を『天地を喰らう龍』とし、Debian lenny（5.0）、squeeze（6.0）、wheezy（7.0）と、長きにわたって使い続けています。どんなシステムも、愛着と使いやすさを持って、人々に使われないと意味がありません。私はインフラエンジニアでデザインは苦手分野ですが、おもしろ画像を挿入したり、JSやCSSをがんばった記憶があります。

結果としては、システム構築には2人で3～4ヶ月かけましたが、継続運用期間が6年を経過しようとしているので、非常に高い効果であったといえます。その間、パブリッククラウドも採用し、並行運用となっていますが、エンジニアとしてより向上した今ならば、Ver.2を作ればパブリッククラウドに遜色ないものにできる気がしています。

どのような結果になるかはそこに所属するエンジニア次第であり、世間のクラウド事情との兼ね合いもあり、ある意味博打になるかもしれません。ただ、自社で開発運用するという個人、そして組織としての経験は、ほかでは得難い選択肢でもあります。ハナから可能性を捨てずに、検討してみてはいかがでしょうか。

基幹システム

プライベートDNS

プライベートネットワークに置くDNSサーバーは、必須ではありませんが、あったほうが便利なことが多いです。以下、1つずつ役割を見ていきましょう。

プライベート用FQDNの一元管理

1つめは、プライベートアドレスを値としたFQDNを登録するためです。これにより、プライベートネットワークに置くサービスのFQDNを登録し、内々ですべての情報を完結することができます。また、各サーバーの/etc/hostsに直接アドレスとホストを書くような原始的なことをせずに、DNSサーバーで情報を管理することができます。

プライベート用のサービスは、たとえば社内コミュニケーションツールや監視ツールの管理画面など、何十種類と扱っていくことになるはずです。中には重要なシステムもあるでしょうから、そのFQDNやIPアドレスをグローバルDNSに登録して使うのは違和感を覚えるはずです。仮に、そのFQDNの存在やIPアドレスを盗聴されたとしても、すぐに実害が出るわけではありませんが、不要な情報はできるだけ公開の場に置かないに越したことはありません。また、世にない独自のトップレベルドメインを扱いたいとしたら、グローバルDNSでは扱えないため、プライベートDNSが必須となります。

プライベート用FQDNの一元管理は、息長く利用するデータセンターにマスターデータを置き、それをほかのデータセンターにミラーリングすることで、全社共通のDNSデータとして利用すると、運用が非常に楽になります。まちがっても、各データセンターから直接プライベート経由でマスターデータを読みに来ないようにしましょう。VPNなどで途中の経路に問題が起きた時に、その経路を使う全DNSクライアントが読み取れなくなるためです。また、マスターデータが落ちると全データセンターの全サーバーで読めなくなってお話にならないので、せめてデータセンター単位での障害に留めるよう、ミラーリングでリスク分散すべきです。

DNSリゾルバ

役割の2つめは、DNSリゾルバです。クライアントが自身でDNSの大元から名前解決せず、リゾルバに依頼する形で解決します。具体的には、/etc/resolv.confのnameserver設定で指定するサーバーのことです。そのサーバーに名前解決を依頼すると、そこで管理されているドメイン情報があれば、直接結果を返します。ドメインがなく、かつリゾルバ機能が有効ならば、グローバルに情報を取りに行ってくれたり、キャッシュデータを返してくれます。クライアントがいちいちグローバルに情報を取りにいくよりも、プライベートネットワークで完結し、キャッシュを扱うリゾルバを通したほうが、速いのは当然です。クライアント自身がnscdなどでキャッシュする手段もありますが、プライベートDNSサーバーを通さないと独自ドメインなどを扱い難いため、プライベートのDNSのサーバー&リゾルバを通すのがベターでしょう。

可用性の担保は必須

これらFQDNとリゾルバの機能を扱うにあたって、可用性には十分に注意する必要があります。

DNSがシステムダウンしたとしましょう。まずFQDNの場合、「ブラウザでプライベートサービスにアクセスできなくなった！」という程度ならば、社員に少々迷惑がかかる程度で済みますが、アプリケーションサーバーのデータベース接続情報にFQDNを使っていたとしたら、サービス停止につながる可能性があります。そういった超重要な部分には「DNSを使わず、IPアドレスを使う」というのが基本となりますが、DNSサーバーの可用性に自信があれば問題ないことでもあります。

次にリゾルバ機能が停止した場合、アプリケーションサーバーから外部APIを叩く時などに、名前解決できずにエラーとなる可能性があります。このリスクを回避するには、アプリケーションサーバーが自身で名前解決するか、リゾルバサーバーの可用性を担保するしかありません。

/etc/resolv.confにはnameserverを複数記述できますが、その仕組みは「上から順に利用して、ダメなら次を使う」というものです。その「ダメ」と判断するまでの時間は、「options timeout:1 attempts:1」で最短1秒にできますが、2台目を使うまで必ず1秒かかっていては、3秒以内でレスポンスすべきサービスにとっては致命傷になります。

それゆえに、DNSサーバーの可用性を担保することは必須であるといえます。たとえば、LVSでVIPを用いて、接続アドレスは1つにし、2台以上で分散アクセスさせておけば、resolv.confのnameserver複数記述問題に対応でき、DNS自体の負荷分散にもなります。

この構成は、私のところではKeepalivedとPowerDNSで採用しており、可用性は担保されていますし、複数データセンター環境へのミラーリングはMySQLのレプリケーションで行い、リスクはデータセンター単位に分断されています。もし、データセンター間のネットワークが切断されたとしても、失うのはデータのリアルタイムなレプリケーションのみであり、DNSデータは即時反映を必要としないため、ゆっくりネットワークとレプリケーションを復旧するだけで済むようになっています。

プライベートDNSは便利ですが、いざ運用してみると、一見かんたんに見えるDNSがじつは超重要であることを思い知らされます。それほど負荷が高いものではないので、最初はそれなりに動く程度で構築してしまうかもしれませんが、初めから重要度：高として臨むようにしましょう。

グローバルDNS

インターネットにサービスを公開するうえで、直IPアドレスで提供しても何も良いことはないため、必ずドメインを取得し、FQDNでURLをリリースすることになります。

ドメインを利用するメリットは多々ありますが、1つだけ弱点があります。DNSサーバーが落ちると、クライアントが名前解決できず、サーバーに接続できなくなることです。そのため、DNSサーバーの信頼性は高い必要があるのは言うまでもありません。

大切な公開DNSレコードを扱うグローバルDNSサーバーは、どのように管理すべきでしょうか。選択肢を見ていきましょう。

レジストラ

ドメインを購入するサービスを提供している組織を「ドメイン名登録機関（レジストラ）」、そしてそのサービスを「DNSホスティングサービス」といいます。国内最大手はGMOが運営する「onamae.com」ですが、レジストラはたくさんあるので、サービスの内容や価格からお好みのレジストラを選ぶなり、サーバーを借りている会社が運営するDNSホスティングサービスを利用するといいでしょう。

ドメインを取得するということは、DNSサーバーに登録してDNSレコードを返せるようにすることが目的となりますから、レジストラはDNSサーバーの機能も備えています。機能としては少なくとも最低限のものはそろっているので、管理するドメイン数やレコード数が少なく、管理性にも不満がなさそうであれば、そのままレジストラのDNSサーバーを使うのもありえます。

パブリッククラウド

AWSの「Route53」、Googleの「Cloud DNS」など、大手のパブリッククラウドでもDNSホスティングサービスを提供しています。コンテンツキャッシュで有名なAkamaiでも「FastDNS」というサービスを提供しています。こういったクラウドサービスでもドメインを取得できるようになり始めているので、ドメイン取得からすべてをパブリッククラウドで一元管理できるようになってきています。

一般的なレジストラのDNS機能が貧弱というわけではないのですが、パブリッククラウドのDNSサービスにはその特性上、大規模サービスに対応するために、信頼性を筆頭に、「世界展開をふまえて、距離が近いアドレスを返す」といった機能が備わっています。

クラウド環境はすべてを1つにまとめて管理できると楽ですが、より良いクラウド環境ができるとコロコロ移転する可能性も少なくありません。そうなると、レジストラ／DNSサーバーとしても移転する可能性が出てくるので、一概に「まとめてしまえ」というものではありません。

「レジストラから権限移譲をしてクラウドDNSを使う」「クラウドでDNSもサーバーも一元管理する」といった選択肢があります。とはいえ、DNS関連の移行作業は、面倒くさいながらも、幸い「レコードを返す」という機能だけを考えればユーザーから見て停止時間なしに移行できるので、「時代に応じて適宜変更していく」というのも1つのポリシーとしてありえることでしょう。

自前運用

DNSサーバーを自前で構築するのも1つの手段です。オンプレミス環境のグローバルIPアドレスを割り当てたサーバーにDNSサーバーを構築し、レジストラから権限移譲の設定をするだけで、ユーザーに利用してもらうことができます。

自前で構築するメリットとしては、自分たちに適した管理画面にできたり、ミドルウェアとしての構成を組めることが挙げられます。また、DNSサーバーはそれなりに多くアクセスが来てもそれほどリソースを喰わないので、小さめのインスタンスで十分運用でき、安価に済ませることができます。

反対に、デメリットとしては、可用性を自分たちで担保する必要がある点が挙げられます。また、bindの時代から、セキュリティについて多くの問題が出ているので、ミドルウェアの選択からメンテンナンスまで、手がかかる部分も少なくありません。不用意にリゾルバを開放してしまったり、AXFRの全ゾーンデータの転送を安易に有効にしてしまったり、DNSキャッシュポイズニングに利用されるかもしれません。構築自体はそれほど難しくありませんが、DNSはインターネットにおける最重要なポジションなので、その分、危険も多いといえます。

とはいえ、要所を押さえておけば、安定して放置運用できるシステムでもあります。私も、長いことPowerDNSで運用し続けて、6年以上、何事もなく運用した実績もあります。構築も運用も楽しくタメになるものではありますが、今の時代の事情を考慮すると、パブリッククラウドのDNSを利用することがベターと言えるかもしれません。

NTP

「仮想環境において、親と子が時刻同期する」ということでもない限り、サーバーでNTPデーモンを動かして時刻同期することは基本となります。時刻同期しないと、次第にサーバーの時間が遅れ、数秒、数分と合わなくなってきます。

NTPをパッケージインストールすると、ディストリビューションによって同期サーバーが指定されており、WANへのNTP通信が通るならば、問題なく同期してくれるはずです。

同期処理はそう頻繁に起こるものではありませんが、同期するサーバー、つまり所持しているサーバーが多くなると、指定された外部サーバーに多くの負担をかけることになります。また、「WANへのNTP通信が許可されていない」「経路がない」といった場合には、同期ができないことになります。

そういった理由から、「プライベートネットワーク内に2台以上、階層構造用のNTPサーバーを置く」という選択肢があります。2階層目のNTPサーバーとしてWANと同期し、ほかのプライベートサーバーはすべて2階層目のNTPサーバーを指定して同期する、というわけです。

冗長化の意味とNTPの仕様上、複数台を置くことになりますが、置く余裕、構築する余裕があり、メリットを感じられるならば、控えめのインスタンスでNTPサーバーを構築し、プライベートDNSにAレコードを登録して、各サーバーで指定するといいでしょう。

メールリレー

「サービス用のサーバーがメールを送る」ということはめっきり減ったかもしれませんが、それでも、アプリケーションサーバーがメールを送ったり、すべてのサーバーはアラートメールを送ったりすることがあるはずです。メール自体は使う分にはわりとシンプルな仕組みですが、管理するとなると、少々面倒くさいことが付きまといます。メールのログを一元管理したかったり、NTPと同様に外部へメールを送る経路がないサーバーがいたりします。はたまた、相手のメールサーバーがこちらのメールの送信元アドレスをチェックして受取拒否する場合もあります。

そういった事情から、各サーバーがメールを自身で直接送らずに、メールリレーサーバーを経由して転送してもらう形で送ることがあります。そうすることで、ログがすべてリレーサーバーに残り、プライベートサーバーからすべて受け付けることができ、WANとの通信の際のグローバルソースアドレスをリレーサーバー分のみに固定することができます。

このように、メリットはありますが、事情によってはただシステムサーバーが増えるだけに留まってしまうかもしれません。自社システムのメール事情について把握し、リレーの要不要を判断しましょう。

パッケージ管理

Linuxでは、ソフトウェアの導入と削除にパッケージ管理システムを利用します。RedHat系のOSでいうところのYum（Yellowdog Updater Modified）、Debian系でいうところのAPT（Advanced Packaging Tool）がおもなものです。

パッケージのリポジトリはディストリビューションごとに最初から指定されていますが、それだと公式標準のパッケージしか利用できないため、ミドルウェア作成者が用意してくれているリポジトリを追加して利用したり、RPMやdebといったパッケージファイルを直接ダウンロードしてインストールすることがあります。また、「どこにもパッケージが公開されていない」「最新のバージョンがパッケージになっていない」といった場合に、自分でパッケージを作成して使うこともよくあります。

そういった独自パッケージの置き場が必要になったり、標準ではないパッケージや容量が大きいパッケージを扱う場合、プライベートネットワークにパッケージ管理システムを置いておくと便利です。置き方はディストリビューションによって異なりますが、そう難しいものではありません。

そして、ダウンロード時間を短縮するためのパッケージキャッシュサーバーも同時に構築すると、パッケージ管理システムとしてはバッチリでしょう。キャッシュサーバーは標準パッケージで配布されており、Debianならばapt-cacher（またはapt-cacher-ng）が安定していて使いやすいです。

LDAP

アカウントやグループ管理にLDAPを使っている場合、おそらくマスターデータはデータセンターに置くことになるでしょう。LDAPサーバーでどのようなデータを管理するかにもよりますが、それなりに重要度の高いデータであることが多いため、信頼性についてはしっかり考える必要があります。

LDAPサーバーが停止した時に、たとえばユーザーアカウントと公開鍵を管理しているだけなら、「社員がサーバーへSSHログインできなくなる」という被害に留まることになります。しかし、公開サービスのアプリケーションを動かすデーモンユーザーがLDAPのユーザーであったり、LDAPデータを使う処理を含んでいると、サービスの稼働率に影響が出ることになります。

どんなミドルウェアでもそうですが、周辺システムが落ちた時にサービスに影響を与えることは極力避けなくてはいけません。「アプリケーションデーモンをLDAPユーザーで動かす」といった、特に必須でないのにリスクを背負うような構成は避ける、またはそういったリスクある状態になっていないか注意を払う必要があります。

そのように気を使ってリスクを小さくしたうえで、LDAPを構築する場合も、可用性が担保されているに越したことはありません。幸い、LDAPはかんたんにレプリケーションを組めるので、中心となるデータセンターをマスターとし、オフィスやその他のデータセンターにレプリケーションすることで、各環境ごとにミラーリングサーバーを利用し、リスクを分断することができます。

また、LDAPを使うサービスによっては —— たとえば、Jabberといったメッセンジャーで LDAP連携すると —— LDAPサーバーが非常に重くなることがあります。そのような場合は、KeepalivedやHAProxyを用いてアクセス分散することで対応できます。

LDAPは、スキーマ定義うんぬんまで踏み込むと少々ややこしいシステムですが、アーキテクチャを考える分にはシンプルなので、一般的な冗長/分散構成を組むことができます。

ARP

これは余計な仕込みになるかもしれませんが、詳細な管理の1つとして紹介します。

新規サーバーが作成され、IPアドレスが割り当てられると、新IPアドレスとほかのサーバーの間で通信が行われるようになります。どんなIPアドレスも、最初はほかの機器に居場所が知らされていないため、居場所を知るためにARP（Address Resolution Protocol）パケットをブロードキャストで送信します。それにより、新サーバーがMACアドレスを相手に返し、送信元サーバーがIPアドレスとMACアドレスの対応表であるARPテーブルに記録したり、スイッチングハブがMACアドレステーブルに記録することで、互いに通信できるようになります。

くわしくはARPについてググっていただきたいところですが、ここで大事なのは、ARPのブロードキャストです。ブロードキャストということは、「同一のネットワーク内に接続された全サーバーにARPパケットが飛ぶ」ということです。

これを利用して、「arpwatch」というシステムは、初めて飛んできたARPパケットを監視し、新規IPアドレスとMACアドレスを記録したり、記録済みのMACアドレスのIPアドレスが変化したことを検知できます。これをログとして残したり、アラートメールとすることで、ネットワーク内の変化を追うことができます。

ネットワークごとの検知になるので、ネットワークインターフェースを多く持つゲートウェイなどに仕込むのがちょうどいいでしょう。IPアドレスやMACアドレスといったネットワーク情報のメインとなるものではありませんが、「変化を検知できる」という意味では、仕込んでおいて損はないのではないでしょうか。

ログ収集

このご時世に「ログ収集」というとビッグデータのイメージが強いかもしれませんが、サーバーの運用において一元管理すべきログというものがいくつかあります。

たとえば、コンソールとSSHを含むログイン履歴や、sudoで実行したコマンド履歴などは、セキュリティ面で活用できます。ほかにも、エラーログや、パフォーマンス改善のためのログなど、あらゆるシステムにログはつきもので、サーバーの台数が増えるとそれらをいかに効率よく管理できるようにするかという課題が必ず出てきます。

パフォーマンス監視サービスである「NewRelic」のように、外部サービスに直接ログを送るパターンもあれば、1つのログファイルを読み込んで動くスクリプトもあります。いろいろあるなか、「プライベートネットワーク内でとりあえず1箇所にログを集める」という需要もあるはずです。

syslog系（rsyslog／syslog-ng）を経由して保存するタイプのログならば、syslogサーバー間でログを転送し、1箇所に集めることができます。第2章でも触れましたが、最近だと「Fluentd」というログ収集ツールを使って、収集から保存までを柔軟にできるので、ほとんどの構想に応えることができるでしょう。

ただログを集めても、ただのゴミでしかありません。そのログをどう扱うかが重要ですが、それは目的ごとに考えればいいので、ここでは「ログの保管所を用意しておくと、さまざまな施策のために便利かもしれないよ」ということだけを伝えておきます。

バックアップサーバー

ほとんどのシステムは、何かしらのデータを溜めて扱います。そのデータに予期せぬ異変が起きたり、ハードウェアが故障してデータが破損することによってシステムが継続できなくなることを避けるために、バックアップは必須です。

バックアップは、そのシステムが動いているサーバー内に保存しておいてもあまり意味がないため、どこか外部のストレージに転送して保存することになり、保存する環境について考えておく必要が出てきます。

小規模なシステムだけならそれほど困らないのですが、大規模になってきたり、システム数が増えてくることで、必要とするバックアップを保存するための合計容量はなかなかの数値になってきます。バックアップデータとしては、圧縮して1ファイルにしたり、rsyncで差分だけを更新するなど、いくつかの手段がありますが、たいていのバックアップは、1日分（1世代分）だけでは強固であるといえず、複数世代分を保管しておくことになり、より容量が必要となります。

要は、システムごとに担当者がチマチマ対応するのではなく、「基幹システムとして、ドーンとバックアップサーバーを用意するから、バックアップ置き場として遠慮なく利用してくれ！」とするのが、組織として健全でしょう。最近だと、3Uサーバー1台で50TB前後のストレージを組むこともできますし、お金さえ積めば大容量なストレージ製品などいくらでもあります。

私の場合は、ストレージ製品が高価であることと、複数のサーバーを1つのストレージと見立てて使ってもらうための仕組みを作る技術力があったという理由から、通常の3Uラックマウントサーバーを複数台購入して、80TBほどのバックアップクラスタを作成したことがあります。もちろん、増設可能で、管理画面付きとなっています。

組織の中では最大規模の容量を持つシステムとなりますが、データが転送されてくるのは深夜に限られています。「1日に何GB増えるか？」「転送速度はどれほど必要なのか？」といったことを考える必要はありますが、CPU負荷はほとんどなく、逆に昼間はまったく動かないシステムとなるので、そう難しいものではありません。システムが中規模以上に育ったあたりで、早めにこういったシステムを構築して、組織全体の運用を楽にしてあげましょう。

サービスサーバー

「なんのためにデータセンターを契約して、ネットワークとサーバーまで用意したか？」と問われれば、もちろん！　インターネットなり、イントラネットなりにサービスを提供するためです。サービスといえば、HTTP（S）を使ったブラウザでの閲覧が真っ先に思いつきますが、別にブラウザでなくともHTTP（S）を使うこともあれば、まったく別のさまざまなプロトコルを用いて提供されるサービスも山ほどあります。

日々インターネットは複雑になっていますが、サーバーに構築するモノとしては、ミドルウェアが少々入れ替わったとしても、その基本構成に大きな違いはそうそう起きるものではありません。ここでは、基本構成とミドルウェアの例を知り、「サービスを稼働させる」というインフラエンジニアとして最低限に求められる技術力の切れ端を学びましょう。

ホスト名

サーバーを構築するということは、サーバーに名前をつけるところから始まります。名前をつけないと役割がわからなくなり、運用が困難になるからです。名前は「ホスト名」といい、サーバー管理表などに記載したり、hostnameとして登録してシェルに表示させたりします。

あたりまえの話をあえて書いたのは、命名規則について説明するためです。中途採用で既存の環境があるならば、その規則に従うなり、再考するなりになりますが、もしまっさらな環境に構築していくとなると、そのインフラエンジニアのセンスが問われます。

台風には人名がつけられたりしますが、サーバーにそんな余計なセンスは必要ありません。必要なのは「わかりやすさ」と「簡潔さ」です。ホスト名を見た時に、「なんのサービスであり、役割はなんであり、何台目なのか？」が一目瞭然であるべきです。

私の場合、以下のような規則で命名することを全社の統一ルールとして浸透させています。

【規則】service-role-01-05
【意味】サービス名-役割-クラスタ番号-ノード番号

サービス名は、実際のサービス名である場合や、開発隠語である場合がありますが、あまり長すぎず、あまり略しすぎず、社内の運用者が理解できるものにします。文字数でいえば、3～12文字程度に抑えます。そして、サービス名は英小文字と数字のみで構成します。

役割は「lb/proxy/web/ap/db/kvs」といった表現です。アーキテクチャによっては「db-master/db-slave」など1単語で表せない場合があるので、ハイフン区切りの複数単語で表現できるようにしています。データを分散させる場合は、「db-master-user」など、データの種類をつけることもあります。

クラスタ番号は、おもにデータを分散して保存する可能性があるDBやKVSのために作られたルールです。データセットごとに、01、02……と2桁で表現します。垂直分割（階層ごとの分割）の種類が少ない場合はここの数字で判断することもあれば、水平分割（種類ごとの分割）の分割番号として表現することもあります。Webサーバーはクラスタ分割することは少ないのですが、テキスト系や画像系などで可能性があることと、ほかと共通にする意味合いで、必ずつけています。

ノード番号は、クラスタ番号までのグループごとに、01から2桁で順につけていくことで、全体でユニークなホスト名の完成となります。故障サーバーが出た時に、新規で埋めるか後ろにつけるかは好みがありますが、後ろに追加したほうが、運用上ムダなミスが出なくなります。

その他には、以下のルールを設けています。

- 使える文字列は英小文字・数字・ハイフンのみで、ドットは使わない
- 1文字目は英小文字
- ハイフンは連続させない

特殊な規則例として、仮想化サーバーの親機はIPアドレスを含ませています。「xen-10-1-16-101」といった具合です。“親機”という位置づけでは、特に細かい分類がないため、そもそもユニークなIPアドレスを名前にすることで、管理しやすくしているのです。これも、規模によっては、データセンター名やラック名を含むほうがいい場合があるでしょう。どんな場合でも、とにかくわかりやすさ、管理しやすさを優先することが大切です。

OS

OS（Operating System）は、コンピューターに触る人間全員が大なり小なり関与する話題だけに、宗教戦争になりがちです。マイナーなOSを使っていることを誇らしげにする人もいれば、UnixとLinuxの違いにいちいち突っ込む人もいます。

そんな「細けぇこたぁいいんだよ！！」案件は脇に置いておきまして、ここではインフラエンジニアとしてデータセンターで稼働するサーバーに用いるためのOSについて考えてみます。

ハードウェア上でソフトウェアを動かすためには、OSが必須になります。

データセンターでソフトウェアを動かす目的は、何かしらのサービスを提供するためです。断じて、好きなOSで運用することが目的ではありません。

サービスを提供するうえで重要なことは何かというと、以下が挙げられます。

- ミドルウェアをかんたんに構築できる
- 処理速度が速い
- 安定している
- 安全である

では、最近のOSを用いた時にこれらの品質に差があるのかというと、あります。特に、ミドルウェアやソフトウェアのパッケージ管理の方法や、扱うバージョンについては、迷うに値する差があります。Debianのように安定的バージョンを重視するのか、FedoraやUbuntuのように最新技術を積極的に取り込むのか、はたまた両方の選択が取れるのか。

処理速度や安定性、安全性については、じつは大差はありません。昨今のOSはどれも十分に安定していますし、処理速度で重要なのはOSではなく、大半がミドルウェアの性能やソフトウェアの作りです。安全面も、OSというよりは、ミドルウェアやライブラリのセキュリティホールであったり、ネットワーク構成やデータの取扱ポリシーに強く依存します。

たとえば、どれだけ安全だと言われるOSを選び、どれだけお金をかけたとしても、ある日突然「SSLライブラリにセキュリティホールがありました」と公表されれば、どのOSにも脆弱性がある可能性があります。

これらをふまえると、以下の2つは大切な条件になります。

- サービスの構築に必要なミドルウェアを用意しやすい
- 将来的にバージョンアップやセキュリティ対策などのメンテナンスが十分に行われる

そして、もう1つ考えるべきは、パブリッククラウドの存在です。今の時代、「オンプレミスの自前構築のみで、すべてを最後までやり切る」というのはあまり現実的ではありません。部分的にでもパブリッククラウドのお世話になるイメージを持っておくべきです。

パブリッククラウドでは、OSの選択肢を多く用意しているところもあれば、ごく限られたOSしか選択肢がないところもあります。そうなると、用意されるOSというのは、当然、世間一般的により多く使われているものになります。有償OSだとRHEL（Red Hat Enterprise Linux）やWindows Server、無償OSだとCentOS、Debian、Ubuntuといったあたりになるでしょう。

ここからさらに、ビジネススタイルがB to Bなら有償OSが必須となるかもしれませんし、社員の好みからRedHat系かDebian系に分かれるかもしれません。

これは私見となりますが、ビジネス用途におけるOS（ディストリビューション）というものは、その環境そのものに恩恵を受けるべきと考えます。つまり、可能な限りOSに手を加えずに、そのままの状態で必要なソフトウェアを動かせるべきということです。そうすることで、本来のサービス運用に注力できますし、OSレイヤーという比較的難しい分野にくわしい人材も不要になるからです。

あえてその深淵に切り込み、技術力を高めるのも1つのポリシーですが、それがはたして「売上に効率的に貢献できるのか？」「人材の確保に意味をもたせられるのか？」といった点は熟考することになるでしょう。

最後に、あえて選択肢をまとめると、「有償サポートを必須としない」または「どのOSにすべきかまったく判断できない」というのであれば、一番手にCentOS、二番手にDebianを選択しておけば、後々も困ることはそうないはずです。実際、私はDebian派であり、CentOSも使いますが、現場ではクラウドやハードウェアのサポート事情などからCentOSを選択することになるパターンが多いです。そして、突然脆弱性が公表される場合などを除けば、どちらもOSとしては非常に安定的です。

ここまでいろいろな判断材料を提示してみましたが、おそらく最終決断はその組織のCTOやそれに近い存在のエンジニアが「エイヤー！」で決めてしまうことでしょう。決定する側になることも大変ですが、転職して渡り歩くエンジニアとしても重要なことです。IT系エンジニアならば、柔軟な考えと実力を保つためにも、最低2種類のOSに触れておくといいのではないでしょうか。

基本構成

近年のWebサービスにおけるサーバー構成の主軸は、ある程度の基本が固まっています。まずは基本構成がどのようのものかを理解し、そこから要件に合わせてコンパクトにするなり、より拡張するなりを考えていきましょう。

■ Webシステムの基本構成

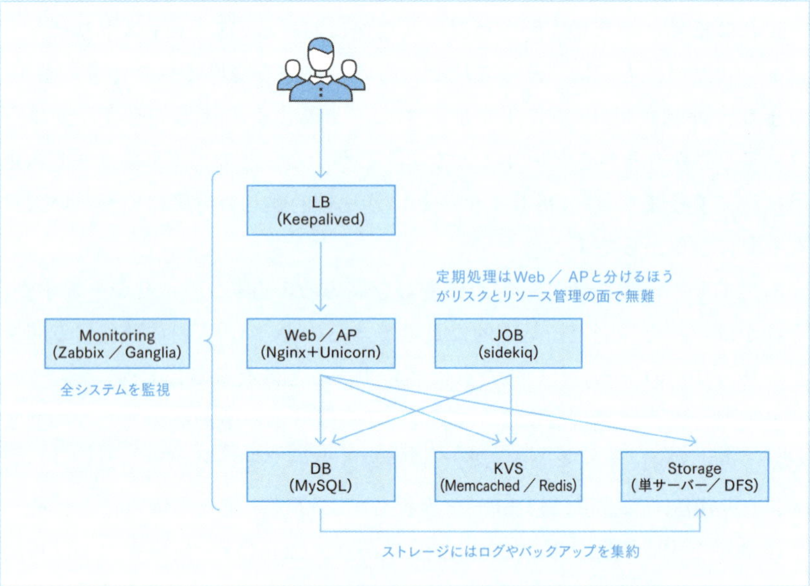

ユーザーは、まずロードバランサ（LB）にアクセスします。その際、URLのFQDNを名前解決してIPアドレスでアクセスするので、登録したIPアドレスが1つなら片方のLBへアクセスされ、複数ならばDNSラウンドロビンで複数のLBに分散してアクセスされることになります。

LBでは常時、Webサーバーに対してヘルスチェックが行われており、チェックに失敗したサーバーを分散の対象から外して、正常なサーバーにのみユーザーからのアクセスを転送します。

Webサーバーは、HTTP（S）などの要求を実際に受けて処理し、静的コンテンツやキャッシュなどのその場で返せるモノはそこでレスポンスしてしまい、動的コンテンツとして生成する必要があるものはAPサーバーに分散リクエストします。

APサーバーは、DBサーバーやKVSサーバーを駆使しながらさまざまな処理を行い、実際にユーザーに返すレスポンスを動的に生成します。DBやKVSがそれぞれ1台ならば使用するのはかんたんですが、データ容量や負荷を分散する場合は、仕組みを工夫することになります。

このようなアーキテクチャを組むうえで大切なことは2つあります。1つは、単一障害点（SPOF = Single Point Of Failure）を作らない、つまり冗長化するということ。もう1つは負荷分散で、リソースがキャパシティオーバーとなる時に、サーバーを増設することで対応できるようにしておくことです。

冗長化と負荷分散については、第6章でくわしく説明します。ここでは、個別の役割がどのようなものかを確認していきましょう。

ロードバランサ

ロードバランサ（＝バランサ）とは、その名のとおり、負荷（＝アクセス）を分散するシステムです。そして、バランサといえば、普通はユーザーのアクセスを受ける最前線のシステムであり、バックエンドがWeb／APサーバーとなります。

Web／APサーバーも、グローバルアドレスを持って、直接ユーザーからリクエストを受けることができますが、Web／APは重めの処理を行うためスケールアウトの対象となりやすく、その結果としてグローバルアドレスを持つサーバーが増加し、DNSラウンドロビンに登録する数が膨大になっていきます。また、DNSラウンドロビンによるクライアント任せの分散手法だと、サーバーがダウンした時にムダな接続が発生し、ユーザー目線でのレスポンスタイムに悪影響が出てしまいます。これを防ぐために、処理量が少なく、安定したLB（ロードバランサ）を最前線に据えるのです。

LBのおもな処理内容は、バックエンドのWebサーバーの定期的なヘルスチェックと、リクエストを受けてバックエンドに転送するだけなので、キャパシティオーバーなどでダウンする可能性はかなり低く、安定しています。そして、ヘルスチェックによってWebサーバーのダウンはユーザーにほぼ影響しないようにしてくれます。

それでも、ハードウェアが故障する可能性が残っているため、LBを2台以上用意して冗長化することは必須となります。

Web／AP以外の、たとえばDBサーバーをバックエンドとする場合もありますが、その場合はSLAVEサーバー間のレプリケーション遅延などによるデータ同期のズレ、コネクション、トランザクションについて正しい知識を持ち合わせていないと結果に不整合が生じるため、おいそれと適用できるものではありません。

ロードバランサには、以下の2種類の方法があります。

- ハードウェア製品を使う
- ソフトウェアで実現する

ハードウェアのほうが目的に特化して作られている分、性能と安定度が上ではありますが、それなりに高価なので、ロードバランサという機能を知るためならば、ソフトウェアから入ったほうがいいでしょう。ここでは、いくつかのソフトウェアロードバランサを紹介していきます。

Keepalived

Linuxのロードバランサのことを LVS（Linux Virtual Server）と呼びます。具体的には、Linuxカーネルに実装されたIPVS（IP Virtual Server）というソフトウェアを稼働させることで、リクエストの受付と分散転送を実現しています。

IPVSはコマンドベースでも操作できますが、Keepalivedは設定ファイルからデーモンを起動することで、バックエンドのヘルスチェックとIPVSの操作を行い、管理者はIPVSを意識することなくLVSのロードバランサを構築することができます。

また、Keepalivedには分散機能のほかに、もう1つ重要な機能を備えています。VIP（Virtual IP Address）による冗長化機能です。こちらはVRRP（Virtual Router Redundancy Protocol）というプロトコルを用いて複数台サーバー間で状況を伝えあい、どれか1台がマスターとなってVIPを動的に保有する、というものです。

VIPを使うことで、マスター側がダウンしてもバックアップ側がVIPを保有することになり、VIPが移り終わるまでの数秒の接続断はあるものの、それ以降は自動的にフェイルオーバーしてくれることになります。IPVSによる負荷分散と、VIPによる冗長化はまったく別の機能なので、VIPだけを使ってDBやKVSなどの冗長化を実現することもできます。

このソフトウェア1つで負荷分散と冗長化を実現できますし、少ないリソースで稼働できることや高い安定性を考えると、手近なバランサとしては一級品といえるでしょう。

HAProxy

HAProxyは、HTTPを始めとしたさまざまなTCP通信を分散することができます。LVSもHTTPに限りませんが、LVSとの違いとして、こちらはL7層を扱うことができる点が挙げられます。HTTPのリクエストヘッダごとに転送先を変えたり、SSLの復号化をすることもできます。

主機能であるヘルスチェックも分散機能もLVSより多機能であり、より複雑なことを実現したい場合に活躍します。LVSで機能が十分ならば、軽量な分LVSが有利ですが、HAProxyでも何ができるのかを知っておくと、アーキテクチャを構想する際に選択の幅が広がることでしょう。

ただし、パケットをそのまま転送するLVSと異なり、あくまでリバースプロキシとして代わりに接続してくれるものなので、バックエンドサーバーから見たソースアドレスはリバースプロキシのそれになる点には注意しましょう。

Pound

Poundは一時期、使い勝手の良いSSLラッパ／リバースプロキシとして好まれ、私もたいそうお世話になりました。できることはHAProxyと似ていて、HTTPヘッダを扱え、分散転送をし、SSLラッパとなることができます。設定もかんたんなので、たとえば「プライベートネットワーク上のテストサーバーに、携帯端末からアクセスしたい！」という場合に、グローバルアドレスを持たせたPoundにアクセスしてもらい、Poundがバックエンドに転送する、といったことがかんたんにできます。

しかし、私はある時そのような環境に対して、ほかのエンジニアから「WebSocket※ができない！」とクレームをつけられ、HAProxyに丸っと入れ替えて対応したことがあります。今ではHAProxyのほうが進化目覚ましく、愛用してますが、「よりかんたん」という意味では、Poundもまだ有用だと思います。

Squid

Squidの主機能はコンテンツキャッシュなので、ロードバランサとしての紹介には合っていないかもしれません。とはいえ、こちらも多機能であり、データをバックエンドへ転送できます。

ほかと違う点としては、キャッシングの設定をすると、要求されたコンテンツがURLや有効期限などでキャッシングの条件を満たしており、Squid内にすでにそのコンテンツを保有している場合には、そのままコンテンツをレスポンスしてくれることです。自身がコンテンツを保有していない、またはキャッシュの有効期限が切れているコンテンツを要求された場合は、バックエンドのアプリケーションサーバーに取りにいき、キャッシュしてからレスポンスを返します。

このキャッシュ機能によって、コンテンツの動的生成を行うサーバーの処理量を減らしたり、大量の静的コンテンツを抱えるサーバーからの転送量を減らすなどによって、全体の負荷軽減とレスポンス速度向上を狙うことができます。パブリッククラウドでもよくある、コンテンツキャッシュ機能と似たようなものです。

Squidは、「複数台で1つのキャッシュクラスタとして組み、隣のSquidが

※リアルタイム双方向通信を実現する仕組み。

すでにキャッシュしていたらそれを直接取得する」といった効率的な構成を取ることができるなど、さまざまな工夫が施されています。とても楽しいデーモンなのですが、多機能すぎてドキュメントもすごいことになっているのが玉にキズ、といったところです。

Web

Webサーバーは、HTTPリクエストを受け取り、「静的コンテンツを返す」「生成した動的コンテンツを返す」「適切なレスポンスヘッダとステータスを返す」といった、HTTP通信に必要な基本機能を備えています。ほかにも、コンテンツの圧縮、URLのリダイレクト、認証機能、プロキシなどさまざまな機能があり、「どのWebサーバーを選べばいいのか？」という問いに答えるのはある意味難しいといえます。

これまでさまざまなWebサーバーが出てきましたが、HTTPは最も使われるプロトコルの1つなだけに、言ってしまえばどれでもたいていのことは実現できます。世界で最も使われているApache、軽量がウリのLighttpd、Ruby on Rails対応のWEBrickやMongrel、総合評価の高いNginxなど、数年単位で新しいWebサーバーが話題になるくらいに変化してきました。

しかし、今の時代では、ここで紹介する2つを知っておけば十分であると考えます。仮にほかの何かを選択するにせよ、インフラエンジニアとして最も基本なミドルウェアといってもいい部位であるため、世間的に多く使われ、高評価を得ているモノを知っておいても損はないはずです。

Apache

長きにわたって利用者数No.1のWebサーバーです。機能、使いやすさ、パフォーマンス、どれをとっても満遍なく満たしてくれる秀才さんです。パフォーマンスは後発Webサーバーのほうが速いと言われていますが、Apacheが特別遅いということではなく、モジュールや設定を丁寧に扱えば十分な速度が出ます。

今、もしApacheを使うとしたら、伝統的な理由か、もしくはプログラミング言語をApacheモジュールで動かしたい場合になるでしょう。mod_ perl、mod_php、mod_rubyなどを使うと、WebサーバーとAPサーバーを分けずに、Webサーバーのみで動的コンテンツを生成できるため、楽といえば楽だからです。

ただ、静的コンテンツと動的コンテンツの役割はまったくの別物で、それらを1つのWebサーバーでこなそうとすると非効率な面もあるため、よほど使いこなせていない限りは早い段階で不幸になるかもしれません。

Apacheも進化し続けているため、まだわかりませんが、特にこだわりがないならば、次のNginxを選択することが現代におけるスタンダードとなっています。

Nginx

2014年に入って利用者数がApacheに肉薄するほど増え、アクセス数ベースでいえば最も愛用されているWebサーバーとなっているのがNginxです。

利用されるおもな理由は、処理速度も設定も軽量であるためです。やれることはApacheとそう大差あるわけではないのですが、大差ないのならば軽量なほうを選択したほうがいいと考えるのが自然です。

もう少し突っ込んでみると、マルチスレッドを使わずにイベント駆動のアーキテクチャを採用することで、「C10K問題」（クライアント1万台問題）に対応していたり、最初からリバースプロキシとしての機能を備えているなど、良いことが目白押しとなっています。

盲目的に「Nginxでいいや」となるのも考えものですが、昔はとにかく「まずはApache！」だったのが今では「まずNginx！」に変わってきたというだけの話なので、Nginxを主軸にしつつ、ほかのWebサーバーにもアンテナを張る形で運用していくといいでしょう。

AP

AP（アプリケーション）サーバーといえば当然、プログラミング言語とフレームワークの選択が一番に気になるところです。しかし、言語の選択理由の大半は、企業文化や開発効率によって決まるものなのでここでは考察せず、インフラエンジニアとしてミドルウェアのことを考えていきます。

アプリケーションサーバーは、動的コンテンツを生成するためのサーバーです。Webサーバーやコンテンツキャッシュサーバーといったサーバーたちが、受けたリクエスト内容に自身でレスポンスを返せない条件、すなわち動的コンテンツの生成／再作成が必要なときに、APサーバーにリクエストが回ってきます。

そして、HTTPリクエストのヘッダーやPOSTデータを元に、それに対応した処理を行い、実際にユーザーが目にするデータを作成します。処理中には、DBサーバーやKVSをサーバーなどと接続してデータを読み書きしたり、時には外部APIを利用するなど、さまざまな処理を行います。

APサーバーとして起動するために、RubyのUnicornやPassenger、PHPのPHP-FPM、JavaのTomcatといったように、プログラミング言語ごとにAPサーバー用のミドルウェアがいくつか用意されています。これらをデーモンとして起ち上げておき、Webサーバーからリクエストを受け付けます。Apacheモジュールを使うと、WebとAPがプロセスに同居する形なので、そういう場合はWebサーバーやWeb／APサーバーと呼ぶかもしれません。

APサーバーは、システム群の中でも特にCPUリソースとメモリを消費する部位になります。そのため、同時接続数には気を使う必要があります。あまり並列処理数が多いとCPUリソースがなくなり一部の処理が滞ってしまいますし、少なすぎるともったいないリソースが発生してしまいます。CPUリソースに対して適切な最大並列処理数を決めたとしても、その分のプロセス数を起ち上げるためのメモリが足りないかもしれません。

CPUとメモリのどちらかがキャパシティオーバーになるのであればスケールアウトすることになりますが、1台の中でCPUとメモリのバランスをとってスペックを選択することで、より効率的な構成をとれます。そのため、ユーザー数ベースや秒間あたりのアクセス数を元に、必要なリソースのおおよそをつかんでおくことが、優しさの秘訣です。

DB

データを格納するシステムは多くありますが、ここではRDBMS（Relational DataBase Management System）のお話になります。

よく使われるRDBMSのうち、有償製品としてはOracle Database、Microsoft SQL Server、OSSとしてはMySQL、PostgreSQLといったところでしょうか。DBAとして活動していない限り、経験があるといえるほど何種類も触ることはなかなかないでしょう。

選択理由はOSの選択に近いものがあり、B to B系では機能とサポート豊かなOracleを、B to CではOSSを選択することが多いようです。しかし、お堅い銀行のようなシステムでも、Oracleメインで一部にMySQLを使う事例があったり、FacebookやTwitterのような超大規模なWebサービスでもMySQLを利用していたりするため、「有償製品だから／無償OSSだから良い／悪い、ということはない」と考えたほうがいいです。

RDBMSとしての基本機能はほぼ同じなので、よほどピンポイントの機能を要求しない限りは、「どういうアーキテクチャにするのか？」「どのように利用し、どうメンテナンスしていくか？」という、エンジニアとしての姿勢のほうが問われるところと考えます。

時代の流れを追うことも大切です。私はPostgreSQLから入りましたが、途中でMySQLと両方扱う状況になり、結局はMySQL一本で運用し続けています。これは、当初MySQLがイマイチだった時代から一気に進化して、自分の経験上の優位性による判断と、世間への拡がりや評価を理由に変化しました。

そういった経験や現代の世論をふまえると、「MySQLを選んでおけばまちがいない！」とめずらしく言い切ってしまっていいのではないかと思います。そのうえで、お堅い要件のためにOracleにすることはもちろんあれど、明確な理由なしに有償製品を選ぶ必要がないほど、今のOSSは磨きがかかっています。

―― ということで、これ以降の章におけるDBまわりの話では、完全にMySQLびいきな形で、アーキテクチャやパフォーマンスについて説明していきたいと思います。

KVS

KVS（Key-Value Store）は、システムの機能としては必須ではないものの、現代の高負荷なサービス事情によって必需品になっているといえます。

DBのSQLのような、複雑で多くのディスクI/Oを伴う処理とは異なり、1つのキーに対して1つの値を割り当てるシンプルなデータ構造で、すべてのデータをメモリ上で処理するため、非常に高速に動作するのが特徴です。

これを用いて、セッションデータの共有保管所としたり、動的に生成したデータのキャッシュ置き場として利用することで、ほかのシステムの負荷を軽減し、結果的にユーザーへのレスポンス速度の向上を図ります。

最も有名なKVSが「Memcached」です。データのレプリケーション機能などは備えていないものの、クライアントライブラリで分散させる手法が確立しているため、長く愛用されている逸品です。

そして、memcachedプロトコルを実装しつつ、ディスクへのデータの永続化やレプリケーションを備えたのものが「Tokyo Tyrant」です。

同じく、memcachedプロトコルを使え、expiration（データの時限削除）機能やレプリケーションを備えた、キャッシュサーバー用途の「Kyoto Tycoon」というミドルウェアもあります。

ここまではすべてmemcachedプロトコルを利用するものですが、別の方式である「Redis」が最近では人気を集めています。Redisも同じくKey-Value形式ですが、データ構造を持つため、高速にソートデータを作成できるなど、格別な機能を備えています。

何を持ってどれを採用するかは、インフラエンジニアよりはアプリケーションエンジニアが考えるところでしょう。「扱うデータがどのようなものか？」「どのような機能が必要か？」によって、選択が変わってきます。

インフラエンジニアとしては、選択肢となったミドルウェアを元に、負荷分散と可用性を担保できるのかを考えます。また、AWS ElastiCacheではMemcachedとRedisしか選択できないため、「パブリッククラウドのことも考慮して、どちらかに絞るのか？」「EC2で任意のモノを構築するのか？」といったことをイメージしておく必要があります。

KVSの扱いは比較的シンプルなものですが、プログラミング言語によっては用途に適したクライアントライブラリがなかったりするため、必ずしも機能と性能だけを見て決定できるわけでもありません。そのため、「システムに必要な機能は何か？」「必要な機能に対して、安定したアーキテクチャを組めるミドルウェアは何か？」ということを、関係するエンジニア同士で仲良く決めるといいでしょう。

ストレージ

ひと口にストレージといっても、用途はいろいろあります。

バックアップ用途として、とにかく大容量を、長期で使いたい。
RAIDに頼らず、サーバー間でデータをミラーリングしたい。
高負荷がかかる共有データの保存場所としたい。

などです。ハードウェア製品の高性能なモノに頼ると、かんたんに要件を満たせるかもしれませんが、ストレージ製品はほとんどが高価なため、一般的には必要な機能要件を絞って、それに合ったOSSを使うことになるのではないでしょうか。ここでは、どのようなシステムがあるのかを紹介していきます。

NFS

古くからこれほど多くの人に愛され、憎まれてきたシステムもなかなかないでしょう。すでに紹介しましたが、NFS（Network File System）は、名前のとおり、ネットワーク越しに別のサーバーのディスクをローカルディスクのように見せかけて操作する仕組みです。

使い方もかんたんで、NFSサーバー側がネットワーク越しのマウントを許可するディレクトリパスと、それを利用するクライアントのIPアドレスを登録し、クライアントはサーバーのアドレスとディレクトリパスを指定してマウントするだけです。たったそれだけで、クライアントはローカルのパーティションのようにファイルを操作できるようになります。

NFSは、大人しく使う分にはとても便利なのですが、パブリックなサービスのように高負荷なシステムでは、すぐに貧弱なシングルポイントであることが体感できます。ロック機構に乏しく、同時処理に弱いため、多数のアプリケーションサーバーで共有し、多量のアクセスを行うと、途端にNFS

マウントしたパーティションが重くなって、読み書きどころかアンマウントもできなくなったり、クライアントOSがフリーズするまでに陥ってしまいます。

NFS4が出てだいぶ改善されているようですが、時代はNFSではなく後述するDFSに頼る方向性に移っており、アーキテクチャ構想としてはタブーになりつつあるのではないでしょうか。

そうはいっても、優しく扱う分にはお手軽な良いシステムなので、少ない処理／低重要度な小さめのシステムに適用するためにも、知っておくといいでしょう。

DRBD

DRBD（Distributed Replicated Block Device）は、ネットワーク越しにパーティションをミラーリングする分散ストレージです。基本的に2台の間でのミラーリングとなり、用途としてはバックアップやフェイルオーバーのためとなります。ミドルウェアとしての機能にレプリケーションがなかったり、パーティションを丸ごとコピーするほうが楽な場合に活躍します。

パーティション単位でのミラーリングとなるので少々使い勝手は悪く、通常はマスター／スタンバイの関係でマスターしか利用できませんが、デュアルマスターに対応したファイルシステムを使えば2台でシステムを稼働させることもできます。

DRBD自体はそれなりに枯れており、安定して動作してくれる優れ物ですが、最近のミドルウェアはたいてい可用性を考慮して作られていますし、やはりミドルウェア＋DRBDという構成での運用よりも、1つのミドルウェアで運用できるほうがシステムとしては安定運用できるため、DRBDを適用する機会が格段に減ってきています。

DFS

DFS（Distributed File System）と名のつく分散ストレージソフトウェアは、今や数多く存在します。GlusterFS、Ceph、Swift、HDFS、……と、すべてを調査していたらキリがないほどです。

そもそも、DFSが出てきた理由が大事です。単に大容量が欲しいだけなら1サーバー数十TBで用意すればいいですし、共有ならNFS、ミラーリングならDRBDという選択肢がありました。しかし、どの選択肢も、昨今のWebサービスの成長速度に対して、大量アクセスによるディスクI/Oには弱く、ボトルネックとなるようになりました。そこで、複数台のサーバーを1つのファイルシステムと見立てて利用できるようにすることで、「CPU負荷の分散」「ディスクI/O負荷の分散」「ディスク容量の増加」「高可用性の確保」「拡張性の確保」といったことをまとめて実現する、夢のようなシステムが出てきました。それがDFSなのです。

多くのDFSは、データをブロック単位などで分割し、1つのブロックを複数台に分散して保存することで可用性を担保します。分散して保存されるということは、読み書きどちらにおいてもCPUやディスクI/O負荷が分散されるということで、隙がないシステムとなります。

“弱点”というほどではないのですが、この性能の代わりに、メタデータの管理機能が必要になります。メタデータとは、データについてのデータであり、「分割されたデータの元は何のデータで、いつ、どこに分かれて保存されたのか？」といった情報が必然的に扱われます。また、サーバーが増減する際にはリバランシングが必要であったりと、運用が複雑化するのは仕方がないことです。

それでも、クライアントとしては、専用コマンドでファイル操作したり、APIを使ったり、FUSEマウントしてローカルのパーティションとして扱いやすくしたりと、便利にできています。

DFSといっても、ミドルウェアごとに特徴がかなり違います。機能が全然違えば、用途に対する得意不得意もあれば、運用しやすさ、炎上しやすさも、まさに十人十色です。よって、何をやるかによって選ぶものは変わってくるため、オススメなどはありません。1つ言えるのは、「表面上はとても便利で良いことしかなさそうでも、複雑であるのはまちがいなく、構築や運用で苦労することは避けられない」ということです。

しかし、インフラエンジニアとしてDFSに触れることは、機能的に得られるもの以外に、構造や考え方が経験として非常にタメになることまちがいなしです。実際に採用するかは別の話としても、研究として、一度勇気を出して触れてみるといいでしょう。

その他

主軸となる構成以外にも、システム要件によって、さまざまなミドルウェアが必要になります。たいていのシステムには複数ミドルウェアの選択肢があるので、少なくとも2種類のミドルウェアを比較し、要件に適したモノを選びましょう。

ジョブスケジューラー

定期処理といえば「cron」ですが、もう少し柔軟にアプリケーションからの命令で非同期処理として実行したい場合があります。Ruby on Railsにおいては「Resque」や「sidekiq」といったソフトウェアがあり、メインの処理とは切り離してバックグラウンドで処理をさせたり、再試行したりすることができます。これらは、どちらもバックエンドにRedisが必要です。

ほかにも、CIツールとして有名なJenkinsをジョブの定期実行管理ツールとして採用する工夫が見受けられます。システムとしては少々大きく、ジョブ管理はごく一部になりますが、「Hinemos」というシステムの統合管理ツールもあります。

Web／APサーバーは自動的に増減させる時代なので、「ある1台にcron登録しておく」というのはナンセンスになりつつあります。全台に同様の設定のジョブスケジューラーを置いても重複実行されないような、フラットな構成を目指すべきです。あまり小さい処理を大仰なミドルウェアで管理するのも考えものですが、早い段階から覚えておいて損はないシステムです。

ログ収集

サーバーの運用において、いちいちサーバーにSSHログインしてログを確認するのは、もはや古典的な手法といえます。アクセスログやエラーログは自動的に1箇所に集め、さらにその生ログを目で眺めるのではなく、自動的に解析してピックアップした情報を確認することで、圧倒的な運用パフォーマンスを発揮することができます。ほかにも、ビッグデータ解析用に「リアルタイムでデータを送信する」といった仕組みの需要も高まってきており、今やログはローカルにただログローテーションして放置したり、1日に1回程度収集するだけでは物足りなくなっています。

こういったログを扱うには、送る側のクライアントと保存する側のサーバー、さらに中継サーバーが必要になることがあります。クライアントは、第2章でも紹介したFluentdが非常に優秀であり、かなり多くのケースにおいて要件を満たしてくれるはずです。少し古い手段としては、rsyslogやsyslog-ngといったsyslog系があります。元々OSで稼働しているデーモンということもありますし、機能もそこそこなので、軽量な仕組みならば採用することもあります。

サーバーは、要件によって、1台のOSのファイルシステムや大きなDFSになることもあれば、外部の解析サービスに流すこともあるでしょう。こちらは、データの重要度や蓄積容量によって、小さすぎずデカすぎない、適切な受け皿にする必要があります。

ログは扱うのがほとんど自分自身だけならば、システムを選定するのは難しくないでしょう。しかし、他者・他部署が必要とするものを用意することも多いため、まずは即時性や堅牢性といった要件をまとめる能力が重要となります。そして、ログを流して保存するだけではただのゴミなので、日常的または緊急時において、意味のあるログを効率的に利用する手段を提供するところまでのお手伝いがワンセットとなる、けっこう大変なお仕事となります。

4-8 オンプレミス環境でサービスを運用するうえでのポイント

サービス用のサーバー以外に監視すべき機器とは

サーバーの監視手法については、2-7節にて紹介した手法がほぼそのまま当てはまるので参照してください。

パブリッククラウドとオンプレミスの違いを挙げると、パブリッククラウドではインスタンスサーバーの監視をするだけでよかったのに対し、オンプレミスではサービス用のサーバー以外に監視すべき機器がいくつかあります。

ネットワーク機

まずは、インターネット回線と接続しているL3スイッチです。グローバルとのトラフィックを把握しなくては、いつ上限に達するかわからないため、かなり重要度が高い項目となります。WAN用のポート以外のポートは、各ラックのL2スイッチと接続されるでしょうから、それらの全ポートを監視することで、ラックごとのトラフィック流量を把握することができます。

次に、L2スイッチです。種類としては、以下3つになるでしょう。

- L3スイッチと接続されたポート
- さらにほかのL2スイッチにカスケードするためのポート
- ラック内の全サーバーに接続するポート

L2スイッチはある意味中間的な配置なので、L3スイッチやサーバーと同じ内容となるトラフィックグラフを生成することになるかもしれません。しかし、監視すること自体がシステムに悪影響を与えることはないため、採っておいて損はありません。

ネットワーク機器の監視、特にグラフ生成のための監視では、機器によっては情報を取得できない場合があります。それなりに高価な部類の機器、もしくは「インテリジェンス」と表記されている機器ならばSNMPなどに対応していますが、安価・ノンインテリジェンスな機器は監視機能に対応していないことがあります。オフィスの足元で使うようなネットワーク機ならまだしも、データセンターで使う大切な機器は、必ず監視機能に対応しているものにしましょう。

基幹システム

オンプレミス環境の構築において、多くの基幹システムを紹介しましたが、それらの監視も重要事項となります。Ping（ICMP）のチェックや、デーモンやポートへのTCP接続だけで済ませるようなおざなりな監視ではなく、それぞれの機能が動作していることを保証する監視にしましょう。具体的には以下のとおりです。

- プライベートDNSサーバー → 所有ゾーンで名前解決ができる／リゾルバとして外部の名前解決ができる
- LDAPサーバー → LDAP情報を取得できる
- NTPサーバー → 時刻同期ができている

「監視する」ということは、「その機能の動作確認をとる」ということ、そして「その機能に関連するリソースの状況を取得し続ける」ということです。このことをしっかり押さえて監視設定をすれば、そうそう悲しい事件は起きないはずです。項目を漏らさず、設定しましょう。

仮想親サーバー

プライベートクラウドを構築すると、親サーバーのリソースや、クラウド管理に必要なデーモンの状態を監視する必要があります。ソフトウェアとしての監視内容はインスタンスと共通する基礎項目になるかもしれませんが、ミラーリングディスクの1台が壊れたりしてもインスタンス側にはわからないので、リモートコントロール機能のハードウェア監視も別途設定することになるでしょう。

仮想環境は、親が死ぬと子がすべて停止することがほとんどなので、親サーバーの安定化はシステム全体の安定化につながる重要事項となります。

インスタンス

こちらはパブリッククラウドと同じく、全インスタンスの標準項目を監視し、ミドルウェアごとに必要な項目を追加する形で監視します。

サービス

パブリッククラウドでも同じですが、できればサービスの公開URLに対してHTTPリクエストを投げるような、サービスの正常稼働監視をすると、ユーザー目線で異常や品質の変化を検知することができます。

そのためには、アプリケーションが特定のリクエストで特定の確認処理を行うヘルスチェックURLを用意する必要があります。サーバーの監視と別枠になりますし、アプリケーションエンジニアと連携をとる必要が出てきて手間ですが、それによるメリットを考えれば、ひと思いに仕込んだほうが幸せになれるでしょう。

アラートメールに慣れないように

アラート監視では、管理画面で赤色をチェックするよりは、アラートメールなどを受信して問題に気づくことがほとんどです。サービスの種類が増えるとわかりづらくなってくるため、アラートメール用のメールアドレスはルールを決めてこまめに分けるべきです。

たとえば、@alert.example.comのように、アラート用にドメインから分けてしまいます。そして、@の前は「servicename-role」という形式にします。サービス名は、例としてはportalsiteなど、社内でわかりやすければかまいません。

roleは、監視するシステムによって変わってきます。私の場合、以下のようにシステムの種類で分けるパターンを用いています。

- 公開サービス → info/warning/criticalのような警告重度
- 基幹システム → vrrp/arp/backup/dns/remotecontrol

そして、警告重度を以下のように定義しています。

- info → 対応不要の状況報告など
- warning → 翌日もしくは翌営業日対応レベルの障害
- critical → 即対応レベルの障害

infoとcriticalだけだとインフラエンジニアが安心して眠れないため、アーキテクチャの品質向上によってwarningという中間重度を設けた、という経緯があります。このくらいに分けておけばメールの振り分けが楽ですし、受信してすぐに対象システムを判別することができます。

アラートメールで最も大切なことは、慣れないことです。対応しなくともギリギリ問題ないレベルのアラートを放置したり、状態によってはムダに大量のメールが送信されるような事態などは避けなくてはいけません。アラートメールの受信に慣れると、障害対応への意識が薄まり、運用に綻びが生じます。多少困難でも、平時は「アラートメール・ゼロ」を目指し、「受信イコール迅速対応」という高い意識を保ちましょう。

また、メールが嫌いな人には、チャットシステムに運用グループを作成してAPIを叩いて知らせたり、任意のURLでHTTPを叩く、という手法もあります。そういった機能を持つ監視システムを採用するのも、吉となります。

‥▶ 自動化を推進する

この業界にて比喩的表現で使われる“面倒くさがりのエンジニア”が必要とされる理由が、この自動化です。インフラエンジニアにおいては、OSからミドルウェアの設定まで、まともに正面からぶつかると、いくつのインストールと設定を手動でこなす必要があるのか、そしてサーバーの台数分それを繰り返す必要があることを考えると、吐き気がする作業量ですし、腱鞘炎になってしまいます。

運用で手作業を免れない部分は多少あるとしても、初期構築という部分においてはひと手間ふた手間程度の入力をするだけですべてが完了することを目指すのが、怠惰エンジニアのあるべき堕落姿です。目指すは、南国の浜辺で日光浴をしているところに、依頼を受けて、ポチッとしたら泳いで待つだけ —— そうありたいと常々思っています。

親サーバー

物理サーバーをそのまま使う場合も、仮想化する場合も、まずはOSを入れなければ始まりません。配線完了後にコンソールをつないでカタカタ入力し、SSHがつながるところまでがゴール —— なんて、ナウくありません。どのように親OSのインストールをサボるかを見ていきましょう。

自動インストール

サーバーの電源を入れるとBIOSやUEFIが起動し、起動優先順位に従ってインストール済みのHDD／RAIDからOSを起動したり、CD／DVD／仮想ディスクのOSイメージからインストール画面を起動します。

こういった起動手段の1つに、PXE（Preboot eXecution Environment）があります。物理サーバー内ではなく、ネットワークからデータを取得して起動するというものです。これを中心に、さまざまな仕組みを使うことで、サーバーの電源ボタンを押すだけでSSH接続までが完了するアーキテクチャを構築することができます。ここでは断片的な単語を並べるだけですが、どういう仕組みに仕上げるかを考える軸になればと思います。

まず、PXEブートをすると、ネットワークと接続するためにIPアドレスを取得します。IPアドレスは自動取得なので、すなわち先にDHCPサーバーを準備しておく必要があるということになります。

DHCPサーバーからIPアドレスを取得すると、次にTFTP（Trivial File

Transfer Protocol）サーバーからブートイメージを取得しようとします。TFTPサーバーや取得データの情報は、DHCPの設定に記述して教えてあげます。TFTPからデータを取得するということは当然、TFTPサーバーの準備と指定のパスにインストールイメージを保存しておく必要があります。

TFTPサーバーからブートイメージを取得すると、本来はインストール画面になりますが、ここではインストールを全自動にするために、RedHat系なら「KickStart」、Debian系なら「Preseed」という仕組みを使って、インストール時に指定する内容を設定ファイルとして読み込ませることで全自動を実現します。KickStartやPreseedの設定は、各々の記述ルールに従って書くことになります。設定ファイルはプライベートネットワーク内のHTTPサーバーに置くなり、外部のGitに置くなりしておきます。

コンソールで見た時に出る最初のインストール画面の「boot:」に手動でKickStart／Preseedの置き場所を指定することができますが、これも自動化するためには、ブートイメージのisolinux/isolinux.cfgを編集しておき、KickStart／Preseedを使ってインストールすることを指定しておく必要があります。

KickStart／Preseedの設定に問題がなければ、インストールが終わるとHDDにOSが書き込まれた状態になり、自動で再起動するとHDDのOSでブートしてくれることになります。デフォルトでSSHは入っているでしょうから、あとはホスト名やStaticなIPアドレスを設定、必要があればChefなどで初期構築して、完了となります。

この説明だと短いですが、実際にPXE／DHCP／TFTP／ISO編集／KickStart or Preseedと構築していくのは大変な作業です。しかし、一度環境を構築してしまえば、何百台だろうとスンナリと物理サーバーを構築できてしまうため、中規模以上のサーバー群を扱うならば最初の苦労を惜しまずやりきってしまいましょう。

コピー

自動インストールも十分効率的な手段ですが、OSのインストールというまったく同じ処理を何度もさせているわけなので、非効率な面がないわけではありません。より速い方法を考えると、データのコピーになります。

OSをコピーする際に、いくつか注意する点があります。

まず、通常のファイルやディレクトリを扱うようなコピーでは、OSは起動しないこと。OSをインストールすると、必ずそのストレージデバイスの最初512バイトにMBR（Master Boot Record）という領域が作成されます。MBRはファイルでもなくパーティションでもないため、これをコピーするにはddコマンドなどを使う必要があります。要は「ディスクデータを丸ごとコピーする必要がある」ということです。

OS領域は通常、10GBに満たない容量になりますが、HDDの場合は残った容量をデータ領域としてパーティションを切ることが多いでしょう。しかし、空のデータ領域をコピーしても虚しいだけなので、「OS領域はコピーし、データ領域は後で追加でパーティションを切る」といった流れにするのが効率的です。

また、OSを別ストレージにコピーしたからといってそのまま動くかというと、そうではありません。ネットワークデバイスにはMACアドレスが割り当てられているため、同じコピーOSを起動するとMACアドレスが重複してしまいます。これを回避するには、ネットワーク認識情報を消した状態でコピーし、情報がなければデバイス管理ツールであるUDEVが勝手に認識してくれる、という対処ができます（UDEVのバージョンにもよります）。

そして、コピーするデバイスについてはなかなか厄介というか、選択肢があります。たとえば、4GBのUSBメモリを大量に用意し、1本には通常どおりOSインストールをします。そして、残りのUSBメモリにOSをコピーし、物理サーバーに挿し、USBメモリを最優先のブートディスクと設定することで、USBメモリでOSを運用することができます。ただし、USBメモリは書き込みを続けると壊れるため、不要な書き込みをしない設定、もしくはメモリやHDDなど外部に書き出すように工夫する必要があります。

HDD間のコピーが最もかんたんに思えるかもしれません。外付けで適当に認識してコピーし、筐体に戻すだけだからです。しかし、実際にデータセンターで扱うサーバーは、たいてい複数HDDのRAIDで構成されるため、その手は使えません。筐体にHDD／RAIDがセットされた状態でコピーすることになります。「KNOPPIX（CD／DVD-ROMから起動できるLinuxディストリビューション）で起動してネットワークにつないで、ローカルディスクにコピーする」という手もありますが、それでは手作業が多くなりすぎて効率的とはいえません。

利用するハードウェアやネットワーク構成、目指すべきミドルウェアの初期構築状態によって選ぶべき手段はさまざまとなることでしょう。どういう方法になるにせよ、試行錯誤が必要なことはまちがいなく、インフラエンジニアにとって十二分にやりごたえのある仕事となるでしょう。

インスタンス

インスタンスの作成は、“自動化”というよりは、プライベートクラウドの機能として、管理画面やAPIにより“簡易化”されているはずです。

簡易化、そして「より便利に」という思考をもって、インスタンス情報の入力からSSHログインまでにかかる時間の短縮を試みたり、多種のOSイメージを用意したり、標準的なパッケージをインストール済みのイメージにしておいたり、やれることは多くあります。

また、インスタンスに対する監視や、ログの外部配送などで、インスタンス追加後にほかのサーバーでインスタンス設定の追加作業が必須になっていると、せっかくインスタンス作成がひと手間でも、ふた手間以上となってしまいます。そのため、ほかのサーバーへデータを送信する必要があるシステムは、ポーリング型ではなくプッシュ型を選定し、インスタンスを作成するだけですべてを完了させることができるようにしましょう。

そう目立つ効果ではありませんが、少しの改善ができれば、利用者全員分を積み重ねて大きな効果となります。クラウドの機能として恩恵を受けるだけではなく、常に改善策を考えていきましょう。

ミドルウェア

インスタンス起動後に、即使える環境として提供するために、OSの設定やミドルウェアのインストール、ミドルウェアの設定といった構築作業を行います。これも全台を手動で行うわけにはいかないため、自動化します。

自動化には、構成管理ツールというものを用います。有名どころでは

Puppet、Chef、最近ではItamae、Ansible、Saltといったツールも出てきており、初期は静かなブーム程度だったのが“常識”レベルにまで上がってきています。

くわしくは第6章で扱いますが、Infrastructure as Codeとカッコよく呼ばれるこの仕組みは、少ない労力で絶大な効果を発揮するため、怠惰エンジニアが堕落するために必須の取り組みであるといえます。たとえ小規模な環境だとしても、大規模を見据え、かつ楽して食っていくためにも、早めに準備にとりかかっていきましょう。

デプロイ

第2章でも解説しましたが、デプロイとは、おもに開発ソフトウェアをステージング環境や本番環境に配置することです。アプリケーションサーバーが複数あるため、全サーバーに一斉更新することが当然となります。アプリケーションのデプロイは多くはアプリケーションエンジニアの領域ですが、インフラエンジニアも共有システムなどを作成・管理していると関わる必要が出てきます。

デプロイを手動でやるとなると、アプリケーション／ソースのディレクトリ／ファイルを転送し、現行のモノと入れ替え、デーモンを再起動する、といった作業をすることになり、それを全サーバーにログインしてセコセコ行うのは“ブラック運用”と言わざるをえません。そこで、デプロイツールを使うことで、ターンッとワンコマで全サーバーへのデプロイを完了させ、サービス品質の向上と開発リソースの確保に大きく貢献できることになります。

デプロイツールとしてはCapistranoやFabricといったモノが主流となっていますが、AWS OpsWorksのようにChefでやってしまうパターンもあります。ただ、やはりミドルウェア管理とソフトウェア管理にはそれなりの違いがあり、それぞれのツールに得意不得意があるため、構成管理ツールとデプロイツールは分けて使うことが好まれるようです。

こちらも構成管理ツールと同様、最初の習得と環境準備には手間がかかりますが、それを乗り越えれば良いことしかないため、初期段階から優先度高く取り組むべき仕組みとなります。

‥▷ バックアップ/リストアのポイント

おもな内容は第2章において説明したものと同様になりますが、オンプレミスではさらにいくつか採っておくべきバックアップがあります。具体的には以下になります。

- ネットワーク機の設定
- 基幹システムのデータと設定
- 仮想親サーバーのOSデータと仮想化設定、インスタンスイメージ

どれも毎日取得する類のデータではなく、構築完了後に一度取得してしまえば、次の更新まで取得不要になるものです。

どのシステムにも、ハードウェアやファイルシステムが破損する可能性があるため、復旧に必要なバックアップはどれだけ小さなデータでもとっておくべきです。たとえ構築手順を残していたとしても、実際にどのような状態で運用されていたかは保証してくれませんし、再構築するよりバックアップデータから復元したほうが早く正確だからです。

そして当然、運用に入る前にリストア手順も確立し、その手順を資料として残しておきましょう。そういった事前準備が、いざトラブルになった時におおいに役立ってくれます。

‥▷ 故障対応する

HDDを筆頭に、ハードウェアはいつか故障することを前提に運用します。ここでは「故障」と判断したハードウェアそのものをどのように処置するパターンがあるのかを考えてみましょう。

どのように障害を検知するか

まず、どのようにハードウェアの故障を検知するかですが、たいていの筐体には前面背面のどちらか、もしくは両方にステータスランプがついています。ハードウェアに異常が検知されると、ステータスランプの色や点灯／点滅／消灯、点灯ランプ数の数と配置によって、またはピーピーと警告音を出して、状態を知らせてくれます。データセンターに足を運ぶと、ピーピーと鳴いている他社のサーバーに出くわすことも多く、何もしてあげられない歯がゆさを感じたりするものです。

検知の初動としては、ステータスランプや音をキッカケに気づくことはほぼありません。「サーバールームの現地管理者が、見まわるタイミングで気づいて、連絡がくる」というパターンもありますが、1日に何度も巡回するわけではないからです。

では、どのように検知するかというと、リモート管理ツールで検知します。リモート管理ツールをブラウザで閲覧できるようにしておくと、たくさんの監視されたステータスを確認することができます。そして、ほとんどのツールは、ステータスが異常値に切り替わったタイミングをトリガーとして、何かしらのアクションを起こせる機能を備えています。アラートメールとして通知するには、DNSサーバーとメールアドレス、そして通知するアラートの種類や重度を入力しておきます。

通知先は、おもにハードウェア管理者と仮想環境管理者になります。サービス運用者へは普通は送る必要はなく、インスタンスのアラートを受信してもらえば十分です。なぜなら、ホストサーバーに多少の故障が起きても冗長化構成のおかげでインスタンスに影響がないパターンや、ホストOSが死にかけでもインスタンスは正常なパターンなどもあるからです。

修復対応の方法と注意点

故障したハードウェアの修復対応にはいくつか方法がありますが、なんにせよ、まずはサーバーベンダーに連絡することになります。リモート管理ツールが検出したエラーの内容を添えて連絡すると、保証期間の状況にあわせて対応してくれるはずです。

保証期間内であればたいていの故障は無償で対応してくれますが、保証期間が過ぎている場合はいろいろ費用がかさみます。それは覚悟のうえで更新していないのでしょうから、筐体ごと諦めるか、少々高めのパーツ代・作業員代を支払って対応してもらうことになります。

対応内容は保証契約内容にもよりますが、

- 現地に作業員が来てくれてパーツ交換などをしてくれるオンサイト保守
- 新筐体を送ってくれて、交換後に故障筐体を送り返すパターン
- 故障筐体を送って、修理してもらって送り返してもらうパターン

などがあります。

このうち、一時的に筐体がなくなる郵送修理型は当然避けたほうがいいですし、先に新筐体を送ってもらえるパターンも時間がかかるのでよろしくありません。即日〜翌日に修理が完了するためには、オンサイト保守、もしくは「コールドスタンバイ機を置いておく」という運用が賢明です。

保証期間が切れている場合、作業員に来てもらうとかなりお高くつくので、故障部位が特定できていれば「パーツだけ送ってもらう」という手もあります。自分で現地で交換すれば、現ナマ費用としてはパーツ代だけで済むからです。ただし、「自分でできるから」と保証期間内にこれをやると、保証対象外となってしまうので、やめましょう。

パーツの交換に慣れている人はそう多くないでしょうが、ホットスワップHDDなら起動したままガチャコン入れ替えるだけですし、メモリの差し替えやRAIDカードのバッテリー交換程度ならだれでもできます。マザーボードが関わってくると、自信がないと戻せなくなったり、静電気で壊したりするので、無理にトライすることは避けたほうが無難です。

修復が成功したらステータスランプが正常点灯となるので、管理ツールでも状態を確認して完了となります。

いざ故障してから初めて対応手順を考えると時間がもったいないので、事前に連絡先やエラーログの所在を確認しておき、検知から修復完了までのおよその時間を把握しておきましょう。

column

サーバー紛失事件

まだドリコムが駆け出しの小企業のころ、クラウドという概念もなかったため、小規模ながらデータセンターにラックを借り、サーバーを購入し、自分たちで管理をしていました。その日も、いつもどおり正常に公開サービスが稼働し、私たちはユーザーにエンターテイメントを届けられる幸せを噛み締めて……

……いたはずでした。そのころは、まだ全局面的なアラート監視などをしっかり整備しきってもいなく、社長のひと言からそれは始まりました。

「ねぇ、サービスにつながらないんだけど、大丈夫？」

担当のエンジニアが急いで確認作業を開始します。ブラウザで閲覧できない。SSHログインができない。Pingすら通らない。しかも全サーバーが通らない —— 圧倒的異常事態が発生していました。

その場にいても何もできないため、エンジニアはデータセンターに緊急入館。ラックの前に到着して目撃したものは……

「……サーバーが、ない」

なんと、ラック内がもぬけの殻ではありませんか！　あまりのレアケースに、エンジニアが対応できることはもはやありません。すべてを社長に託し、判明したその原因とは……

金融系マンガよろしく、「ラック管理業者が倒産し、資産確保として回収された」とのこと。しかし、そのサーバーは我々が購入した、紛うことなき我々の資産！「回収処分されてはなるまい」と奔走した結果、無事に返却され、日時は空いたものの別の環境に移して、サービスを再開することができました。

この事件で我々が得た教訓 —— サーバーは忽然と消えるもの也。

Chapter 5

イベント（2）事業拡大

5-1 規模を把握する

サービスの変化がきっかけで環境が変化しなければならなくなる

既存のサービスがゆるやかに繁栄していったのか、何かの拍子に急激な伸びをみせたのか、はたまた新規事業が大当たりしたのか、大当たりする予定（笑）なのか —— さまざまな理由によって、それまで可愛がっていたインフラ環境は手狭になり、環境の拡張を迫られる時期がやってきます。それはインフラエンジニアにとって大仕事ですが、実力向上の良い機会であり、食いっぱぐれのなさをより強調できる、歓迎すべきイベントでもあります。

サービスがゆるやかに繁栄した場合は、グラフの変化などから限界を察知して取りかかれるかもしれませんが、余裕がある分、データセンターという大きな部分に手を入れるよりは、単体のスケールアップやソフトウェアのリファクタリングなどさまざまな工夫や対応をすることで寿命を伸ばし、それがどうしようもなくなるときに取りかかることになるかもしれません。

やらねば殺られる状況になるのは、やはり急激な伸びによって一度や二度、サービスの停止や不安定を経験させられたり、予測困難なサービスの投入によって辛酸を嘗めるハメになった、もしくはそれを予測して緊急回避するためというパターンもあるでしょう。

サービスの変化がキッカケとなって生じる環境変化の必要性に対応するには、ボーっとしていると危険です。インフラエンジニアとして、サービスにどのような変化が、どのような計画が起きているのかを日々知るための監視力、そして社内政治的な努力が必要です。

そのほか、インフラ環境そのものを起因としてインフラ環境の置き換えを試みる場合もあります。ハードウェアの経年劣化による故障率の増加や、世間のハードウェアの性能向上による旧製品の効率悪さ、などが理由となります。

仮にそういう理由が濃くなったとしても、「インフラ環境を新築したいから、新築する」という煩悩先行ではなく、「サービスを好環境で提供するために、新築する」のが目的なので、サービスの現状を把握し、今後の予定を元に計画していくことになります。

··› 現状を把握する

サービスの現状を把握するには、既存環境において取得しているであろうサーバーの監視グラフを元に、現状がどのようなトラフィック流量であり、どれくらいのリソースを必要としているのかを再確認する必要があります。十分なグラフを生成していなくても大丈夫です。重要なデータは、過去ではなく、現在なので、すぐにグラフ生成に奔走してください。

トラフィック流量とグラフの波形は必ずしも比例するわけではないですが、基本的には昇降の変動比率は同じになるため、2倍の流量になればCPUやディスクIOPSのような波形は2倍の数値になりますし、ディスク容量のような蓄積系の増加角度は2倍に傾きます。メモリ容量は待機プロセス数やデータ容量に関わる特殊系なので、別途考える必要があります。以下、1つずつポイントを見ていきましょう。

トラフィック流量

まず、トラフィック流量についてですが、これはサービスのユーザー数などグラフにしにくいデータを含めて、いくつかのデータを用意します。

- 登録ユーザー数
- DAU（Daily Active User = 1日内に利用するユーザー数）
- リクエスト数／s
- ネットワークトラフィックbps（bits per second）

サービスの盛り上がり／盛り下がりの大元は、ユーザー数、特にDAUをメインに試算することになります。極端に言えば、「ユーザー数2倍」を目指す、または予定しているならば、すべてのキャパシティを2倍に伸ばす必要があるわけです。

しかし、ソフトウェアは日々変化していくので、すでにこの時点で概算になります。ある機能が加わることで負荷が5倍になるかもしれませんし、データ構造が変化することで重くも軽くもなりえます。

また、リクエスト数／sやネットワークトラフィックには、お昼休みや22時ごろのピークタイム／日平均／就寝時間では2倍ずつ以上の差がありますし、サービスのイベントや宣伝行為によって10倍以上の急激なトラフィックが来る可能性があることも忘れてはいけません。

それでも、大元となる数字がなくては試算できないため、そこで出てくるのがDAUということになり、DAUを元に大枠の増設数を決めることになります。そして、それ以外の要因による上下変動はインフラのアーキテクチャによってカバーできるようにするのが、インフラエンジニアの腕の見せどころになります。

消費リソース

トラフィック流量に対して、現在必要なリソースはどのくらいなのかを、ミドルウェア／リソースの種類ごとに確認していきましょう。

CPU

すべてのサーバーで重要なCPUリソースは、グラフでは1スレッドあたり100％として表示されるため、4コア／8スレッドのCPUならば最大800％として表示されることが多いです。これを、たとえばWebサーバー1台でのピークタイムのCPU値が400％で、Webサーバーが10台あるとしたら、このサービスに必要なCPUリソースは最低でも4000％ということになります。APサーバーも、Webサーバーと同様にフラットな構成ならば同じく合計値でいいのですが、DBやKVSのようにデータを分散する役割においては、さらにその分割単位で必要リソースを考慮します。

監視システムによっては、スレッド数の合計値で値を表示せず、合計値をスレッド数で割った100%換算で表示するモノもあります。これはこれで理解しやすく、大事なものですが、グラフからスレッド数が把握できなくなるので、真に必要なのは前述の単純な全スレッドでの合計値グラフとなり、両方用意するのが心強いです。

ディスクIOPS

ディスクIOPSが重要なDBのようなシステムでは、レプリケーション構成が組まれているため、データを垂直・水平分割単位※からさらにMASTER／SLAVEに分けて必要なリソースを確認します。MASTERではピークタイムのWrite IOPSを、参照分散するSLAVEではWrite／Read IOPSどちらにも注意します。

ディスクIOPSは、書き込み頻度や、データ容量に対するメモリ容量の比率などに大きく影響されるため、グラフの数値だけではなく、実際にどのようにディスクを利用しているかの詳細も理解しておかなくては正しい判断はできません。

ネットワーク

ネットワークトラフィックは、1Gbpsならばなかなかキャパシティオーバーが発生しませんが、グローバル回線やMASTER DB、ストレージサーバーといった、通信が集中する箇所のbps値を確認しておくといいでしょう。

メモリ

最後に、メモリはミドルウェアごとに考える必要があります。

Webサーバーは、プロキシとしてならばたいしたことないですが、コンテンツキャッシュをしているならば、それを効率的に処理するために必要なメモリ容量を確認します。

APサーバーではアプリケーションプロセス1つ1つに大きめのメモリ容量が必要なため、起ち上げておく、または自動で立ち上がる最大プロセス数やスレッド数を元に、必要なメモリ容量を把握します。1プロセスあたりに必

※垂直・水平分割については、第6章にてくわしく解説します。

要なメモリ容量は、稼働中のサーバーにて「ps axuw」などで表示されるRSS列で確認することができます。

DBサーバーでは、大量の実データやインデックスをメモリに載せて処理することで高速に処理をするため、メモリは非常に重要です。DBに必要なメモリの計算法は複雑なためひと口では表せませんが、少なくとも現在のディスクIOPSやI/O wait、レスポンスタイムに不満がない状態ならば、今のメモリ量を正常稼働するための最低値として認識しておきましょう。もし、不満があるならば、移行の前にボトルネックを把握し、先に解決するべきですが、それが無理だから現行サーバーから逃げ出すのであれば、ボトルネック解消のラインを予測する、難しめの計画となるでしょう。

KVSサーバーは、できる限りメモリを利用し、不要なデータは捨てられていく仕組みであるため、本当に必要なメモリ量は把握しづらいです。セッションデータのように一定期間確保する必要があるデータは必須容量ですし、負荷軽減のためのキャッシュデータは多いほど安定する性質です。管理コマンドなどで、必須容量と、軽量化に最低限効果的な容量を割り出し、必要となる容量の大枠を把握しておきましょう。

段階的計画とアーキテクチャ構想を練る

サービスの拡大には、2つの目線があります。

- 事業目線で、ユーザー数は何ヶ月で何万人、売上は何万円といった指標を元に、トラフィック流量を仮定し、サーバーのリソースを試算する
- インフラ目線で、「いかに費用対効果が高い環境で、拡張性高く、何年間か移転せずに済む環境にできるか？」を考える

これらはそれぞれ、ユーザーを相手にする運用者と、リソースを相手にするインフラ管理者の考えです。「職種としては別々の人間が、1つのサービスの面倒をみる」という点であえて分けて書きましたが、構築計画ではどちらも大切な考え方となります。

サービスの運用者はインフラ環境を中長期的視点で設計することはできませんし、インフラエンジニアは今後のサービスの予定を予測する立場ではありません。そのため、互いの情報を共有しあい、現実的に実現可能で安定したシステムを目指します。

——という綺麗ごとも押さえつつ、実際にはインフラがあるからユーザーに使ってもらうわけではなく、ユーザーのためにインフラを用意するわけなので、事業目線の目標が先行します。そういった目標は、時に「何百万ユーザー」などと夢見がちな数字を出してくることがあり、実際にそういうメガヒットサービスは存在するのですが、毎回そういう数字を元にインフラを設計していては、身もお金も保ちません。

ゆえに、インフラエンジニアは真っ向から否定するのではなく、常に冷静に、

「既存アーキテクチャならば、何万ユーザーまでの拡張性・耐久性は大丈夫」
「何百万ユーザー以上は、アーキテクチャを変える必要があり、人的リソースとリスクがある」
「インフラ費用は、何万ユーザー分ならこれくらい、何百万ならこれくらい」

と具体的な数値に落とし込み、事業目標もリアルな段階的目標にしていきましょう。

ひと昔前は、インフラを拡大するのは難しいことでしたが、今の時代は設計がしっかりしていれば構築速度と拡張性に優れたアーキテクチャにできるため、それほど苦にならなくなりました。とはいえ、1,000万ユーザーという目標に対して1,000万ユーザー分のインフラをいきなり用意してしまうと、目標が達成できなかった場合に固定費用として赤字に貢献してしまうため、段階的に拡大するよう計画するのが当然です。

そして、その段階において、「アーキテクチャ的に障壁となる部分がないか？」「あるなら、ボトルネックはどこになるか？」を見極め、対策を練り、対策にかかる時間を試算し、メンバーで共有していきます。

最もありえるのが、データベースのキャパシティオーバーです。これを解決するためには、データの分割やクラスタ化を試みることになりますが、そ

の知見がない組織だと、実現まで相応の時間が必要になります。ほかにも、検索システムや統計／集計システムなどにおいて、処理速度が十分でなければ丸っとシステムを置き換える必要があるかもしれません。

スケジュール的になかなか厳しくなることが予想されますが、そうならないためにも、日頃から少しでも平和なときに次なるアーキテクチャを考え、試験していく姿勢が、いざという時に大きな助けとなります。

··▶ 必要となるリソースを予測する

現行の消費リソース量を用いて、「段階的にどのようなリソースが必要になるか？」「どのくらいの規模の環境が必要になるか？」を予測しましょう。ここでは、わかりやすく、10倍のアクティブユーザー数を抱えるために計算するとします。

そして、各リソースのキャパシティを100％とすると、「50％」というラインを次なるスケールアウトもしくはスケールアップの目安として計算することにします。つまり、「消費リソースの倍のキャパシティを用意する必要がある」ということです。

CPU

まずCPUですが、さきほどの例では、現行のWebサーバーは全台で合計4,000％のCPUを消費していることがわかりました。これを10倍にすると40,000％となり、用意すべきキャパシティリソースは80,000%ということになります。

そして、次の環境で用意するサーバーについて、コストパフォーマンスが最も良いスペック、かつ台数が多すぎず少なすぎずとなる選択肢を考えます。ここでは、16vCPUsのインスタンスを選んだとします。

あとは、割り算をすると、

80,000％ ÷（16vCPUs × 100％）＝ 50台

が必要である、という結果を得ることができます。

処理が集中するDBサーバーでは、現行のCPU利用率が400%とすると、10倍の4,000%、キャパシティの猶予としてその倍の8,000%を用意することになります。こうなると、80vCPUsのサーバーは用意できないということになり、分割が必須であることがわかります。同じく16vCPUsを採用するとしたら、「5台での分割と、分割の仕組みを整える」という大仕事が必要であると判明します。

ただ、計算上はそのとおりでも、これらだけ見ると机上の空論と感じるかもしれません。そして、その感覚は半分は合っています。なぜなら、

「本当に10倍になるのか？」
「いきなり消費リソースを50%にしていいのか？」
「もっと低く始めるべきではないのか？」
「CPUが新しく変わると、性能向上によって、台数が少なく済むのでないか？」

といった不確定要素が山盛りだからです。

それでも、さまざまな変数を固定し、概算を取らなくては、何も始まりません。費用面や台数の規模は、概算だけでも環境の選択に十分役立ちますし、DB分割アーキテクチャのような新しい仕組みに取り組む必要があるか否かは、できるだけ早く判断しなくてはいけないからです。

ディスクIOPS

ディスクIOPSは、トラフィックに比例することはまずありません。データ構造やメモリ容量などによって、良くも悪くも変動するため、本当に比例して試算すると痛い目にあうかもしれません。しかし、概算の段階としては細かい計算や検証はしてられないので、ここでは“感覚値”というレベルで比例させて試算してしまい、後の検証でカバーすることにします。

ディスクIOPSが重要なDBサーバーにおいて、現行では1,000IOPSを使用しているとすると、10倍の10,000IOPS、キャパシティリソースとしてそ

の倍の20,000IOPSが必要になります。

数千単位ならばRAID HDDで十分でも、万単位となるとSSDやNANDフラッシュが必須となります。こういった高速ドライブによりディスクIOPSのボトルネックを回避できるのは、今となっては当然であり、ありがたいことでもあります。

では、高速ドライブを適用することでDB分割をしないで済むかというと、それはおそらくNOです。同時に算出するCPUリソースやデータ容量において、分割を余儀なくされることになるからです。

古くから、ディスクIOPSは最たるボトルネックとして猛威を振るっていましたが、それを解決することは次なる別の箇所のボトルネックを生み出すことを意味しています。それがほかのハードウェア（パーツ）なのか、ソフトウェアの制限なのかはわかりませんが、CPUを筆頭に、複合的にキャパシティ問題を推測する必要があります。

ネットワーク

ネットワークトラフィックでまず考えるべき箇所は、グローバル回線です。グローバル回線は、100Mbps契約から数Gbpsまでさまざまですが、こと上限はシビアに構想しなくてはいけません。

元々、ピーク時に100Mbpsのトラフィックがあったとすると、その10倍は1Gbpsとなり、1Gbps以下が上限の環境は軒並み選択肢から外れることになります。これが仮に50Mbpsだったとしても、500Mbpsを用意することになり、予想をさらに2倍超えしてくると同じ話です。

必要性が確定しない上限を恐れていてもしょうがないのですが、グローバル回線の怖いところは、「拡張ができなくなった時に、またデータセンター環境を丸ごと移転する必要が出てしまう」ということです。たとえ可能性が薄くとも、いざその時が来た場合に対処できる環境を選ぶことが肝心です。

データセンターの回線仕様としては「最大1Gbps」と記載されていたとしても、上限問題について相談してみると、以下のように公開資料にはない選択肢を提案してくれるかもしれません。

- 単純に1Gbpsを複数本とDNSラウンドロビンを使って分散する

- リンクアグリゲーションで1Gbps増やして、2Gbpsにする
- そもそもバックボーンが10Gbpsであり、裏メニュー契約があることが判明する

想定トラフィックが200～300Mbps程度ならばコストパフォーマンスや安定度を重視するだけでもいいのですが、それ以上となると、上限対応について積極的に情報を集めることが大規模運用へのカギとなるでしょう。

別の対応策としては、トラフィックの内容を検討してみることです。もし、トラフィックの大半が静的コンテンツであったり、キャッシュ可能なコンテンツの場合、そのトラフィックだけ外部のCDN（Contents Delivery Network）に逃すという手があります。これにより、メインの環境は極端に太い回線がなくとも大丈夫になるかもしれません。

次に、プライベートネットワークについては、特にトラフィックが集中するDBのMasterやストレージの値に注目し、「負荷を10倍にするとどうなるか？」を考えます。

もし、1Gbpsを超える場合、DBはSlaveレプリケーションをMasterからのみ作るのではなく、SlaveのSlaveを作るような階層構造が必要かもしれません。一方で、ほかのボトルネックによりデータの分割が必須になり、その必要がなくなる可能性もあります。

どうしても分割できないDBやストレージがある場合、10Gbpsという選択肢が必要になり、環境の選択が大きく絞られることになるでしょう。

ネットワークは、ほかの部位と異なり、後付の力技で対応することが難しいところです。初手でどの程度考慮しているかが後の瀬戸際で勝負の分かれ目となるため、慎重に考えを巡らせて決定しましょう。

メモリ

メモリは、今となっては、その気になれば1台に1TBを超える容量を搭載できてしまうため、ある意味ボトルネックになりづらい箇所かもしれません。また、ほかの要因によるスケールアウトや分割構成が進むほどに、1台に必要なメモリ容量は一定以下に留まることになります。

ユーザー数が10倍になっても、メモリ容量を10倍搭載する必要はありません。ほかの要因によって決まった分割台数に対して、それぞれのシステムが必要なメモリ容量を算出し、それよりは多く、しかし多すぎない容量を搭載することになります。たとえば、以下のように考えると安定的です。

- APサーバー　→　vCPUsあたりの適切な並列処理数から、起動しておくプロセス数のためのメモリ容量を搭載する
- DBサーバー　→　1台あたりのデータ容量と同じか、それ以上を搭載する

搭載量はそのまま費用にヒットしてくるため、適切な容量を算出することは重要なお仕事となります。

5-2 再設計する

新しい環境に移行する際には、あらゆる箇所の現状把握と再設計の必要性を検討します。これは、拡大予測による単純な台数増加に対応するためと、技術的負債といった負の遺産を取り除く良い機会だからです。

より効率的にできるシステム、アップデートすべき放置されたシステム、時代に見合った新システムの検討など、検討すべきものはさまざまあるはずです。さらに、エンジニアという生き物は日々成長するものであり、数年前の過去のシステムを見なおせば“黒歴史”と感じることはよくある話です。1つ1つのシステムを、特性ごとに、丁寧に見直していきましょう。

物理設計

これはオンプレミスに限る話ですが、データセンターの部屋の作りとして以下の点などで不満はなかったか、あったならばどう改善するかを検討します。

- ラックの並び
- ラックの仕様
- ネットワーク機の設置ルール
- ラックマウントサーバーの設置ルール
- ケーブリングのルール

経験が少ない時代に構築されたものだと、ラックマウントサーバーとタワー型サーバーが混在していたり、豪華モニタセットがマウントされていたりしますが、貴重なラックスペースの非効率さに気づけるはずです。タワー型は中身を移して完全廃止し、モニタはリモートコントロールを使うことで不要とします。ラックマウントサーバーの大きさも、種類をある程度限定し、「1ラックの中身の基本構成はこうであり、ラック増設時もほぼ丸ごと同じ構成で増やせばいい」というようにルールを確立します。

1台の超ハイスペックマシンが必要な場面があることも否定できませんが、時代の流れとしてはミドルスペックを並べてフラットに分散する方式が主流になりつつあります。そういった方針が固まっていると、物理設計を決めるのが非常に楽で、

- 最上段にネットワーク機
- その下に、電源容量が許す限りの1Uサーバーを並べる
- 下6Uほどは、ハイスペックな2U／3Uサーバーのために空けておく

といった設計にすることができます。

どのようなソフトウェア／サービスを動かすかが物理設計に大きく影響するため、既存のサービスはもちろん、今後の予定にも目を光らせておく必要があります。

‥▷ 拡張性／分散性

拡張性で考えるべき点は2点あります。

1つめは、ソフトウェアのアーキテクチャとして、サーバーの台数を増やした分にほぼ比例してキャパシティを増加できるかどうかです。これは、アプリケーションサーバーならばかんたんですが、共有データを蓄積するDBサーバーやKVSサーバーには厄介な問題となります。ユーザーの規模が10倍になった場合に、伸びしろが少ないスケールアップに頼らず、スケールアウトだけで対応できる確信がないのであれば、新しいアーキテクチャを考案する必要があります。

2つめは、物理的なサーバー台数の制限です。これにはいくつか考えるポイントがあります。「300台必要なのに、ネットワーク設計的に/24だから

250台以上は増やせません」となるのであれば、ネットワークを再設計する必要があります。オンプレミスの場合、同部屋内に空きラックが足りなくて増やせなくなる可能性もあります。そして、そもそもサーバーを増やせない可能性としては、クラウド／リース／ベンダー直接購入いずれにおいても、「在庫の枯渇によって発注できない」または「納期が大幅に遅れる」ということが挙げられます。これは各社の営業努力次第という面もありますが、過去にはタイの洪水で大手HDDメーカーの工場が水没したことによってHDDが世界的に供給不足になったこともあり、どの環境にでもありうる事象となります。

可能性を追えばキリがないのですが、少なくとも平時の平均的な在庫余力については問い合わせて把握しておくべきです。余力があれば、複数のデータセンター環境、複数のサーバーベンダーを扱う視野を持っておくと、より安定した拡張性を保つことができます。

ただし、これらはやりすぎても運用コストが上がるだけになってしまいます。自社の抱えるエンジニア事情に合った程度の仕組みに留めることも肝心です。

冗長性

規模が大きくなるにつれて、各システムの重要度が上がり、小規模なころに手早く構築したシングルポイントなシステムはさぞ光り輝いて見えることでしょう。

必ずしもすべてのポイントを冗長化する必要はないのですが、そのシステムがシングルポイントやコールドスタンバイになっている理由が「時間がなかったから」「技術的に難しかったから」という理由であり、それが解決できているのであれば、取りかかるべきです。

··> 堅牢性

最初から堅牢なセキュアシステムを構築することは困難です。再設計する機会があるならば、日々の運用や情報収集によって、堅牢性という視点ではどのようなことに気をつけて設計すべきかを理解してきていることでしょう。

セキュリティという考え方にはさまざまな項目がありますが、企業の成長段階においては、以下のような環境変化に追随することが重要になります。

- 社員数の増加
- 公開サービスの規模拡大
- 時間経過による利用中ミドルウェアの事情変化

たとえば、数人だったエンジニアが数十人になり、責任と利便性の観点から活動履歴を残すことになるかもしれません。細々と運営していた公開サービスが拡大し、安全面から通信全体をSSLで暗号化する必要に迫られるかもしれません。使い古したミドルウェアはいつの間にか見逃した重大なセキュリティホールを抱えているかもしれません。

「セキュリティ」というと、初めから完璧に見える設計をイメージするかもしれませんが、そんなことはありません。アプリケーション開発と同様、「少しずつ改善していく」という設計思想が活きる場面もあれば、日々の情報収集によるゼロデイ攻撃への対策も必要です。

内外問わず、以下のようなことを頭から見直していくことになります。

- インフラ環境に対する入口はどこにあるか？
- HTTPやSSHなど、どのような通信があるか？
- どのようなミドルウェアが通信を受けるか？
- 残しておくべき通信はないか？

⋯> 運用機能

サービスの拡大によるサーバー台数の増加、そして時間の経過によって、運用系のシステムは生まれ変わる絶好のタイミングになっているかもしれません。

監視システムは、ポーリング型になっているならば、監視サーバー側での追加作業が必要のないプッシュ型に変えるべきでしょうし、監視データの重要性が高まったことで冗長性を求められるかもしれません。グラフデータはけっこうな容量なので、ディスク容量を増やして保存できる期間を延ばしたり、サンプリングの手法によって一部のサーバーのデータのみを保存することで全体の容量を節約することも考えられます。よりかんたんに、より安全に、より長期的に —— と、重要度が高いだけに、求められることも多くなります。

バックアップシステムがあるならば、いちサービスの拡大とサービス数の増加によって、容量をドーンと増やす必要があるかもしれません。はたまた、「拠点ごとのリスクを低減させるために、サービスとは別拠点に保管する運用を検討する。しかしながら、リストアに必要な時間も短縮する」といった高度なシステムを必要とする段階にきているかもしれません。

デプロイでは、より多くの運用者が責任をもってデプロイをかんたんに実行できる仕組みを考案したり、さらなる安定とデプロイ中のサーバー間の差異をなくすことを求めてBlue-Green Deploymentを検討するかもしれません。Blue-Green Deploymentとは、既存のサーバー群に変更を加えることをやめ、最新状態の新規のサーバー群を作成し、丸ごと入れ替える手法です。若干の費用と工夫が必要になりますが、有益な部分も多い仕組みとして、注目されています（第6章でももう少し解説します）。

こういった運用機能は、放っておくとサービスや部署ごとに旧来のやり方が各々のやり方に改良されてひとり歩きすることもあります。たしかに、各々のやり方に合った独特な手法がベストな場合もありますが、1箇所のシステム／1つのルールにまとめられるものは、インフラ部署のようなところが研究と構築を請け負い、統一するべきです。

そういう時、インフラの環境が根本から変わる機会にしかできない、やりづらい施策もあるでしょうから、日々使う運用システムをひととおり棚卸しして、「現在の不満」「変えたくない部分」「より良い改善案」を検討してみましょう。

⋯▷ 運用コスト

システムを健全に運用するために監視システムを用意しておくわけですが、監視システム自体は状況を確認できるだけで、基本的には稼働サーバー群に対してなにもアクションを起こしてくれません。アラートやグラフを確認し、どういう対応をするかは、人間が判断して実行していかなければなりません。

負荷も障害もない平時でも、日々の小さい変化を追ったり、微量な異常値を見つけることで、事故る前に事前対処を行います。障害時も同様に、監視ステータスなどを確認して対応することになりますが、その場合は突出した異常値や誤動作があるはずなので、エンジニアの経験と勘をフル回転させて原因を特定し、対処方法を考え、短い時間での解決を求められるところが平時と異なります。

どちらの場合も、人間の手が介入せざるをえないのが現在のシステムですが、それだけに、人的リソースを減らすことで得られる価値はとても大きいです。作業時間が長いタスクや、頻度が多いタスクを整理して、改善していくことは、インフラエンジニアの基本的な成果ともいえます。

代表的なものでは、Web／APサーバーの負荷増加に対してはオートスケーリングという仕組みを利用するのが一般的になってきていますし、システム障害に対してはホットスタンバイ構成によって冗長化するのがあたりまえになっています。どちらも、人手が介入するとどれほど大変で、非効率的で、不確実な運用になるかは想像できると思います。

ほかにも、数台のサーバーにログインしてログを確認していく作業をするにしても、そもそも確認する可能性のあるログは自動的に収集しておくことができますし、さらに特定のログが発見された時にのみ自動で通知することも難しくありません。

こういった工夫は、初めからすべて全能に仕込むものでもありません。初めは必要最低限のシステムで運用し、少しずつ改善していくことが、初期リリースに向けての速度や開発効率の面で健康的です。普段、何気なく行っている作業群に対し、定期的に第三者視点で見直すことで、タスクをギュッと圧縮し、新たな取り組みを手がけていきましょう。

5-3 新しい環境を選択する

··▷ データセンターは2つの視点で分散思考

新たなインフラ環境を選定するうえでは、物理的環境の土台 —— すなわちデータセンターの選択から開始することになります。端的には、パブリッククラウドかオンプレミスか、はたまた併用するのかという選択から入るのですが、事はそう単純ではありません。規模が大きくなると、アーキテクチャと経済面という2つの視点で分散思考することがあります。

アーキテクチャ視点

アーキテクチャは、インフラエンジニアとしての考えです。障害単位を「データセンター」という大きな単位、はたまたさらに大きく「地域」という単位に拡げた時、1つ機能しなくなった場合における損失を想定します。所持数が1つならば当然、損失は計り知れないものになりますが、複数に分けることで致命傷を避けられる構成に組めるようになります。

これはリスク分散の話でありますが、アーキテクチャ次第ではフラットな負荷分散も同時に実現できるため、アーキテクチャだけでも2つのメリットがあります。このメリットを享受できる機会は、データセンター内部でのオペレーションミスや機器故障、地域単位での自然災害など、言ってしまえば天災クラスの現象が起きた時です。

天災に対して、「自分たちには襲いかからないから大丈夫」と腹をくくるのか、限りなく薄い可能性の事故によって企業が破滅するのを避けるのか —— どちらにすべきかは、費用対効果の面で非常に難しい問題ですが、数人のベンチャー企業ならまだしも、数百人の企業が全従業員を路頭に迷わせるわけにはいかないでしょう。

そういう意味では、オンプレミス1本で行くことは厳しく、最低でも両建てにすべきです。そもそも、オンプレミスの運用は大変なため、インフラアーキテクチャが堅固な大手パブリッククラウド1本にすることも考えられます。さらに、「大手パブリッククラウドも人の子」と考えれば、異なるパブリッククラウドまたはオンプレミスを併用することが、ちっぽけなインフラエンジニアにできる十分な努力といえるでしょう。

ある大きな単位が全壊した時に、企業が共倒れになるのではなく、ホットスタンバイ的な丈夫さはなくとも、多少の時間をかければ再建できるように、サーバーやデータのロケーションを検討し、なんとしてでも生き抜きましょう。

経営視点

大規模なインフラ環境には、必ず多額の費用が必要になります。"多額"というのがいくらになるかは企業の体力によって異なるところですが、「大なり小なり、決算に影響があるくらい」とイメージしてください。

たとえば、年間4億円のインフラ環境があるとします。これを支払うのが環境を利用させてもらう顧客側の企業であり、受け取るのが環境を提供する側の企業になります。

顧客としては、提供企業が倒産した場合、「環境が丸ごとなくなり、移転せざるをえなくなる」というリスクがあります。また、別の環境に移転したくなった時、「多額の契約をしていると、仁義的に解約しづらい」「そもそも契約上、すぐに解約できない」ということがあります。提供側としても、顧客側が倒産することで道連れになる可能性があるかもしれませんし、急な多額の解約を良しとするところもないでしょう。

企業間において、ある1つの企業に頼るような状況、大きく影響される関係は健康的ではありません。それゆえに、アーキテクチャに関係なく、4億円という予算があるとしたら、約2億円ずつに分けて2つのインフラ企業と契約することが望まれます。

こういった金銭面の事情だけで、2つ以上の企業と契約することを必須とされると、インフラエンジニアとしてはただ面倒に感じるかもしれません。しかし、前述のアーキテクチャ視点とあわせて考えると、ごく自然な思考で、複数の環境をもつ必要性に気づけるはずです。

いつの時代も、「ある1つのモノが、半永久的に、100%の安定をもたらしてくれる」という考えは危険です。データセンターの頭の先からソフトウェアのつま先まで強固にするためにも、まずはデータセンター案からしっかり取り組みましょう。

ハードウェアは金の力に溺れすぎずに

オンプレミスを構築する場合、ハードウェアを選定する手間がありますが、「自由に選択できる」というメリットがあるともいえます。

ラックマウントサーバーでいえば、できるだけ効率的に運用するために、ベースとなるサーバーはどのような形状にするかから考えます。1Uハーフ、1U、2U、ブレードなど、どれにするかはインフラエンジニアの経験と趣味嗜好によっても変わることでしょう。全ラックを1つのプライベートクラウドとするのであれば1Uサーバーにして最も集積効率が良い構成を考えることになるでしょうし、ある程度の規模と用途が決まっているのであればブレードサーバーもありえるでしょう。

通常のサーバー以外には、L2／L3スイッチやロードバランサといったネットワーク用の筐体も、それまでの経験をふまえて、より上の品質を目指しましょう。

最近では、ビッグデータが流行ったこともあり、ラック単位で容積が必要なモンスター製品が登場していたりします。もしかしたら、OSSで苦労するよりも、金にモノを言わせてシステムを構築する方針をとるかもしれません。

ただ、よほど最新の技術を手がけるのでない限り、たいていのシステムはパブリッククラウド内で提供されていたり、SaaS化されています。それゆえに、構築や解体が大変で、運用技術もそれ専用になってしまうような製品を扱うよりは、OSSと通常のラックマウントサーバーでのフラットな構成を組むか、クラウドに出してしまうのが現代の正着です。

事業が拡大するということは、それなりに利益が出ていて、余裕があるかもしれません。しかし、そういう時にも金の力に溺れすぎず、本当に実現したいこと、本当に効率的なシステムを求めて、ハードウェアを考えていきましょう。

ソフトウェアは「自前の部分」と「外部に出す部分」の切り分けが大切

スタートアップ期は、システムを完全に外出しするか、全部自分たちでやり切るかの両極端になっていることがあります。小規模ならば通用していた手法も、規模が大きくなった時、大半を外出ししていると自由度の不足を感じたり、全部を独自に手がけようとすると開発／運用のリソース不足に陥るなど、組織事情に合わなくなってくる部分が出てきます。

自前でやるのか、外部に出すのかの割合において、最も重要なのは人的リソースです。エンジニアがいなくてはすべてを外出しするしかなくなりますが、それでは人はいつまで経っても集まらず、逆にすべてをやりきろうとすると人材の確保が大変になります。

このあたりの人材的バランスを保つことと、エンジニアとしてのやりがいや効率化を両立するために、システムを再構築する際にはOSSや製品を自前運用する部分と、丸ごと外部システムに任せる部分との切り分けが大切になってきます。

たとえば、サービスを提供するうえで必須となる、ロードバランサやWebサーバー、KVS、DBサーバーなどは、自前運用してしかるべきです。一方で、小難しい検索エンジンや、ビッグデータの収集と解析といった「得るものは大きくとも、開発リソースが大きなシステム」や、エラーログの抽出といった「小さな要望に対して、開発リソースの投入が割に合わないシステム」など、いざ取り組む前に検討すべきものが多くあります。

それらの多くは、よほど最新の技術でなければ外部サービスとして提供されており、自前で開発／運用するよりも圧倒的な低リソースで目的を実現できることも少なくありません。自前で取り組むか、外部サービスに頼るかの境界線は難しいところですが、「組織の本業にどれだけ多くの貢献をできるか？」が考えの軸になることでしょう。

自前で1つの大きなシステムを作りこむことも、多くのメリットを生み出します。しかし、場合によっては、同じ労力で、外部サービスを使って3つのシステムを運用／管理したほうが貢献度が高いかもしれません。これは企業の現状の体力や人材の状況、エンジニアの技術的ポリシー、向上意欲などさまざまな要因が絡む、難しい判断となります。環境が変わっていく時に、成果も文化醸成も両立できるようなバランス感覚で、少しずつベストな方針を模索していきましょう。

5-4 移転のための計画を立てる

サービスを把握し、アーキテクチャを設計した次は、スケジュール感について考えていきます。いざ移転の際に慌てることのないよう、確実に計画していきましょう。

新環境の構築に必要な日数を予測する

まずは、いわゆるインフラ環境そのものの構築に必要な日数を予測します。構築内容は、オンプレミスかクラウドかでも変わります。

【オンプレミス】

・データセンターの契約
・ネットワーク機とサーバーの敷設
・OSとソフトウェアのインストール

【クラウド】

・アカウントの作成
・インスタンスの作成
・ソフトウェアのインストール

【共通】

・運用のためのシステムの構築

クラウドならば、OSまではすべてそろっているため、「いかに運用をかんたんにするか？」「いかに安定させるか？」「いかに安価に抑えるか？」といった運用部分に大半の時間を割くことになります。しかし、オンプレミスでは各種契約があるので、設計と契約をこなしつつ、運用部分も進めなくてはなりません。そのため、机で黒い画面を見るだけのエンジニアではなく、渉外も円滑に進められる必要があります。

具体的な月数でいうならば、クラウドは注力できれば1～3人程度で1～2ヶ月もあれば十分なツクリの環境を準備できますが、オンプレミスだと求める内容によって必要な人数が異なり、3～6ヶ月は要するとイメージしておいたほうがいいでしょう。

オンプレミスでは、物理が関わるがゆえに、決定後は後に引けなく、選択判断の難易度が高くなりますし、実際に物理環境ができていかないと取りかかれない箇所も多いため、スケジューリングに苦労します。それでも、物理の準備は契約先の担当者としっかり連絡を取っていればほぼブレることなく進行しますので、想像以上に時間を取られるとしたら、プライベートクラウドの準備や運用機能になることでしょう。そのため、契約関連とシステム構築の担当者を分けることで、システム担当者が注力できるようにすることは必須であるといえます。そして、システムの設計や検証については、いざ拡張移転の話が上がるよりも前に、小じんまりとした社内環境ででも、少しずつ取り組んでおくことが成功の鍵となります。

クラウドの場合、アカウントの作成はいつでもできますし、アーキテクチャの検証や構築も安価な少数台で行う分にはいつでも取り組めるといえます。

どちらの場合も、最も時間を喰うのがソフトウェアのシステムであるため、物理から細かい設定までの日程を綺麗に切っていったとしても、ゼロの状態からヨーイドンで始めていては、システム開発の部分で押してはみ出る可能性が非常に高くなります。インフラエンジニアは少人数であり、多忙かもしれませんが、何度も書いているとおり、さまざまなシステムを工夫することで多忙を解消し、未来のシステムに少しずつ取りかかることと、その未来の“いざ”がくる前兆を社内で捉える取り組みが、スケジュール完遂の第一歩となります。

⇢ 実測値を得る

インフラ環境でよく行うベンチマークとして、サーバー上でUnixBenchを実行してCPU性能を計測したり、fioコマンドでIOPS性能を見極めたりします。これは、旧環境のそれと比較するためであったり、パーツやクラウドのスペック表が正しくそのとおりの性能を発揮してくれるかを確認するために必要な行為です。

しかし、真に必要な実測値というのは、本番環境に限りなく近い条件でのベンチマークです。細かいパーツごとの性能ではなく、提供サービスがHTTP（S）ならHTTP（S）の、WebSocketならWebSocketの、VPN経由ならVPN経由での、ベンチマークをしなくてはいけないという、ごくあたりまえのことです。そして、可能な限り本番ユーザー数を想定したリクエスト数と、現時点で最新のバックアップデータを入れたデータベースを使って計測をします。

その計測値は、新環境で余裕をもって稼働できるかどうかを判断する重要な要素なので、スケジュールから外すことはできません。この、実測値を得るために必要なものをすべて用意し、計測を行うには、それなりの準備が必要です。

クライアント

まず、負荷をかけるためのクライアントが必要になります。本番ユーザーの動きを想定したリクエストを投げ続けるベンチマークツールが必要ですが、既存の公開されているツールで十分な場合もあれば、複雑な処理をする必要があるモノは独自にスクリプトを書くこともあります。もし、独自スクリプトを書くのであれば、1つのOSの中でマルチプロセス、できればマルチスレッドによる並列処理によってCPUをフル活用でき、さらに複数のサーバーに対してワンコマンドで同時実行させることまで想定して作りこむといいでしょう。

次に、クライアントを動かすサーバーですが、これはAWSなど得意なパブリッククラウドを利用するといいでしょう。特にオススメなのはAWSのスポットインスタンスで、通常のオンデマンド価格の20%程度で利用できる条件付きインスタンスとなります。入札の仕組みなどを理解する必要はありますが、さほど難しくなく、一時的に利用するサーバーとしては覚えておくべき逸品といえます（くわしくは第7章のコラムで解説します）。

クライアントサーバーで気をつけることは、自身が許容できるリクエストの上限です。おそらくCPUとメモリしか気にするところはありませんが、たとえば1,000req/sを投げさせたつもりが、500req/sしかリクエストできていなければ、計測の意味がありません。選んだインスタンスのスペックにおいて、「何vCPUs／何GBメモリで、どのくらいの並列処理ができて、最大何req/s投げられて、同時接続数が何万接続できるのか？」を知り、そのうえで8割程度のパワーで処理をさせて、クライアントがボトルネックに詰まっていないことを確信して動かすことが肝心です。

サーバー

リクエストを受けるサーバー側としては、まず最新のアプリケーションコードをWeb／APサーバーにデプロイする必要があります。そのため、自分でソースコードを頂戴するか、丸っとアプリケーションエンジニアにお願いして準備をします。

次に、DBサーバーを用意します。データは旧環境で絶賛稼働中のサービスが保存しているであろう定期バックアップを取得し、リストアします。

サーバーの台数ですが、まずWeb／APサーバーは1台で検証してキャパシティを見極め、2台で綺麗に分散されることを確認し、4台以上はロードバランサなどで分散の挙動が保証されていればあまり検証の意味がないので、ほどほどにしておきます。ただし、DBサーバーなどにより多くの負荷をかける必要がある場合は、それを実現するだけの台数を用意することもあります。

DBサーバーは、データ分割をしていなければMASTER／SLAVEの構成に対して負荷をかけてキャパシティを計測するだけになりますが、垂直分割※されている場合は機能ごとのリクエストを投げて機能ごとのキャパシティを計測しつつ、リクエストの割合からユーザーリクエスト全体に対するキャパシティを計算します。さらに水平分割※されている場合は、データ条件を分散したリクエストを投げる必要があり、データの偏りなどの観点からキャパシティの予測が難しくなっていきます。

DBの負荷テストは、DBの仕組みやデータ構造、データ内容を理解していないと効果がないことが多いため、DBにもサービスにもくわしいエンジニアが関わるべきです。クライアントから投げるリクエスト数をただ多くしても、SQLにおけるWHERE句以降の条件値が変わらなければ使用するデータは変わらないために、CPUが上がってもディスクIOPSに負荷をかけられません。本番に等しくすべての負荷項目に対して影響を与えられるようなクライアントツールを作成する力量が求められ、それができなければベンチマークの成果は半分にも満たないものになるでしょう。

ほかには、KVSやストレージなどもあります。最近では、動画やゲームの配信といった大容量コンテンツのダウンロードが多くなってきていることでしょう。それらは、CDNを経由させて負荷対策を行うことが一般的ですが、そのバックエンドサーバーとして単体でどのくらいの並列ダウンロードに耐えられるのかを知る必要があります。そのうえで、CDNにくる量とバックエンドに回ってくる割合から、キャパシティを予測したり、ダウンロードの速度に制限を設けていくことになります。

これらすべてに取り組むこと、そして取り組む内容が正しく意味あるものであることは、経験と日程の両面で難しいかもしれません。それでも、ベンチマークに真摯に取り組むことは、事前予防だけでなく、いざ事故った時のトラブルシューティングにも、経験として役に立つはずです。そのため、日頃からクライアントツールの準備や、サービスのデータ構造についての理解を進めておくと、より安定したスケジューリングができるようになります。

※垂直・水平分割については、第6章にてくわしく解説します。

∴> 移転の当日のことを計画する

安定して運用できる環境ができたら、実際に移転作業をする当日のことを計画します。移転とは、大雑把に言えば、「現行のサービスをメンテナンス状態に切り替え、データを丸ごと転送し、再開するときにDNSレコードを編集することで完了する」ものです。

規模が大きくなるほどに、移転を含むあらゆるメンテナンス行為は短くするほど売上や評価の損失を防げますし、そもそも規模に関わらずサービスの停止時間は少なくしたいと思うはずです。また、メンテナンス中に必要な人手作業において、ミスを確実にゼロにするための工夫も重要です。移転の手順と工夫にはどのようなものがあるかを見ていきましょう。

メンテイン

まず、旧環境のWeb／APサーバーをメンテナンスモードに切り替えることで、移転作業の開始とします。

HTTP（S）プロトコルの場合、移転を含むすべてのメンテナンスモードにおいて重要なお作法が1つあります。それは、レスポンスのステータスコードを503（Service Unavailable）にすることです。諸事情で一時的にアクセスできないだけなのに、適当に404（Not Found）などで返してしまうと、検索ロボットなど端から見てサービスが消失したように受け取られ、悪くすると検索の対象から外されたりしてしまうからです。

メンテインしたら、旧環境のサーバー群を稼働させることは基本ないので、誤って新環境と旧環境が並行稼動しないためにも、旧環境の重要システムを停止しておきます。たとえば、メインのデータベースを停止するだけでも十分でしょう。これは、最後にDNSレコードを切り替える時の世間への反映時間を考慮したものでもあります。

ロールバック

現行のサービスをメンテナンスに切り替えた後は、即座にデータベースなどの重要なデータのバックアップを確保するべきです。これは、最低限のサービス継続を保証するためのものです。もし、移転作業中に旧環境や新環境に何か不測の事態が起きたり、新環境への移転が失敗して旧環境での再開を余儀なくされた時に役に立ちます。

もし、旧環境での再開になったとしても、普通は元のサーバー群一式で稼働を再開するだけではあるのですが、「こういった重い作業の時には、手作業で何が破壊されてもおかしくない」と保守的に考えると、手作業に確実に影響のない場所にバックアップを置いておくことは、安心面からも移転作業に安定をもたらすでしょう。

メンテインしてからそのまま帰らぬサービスとなった例も、実際にいくつかあります。それを知っていれば、たかがバックアップの確保など、取るに足らぬひと手間に感じるはずです。もし知らなければ、事例をググって、自分がその担当エンジニアであることをイメージし、震えて脇汗を流しておくべきです。

データの転送

旧環境から新環境に移すべきデータは、データベースやストレージなどのサービス稼働に必要不可欠な重要データのみであり、アプリケーションのソースコードやログ、一時データであるセッションやキャッシュは不要なはずです。ほかにどのようなデータがあるかはサービスによるので、流動的なデータにはどのようなものがあるかを確認し、転送するかしないかを判断しておきましょう。

さて、重要なデータはおそらく少なくともギガバイト単位、多いとテラバイトを超える容量になっているかもしれません。まずは、そのデータを馬鹿正直に転送する手順を考えてみます。

仮に、MySQL上でのデータ容量が100GBだとしましょう。まずはこの全データをバックアップする形で抽出し、それに120分間かかるとします。できたバックアップファイルは圧縮して30GBになったとし、これをグローバルネットワーク越しに転送することになります。転送速度を10MB/s（＝80Mbps）とすると、約50分かかります。そして、DBサーバーでリストアするのに30分かかるとすると —— 全部で200分の時間が必要だとわかります。

「大々的な移転だから、そんなもんだろう」と思うかもしれませんが、この手順には人手による作業が多数存在し、しかも3時間以上の大半を手持ち無沙汰で過ごすことになります。バックアップの間、転送の間、リストアの間、ほかの作業をしていればいい —— なんて考えるのはナンセンスです。人は複数の作業を同時に行うと事故る確率が格段に上がりますし、サービスとそれを待つユーザーのことを考えて、より短縮する努力をするべきです。

このままの手順で短縮すると考えるならば、以下のような工夫が考えられます。

- バックアップ／リストアの手段を、mysqldumpではなく、xtrabackupやtarball、直ファイル転送にする
- 圧縮はあえてしない。するなら、gzipやbzip2ではなく、並列処理ができるpigzやpbzip2にする
- 転送経路では、VPNやGatewayなどを省くために、一時的にDBサーバーにグローバルアドレスを割り当て、直接データの受け渡しをする
- SCPの転送では、オプションに「-c arcfour」をつけることで、CPU負荷を減らして、転送速度を上げる

そういった工夫を積み上げることで、200分が100分以下になる可能性は十分にあります。その推測時間が十分に小さければ、この手順でいくこともあるでしょう。

そして、これらの工夫を一気に覆す手法があります。それは、データ同期です。旧環境にあるマスターサーバーから、新環境へデータ同期によるレプリカサーバーを作成しておくことで、メンテインの時点でデータの大半もしくはすべてを転送済みにでき、データ転送の時間をほぼカットできます。

MySQLならばレプリケーションでSLAVEを作成し、ストレージならば

短いスパンでrsyncなどで複製を作ることで、メンテイン後には残りのデータ同期を待つ、または自分で最後の1回を実行するだけで、データ転送というタスクが完了します。

この方法で注意すべきポイントは、転送経路です。WAN越しのデータ同期は当然ながら速度が遅いため、MySQLならばSLAVE側がどんどん遅延していかないかを確認しなくてはいけません。また、直接WAN越しにレプリケーションをつなぐと、通常は暗号化されていないデータとなるため、いくら数日間の一時的なデータ通信とはいえセキュリティ的によろしくありません。万全を期すならば、VPN経由を検討し、さらにVPNがボトルネックにならないことも確認することになります。

レプリカサーバーの作成

データベースならば、MASTER／SLAVEの2台構成を最低構成に、さらにデータの分割・分散によって大規模になっていきます。データ転送では全分割分のマスターデータが転送されることになりますが、転送後にシコシコとSLAVEサーバーを作っていては時間がもったいありません。

データ同期によるデータ転送ならば、旧環境をMASTERとした新環境のSLAVE、そしてそこから必要なだけSLAVEのSLAVEを作成しておくことで、いちいちMASTERからSLAVEを作る手間が省けます。

バックアップ方式だと、どうしてもデータをリストアしてからSLAVEとMASTERをレプリケーション接続してあげる必要があり、手間が増えてしまいます。その場合は、できるだけ手作業を減らすために、コマンド手順をスクリプト化してしまい、マスターデータが到着したらそれを実行するだけで済むようにすることが大切です。そして、SLAVEサーバーの数が多い場合は、マスターデータの配布を1台ずつ行うのではなく、1台目から2台へ、2台から4台へなど、コピー効率が高い方法を検討します。

暖機運転

データを移行した後は、負荷軽減のためのキャッシュデータが存在しなく、実データがストレージに入っただけの状態です。そのままサービスを開始すると、初めの数分、数十分は、ユーザーへのレスポンスが遅い不健康な状態になる可能性があります。

たとえばCDNでは、「移行後にURLや内容が変わった」「キャッシュの有効期限が切れた」という理由でCDN上のコンテンツキャッシュがゼロの状態であると仮定した場合、CDNにきたリクエストはすべてバックエンドのWebサーバーやストレージに回ってきてしまうため、一時的にバックエンドがキャパシティオーバーになる恐れがあります。

データベースでは、起動直後は実データはただストレージに保存された状態であり、DBシステム上のメモリには少しも載っていません。その状態で多量のリクエストがくると、ストレージに大きなRead IOPS負荷がかかり、データが十分にメモリに載り切るまでは正常なレスポンスを返せないことでしょう。

ほかにも、アプリケーションとして独自に行っているキャッシュや、KVS上にキャッシュしているデータなどが考えられます。

実害が出るかどうかは、それぞれの性質や、サービスを再開した後のトラフィック量によって決まります。気にしなくとも、案外イケてしまう場合もあります。しかし、せっかくサービス再開直後に来てくれたユーザーのことを考えるならば、万全の状態でお迎えすべきです。

急激にストレージやCPUに負荷を集中させないために、前もってキャッシュデータを作成し、システム全体の負荷を減らしたり、レスポンス速度を向上する、「暖機運転」を行うのが良い場合があります。たとえば、CDNに対して十分なキャッシュをしておくためにお手製ボットでリクエストを流し、データベースでは主要なテーブルで全参照をするスクリプトを実行しておくなど、暖機運転にも十分な注意を払っていきましょう。

DNSの切り替え

場所が変わったので、サービスのDNSのAレコードを新しい環境のグローバルIPアドレスに切り替えることになります。切り替えた時点では、まだメンテナンスモードの状態が望ましく、一定時間が経過してからサービス再開としたほうが無難です。

その理由に「DNSの浸透」があります。この言葉は、よく使われ、よく嫌われますが、言葉狩りの類なので、それ自体はどうでもいいことです。肝心なのは、「どうしたらDNSが正常に切り替わり、どうなれば完了したと判断していいのか？」ということです。

基本的には、AレコードのTTLを10分や30分など短くしておけば、Aレコード変更後にその時間がゆうに経過した時、大半 ―― 99%以上のリクエストは新環境に対して行われることでしょう。このことは、旧／新環境それぞれのアクセスログをtailfしていればかんたんに判断できます。もし、アクセス先が全然移動しないならば、「浸透しない」というよりは「何かに失敗している」と考えるほうが自然です。

TTL秒が経過した後に、身近なWindows／MacやLinux、携帯のキャリア回線、ブラウザで名前解決をテストしてくれる第三者のWebサービスなどで正引きしてみて、変更後の値が返り、かつアクセスログのほぼすべてが新環境にきていれば、「変更が完了している」といえるでしょう。それからゆっくりメンテモードを開ければ、事故率はゼロに近いです。これに対して、サービス開始状態にした新環境に対してDNSを変更すると、ユーザー視点ではサービスが見れたり見れなかったりと公平ではない期間が発生したり、切り替えの失敗による巻き戻しが必要となる可能性があり、不健全であるとわかるはずです。

変更からかなり時間が経過しても旧環境にアクセスが必ず残りますが、それを気にしていては、いつまで経ってもサービスを再開することができません。どこかで、彼らを切る判断をすることになります。しかし、こういったアクセスのほとんどは、ルールに従わないお下品なDNSキャッシュサーバーであったり、DNSキャッシュ機構が貧相かコーディングがヘタクソなアプリケーションが原因であり、一般ユーザーが利用する環境やクライアントソフトウェアではそういったことはほぼないと考えていいでしょう。もちろん、旧環境へのアクセスがゼロになることが望ましいので、どうしても気になるなら、アクセス元IPアドレスを集計したり、IPアドレスから国を調べてみて、一般ユーザーなのかボットなどなのかを判断してください。

メンテ明け

DNSを切り替えた後はまだメンテモードなので、一般ユーザーはまだサービスを利用することができません。しかし、サービスの正常性を確認するために、特殊ユーザーや確認用URLを用意しておき、メンテ明け前にサービスを実際に利用しておきましょう。

サービスの正常性を確認できたら、次の敵は負荷です。メンテ明けというものは、ありがたい熱心な待機ユーザー、新機能、新イベントが重なることによって急激なトラフィックが集まる、リスクが高いものです。普段ならば、サービスの運営を工夫したり、サーバーを増強して対応すればいいかもしれませんが、移転は軽く考えてはいけません。新環境のサーバーに対して本番環境のトラフィック量を流すのは初めてなのですから、十分な負荷試験を済ませていたとしても、慎重に、少しずつトラフィックが増えるようにするべきです。そうすれば、仮に想定以上の負荷になったとしても、徐々に増える負荷の中で早めに対応すればいいだけになります。これをいきなりピークタイムのトラフィックにしてしまうと、対応の猶予がなくなり、またメンテインに陥るという、恥ずかしい運営になる可能性があります。

つまり、「移転のメンテ明けだけは、負荷の高い時間帯を避けましょう」ということです。メンテインからメンテ明けまでをAM2時からAM10時の間に済ませられれば、朝方寝起きに少々の盛り上がりがあるくらいで、ほぼ平和に再開することができるでしょう。

おかたづけ

サービスの移転が成功したあとは、サービス移転作業のために扱ったサーバーやデータの残骸を整理したり、旧環境を撤去する作業が待っています。旧環境がパブリッククラウドならば、インスタンスの停止と、必要ならば契約の解除を。オンプレミスならば、物理的な筐体の撤去や処分、ラックの引き渡しなど、面倒くさいことこの上ない作業がてんこ盛りです。

このおかたづけ業務は、楽しいことはいっさいありませんが、迅速に済ませるほどに固定費の削減となります。まちがって月を跨いでしまうと、意味のない支出が発生してしまうことになるので、「嫌なことから、先に、先に片づける」精神で取りかかりましょう。

5-5 移転する

⋯> 自動化で作業の確実性と効率を上げる

ここまでの手順の中で、サーバー上での手作業がいくつもあります。たとえば、「手動でバックアップしてSCPで転送してリストアし、binlogのポジションを確認して、CHANGE MASTERを手で実行する」といったものです。

手作業と確認が重要な区切りというものもありますが、ほとんどの作業はかんたんなスクリプトを書いて自動化することで、より安全・迅速になります。逆に、自動化できない／するべきでないと思う手順があるならば、その手順はおそらく悪手であるといっても過言ではありません。

最初の一発目の手順としては、各システムにおけるコテコテの運用コマンド群を、動作確認し、手順メモにまとめ、それをコピペするだけで正しい結果になるように仕上げていきます。次に、1つ1つのコマンド実行などをより速く完遂する工夫がないかを検討していきます。そして最後に、一連の処理の流れごとにグループ化し、スクリプトにまとめて自動化できないかを検討していきます。

自動化する際は、ただ処理を実行するだけではなく、処理の進行具合を視認できるようにし、結果の確認も含めるといいでしょう。進行具合がわかることで、予定どおりの所要時間で進行しているかを細かい区切りで認識でき、途中で不安になってCtrl+Cで実行中の処理を終了してしまいたい衝動を防げます。また、結果の確認は手動でやりたくなるかもしれませんが、システムにやらせたほうが早く確実です。

どこまでやるかはシステム次第ですが、自動化することが目的ではないので、せめてコピペでコマンドを実行するだけでほぼすべての作業が、満足できる短い時間で完了するレベルに仕上げられれば十分です。少なくとも、手作業でホスト名やIPアドレスを入力したり、設定ファイルを編集するような愚行さえカットできれば、速度的には多少の優劣がついたとしても、オペレーションミスという不安はなくせます。

通しテストを行う

新環境のインフラが整った状態で、旧環境にてデータのバックアップを取るところから一連の流れを事前にテストしておきます。もし、日中に本番サービスに影響なくバックアップを実行できる環境がないのであれば、取得は省略して、深夜に取得しているバックアップデータを用いて転送するところから始めましょう。

テストでは、1つ1つの処理ごとに、timeコマンドなどで何分何秒かかるのかを計測し、想定どおりに完了するかを確認していきます。そして、最後のDNS切り替えの手前まで通してみて、想定外の事象が起こっていないかを検証していきます。

あたりまえですが、負荷試験や移行試験において、本番環境に勝るテスト環境は存在しません。いかにテスト環境を整えても、本番並のトラフィック量と本番に酷似したリクエストを送ることは困難ですし、DNSの切り替えは擬似的な試験はできても実際のレコードでテストすることはできないからです。

それゆえに、想定外の出来事を前提として本番に取り組むべきです。通しテストで確信できた手順の必要時間に、トラブルシューティング用のプラスαを加えた時間をメンテナンス時間として、公式にアナウンスすることになります。

通しテストが終わったら、新環境にリストアしたデータ類はすべて綺麗に元どおりにしておきます。そして、二度目の通しテストも済ませておけば、ほぼバッチリでしょう。なぜ二度やるかといえば、テスト後の新環境をクリーンアップした後にいきなり本番移行するとなると、クリーンアップに失敗していた場合に移行手順が狂うからです。二度目の通しテストを行うことで、クリーンアップの正当性をも確認し、万全の体制で本番に挑みましょう。

⋯> 本番でのトラブルに対処する

計画とテストが十分にできていれば、恐れることは何もありません。トイレを済ませて、万全の体制で本番移行に取りかかりましょう。

DNSを切り替えてメンテを明けるまで、怖いことは何も起きないはずなので、落ち着いて予定どおりに進めていきましょう。注力すべきは、メンテ明け後の1時間以内です。アラートがないこと、そしてグラフの波形に異常がないことに気を使って見守ります。

もし、暖機運転などに漏れがあったとしたら、想定以上の負荷がかかるかもしれません。その場合、負荷の低い時間帯に再開していれば十分に耐えることができるでしょうから、少々の想定外ならば突っ切ってしまい、ピークタイムが訪れる前に対策してしまう、という判断もありえます。

しかし、暖機運転分の時間が過ぎても重かったり、エラーが出るとなれば、話は別です。「事前の負荷試験では発見できなかった重大な障害が発生しているのでは？」と疑うべきです。たとえばCPUならば、仮想化したことにより一部サーバーのハイパーバイザーさんがご機嫌斜めなことで、インスタンスOSが十分な性能を発揮できない、酷ければ不測のOSダウンがありえます。メモリ障害によって、実際に認識しているメモリ容量が半分かもしれませんし、一部のネットワークが100Mbpsで認識されているかもしれません。

これらは私が実際に経験した障害の一例ですが、ただのCPU単体の負荷試験や、一部サーバーのみを用いた負荷試験などでは発見しきれない問題も多くあります。試験の精度にも関わるところではありますが、精度に関わらず、こういった初動のトラブルシューティングに強いことも、インフラエンジニアの重要な能力です。

「全体が悪いのか、部分が悪いのか？」

「悪いのはパーツなのか、ソフトウェアなのか？」

そういったことを迅速･適切に判断するためにも、監視システムを重視し、安定を確信するまで油断せず、確信できなければ監視状況を総舐めしたり、実際にサーバーにログインしての確認作業で原因を推測し、対応していきましょう。

Chapter 6

大規模に向けて

6-1 大規模になると起こること

インフラの責任は重大になる

「大規模」と言われてインフラエンジニアが最初にイメージするのは、パブリックなサービスでユーザー数が拡大し、トラフィックが増加することでしょう。具体的には、

- 日々のアクティブユーザー数が数十万・数百万以上
- クライアントからのリクエスト数が秒間に数千・数万以上
- ネットワークトラフィックがギガbps単位、月単位でペタバイトクラス

といったところでしょうか。

徐々に拡大していく中でやるべき施策は、小さいほうから順に、山ほどあります。負荷対策としては、以下のようなことが必要になります。

- ソフトウェアの改善
- ミドルウェアの選定とチューニング
- ハードウェアのスケールアップ
- サーバー台数の増設
- データベースの分割
- 回線の増強
- 国内データセンターのロケーションの増設
- 国別のデータセンター、国を跨いだアーキテクチャの採用

そして、すべてにおいて可用性を担保していかなくてはならないという、

恐るべき業務です。

サービスの規模に応じたインフラシステムの構築と運用をできなければどうなるかというと、

「サービス開始の数日後に長期メンテナンス入りのお知らせを出すハメに」
「ユーザーに日々遅いレスポンスでサービスを提供する」
「たびたび短期メンテナンスを入れなくてはならない」

という、エンジニアとしては恥ずかしい製品の出来上がりとなります。恥ずかしいだけならまだしも、売上や信用にも直結するため、インフラという土台の責任は規模が大きくなるほどに重大になります。

世の中には大規模なシステムなど山のようにありますが、だれもが知る有名企業のサービスでも、1度や2度のシステム障害を発生させています。その障害の影響でそのまま沈みゆくサービスもあれば、何事もなかったように素早く復旧して続行するサービスもあります。

肝心なのは、100%の稼働率を目指すことではなく、障害が発生しづらい仕組みづくり、そして障害が発生しても影響を少なくする仕組みづくり、そしてそれらを構築・運用するための知識となります。この章では、サービスが大規模に向かっていくために必要な考え方全般について説明していきます。

組織構造が変化する

たいていは、「人数が多いから優良なサービスが生まれる」のではなく、「少数精鋭から生まれた優良サービスの存在によって人数が増えていく」はずです。サービスが成長し、規模の拡大を確信しかけたころから採用が強化され、組織構造が変わっていきます。

数百人・数千人が日々生活することになる会社のITシステムは、パブリックなサービスの運用とはまた別の難しさがあり、双方を同一人物が手がけるのは困難になってくるでしょう。ワンフロアから複数フロアへ、複数フロアから複数のオフィスビルへと展開していき、情報統制やセキュリティの強化が求められてきます。

パブリックサービスと比べると重要度は一歩引くかもしれませんが、アーキテクチャとしての考え方、目指す品質は変わりません。また、大企業ならではの社会的立場に対して要求されるシステム要件もあれば、組織運営上の不自由さも増えていきます。

そんな中でも、周囲と適切な意見交換を行い、お客様である社員のために奔走できる、システムにも人にも優しいエンジニアが理想ですが、そんな精神論まで語っても仕方ないので、セキュリティや運用、支援サービスについて追っていくことにしましょう。

⋯▶ 技術と人材が変化する

規模が大きくなると、業務が細分化されていきます。これは、つくり上げる製品に必要な技術領域が拡大し、1人で担当できる範囲を狭めて深堀りする方向にシフトするからです。

インフラ部分でいえば、これまで片手間にインフラの面倒を見ていたアプリケーションエンジニアはアプリ開発に専念し始めますし、インフラエンジニアとしてもすべてのシステムの面倒を見切れなくなるため複数人で役割を分担したり、1つのシステムを複数人で理解しておく冗長体勢を取るようになります。インフラ部隊は“大所帯”とまではならないでしょうが、複数人になり人材が流動的になった時に混乱しないための土台が重要になります。

インフラの土台となる要素にはいくつかあります。まずはどのような職種でも言われていることですが、人に任せられるようになることです。任せられないと、広がりゆく技術と拡大する規模にいつまでも対応できなくなります。

任せるためには、技術力というよりは「技術に対する考え方の基礎」が全員にできている必要があります。一定ラインの品質が保証されなければインフラという土台を完全に任せることなどできませんし、任せることができなければそれはまだ「育成段階」ということになります。

基礎があれば、あとはかんたんです。情報の整理と共有ができていればいいのです。逆に言えば、考え方の基礎と情報共有によって自走できない人は、インフラエンジニアとして食っていくには早いともいえます。

少数精鋭でゴリゴリやりくりする時代から、多人数でスムーズにやりくりする時代へと変化するために、数多くの基礎と工夫が必要になります。それらについて、これから目を通していただければと思います。

6-2 冗長化して被害から逃れる

大きな迷惑をかけないように品質を考える

大規模化するうえで欠かせないアーキテクチャの1つが、システムの冗長化です。冗長化とは、システムの一部に障害が発生したとしてもサービス全体としては正常に継続利用できるように、ホットスタンバイな予備機を配置したり、フラットな分散構成によって並列稼働させることです。

サービス全体の中に数多くある1つ1つのシステムパーツを冗長化することで、サービス全体の高可用性（High Availability）を担保することを目的とします。可用性の品質や目標値は「稼働率」で表されることが多く、稼働率が99.9％（スリーナイン）なら年間停止時間が8時間46分、99.99％（フォーナイン）なら52分34秒となります。

たとえば、1台のサーバーが故障したことで現地での交換作業が発生し、ほぼ半日の間サービスの提供が停止したとしましょう。半日は12時間なので、これだけでスリーナインを破ったことになり、売上の損失と利用者からの信用失墜は計り知れないものになります。

そういった被害から逃れるために冗長化構成を組むわけですが、完全に被害をなくせる部分もあれば、被害を最小限に食い止めることを目的としたアーキテクチャもあります。要は、あらゆるシステムは故障することが前提であり、極端に表現してしまえば「利用者にバレずに修復できれば、万事めでたし」なわけです。

1分以上停止したらサービス側の障害を疑われるかもしれませんが、5秒しか停止しなければ、「たまたま自分のWi-Fiが調子悪かったのかもしれない」「端末がほかの処理で重かったのかもしれない」という感覚で収まるかもしれません。

なぜ、あえてこのような悪どい表現をしたかというと、システムに対してあまりに完璧さを求めて開発してしまうと、モノと人にお金が、そして時間が多くかかってしまいがちだからです。では、どの程度の品質に収めるべきかというと、「実際に利用するユーザーにとってどのくらい快適か、あるいはストレスになるか？」というユーザー視点で考えることになります。

大切なユーザー様に少なくとも大きな迷惑をかけないように、できるだけ極小の影響で済ませるためには、どのようなポイントについて考えていけばいいのかを順に追っていきましょう。

パーツ

まずは、最小単位であるサーバー内部のパーツから考えていきましょう。パーツの故障度合いについては、大きく以下の2つに分けることができます。

- 初期不良にさえ引っかからなければ、その後はほぼ故障することがないパーツ
- 時間が経過するほどに故障する可能性が高くなるパーツ

マザーボード

マザーボードはそうそう故障するモノでもないですが、可能性はゼロではありません。また、故障時は故障した部分によって障害の内容が変わってしまうため、対応が難しいパーツの1つです。

しかし、全パーツの基盤となるので、これ自体は冗長化できなく、どこかに異常が起きた場合はサーバー単位で可用性を確保することになります。

CPU

CPUは、最も繊細であるわりに、最も故障しづらいパーツの1つです。そもそも、これが動かないと起動できないため、工場での検査を通過してき

たということは初期不良に遭うことすらほぼなく、初期不良に遭ったとしたら運搬上の問題である可能性が高いでしょう。

何年も連続稼働させても、途中で故障することはほぼありませんが、もし故障した場合は、すぐさまOSが停止することになるでしょう。これはシングルCPUであろうと、マルチCPU搭載であろうと同じことですが、サーバーによってはマルチCPUの片方が故障した場合、再起動することで、片CPUで縮退運転することができます。

CPUは冗長化できませんが、緊急事態における縮退運転について知っておいて損はありません。そして、冗長化できなくとも故障しづらいことをふまえて、運用開始時にかんたんにCPU負荷をかけて、単体としての挙動を確認したり、ほかのサーバーとの違いを比較しておくと、その後はほぼ無事故で最後まで働いてくれることでしょう。

メモリ

メモリも、初期不良を通り越せばほぼ故障しないパーツです。まれに「半分の容量しか認識しない」ということもありますが、運用開始時に容量をチェックしておけば大丈夫です。冗長化はできないので、サーバー単位で考えることになります。

RAIDカード

RAIDは、オンボードの場合はパーツとしてはマザーボードになるので、ここでは挿し込み型のRAIDカードのことを考えてみましょう。RAIDカードは、CPUやメモリよりは壊れやすいかもしれませんが、運用中に壊れることはほぼありません。バッテリーが必要なタイプの場合、長期間運用すると電池切れになることはあります。

すべてのHDDが1つのRAIDカードに接続されるので、冗長化することはできません。ゆえに、「HDDとRAIDカードの合わせ技で故障率が高くなる部位」とも言われ、最近のPCIスロットに挿すようなNANDフラッシュなどとよく比較されます。

故障した場合はストレージの読み書きができなくなるので、サーバー単位で冗長化することになります。

HDD

SATA／SASケーブルはまず故障しないのでここでは除外して、HDDの話に絞ります。HDDは、単体では最も故障率が高く、稼働初期に最も故障が発覚する可能性が高いパーツです。中期後期に入ればそれよりは安定するものの、いつ故障しても不思議ではない故障率で運用し続けることになります。

それゆえに、ミラーリングRAIDを組んで冗長化することが必須であるパーツとなっています。ミラーリングさえしておけば、1台が故障しても、もう1台で継続できるようにRAIDシステムがよしなにやってくれるからです※。

RAIDには、以下の2種類があります。

・ソフトウェアRAID → RAIDカードは不要で、OSが管理。その分、CPUリソースを少々喰う
・ハードウェアRAID → 故障部位が増えるが、OSのCPUリソースとは別に高速に処理してくれる

どちらにすべきかというと、まちがいなくハードウェアRAIDであり、ビジネス用途の本番稼働サーバーとしては議論の余地もないくらいです。

RAIDによる冗長化は、最低でも1～2本、最大で総本数の1/2本まで、HDDが故障してもデータが無事でいられます、しかし、運悪く短期間に複数本が故障するとデータが破損してしまうため、現地での素早い復旧作業が必須となります。

復旧作業では、そのサーバーのHDDがホットスワップ対応ならば故障HDDを抜いて新しいHDDを挿すだけで済みますが、非対応だとサーバーを一度シャットダウンしなくてはなりません。そうなると、稼働率を落とす

※RAIDの構成については第4章6節にて解説していますので、参照してください。

か、サーバー単位での冗長化が必要になってしまいます。そのため、HDDがホットスワップ対応のサーバーを選択することも必須といえます。

NAND型フラッシュメモリ

HDDは円盤が回転するという物理構造から高い故障率は免れませんが、SSDやNANDフラッシュカードといったNAND型フラッシュメモリは物理的な故障率が大幅に減り、ほぼ壊れません。そのため、冗長化するどころか、RAID0のストライピングを組んで、容量拡大と速度向上を目指す運用方針をとるのが基本です。

ただし、フラッシュメモリには書き換え可能回数に上限があるためいつかは壊れますし、ソフトウェア的な問題で使用不可能になることも少なくありません。そのため、NAND型フラッシュメモリ自体は冗長化せず、サーバー単位で可用性を担保することになります。

電源

電源は、HDDに比べるとだいぶ故障率が低くはありますが、パーツの中では故障率が高いほうだといえます。そのため、サーバーによっては電源を冗長化するオプションがついており、冗長化することで片方の電源が故障してもサーバーに影響なく継続運用することができます。また、交換修理ではHDDのホットスワップと同様、ガチャっと抜いて新品を挿すだけで元通りにすることができる優れものです。

「じゃあ、冗長化オプションをつければいいじゃないか？」となりそうなものですが、そもそもの故障率は低いこと、お値段が若干高くなること、ケーブル配線が多くなること、そしてサーバー単位での冗長化も組むことが基本であることから、不要と判断することもあながちまちがいではありません。

当たり外れもあるでしょうが、実際に私が数百台の1Uサーバーを5年以上運用していて、1箇所も壊れなかった経験もあります。かと思えば、オフィスの定期停電においてケーブルをつなげっぱなしにしておいただけで高い故障率を振る舞う場合もあります。

どちらかといえば冗長構成を組んだほうがいいのはまちがいないですが、「どのような規模で、どのような用途にするのか？」といった要件から検討してみてもいいでしょう。

サーバー

ある1台のサーバーにおける一部もしくは全部の機能がダウンした際に、ほかのサーバーが同等の機能を引き継ぐことで可用性を担保するのが「サーバーの冗長化」です。

ここでいうサーバーの単位とは、「1つのOSが稼働するIPアドレス単位」とほぼ同義です。接続先となるIPアドレスが所持する機能が利用不能になった時にどうするか、という話になります。

サーバーの冗長化の2つの種類

サーバー単位の冗長化には、2種類あります。

フェイルオーバー

基本は2台1セットで、サーバーAとサーバーBがあるとして、「普段はAのみで利用していた機能を、Aの異常時には利用筐体をBに変更する」という手法を「フェイルオーバー」といいます。接続先の変更を担当するのは、クライアントとサーバーの両方の場合があります。

クライアントの場合は、AとBの両方を設定に登録しておくことで、クライアント自身がAの異常を判断して、Bに切り替えます。サーバーの場合は、動的IPアドレスであるVIPを用いることで、クライアントの接続先をコントロールします。ほかにも、クライアントでもサーバーでもない管理システムを用意し、管理システムがサーバーを監視することでクライアントに接続先の変更を促すという手法もあります。

AからBに移ることをフェイルオーバーとするならば、BからAに戻ることを「フェイルバック」と呼びます。システムによっては、フェイルバックをするとデータの整合性がとれなくなる場合もあるため、フェイルバックを許容できるかどうかは1つの重要なポイントとなります。もし許容できなければ、AとBだけで運用するのではなく、「Aが壊れたらBをマスター機にし、新しくスタンバイ機Cを追加する」といったように、フェイルオーバーのみで運用し続けることになります。

フェイルオーバーは、おもにデータベースやKVS、ファイルサーバーといった、複数のクライアントから共有して利用される可変データを保管するサーバーに適用されます。

負荷分散

もう1つは、フラットな負荷分散構成において、異常が発生したサーバーを分散対象から外す手法です。こちらも、クライアントにサーバーリストを登録しておいてクライアント自身が判断する手法がありますが、基本はクライアントが接続する先にバランサ用のサーバーを用意し、バランサがバックエンドサーバーのリスト管理とヘルスチェック、そして分散の転送を担当します。

負荷分散は、Web／APサーバーといった、重要な可変データを所持しないサーバー群に対して適用しやすいです。データベースのレプリケーションで作成した参照専用サーバー群にも適用することがありますが、その場合は全台でのデータを正確に同期することが求められる場合もあるので、DBAと相談して設計する必要があります。

一部のシステムは、更新系においてデュアルマスタ、マルチマスタでの分散兼冗長化を実現していますが、安定度に不安があったり、クライアントライブラリ依存の仕組みだったりと、自己責任の技術力が求められることが多いです。

ヘルスチェックで重要となること

機能が有効であるかどうかの判断基準は、判断者がクライアントであろうとサーバー側であろうと、システムがなんであろうと、基本は同じです。

「そのサーバーのメインシステムを実際に利用できるかどうか？」という1点になります。

たとえば、代表的なプロトコルであるHTTPにおいて、「80番ポートにTCP接続できるかどうか？」というチェックは、チェックのうちに入りません。なぜなら、「CPUリソースが足りないせいで、TCPの接続程度はできても、コンテンツを生成して返す余力はない」という状況かもしれませんし、「アプリケーションに必須のシステムであるデータベースが落ちていて、実質的にサービスを提供できなくとも、TCP接続だけなら確立してしまう」ということもあるからです。

同じ要領で、データベースもTCP接続だけではなく、データベース接続だけでもなく、最低限「ごく軽量なSELECTクエリを打てること」を確認すべき場合もありますし、「KVSもSET／GETの類が高速に動作すること」を健康である条件とすべきです。

また、ヘルスチェックでは、チェックする内容のほかに、「そのチェックがFAILEDであると判断するまでの条件」も重要です。

たとえば、チェック間隔は、「1秒ごと」だと多すぎて余計な負荷をかけてしまうかもしれませんが、逆に「1分ごと」と長すぎると検知までに最大60秒かかってしまい、利用者への影響が大きくなってしまいます。モノによっては1秒で大丈夫なものもあれば、1分で十分な場合もあるので、検知が遅すぎず、ムダに過負荷になりすぎない、システムに適した間隔に調整します。

そして、そのFAILEDの連続検知回数も重要な調整事項です。1度でアウトとするのか、3度連続でアウトとするのかでは、結果に大きな差が生じます。回数を大きくするほど判定結果の確実性が上がるわけですが、その分、判定までの時間が長くなるため、チェック間隔と一緒に調整することになります。

ダウンタイムの考え方

サーバーのパーツであるHDDや電源は、故障してもダウンタイムなしに継続運用できますが、IPアドレス主体のサーバー単位では、どうしても大なり小なりのダウンタイムが発生します。

クライアント側で接続先を切り替える仕組みだと、おそらくはメイン機への利用において正常にレスポンスを受け取れなくなった時、数回のリトライを経てからスタンバイ機へと切り替えることでしょう。その場合、以下が正常性を取り戻すまでのダウンタイムとなります。

1度の通信を失敗と判定するまでの時間×リトライ回数

サーバー側で動的IPアドレスであるVIPを移動する仕組みだと、以下がダウンタイムとなります。

VIPの移動が必要であると判定するまでの時間
+ VIPの割り当てや放棄にかかる時間
+ L2レベルで移動が浸透する時間

メイン機がOSごと完全に落ちたのか、デーモンだけ障害が発生したのかで、監視間隔やVRRP（Virtual Router Redundancy Protocol）プロトコルにとられる時間が変わりますが、多くは5～10秒で復旧できれば十分です。

負荷分散型の場合は、障害が発生したバックエンドサーバーを分散リストから外すだけなので大半に影響は出ませんが、まさに落ちていくその瞬間からヘルスチェックに発見されて分散リストから外されるまでの間に、障害先へ転送されたリクエストはエラーになります。もし、サーバーが1台なら100%のダウンですが、2台ならば全体の50%、10台なら10%の影響に留めることができます。クライアント全員に影響が出るのではなく、一部の運の悪いクライアントにのみエラーが返ることになりますが、台数が多く、発見まで短いほどにその影響度は極小になるため、このダウンタイムは稼働率に影響を与えていないとみなして運用することが多いです。

当然、ダウンタイムは短いほどいいのですが、クライアントの事情を考慮することが大切です。システム的には5秒に抑えられることがすごいとしても、クライアントは3秒待ったら切断してしまうかもしれませんし、10秒までリトライしてくれるかもしれません。落ち方によって、クライアントにどの程度の範囲のどのような影響が出たのかを推測をしておくと、ユーザーへの素早く真摯な報告と、その後の適切な対応ができるようになります。

どのように冗長化を実装するか

では、実際にどのように冗長化を実装するかというと、それはシステムによって変わります。そもそも、システムとして高可用性に対応した仕組みを持つならば、その仕組みを採用すべきです。逆にいうと、高可用性に対応したシステムを探して選択することを優先するべきです。

しかし、高可用性に対応したシステムが安定しないクソシステムだったり、「基本はシングルポイントになってしまうけども、採用したい」というシステムがある場合は、独自に冗長化の仕組みを考えることになります。仕組みを考えるうえで必要なモノは、そちら方面のプロトコルやミドルウェアの知識です。使えそうな仕組みを組み合わせて、シングルポイントを解消できるかを検討していく、まさに"インフラエンジニアっぽい仕事"といえます。

keepalived

冗長化と負荷分散においてはいくつか選択肢がありますが、まずはこれまでも出てきた「Keepalived」を試してみることをオススメします。Keepalivedには、VRRPの動的IPアドレスによる冗長化と、バックエンドへの分散転送の2つの機能が含まれています。それぞれの機能の中にも細かい設定が多くあり、可用性に関する基本以上の動作を学ぶことができます。そのうえで、さまざまな仕組みを探してみるといいでしょう。

DRBD

データを格納するサーバーにおいては、そのシステムのレプリケーションや分散コピーといった仕組みをそのまま採用することがベストですが、データの冗長化がないシステムならばDRBD（Distributed Replicated Block Device）を使ってサーバー間でパーティションのデータをミラーリングするという手段があります。基本的には、1台は更新を参照するプライマリ機、もう1台はスタンバイ機としますが、「GFS2」や「OCFS2」というファイルシステムを使うとデュアルプライマリモードにすることができます。そこまでいくと手が込んだレベルになりますが、枯れたシステムなので、それなりに安心して利用することができます。

VRRPとデータのミラーリングができれば、ほとんどのシステムは冗長化することができます。

マイグレーション／オートヒーリング

冗長化とは少々ズレますが、仮想環境でいえば「マイグレーション」という、インスタンスを別筐体に移す機能があります。これがあれば、メイン機のメンテナンスをしたい時にマイグレーションで別筐体に移してからメイン機のメンテ作業にとりかかることができるので、構成としては冗長化に近いものがあります。これがOSの停止なしに実行できる「ライブマイグレーション」は、運用する側としては大助かりの便利機能です。

仮想環境はさまざまな技術が発達しているため、マイグレーションを少しひねった「オートヒーリング」という機能も出てきています。これは、別の筐体に移すのではなく、対象のインスタンスが故障したと判断されたら、IPアドレスや追加ディスクなど可能な限り同じ構成でインスタンスを自動的に作りなおすというものです。この仕組みは、冗長化という考えから一歩引いた時に有効になりえます。

あるシステムを冗長化しようか考えた時、「その品質をどの程度にするべきか？」というのは、第一に考えるポイントになります。

稼働率100％に限りなく近づける必要があるのか。
99.9％程度で十分なのか。
99％以下でも大丈夫なのか。

すべてのシステムに完璧な冗長化を求めることはありません。たとえば、ログを収集するサーバーがあるとします。そのログの内容がユーザーの課金ログのような重要なものならば、データのロストは微塵も許されないかもしれません。しかし、便利に見るためのアプリケーションのエラーログだったとしたらどうでしょうか。ログ収集サーバーが3時間ダウンしたとして、その3時間分の大半のログが失われたとしても、統計的には影響は極小であり、ピンポイントで「その時間帯のログが見たい」という要望がくることもほぼないでしょう。

そういった重要度が低めの、多少は長めにダウンしても大丈夫なシステムの場合、「冗長化せずに監視だけして、アラートに気づいたら、手動で回復する」レベルでいい場合もあれば、もう少しダウンタイムを短くするためにさきほどのオートヒーリングを適用して、「数分から十数分レベルで自動的に復旧する」ようにしたら十分という場合も多いです。

ひと口に「冗長化する」といっても、システムにはさまざまな仕様や事情がありますし、運用する人間の技術力や人数という事情もあります。それらにあわせて、堅い冗長化から軽度な復旧手段まで、柔軟なアーキテクチャを提案できる幅広い知識と思考回路を育みましょう。

ネットワーク

物理的なネットワークを完全に冗長化するということは、1つの箇所にスイッチが2台ずつ配置され、1つの経路のためにケーブルも2本ずつ以上通るということになります。どこまで仕上げるかは構築するシステムが求める可用性によりますが、一部の手を抜くにしても、まずは全体像を知ってからがいいでしょう。

まず、スイッチを複数台にするということは、ループ構造ができあがるということなので、STP（Spanning Tree Protocol：スパニングツリープロトコル）やリングプロトコルによってパケットのループを防ぐことになります。

スイッチ本体の冗長化は、VRRPにて動的IPアドレスを移動させることで行われますが、ポートやケーブルの不調に備えて、スイッチ間は「リンクアグリゲーション」で1つの経路を2本のポートとケーブルで接続できます。2本を1経路とみなすことで、1本あたり1Gbpsならば倍の2Gbpsで通信できますし、片系が故障しても1Gbpsで継続運用することができます。

スイッチやゲートウェイ機といった部分において、2台×2台といった複数台構造になると、故障時にルーティングの切り替えが必要になるため、OSPF（Open Shortest Path First）といったルーティングプロトコルが使われます。たすきがけされたスイッチ群の中で、優先順と故障箇所にあわせて適切な経路に切り替えてくれます。

スイッチとサーバー間も、ポートやNICの故障対策として2本のケーブルを1経路とみなして利用することができます。「Bonding（ボンディング）」や「Teaming（チーミング）」と呼ばれる仕組みを使うことで、負荷分散やスループット向上、可用性向上など、目的に応じて構築することができます。

これらの技術を使用して、上から下までたすきがけしていくと、物理的にも論理的にも倍以上の労力がかかるであろうことは容易に想像できます。そのため、たとえば「ポートとケーブルはほぼ故障しない」と開き直ってしまえば、その分は軽量なアーキテクチャとなります。

仮に1本で故障しても、サーバー単位での冗長化がしっかりできているのであれば、あるスイッチとサーバー間のネットワークが不調になっても、その部分のシステムとしては数秒少々のダウンタイムと引き換えに復旧できます。壊れにくいパーツをわざわざ冗長化しても、システム全体の強度が増加する度合いはたかが知れているかもしれません。

こういった考えと決断は、オンプレミス環境を構築する時に必ず求められます。構築物がB to Bならば最大レベルに堅牢にすることもあれば、B to Cならば貧乏やネットワーク技術者の不在を理由にかんたんな構成に留めて、重要な部分への注力と、運用の創意工夫でやりくりするかもしれません。

たとえ最強構成にしても落ちる時は落ちますし、ヤワな構成でも何年も無事故で稼働し続けることもあります。構築物と組織事情にあわせてベターな選択をしつつ、その目の前のシステムでできる限りのベストな運用を目指すという、「人事を尽くして天命を待つ」スタイルになってしまうと言っても過言ではない、最も難しい部分の1つです。

ラック

パブリッククラウドでは見えないため心配すらできませんが、中規模以上のオンプレミスならば、ラック単位の可用性も考慮するべきです。ラックに起きる障害には、以下のものが考えられます。

- 電源が丸ごと遮断される
- SPOFなL2スイッチが故障する
- L2スイッチ周辺のスループットが飽和状態になる

可能性としてはかなり低いものばかりではありますが、少し考え、少し運用の工夫をするだけで可用性が向上するならば、ラック単位にも手を伸ばしてしまいましょう。

たとえば、ラックAにあるサーバーAとサーバーBに対し、ラックZにあるバランサから分散転送されてくるとしましょう。この時、ラックAという単位が機能不全に陥ったとすると、サーバーAもBも利用できなくなるため、サービス停止という結果になります。これを、サーバーBをラックBに配置することで、サーバーBでの運用が継続できるため、「分けてて良かったラック配置」となるわけです。

データベースという重要なシステムにおいては、レプリケーションによるMASTER／SLAVE構成を組むことが基本なので、これまた同じラックに収めてしまうと、ラック単位の障害でサービス停止を余儀なくされます。ラック配置を分けておくことで、MASTERがダメになってもSLAVEを昇格し、SLAVEがダメになっても別のラックにSLAVEを作成することができます。同じL2スイッチの配下にあったほうがネットワーク的には速いかもしれませんが、同部屋、同データセンター内程度ならば、その程度のあるかないかの速度よりも、可用性のほうが圧倒的に重要です。

また、可用性という面ではなく、単に「どのラックが安定的か？」ということも考えることができます。ゴリゴリにサービスが稼働しているサーバーと同じラックに基幹システムを置くよりは、基幹システム用のラックなどに集めたほうが、より平和に運用できるのはまちがいありません。そういう意味では、基幹システム用ラックだけをより強固な構成にしておくという手もあります。

最近では、DFS（Distributed File System：分散ファイルシステム）において、ラック単位の分散配置を考慮しているシステムもあります。3つのデータレプリカを3つのサーバーに保存する場合、ラックの配置も別々のサーバーを選択したほうが、可用性の面、距離による速度面で有利になるからです。

ラックが1～2本程度ならば、運用が手間なだけかもしれません。しかし、数が多くなるほどに、全体を1つのクラスタとみなして運用することで、自然にラック単位の可用性を高められると、インフラアーキテクチャとしては上質なものであるといえます。

データセンター

冗長化の最後の大物が、このデータセンターという単位になります。第4章でも述べたとおり、データセンターという施設は非常に強固ですが、突き詰めると世の中何があるかわからないため、ここまで冗長化に取り組むことが望ましいです。災害により停電になり、UPSの耐久時間を超える恐れが出たり、道路工事でネットワーク回線がバッサリ切断されて孤立するかもしれません。はたまた、某国から大規模なDDoS（Distributed Denial of Service）攻撃が行われ、悪意ある膨大なトラフィックが送り込まれることで、地域丸ごと通信不可に陥ることもありえるでしょう。

そして、これ以上の単位があるとしたら、関東という八地方区分が丸ごと消し飛ぶとか、一国が滅ぶクラスの災害を想定することになるでしょう。どこまでをリスクと捉えるかは企業規模とポリシー次第ですが、国レベルで冗長化するとしても、データセンターという単位で考えれば、ネットワーク通信の往復時間という問題以外はカバーできるはずなので、アーキテクチャとしてはここまでとして大丈夫です。

データセンター単位で可用性を担保するにしても、どこまでやりきるかは考えどころです。

2つのデータセンターを使ったとして、常時どちらのデータセンターも扱うような負荷分散型にするのか。

通常は片方で動かし、いつでも切り替えられるホットスタンバイ型にするのか。

「ほぼ発動機会はない」と開き直って、コールドスタンバイ型にするのか。

それとも、最低限のバックアップデータだけを2つめのデータセンターに保管して、システム自体は構築しないでおくのか。

最悪はサービスが再開できない、または長期間にわたって再開の目処がたたないことであるため、最低限でも短期間でサービスを再開できることが求められるでしょう。もし、「データベースのバックアップとアプリケーションのソースコードがあれば、多少の最新データのロスト付きで再開できる」というのであれば、九死に一生を得たといえます。

メインシステムが国内にあるならば、データベースのバックアップをAmazon S3などにも日々コピーし、Gitのソースコードを海外にミラーリングしておけば、サービスが完全死することだけは避けられます。

データセンター単位で災害が起こる確率を考えれば、おそらくこれだけでも十分でしょう。それ以上の構成は確率に対して必要な費用が大きくなりすぎるため、中小企業どころか、大企業でも取りかかるメリットは薄いはずです。今の時代、データセンター単位の可用性は超大手パブリッククラウドが実現してくれているため、アーキテクチャ部分はお任せするのがベターですが、それはせいぜいミドルウェアまでの話です。バックアップデータやソースコードの管理については、各自でリスク管理をしなくてはなりません。

これから作るにせよ、既存のものがあるにせよ、一度は利用するデータセンターの全機能停止をイメージしてみるといいでしょう。そうすれば、自ずと複数データセンター、または大手パブリッククラウドという選択肢に限られ、求めるアーキテクチャと費用との闘いにもなります。費用で会社を圧迫することも本意ではないはずなので、組織にあわせて落としどころを提案する、“ザ・インフラエンジニア”の腕の見せどころです。

∴ 同時に2箇所以上が故障することを検討する

冗長構成を考える時、あらゆる部位において同時に2箇所以上が故障することも検討する必要があります。

わかりやすいところだと、HDDのミラーリングRAIDは同じデータセットのHDDが2台故障した時点でそのRAIDデータが全損となります。これは、同時でなくとも、故障したHDDを換装してデータの同期が完了するまでに2台目が故障したら同じことです。

サーバーの場合は、いくつか状況が考えられます。

1つは、ハードウェア的な故障の場合。「2台目にフェイルオーバーして停止を免れたのに、2台目もすぐに故障する」というパターンは、可能性としてはかなり低いでしょう。次は負荷によるフェイルオーバーで、こちらが厄介です。1台目が高負荷によってレスポンスを迅速に返せなくなった時、監視システムに対するレスポンスもほぼ返せなくなっているはずで、「機能不全」と判断されてフェイルオーバーします。この時、1台目が高負荷になった原因がバグや何かをトリガーにした現象ならば2台目は通常運行するでしょうが、単純な高負荷によるものの場合は2台目にもそのまま負荷が移行し、2台目も同様のレスポンス不可に陥ります。結果的に、フェイルオーバーは無意味となり、3台目のスタンバイ機を用意しても同じ現象が続くだけです。スタンバイ機はメイン機と同等のスペックにすることが基本なので、高負荷によるフェイルオーバーは抑制するのが無難です。たとえば、監視条件として「ヘルスチェックがダメでも、Load Averageが一定以上ならばフェイルオーバーを発動しない」といった具合です。こういった仕組みは、最初から仕込むのではなく、一度はこういった挙動を経験してから仕込むことになるでしょう。

もう1つは、負荷分散の形態です。2台でしか分散していなければ2箇所の故障で即死ですが、元が3台ならば、負荷に耐えられさえすれば2箇所が故障してもサービスは継続できます。よって、この問題に差しかかる機会は少ないことが予想できます。

以上のパターンの中で、高負荷を故障と認めないとするならば、それを除いたほかのパターンは、連続した故障の発生に少しでも耐久性を高くすることが望ましいでしょう。つまり、「故障の発生から元の構成に復旧するまでの時間を可能な限り短くする」ということです。

物理的な故障に対処するには人出が必要なため、故障のアラートから現地到達までを短くするオペレーションの仕組みが重要になります。ソフトウェア的な問題ならば、フェイルオーバー発動後に新マスター機の後ろに自動的にスタンバイ機を設定したり、負荷分散の一部サーバーがダウンしたならば自動的に同じサーバーを起ち上げる仕組みにすることで、同等の負荷の均等化を継続できます。

要は、人手が介入するかしないかで、1箇所が故障して耐久性が落ちた状態からの復旧時間が大きく異なるということです。いくら2箇所目が故障する可能性が低いといっても、金曜日の夜に1箇所目が故障したとしたら、土日を挟んで月曜日まで放置しておく気にはならないでしょう。そこで、土日だろうと深夜だろうと手動で対応するのか、自動的に元の構成に戻る仕組みにするかで、インフラエンジニアとしての稼働率が大きく変わります。

ただ冗長化構成を組んで満足するのではなく、自分たちの生活に少しでも悪影響が出ないように試みることは、ひいてはサービスの品質向上につながります。2手先まで考慮して、構想しましょう。

⋯▶ 中途半端な死

冗長化における不安要素の1つに、中途半端なシステムダウンがあります。

- 複数のプロセスのうち、一部がOOM Killerに落とされた状態
- 高負荷により、一部のレスポンスしか返せない状態
- 書き込みができず、読み込みだけができる状態

など、パターンはさまざまです。

中途半端に死なれると、監視システムからのヘルスチェックにおいてOKとNGが繰り返されることになり、その部分を利用する処理が不安定にな

ります。

フェイルオーバー型において、メイン機からスタンバイ機にフェイルオーバーした後に、メイン機が復旧したら自動的にフェイルバックする仕組みの場合、メイン機の状態がOKとNGに早い間隔で切り替わると、フェイルオーバーとフェイルバックが繰り返され、クライアント側からはほぼ正常に利用できなくなります。これを防ぐためには、そもそも自動的にフェイルバックしないことを明確に設定し、元メイン機または新サーバーを新スタンバイ機として再設定することをルール化します。ほとんどのシステムにおいて、フェイルバックはするメリットがないため、基本はフェイルバックなしで設計することになります。

負荷分散型においては、不安定なバックエンドがいるとそこへの転送時にエラーが発生するため、明確に切り離す必要があります。たとえば、ヘルスチェックが1～2回など少ない回数に失敗した時に分散対象から外し、分散対象に復帰する条件は厳しめに3～5回連続で成功した場合とします。システムによっては、このあたりの除外と復帰の条件が明確にされていない場合があるため、不明な場合はソースコードを確認したり、外部サービスならば問い合わせて把握しておくと安心して運用できます。

こういった現象を運用前に想定できるかどうかは、経験によるところが非常に大きいです。その経験を落としこむのがヘルスチェックの条件であり、できるだけ障害時間を少なく経験を積むためにアラートの監視が重要になります。しかし、どれだけ経験を積んでもすべてを想定できるわけでもなく、むしろ経験を積むほどに100%安定するとは思わなくなります。初手でできるだけ安定させつつも、万が一にすぐ気づける仕組み、気づいたらすぐ修正を反映する姿勢が、システムを真の安定へと導いてくれます。

監視システム

冗長化に直接関わる監視とは、サーバーのローカルで動かすかんたんなスクリプトであることが多いです。ある監視スクリプトを一定間隔で実行し、正常な結果ならば何もせず、異常値が返ったらアクションを起こす、といった具合です。アクションとは、たとえば以下のようなものが考えられます。

- 自らVRRP通信を切断して、VIPを相棒サーバーに渡す
- 自らWebサーバーを落とす、またはロードバランサから切り離す
- デーモンのrestartを実行する

これは、ヘルスチェックによって自身の機能が停止または不安定と判断した場合に、自力で復旧したり、システム全体から完全に切り離して部分的迷惑になることを防ぐためです。

こういった仕組みを実現するには、第2章で紹介した「monit」という監視ツールが適しています。各種リソースの状態に応じて特定のアクションを起こしたり、任意のスクリプトの実行結果に対して任意のアクションを起こすことができます。監視間隔も秒単位で調整できますし、アラートを投げることもできるので、たいていのことは賄えます。AWSの一部のシステムでも採用されていますし、一度は使用してみることをオススメします。

ローカル監視以外では、VRRPプロトコルでの双方向通信や、第三者的立ち位置での監視サーバーによるヘルスチェックと全体への切り替え指示を担当する仕組みもあります。サーバーの内部でやるべきものもあれば、外部に出すべき、出さざるをえないものもあるので、システムによって適切な監視アーキテクチャを選択できるよう、監視と実行のパターンについて理解しておきましょう。

冗長化を実装するには

冗長化の実装方法はいくつかあり、システムによって正着は変わります。ここでは基本的な手法について押さえ、システムごとに適した方法を選択し、改良するための準備を整えましょう。

VIP

基本的に、冗長化はサーバー側で対応するほうが、設計も運用もかんたんです。代表的な方法の1つが、VIP（Virtual IP Address）です。VIPとは、VRRPプロトコルを用いて、複数のノード間で「だれがMASTERノードになるべきか？」「どのBACKUPノードが次にMASTERに昇格すべきか？」というやりとりを行い、常に1ノードがVIPというIPアドレスを割り当てられる仕組みです。

クライアントはVIPを指定して接続するので、平時は最初のMASTERがクライアントからのアクセスを受け、MASTERノードに障害が発生した時にはBACKUPノードが昇格してVIPを所持し、クライアントからの接続を継続することで、可用性を高めます。「継続」といっても可用性の話であって、MASTERで確立された通信を引き継ぐということではありません。VIPが違うノードに移るには、設定にもよりますがだいたい5～10秒かかるため、一時的にIPアドレスが消失してしまうからです。

それでも、自動的に同じ機能のノードがリクエストを受けてくれるのですから、エンジニアが寝ている間にMASTERノードに障害が発生しても数秒断で復旧するため、起きてからフェイルオーバーしたのを認知し、ゆっくり元の冗長化構成に戻すだけでいいので、ありがたい存在です。

VIPは、前述のKeepalivedを使うとかんたんに使用できます。単に複数ノードでVRRP通信をすることもできますし、MASTER昇格時やBACKUP就任時に任意の処理を実行するといったこともできます。

VRRP通信が途絶えることで相方のBACKUPノードがMASTERに昇格するため、基本的にはネットワーク通信が途絶えるほどの障害でなくてはVIPが移ることはありません。そのため、ネットワークは正常で、そのノードのメイン・ミドルウェアに異常が出ていてもフェイルオーバーは発生せずに、実質的に冗長化が失敗となることもあります。

そういうパターンを見越して、VRRPだけに頼るのではなく、monitなどのローカル監視でミドルウェアをヘルスチェックし、ヘルスチェックがFAILEDとなったらKeepalivedを停止してVIPを強制的に移す、といった仕込みが必要になります。

もう1つ、稀なパターンとして、ミドルウェアは正常なのにネットワークだけが途切れた場合、VRRP通信が途切れてしまうため、VRRP通信を行っているノードすべてがMASTERに昇格してしまうというものがあります。これを「スプリットブレインシンドローム」といい、複数のノードが同じIPアドレスを持ってしまう、危険な状態です。こうなると、ネットワークが切れている間は何も起きませんが、ネットワークが復旧した途端にクライアントからリクエストがくるので、どこのノードにリクエストが飛んでしまうかはクライアントやL2スイッチの挙動に任せられ、非常に予測しづらい障害となってしまいます。

そのため、スプリットブレインは必ず回避しなくてはならない問題であり、KeepalivedでいえばMASTER／BACKUPの挙動を理解し、ノード間で同一のpriority値を設定しないことで防ぐことができます。実際にVIPを扱う際には、構築が終わった後で、iptablesなどでノード間のVRRP通信を遮断し、挙動を確認し、VRRP通信を開放することでどうなるのかまでを確認しておくべきです。

DNS

もう1つのサーバー側での対応がDNSです。クライアントでサーバーを指定するにあたって、IPアドレスではなくFQDNで指定し、有事の際にはDNSのAレコードのIPアドレスを変更することで、クライアントの接続先を切り替え、フェイルオーバーとする仕組みです。

サーバーとなるノードだけで仕組みが完結するVIPと違い、この仕組みには第三者となる監視サーバーが必要となります。監視サーバーがノード群のミドルウェアをヘルスチェックし、MASTERに異常を検知したらDNSレコードを編集する、という役割を持ちます。

非常にシンプルな仕組みで扱いやすいのですが、DNSを主とするため、まずDNSサーバーの高可用性を担保する必要があります。そして、クライアントやDNSリゾルバにおいて、DNSレコードを長期間キャッシュしないことも重要です。長期間キャッシュしてしまうと、フェイルオーバーとしなくてはいけないはずなのに、いつまでも旧MASTERノードに接続しようとしてしまうからです。

また、クライアント側が切り替わるタイミングが、複数のクライアント間で誤差が出る可能性が高いため、場合によってはDNSレコードを切り替えた後に新旧どちらのサーバーにもリクエストが飛ぶことになります。システムによっては、それによってデータの整合性がとれなくなるものもあるので、違う仕組みを検討したり、「DNSレコードの切り替えと同時に、ネットワーク的に旧MASTERのミドルウェアへの接続を遮断する」といった工夫が必要になります。

クライアント

サーバー側でなく、クライアント側で冗長化に対応する方法もありますが、自分で作る場合は少々手間がかかります。手法としては、クライアントが指定するサーバーを1つではなく複数指定し、どのサーバーを使用するかはアプリケーションが決めるというものです。

複数のサーバーを指定した場合、冗長化兼負荷分散ならば単純なラウンドロビンなどで、有効なノードのどれに接続しても問題ないようにできます。しかし、MASTER／BACKUPの関係に対する指定の場合、クライアント側でヘルスチェックや選択の優先順位を決定する処理などが必要になり、場合によっては挙動を安定させるためにサーバー側にも何かしらの対応を仕込むことになるかもしれません。

ミドルウェアにそういうクライアントライブラリが用意されているものならば採用するための検証にそう手間はかかりませんが、「クライアント部分を自分で」となると、よほどシンプルにできない限り、あまり推奨できるものではありません。こういう仕組みのミドルウェアはそうありませんが、もし必要になった時には、動作検証をきっちりやりこみましょう。

6-3 負荷分散を行う

散らす前にスケールアップを検討する

冗長化と並んで、インフラエンジニアの華形アーキテクチャが負荷分散です。しかし！　散らすその前に、検討しておくことがあります。スケールアップによる対応です。

なぜ、負荷分散が必要かというと、処理量が多くなってくるとサーバーの各リソースでキャパシティオーバーとなる部位が出てきてしまい、それがボトルネックとなって、正常／迅速に処理を継続することが困難になるからです。

そんな時に、負荷分散の仕組みにより、サーバーを増やすだけでボトルネックを解消できればいいのですが、元々シングルで動いていたとしたら、そのシステムにあわせた分散の仕組みを考えて、検証し、導入しなくてはいけません。システムによってはサーバー側の対応だけではなく、クライアント側となるアプリケーションにも多大な労力が必要となります。

そのため、まず検討すべきはスケールアップによる目先の対応です。サーバー単体のスペックを上げることで問題を解決できるならばアーキテクチャ的な労力が必要ないため、それに越したことはありません。ただし、いくらなんでも、その目先が1ヶ月以内であり、数週間程度でボトルネックが再発する程度の増強だとしたら、あまり意味がありません。最低でも3ヶ月、できれば半年以上はもつことが予測できる場合に、採用の余地があります。

スケールアップ自体は、どんなサーバーでも大なり小なり効果は出ますが、基本的にはスケールアウトしにくい部位に対して適用します。スケールアウトしやすいWebサーバーなどでスケールアップしても、台数削減になるだけで、実質的に費用も性能もあまり変わらないからです。

スケールアウトしづらいのは、なんといっても共有データを扱うサーバーです。DB、KVS、ファイルサーバーを分割しなくてはいけないとなったら、サーバー側どころかアプリケーションが大変なことになるのは容易に想像できるでしょう。それを、DBならメモリを増やしてディスクIOPSの発生を低減し、ディスク性能を向上することでディスクIOPSの限界を伸ばせます。KVSならば、メモリの増設により、扱うことができるデータ容量を増やせます。ファイルサーバーは、ディスク容量を増やすことで、単純に寿命を延ばせます。そして全般的に、CPUスレッド数を増やすことで数に比例したCPU性能を手に入れることができますし、CPUの世代を上げることで1割以上の性能向上を見込めます。

エンジニアリングにおいて、応急処置は褒められたものではありませんが、リソースの増加率が低めならば、スケールアップだけで対応するほうが幸せなことも多いです。増加率が高いならば、スケールアップの限界を超えて結局スケールアウトを求められることになるでしょうから、目先ではなく、中長期を見据えて対応します。

ひと昔前ならばシングルサーバーでのゴリ押し運用もめずらしくありませんでしたが、最近はミドルウェアが分散対応しているものも多いですし、未対応ならば、自前で分散をどうするかを最初から考えておくのが基本となっています。

ここからは、華麗に分散させるために、どのような考えが必要なのかを見ていきましょう。

スケールアウトは段階を踏んで、シンプルな構成で

第1章でもかんたんに説明しましたが、処理量が増加してきたシステムのキャパシティオーバーを避けるために、サーバーの台数を増やすことで1台あたりにかかる負荷を減らす手法がスケールアウトです。単純に台数を増やすだけで綺麗にスケールアウトする部位もあれば、複雑な仕組みを要する部位もあります。また、台数を倍にすることで1台にかかる負荷が綺麗に1/2になるパターンもあれば、分散の割合が均等ではないパターンもあります。

理想的なスケールアウトとは

1台を2台に増やすこともちろんスケールアウトですが、2台までしか増やせないとしたら2倍のリソース増強までに留まってしまうため、それで最後まで耐えられるという確信的な予測が必要であり、できないよりはマシですが、あまり良いスケールアウトとはいえません。

スケールアウトの理想は、同じ役割のサーバー群において、「横に台数を増やし続けるだけでほぼ無限に分散でき、増設の手間が少なく、増設によるサービスへの影響も出ない」というものです。「無限」といってもあくまで比喩であり、現実的には数十万人、数百万人、数千万人分というサービスごとの最大目標を指すことになり、極端に表現しても「国内の人間が全員」または「世界中の人間が全員利用したとしても耐えられる」がここでいう無限のイメージとなります。

すべてのシステムで理想を実現できるわけではありませんが、いったん理想を目指して設計し、システムの性質と規模に応じて妥協し、そのうえで結果的に必要な処理量を捌ききれれば、そのアーキテクチャは正着であったといえます。そして、予測をさらに上回る処理量に対し、さらに改良を重ねるのも、スケールアウトアーキテクチャの醍醐味です。

いきなり世界規模のアーキテクチャを掲げてもムダになる可能性が高いため、少なすぎず、大きすぎない仕組みで始め、段階を踏んで進歩できるよう柔軟な思考と柔軟な対応ができることが重要です。

スケールアウトの構成には、大きく2種類あります。

フラット型

1つめは、単純に横に増台するだけでほぼオーバーヘッドなしに負荷分散できる、フラットな構成です。たとえば、ロードバランサ、Webサーバー、アプリケーションサーバー、などが対象になります。

これらに共通することは、「サーバーノード間で共有データをいっさい持たない」という点です。共有データを持たないということは、そのシステムに接続するクライアントからみて、どのサーバーに接続しても同じ結果を返してくれるため、特定のクライアントが特定のサーバーに紐づく必要がないということです。つまり、「分散のアルゴリズムだけ気にして、均等に分散されればいいだけ」ということになります。

ここでいう「クライアント」と「サーバー」は、リクエストとレスポンスを入出力する関係のことであり、クライアントは端末を操るユーザーだけを指しているわけではありません。「クライアントがユーザーなら、サーバーはロードバランサ」「クライアントがロードバランサなら、サーバーはWebサーバー、そしてWebサーバーとアプリケーションサーバー」という関係性です。

クライアントがサーバーを選択するための仕組みは部位によって異なりますが、基本的にはかんたんなヘルスチェックと均等な分散によって成り立ちます。逆にいうと、基本的でシンプルな構成ではなくなるとしたら、それはほぼ悪手であるため、改善が必要です。苦しむべきところはほかにあるので、手のかからないシステムに仕上げましょう。

クラスタ型

もう1つのクラスタ型は、サーバーノード間で共有データを所持するサーバーがスケールアウトするための型です。たとえば、データベース、KVS、ファイルサーバー、時にはアプリケーションサーバーなどが対象になります。

共有データを分散させるのは、以下のようなあらゆる項目が原因で分散せざるをえなくなるためです。

- データ容量がディスクサイズを圧迫してきた
- ディスクIOPSの増加によって、高速に処理できない
- CPUやメモリのリソースが足りない

分散の目的によって分散方法が異なり、データの完全複製や分割によって、元々1つのデータの塊を分散したサーバー全体を1つのクラスタとして扱います。1つのクラスタで保つ場合もあれば、さらに複数クラスタにする

場合もあり、求めるキャパシティによって複雑に拡がっていきます。
クラスタを組むシステムは、以下のようにさまざまなものがあります。

- クライアントからクラスタへの接続先が1つである場合
- どこにアクセスしてもいい場合
- クライアント側で決定する場合

基本的に、接続の仕様がクライアントにとってかんたんであるほどクラスタにオーバーヘッドが発生し、クライアント任せになるほど綺麗なスケールアウトに近くなります。
「クラスタ対応のシステムだから」と安易に信用せず、自分たちに必要なキャパシティや性能を十分に発揮できるかを、実際にベンチマークをとって判断することが求められます。検証から採用判断までをいかに迅速／適確に行えるかを試される、インフラエンジニアにとって至福の時となります。

スケーラビリティについて考えるべきこと

負荷分散では、「どれだけスケールアウトできるか？」「どのようにスケールアウトされるか？」「どれくらいスケールアウトしやすいか？」といったスケーラビリティが求められます。それと、先に説明した可用性も両立してようやく1人前といえます。
どれだけスケールアウトできるかはシステムによりますが、まずは「1台でどれほどの処理量を捌けるのか？」を正しく計測することから始まります。そして、複数台に増やす場合は、「2台までなのか、ほぼオーバーヘッドなしに際限なく増やせるのか？」「一定台数以上から急激にオーバーヘッドが発生しないか？」はたまた「複数のデータセンターに拡張できるのか？」といった拡張性について理解します。
どのようにスケールアウトされるかで肝心な点は、自動なのか手動なのかです。これは、自動のほうが必ずしも良いわけではなく、拡張の機会によるところです。頻繁に変化するのであれば自動化しないとツラいですが、拡張の機会が半年や1年に1回程度ならば手動のほうがかんたんな仕組みで済ませられて十分なこともあります。必要に応じた大きさの仕組みに設計しなければ、最初の準備期間にムダが生じるか、逆に運用期に手間がかかりすぎるかになってしまうため、求められる変化の度合いを見誤らないことが肝心です。

もう1つ、スケールアウトされる際の条件というものがあります。具体的には、「CPUリソースやディスク容量が何%を超えたら」という項目と閾値が必要になります。自動化するならばこの数値を元にスケールアウトさせますし、手動ならばアラートを受けてとりかかるタイミングを知ります。閾値は、その値を超えてからスケールアウトが完了するまでに必要な時間も考慮する必要があり、それを見誤ると完了前にキャパシティオーバーに到達してしまうため、最初は安全寄りに設計するといいでしょう。

どれくらいスケールアウトしやすいかは、運用のリソースとサービスの稼働率に関わってくるところです。理想は自動かつサービスに影響しないことですが、システムの部位によっては手動かつサービスの一時停止が必要になります。たとえば、アプリケーションのデプロイは、その更新内容によっては一瞬たりともノード間の違いがあってはならないことがあり、サービスのメンテナンス入りで行うの確実に安全です。データベースの場合は、データのリバランス処理のために一時停止が必須なパターンが多いでしょう。ただ、どのパターンも、「技術的対応によって、理想に近づけることは可能である」ということを忘れず、努力して改善するのが大切です。そしてそれ以上に、無理な仕組みにせず、「メンテナンス前提」などの落としどころを受け入れて設計することも大切です。多くのサービスは、完全に100%の稼働率よりも、少々の稼働率を犠牲にしてもシンプルで安定するシステムを望むことが多いからです。

スケールインする場合は安全面を最重視

インフラチームにとって最も心臓に悪いのはキャパシティオーバーなので、スケールアウトにばかり気を取られがちですが、スケールインについても考慮しておく必要があります。1日の中で負荷の低い深夜に台数を減らす施策もあれば、長期的に見てリソースが余ってきたシステムを縮小することで費用削減を狙うこともできます。

スケールアウトの時は、スケールアウトの前にスケールアップを考慮するべきでしたが、長期的なスケールインの場合はまず台数を減らし、最小台数になってからスケールダウンを考慮することになります。

また、スケールインでは、ノード障害による台数減少の影響も考慮しておく必要があります。そして、スケールアップと同様に、スケーラビリティの向上も目指します。とはいえ、単純なサービス規模の縮小に起因するスケールインでは、たいていは悲しいことに稼働率に配慮する価値も減少しているので、安全面を最重視して設計しておけばいいでしょう。

負荷の移動に注意

分散した負荷のノード台数を減らすということは、減らしたノードの分の負荷が、残されるノードたちに分散してのしかかるということです。それによって、残留ノードの負荷が結局スケールアウトの条件の閾値を再度超えたり、悪くするとキャパシティオーバーになって、適切なレスポンスを返せなくことに注意しなくてはいけません。

たとえば、10台のノードに均等に分散されている場合、1台あたりに全体の10%ずつの負荷がかかっています。このうち2台を削除したとすると、8台に対して1台あたり全体の12.5%の負荷がかかることになり、計算式にすると「元の台数÷残留台数」倍となります。

減らすタイミングの使用リソースが少なめであり、かつ少しずつ台数を減らせばほとんどの場合に問題は出ませんが、スケールイン時に残留ノードがどうなるかは明確に認識しておくべきです。

最低台数が3台になる理由

多くの分散システムは、最低ノード数を3台として推奨しています。この理由はかんたんで、1台だとシングルポイントになるし、2台でも片方が落ちた場合に残る1台の負荷がキャパシティオーバーする可能性が高くなるからです。

システムに許容する使用リソース率は50%とすることが多いですが、2台が50%ずつで稼働している時に片方が落ちると、残る1台のリソースは100%となり、迅速な処理が正常にできなくなります。これを3台にすることで、1台が落ちても残り2台がそれぞれ75%で稼働できるため、少しは余裕があります。

考え方を変えると、「1台落ちた後の残留ノード1台あたりの使用リソース率が100%未満ならば、それより負荷が増えなければ問題なく動作する」ということです。台数によってそれぞれ以下の使用リソース率までは、1ノードの障害による影響が出ないことになります。

- 2台 → 50%未満
- 3台 → 66%以下
- 4台 → 75%未満
- 5台 → 80%未満

分散システムにおいて、リソースが半分になるという現象は十分に脅威であるため、最低3台を目安として組むことが多いです。そして、台数を増やすほどに、空けておくべきリソース量が減少するため、ムダがなくなるというメリットがあります。

とはいえ、実際にはサービスに対するリクエスト量そのものが短期間で倍化以上することも少なくないため、台数に関わらず50%前後以下に抑えて使うことが基本となり、リクエストの増加率がそれ以上になる場合は独自の手法を採用することになります。

データセンターを分散させる意味と注意点

1つのデータセンターで完結する分散システムはミドルウェアごとの創意工夫で実現できますが、複数のデータセンターに跨って分散させるとなると、急激に難易度が上がります。

ロードバランサやWeb／APサーバーなど、グローバルIPアドレスが絡むシステムでは、必然的にDNSラウンドロビンまたはそれに類似した仕組みが必要になります。しかし、ここは「ユーザーの端末にいかに近いデータセンターを利用してもらうか？」といった改善点はあれど、最終的なレスポンス速度にそこまで致命的な結果はもたらしません。

問題は、データベースなどの共有データを含むシステムです。アプリケーションサーバーから別データセンターのサーバーへ直に接続して利用すると、「リクエスト数×パケット往復時間」がそのままレイテンシとなってしまい、効率的ではありません。そのため、レプリケーションによるレプリカノードを作成することになりますが、距離が遠くなる分は同期が遅れるので、遅れても問題ないアプリケーション構成にする必要がありますし、「マスターサーバーはどのような配置にするのか？　マルチマスターにするのか？」といった課題が山盛りとなります。

データセンターの分散における壁の多くは、単純にデータセンター間の距離になります。同データセンター内ならばノード間のパケットは数ミリ秒単位なのに、最長である地球の裏側と往復するとなると数百ミリ秒かかってしまいます。1回の処理に数十回、数百回の往復となると、最終的に1秒以内で済むのか、10秒以上かかってしまうのか、という違いが出てしまいます。この距離という問題がなければ、単にVPNで1つのネットワークに見せかけて、ごく普通にしれっとプライベートアドレスで利用するだけでいいことになりますが、その速度品質で許容できるシステムは今やほとんどないでしょう。

ここで、システムがデータセンターの分散を必要とする理由を考えてみましょう。インフラ視点では「1つのデータセンターが突然使用不可になってもサービスを継続できる」というメリットがありますが、それをメインの理由としてこのような大がかりな設計をすることはまずありません。たいていは、サービスの世界展開において、「ユーザーにいかに速くレスポンスを返すか？」を課題にし、その解決方法の1つとして「距離が近いデータセンターにアクセスしてもらおう」と提案されるはずです。つまり、「重要なのは手段ではなく、目的である」という、あたりまえの原点から考えていくことになります。

もし、国内の単体データセンターで世界展開するとしましょう。国内ユーザーは200msでレスポンスをもらえるのに、海外ユーザーは2,000msかかるとしたら、改善の余地があるようにみえます。しかし、提供するサービスがスマホアプリであり、通信の機会が少なく、待機時間にNow Loading...画面を出せば体感的には問題ないレベルかもしれません。「世界展開だから」とインフラ視点だけで捉えると高度な分散技術を駆使せざるをえなくなりますが、じつはアプリケーションの技術的工夫やUIの工夫によって通信速度の遅さをカバーし、ユーザーの体感が悪化するのを防げることも多いです。

この例からわかるとおり、必ずしも世界に分散させる必要はありませんが、分散必須かつ近距離マッチングなどの仕組みにより高品質を求められることもあります。さきほどの例をリアルタイム通信を扱うゲームに置き換えると、遠い環境では画面の描画がラグラグとなり、ユーザーにとてつもないストレスを与えることでしょう。ただ、高度な技術を要するリアルタイム系サービスも、システム全体を世界に分散させるのではなく、「通信頻度の少ないデータベースは国内単体データセンターで管理し、通信頻度が高いリアルタイム通信用のサーバーはデータベース不要の内容で世界に分散して近距離マッチングする」といった工夫で乗り切れるかもしれません。

超大規模になったとしても、ミドルウェア的な理想の分散アーキテクチャを追うよりも、サービスの性質と実質的なユーザーの体感を中心に創意工夫することになるでしょう。難しいことを考えて実践しなくてはいけない気分になることもあるでしょうが、ひたすらにシンプルと安定性を求めて工夫する、真の力が求められます。

ここからは、具体的なシステム部位ごとに負荷分散を考えていきましょう。

ロードバランサの負荷分散で大切なこと

ロードバランサは、ハードウェアのバランサ、KeepalivedやHAProxyといったソフトウェア、そしてパブリッククラウドのブラックボックスなモノまでさまざまです。何を使うにせよ、ロードバランサはインフラの最前線となるため、「グローバルIPアドレスを所持して、ユーザー端末のアクセスを迎え入れる」という大役を請け負います。1つのIPアドレスで複数のノードへフラットに分散させることは不可能なので、分散させる場合は1ノードに1IPアドレスを割り当てて、DNSレコードに複数のIPアドレスを登録し、DNSラウンドロビンでユーザーにアクセスしてもらうことになります。

それゆえに、DNSサーバーの挙動が非常に重要になります。一部のバグめかしいDNSサーバーは、一定条件下では複数のIPアドレスの順番をランダムに返さずに、決まった順番で返すことがあります。たとえば、特定のIPアドレスへのレコード順が固定化されてしまうと、携帯キャリアなどの巨大なプロキシの存在により、大半のリクエストが特定のロードバランサに寄ってしまい、綺麗な負荷分散にならないことがあります。しかし、この問題さえなければ、基本がグローバルIPアドレスでの分散のため、データセンターが複数になってもバランサ自体の分散は非常にかんたんであるといえます。

バランサ単体としてはCPUやメモリも気にするところですが、ネットワークトラフィックがメインのボトルネックになることもあります。しかし、必要なリソース自体は非常に小さいため、分散させる機会がそうそう頻繁に出るわけではありません。それゆえに、中規模程度までならばMaster-Standby構成で捌けるでしょうし、分散させるとしてもMaster-Master-Standbyとかんたんに増やせるため、分散の仕組みとしては恐れることはありません。むしろ、バックエンドのヘルスチェックの精度や冗長化のフェイルオーバーの動作を密に確認するほうが、はるかに重要です。

Web／APサーバーは最も完全放置を目指しやすい

APサーバーは、Webシステムの中で最もCPUリソースを使うシステムの1つです。それが意味するところは、最もスケールアウトの対象になりやすいということです。そのため、特に単純な横並びで台数を増やすだけでスケールアウトできる設計にすべきです。

APサーバーは基本的に共有データを持たないため、単純フラットな分散構成にしやすいのですが、セッションデータなどをローカルに保持してしまうと特定のユーザーと特定のサーバーが紐づいてしまい、HTTPヘッダやソースアドレスを元にロードバランサから振り分けてもらうことになります。このセッションデータをDBやKVSに共有するだけで複雑なバランス条件から解放されるので、とにかく「ユーザーはどのAPサーバーに接続しても大丈夫」という構成を目指しましょう。

バランサは複数だとしても、すべてのAPサーバーをバックエンドとして登録しておけば、どのユーザーが、どのバランサを経由してきても、均一に分散された負荷と一定のレスポンス内容を保証できます。ただし、バランサが複数データセンターにまたがる場合は、バランサ→APサーバー間が離れているとムダなレイテンシが発生してしまうため、バランサのバックエンドAPサーバーは同一のデータセンターのものに限定するほうが速度的に効率的です。DNSの挙動が正しければ、分散も均等に行われます。

パブリッククラウドでWeb／APサーバーを分散させる場合、最近ではCPU利用率を条件に、自動的にスケールアウト／インすることが基本となっています。これは、従量課金制であるがゆえに、利用の少ない深夜は台数を減らして費用を削減し、ピークタイムには必要に応じて台数を増やして急激なトラフィック増加に自動対応できる優れものとなっています。

AWSでは、自動増減の機能は「Auto Scaling」と呼ばれています。Auto Scalingのスケールアウトにおいては、サーバーのソースコードとミドルウェアが準備できて、ヘルスチェックのHTTPレスポンスがステータス200で正しいと確認できた時点で、分散の対象に登録されます。スケールインの際は、分散の対象から切り離してからインスタンスを削除することで、ユーザーに悪影響が出ないようになっています。

この中で気をつけたいのは、スケールアウト時のアプリケーションコードのデプロイです。まさにインスタンスが増えようとしている時にデプロイを実行することで、ノード間でソースのバージョンに食い違いが生じては、動作内容が意図しないものとなってしまいます。既存の全インスタンスへデプロイしつつ、新規に立ち上がろうとしてくるインスタンスも自身が自動的に最新バージョンに準備する仕組みが必要となります。

一度、インスタンスの増減の条件となる閾値を適切に設定し、安全にデプロイできる仕組みが確立できれば、想定以上のトラフィック増加率を除いて、ほぼ放置で運用できるようになります。想定以上の急激なトラフィックだけは、リソースの閾値の検知からインスタンスの起動までが間に合わない可能性が高いため、サービス運営の計画に従ってあらかじめ十分なインスタンス数を起動しておく必要があります。しかし、それもまた独自の仕組みで自動化することは難しくなく、Web／APに関しては序盤の調整後は完全放置を目指しやすい部位となっています。

DBのさまざまな分散手法を理解する

データベースは、システム全体の中で最も重要で、最も分割が困難な部位になります。ボトルネックとなる要因はさまざまで、一番にディスクIOPS、次いでCPU、ディスク容量、ネットワーク帯域幅ときて、さらにメモリ容量もパフォーマンスに直結してきます。NAND型フラッシュメモリの登場で、ディスクIOPSのキャパシティは十分すぎるほど引き上げられましたが、中規模から大規模に移るあたりのタイミングで、何かしらのリソース不足によって分散を余儀なくされます。

分散の手法は比較的かんたんなものから運用が困難なものまでさまざまありますが、何をするにしても、1日、2日でおいそれと導入できるものはありません。密な設計と検証のうえに成り立つので、いざボトルネックに差しかかるその時に準備ができていなければ、目先の応急処置に追われる悲惨な日々が訪れます。

重要なのは、中規模を突き抜けるいざその時に、分割する手段が用意されているということです。手段がなければ、どれだけクエリやスキーマのリファクタリングを試みても数日、数週間しか持たせることができず、迅速なレスポンスが返せなくなり、ユーザーが離れていきます。

ここではさまざまな分散手法の概要について説明していきますが、ほかのシステムと同様、最初から完璧で大規模なアーキテクチャを求めることはあまり適切ではありません。小規模ならそれに見合ったシンプルな構成で始め、中規模まででで収まり、分割なしでギリ運用できるならば、分割なしで済ませるためのパフォーマンスチューニングにリソースを寄せたほうが正解かもしれません。

サービスの規模と求められる品質にあわせて、適したアーキテクチャを提案できるよう、いくつかの手法を試し、そこからさらにサービスにあわせた仕組みに改良できるよう準備しておきましょう。

最も重要なデータベースをシングルポイントにするわけにはいかないので、最小2台であることを前提に話を進めていきます。2台での冗長化をVIPやDNSなど何で実装するかは問いませんが、分散していくなかでもシングルポイントをいっさい作らないことを設計のルールとします。

参照分散

データベースの負荷は、大きく参照クエリと更新クエリの2つに分類できます。どちらのクエリも、必要なデータがメモリに載っていなければディスクにRead IOPSが発生しますが、メモリに載っていれば参照クエリはRead IOPSなしにCPUリソースだけで処理できます。更新クエリも、そこまでは参照クエリと同じですが、更新結果を反映するために必ずWrite IOPSが発生する点が異なります。

そして、ほとんどのアプリケーションは参照クエリの割合が多くを占めており、全体の80～95%になることでしょう。そのため、まずはこの8割以上を占める参照クエリを分散させることを考えるのが序盤戦となります。

少なくとも、参照クエリを実行するたびにRead IOPSが発生していてはすぐにキャパシティオーバーしてしまうため、ディスクデータのうち頻繁に使われるデータ容量と同じかそれ以上のメモリ容量を搭載することを、分散以前のパフォーマンスチューニングの1つの指標とします。それにより、Read IOPSがキャパシティに心配ない程度になると想定できると、残るはCPUリソースの問題となります。

CPUリソースを分散させることだけが目的ならば、そう難しいことではありません。マスターサーバーから複数台のレプリケーションサーバーを作成し、ほぼすべての参照クエリをレプリケーションサーバーに投げることで、フラットに分散させることができます。これはレプリケーションサーバーとクエリ分散のためのプロキシを用意するだけなので、一見かんたんに実現できそうですが、正しく理解しておくべき点が2つあります。

分散効果

1つは分散効果です。クエリ全体が1台のMASTERにかかる負荷の割合を、更新100／参照100とし、参照分散で台数を増やした時に負荷がどのように割り振られるかを考えます。

MASTER1台／SLAVE1台は最小構成ではありますが、この構成でSLAVEに参照クエリを集中させた場合、MASTERへの負荷は更新100／参照0、SLAVEへは更新100／参照100となり、元と変わらないことがわかります。

MASTER1台／SLAVE2台にした場合、SLAVE1台あたりの負荷は更新100／参照50となり、SLAVEを4台にしたならばSLAVE1台あたり更新100／参照25となります。

レプリケーションサーバーではまったく同じ更新負荷がかかること、そして参照負荷は期待どおり台数に反比例する形で下がっていくことに着目して、構成します。

高負荷になったデータベースのおもなボトルネックが更新クエリによるものの場合、参照の負荷を散らしても全台がそのリスクを引き継ぐため、効果的ではありません。また、参照分散の効果や、可用性をふまえた台数減少も考慮すると、SLAVE2台ではまだリスクが高めのため、最低3台以上を目安にするといいでしょう。

更新クエリがボトルネックになりづらい箇所に関しては、台数を増やすほどにCPU負荷を確実に散らせるため効果的ですが、増やしすぎにも注意しなくてはいけません。レプリケーションによるMASTER⇔SLAVE間のネットワークトラフィックが高い場合、MASTERのネットワークがボトルネックになる可能性があるからです。1SLAVEあたり10MbpsでMASTERと通信するとなると、1Gbpsのネットワークの場合、単純に100SLAVEでMASTERが詰まりますし、アプリケーション⇔MASTERの通信もあるのでそれよりも早く詰まるでしょう。

増台に見合う分散効果が得られるのか、そしてリスクも理解したうえで、さらに次の整合性についても検討していくことになります。

整合性

もう1つの注意点である、データの整合性について考えていきましょう。

ここでいう整合性は、トランザクションでデータの一貫性を保つ話ではなく、MASTER／SLAVE複数台でのデータの扱いに関わる話になります。

レプリケーションという仕組みはネットワークを介して行われるため、必然的にMASTERとSLAVE、SLAVEと別のSLAVEの間でデータの食い違いが常に発生するものとして扱います。MASTERで実行された更新クエリは、その瞬間にはまだMASTERにしか反映されていませんし、複数のSLAVEへ反映されるタイミングもSLAVEごとに微妙に異なるからです。ネットワークの遅延以外にも、CPUリソースやディスクIOPSリソースの不足などで更新の反映が遅れることも考えられます。これを「非同期レプリケーション」といい、完全な同期ではなくなる代わりに、レスポンス速度の向上を図ることができます。MySQLには準同期レプリケーションもありますが、どちらも「更新状態が完全に同期していない」という意味では整合性に気をつける必要があることに変わりはありません。CPUリソースが足りないような状況ではなければ、平時はミリ秒レベルの反映遅延で済むかもしれませんが、参照分散においてはそれが致命的になる可能性があります。

アプリケーションからデータベースに対しては、数ミリから数十ミリ秒の間隔で連続的にクエリが実行されます。その連続したクエリが、単純なラウンドロビンのような方式で、複数のノードへ順番に分散されて実行されたらどうなるでしょうか。

たとえばゲームサービスにおいて、「ユーザーAがすでに消費したアイテムが、ユーザーBからは正しくなくなったように見えても、ユーザーCにはまだ存在するように見える」という事態が発生するかもしれません。ゲームでも許されるものではありませんが、特に銀行のようなリアルマネーを直接に扱うシステムならば100％起きてはいけない現象です。「一部のサーバーが100ミリ秒遅延してました、テヘペロ」で済むわけもありません。

逆に、ブログサービスのような、処理が閲覧に寄っていて比較的にゆるやかなシステムの場合、記事リストが最新でコメントリストが最新ではなくても、それほど問題ではないかもしれません。どちらかというと、データのキャッシュやそのクリアのタイミングのほうが重要になるでしょう。

要は、「ある重要な更新に対して、その更新結果が確実に全体で扱われる仕組みにする必要がある」ということです。どの更新を重要と捉え、どこまでそれを保証するかはサービスの性質によるところですが、少なくとも「更新クエリはMASTERへ、参照クエリはSLAVEへ」という単純な作りにしてはいけないことは明白です。

基本的なこととしては、BEGIN～COMMITのトランザクション内のクエリはすべてMASTERに発行します。ほかにも、1つのユーザーセッションに対して利用するSLAVEを1台に固定することで、SLAVE間の差異を解決することができます。また、HTTPならば、「1回のリクエストの一連の処理の中にトランザクションが含まれるならばMASTERへ、含まれないならばSLAVEのみへ」という分岐をすることもできます。

こういう話は、どちらかというとアプリケーションエンジニアとDBAの領域なのですが、サーバーを用意して「ハイ、どうぞ」だけがインフラエンジニアの仕事だとしたら、あまりに稚拙です。「なぜ、そのような構成にするのか？」「どのように分散しているのか？」「障害に対して、可用性とデータの一貫性はどう担保されるのか？」といったことまで理解して運用することが求められます。

垂直分割

参照分散に行き詰まると、次は更新を分散せざるを得なくなります。更新の分散は参照分散に比べて難易度が高いですが、そのなかで比較的かんたんな手法に分類できるのが「垂直分割」です。

「垂直」とはどういう意味かというと、データを種類で縦割りにするということです。たとえば、ユーザーアカウントのデータと、ユーザーの投稿記事のデータがあるとしたら、以下のようにテーブルごとに分けて保管することになります。

- アカウントデータ　→　DB（1）へ
- 記事データ　→　DB（2）へ

それぞれのテーブルに対する負荷は均一ではないため、DB（1）とDB（2）にかかる負荷は異なることになりますが、それでも難儀な更新負荷を分散できることに変わりはありません。また、テーブルは数十とたくさんあるので、できるだけ負荷が均一になるように分散させることで、「特定のDBだけリスクが高い」という事態を避けることができます。

この手法では、アプリケーション側で、テーブルごとにどのDBサーバーを使うかを指定し、クエリごとに接続先を変更する仕組みが必要です。当然、フレームワークで吸収すべき仕組みであり、安定させるために丁寧に作り上げる必要はありますが、一度複数のDBを扱えるようにしておけば、当分の間は悩むことがなくなります。

垂直分割には、当然のように問題点もあります。

1つは、DB間でテーブルの結合（JOIN）ができないということです。これを解決するには、「JOINが必要なデータは、同じDBに格納する」もしくは「JOINをいっさい利用しない作りにする」といった工夫が必要になります。

次に、DB間でトランザクションが発行できないという問題があります。発行できるよう正しく作りこむには、複数の分散されたRDBMSにおいてトランザクションを扱うことができる「XA（eXtended Architecture）トランザクション」が必要になり、自作するには厳しい領域なため、こちらも同じDBに格納することになります。

同じ理由で、バックアップにも一貫性がとれなくなるため、「リストアにおけるデータの不整合をどうするか？」という問題があります。

バイナリログで、秒単位で調整するのか。

アプリケーションログから修正するのか。

重要な考えどころとなります。

このように、更新分散から一気に課題が山積みになるため、できるだけスケールアップやリファクタリングで対応しきるか、早い段階から準備して稼働当初から導入してしまいたい、やりがい以上にやりたくない気持ちがかんたんに上回るシステムとなります。

水平分割

垂直分割でもやりきれなくなると、「水平分割」に頼ることになります。水平分割とは、行指向のデータベースにおいて、プライマリキーなどを条件に行データを分割し、複数のDBに保存する手法です。

たとえば、int型のカラムの値は偶数／奇数を条件に分割すると2分割できることになりますし、1～100,000、100,001～200,000と10万区切りを条件にするとデータの増加に対して半永久的に対応することができます。

条件次第で分割数やスケールの性質が変わるため、データの性質に応じて適切な分割条件を考えることになります。そこで重要なポイントは、再振り分け（リバランス）です。奇数／偶数や下1桁を条件にしてしまうと最大分割数が確定してしまいますし、int型の範囲やハッシュ値を用いて最大分割数を大きくできたとしても、たいていのサービスは初めのころのデータがどんどん利用されなくなり、負荷がまったく均一ではなくなるものです。

どのような分割にしたとしても、いつかはリバランスをすることでより多く分割したり、ムダなリソースをなくすために集約する必要が出てきます。

すべてを自動的に、できるだけ均等に分散してくれるシステムを実現するのはほぼ不可能なため、以下のどちらかを選択することになります。

- メンテナンスを前提とし、定期的にリバランスを行う
- 「長期的にほぼその台数で大丈夫」という形で分割する

ただ、長期的視野にすると、結局サービスが盛り下がってリソースがムダになるリスクもあるため、あまりドンと構えすぎるのも問題です。

水平分割は、基本的にアプリケーションで実装することになります。もちろん、ミドルウェアで対応することも検討すべきですが、一定以上の規模になるとおそらく既存のものでは不都合な点や不満が出るため、自分たちに必要な機能を自分たちで作ることが結果的に優位になるからです。

垂直分割と同様、結合（JOIN）やトランザクションの問題はあるため、それに影響しない構成と仕組みにする必要がありますが、フレームワークで吸収するのであれば垂直分割より倍くらい難しくなる程度の難易度で作成す

ることができるでしょう。

行レベルでデータの偏りや性質に気を配る必要があるため、構築も運用も困難ではありますが、手段としてここまで用意できれば、よほど超大規模にならないかぎりは対応できるはずなので、時間をかけて確立する価値のある手法となります。

クラスタ

ここまで紹介した手法は、ほぼ自力で設計と作成をする分割方式でした。一方、世の中には便利な手段が転がっているもので、複数のノードを1つのデータベースとして扱うことができるクラスタシステムが存在します。たとえば、MySQL ClusterやMySQLストレージエンジンであるSpiderなどですが、クラスタだからといってノードを追加するだけで楽にスケールアウトできるかというと、そんなことは微塵もありません。

あらゆるシステムにおいて、1つのデータを分割して複数ノードに分散しつつ、接続先は1種類で済むようにできる仕組みには、必ずオーバーヘッドと機能制限がつきまといます。機能制限だけでいえば垂直／水平分割も同じですが、オーバーヘッドは比較にならないほど大きくなりがちですし、それを克服するために大きなマシンパワーを要求されることもあります。

その理由の1つに、ノード間のデータ通信があります。分散されたデータを1箇所で処理するためには、必要なデータを所持するノードからデータをかき集めてから処理に入る必要があり、ローカルのみで完結できる構成とは段違いの差があることがわかります。特に、範囲条件を使うクエリは必要なデータが複数のノードにまたがるため、パフォーマンスが出にくい傾向にあります。逆にいうと、そのレイテンシが少ない性質のクエリを扱うだけならば、仕様に従って複数ノードをクラスタに組み上げるだけで十分な分散システムを得られるということでもあります。

クラスタは一見便利ですが、「自分たちが実際に実行する処理、蓄積するデータの性質を理解し、さらに実際にベンチマークをとって十分な性能を確認できてはじめて採用する」という流れはほかの仕組みと変わりはありません。

また、クラスタ自体の運用は非常に難易度が高いため、おそらく専任の

DBAが必要になることでしょう。もし、社内エンジニアの多くがアプリケーションエンジニア寄りで、クラスタの研究から運用までを任せられる適任者がいないとしたら、採用は見送ったほうがいいでしょう。仮に、分散システムとしては成功しても、面倒を見られる人間が極小になるとしたら、長期的に見て組織としては不安定で、負の遺産となりえるからです。

サーバー負荷の変化が激しいWeb業界においては、結局アプリケーションレイヤーで独自の分散フレームワークを選択する企業が多いことからも、クラスタは変化がゆるやかな業界に適しているであろう実情が伺えます。

スタンバイ機

データベースの分散では、普段は分散処理に参加しないスタンバイ機の存在が重要になります。その役割の1つは、ホットスタンバイです。冗長化の話と被りますが、MASTERが故障したら即座に新しいMASTERを割り当て、SLAVEが故障したらできるだけ早く新しいSLAVEを作成して、障害前と同じ分散状況に戻してあげるべきです。これは、以下のことが目的となっています。

- 大切なデータベースをより安全な状況下で運用する
- 復旧を自動化することで、人手をなくし、迅速に復旧する

そうするためには、参照分散用のSLAVEを作成する時、1台はただレプリケーションするだけのノードを作成するべきです。そうすることで、MASTERの昇格時には分散用のSLAVEの台数が減ることがなく、SLAVEの障害時には代わりに分散を担当できるからです。

また、バックアップという超重要な役割を受けもつことができます。バックアップは基本的にMASTERではなくSLAVEで行うべきですが、深夜に採るとはいえ、バックアップの抽出処理は非常に重いため、バックアップ中のノードに参照分散されると、そのレスポンスが鈍足になる可能性があります。たとえ深夜で、短い時間で、一部のノードだとしても、一部のユーザーに遅いレスポンスを返す可能性はなくすべきなので、アプリケーションから

のクエリは受けないノードでバックアップを採りましょう。

⋯▶ KVSで注意すべきこと

KVSは、その名のとおりKey-Valueというシンプルなデータ構成のため、データベースよりはシンプルな分散構成となります。

代表的なMemcachedでは、ミドルウェアとしてはクラスタ機能を所持していませんが、クライアントライブラリでキーのハッシュを元にした分散が実装されています。もう1つの有名どころであるRedisでは、2015年に入ってようやくクラスタ機能が付き、注目していきたいところとなっています。

KVSの台数がそこまで大規模になることはないとすると、クラスタを検証して本番投入することはそこまで難しくないでしょう。しかし、用途ごとに接続先を変える垂直分割の独自実装もそう難しいものではないため、Redisのクラスタとどちらが優位かは難しい判断となりそうです。

データを分散させる以上は、注意すべきポイントは基本的にはデータベースと似ています。

- ノード障害に影響されない可用性がある
- ノードを増設した時に、可能な限りシステム停止を伴わない
- できるだけ短いメンテナンス時間でデータの割り振り直し（リシャーディング）ができる

といったことです。中には、巧みなアルゴリズムによってノード数の変化の影響を最小限にするKVSもあり、要件によってはマイナーなKVSの研究が必要になることもあるでしょう。

システム全体のレスポンス向上のために、今やKVSは必須となっています。大規模なサービスでもKVSはバカみたいな台数にならないとはいえ、単体でやっていけるほど甘いトラフィックではないはずです。今は小規模だとしても、近いうちに複数台での分散を要求されるはずなので、こちらも早い段階で研究して準備しておきましょう。

最後に、分散アーキテクチャの実装例を紹介しておきます。

分散アーキテクチャ

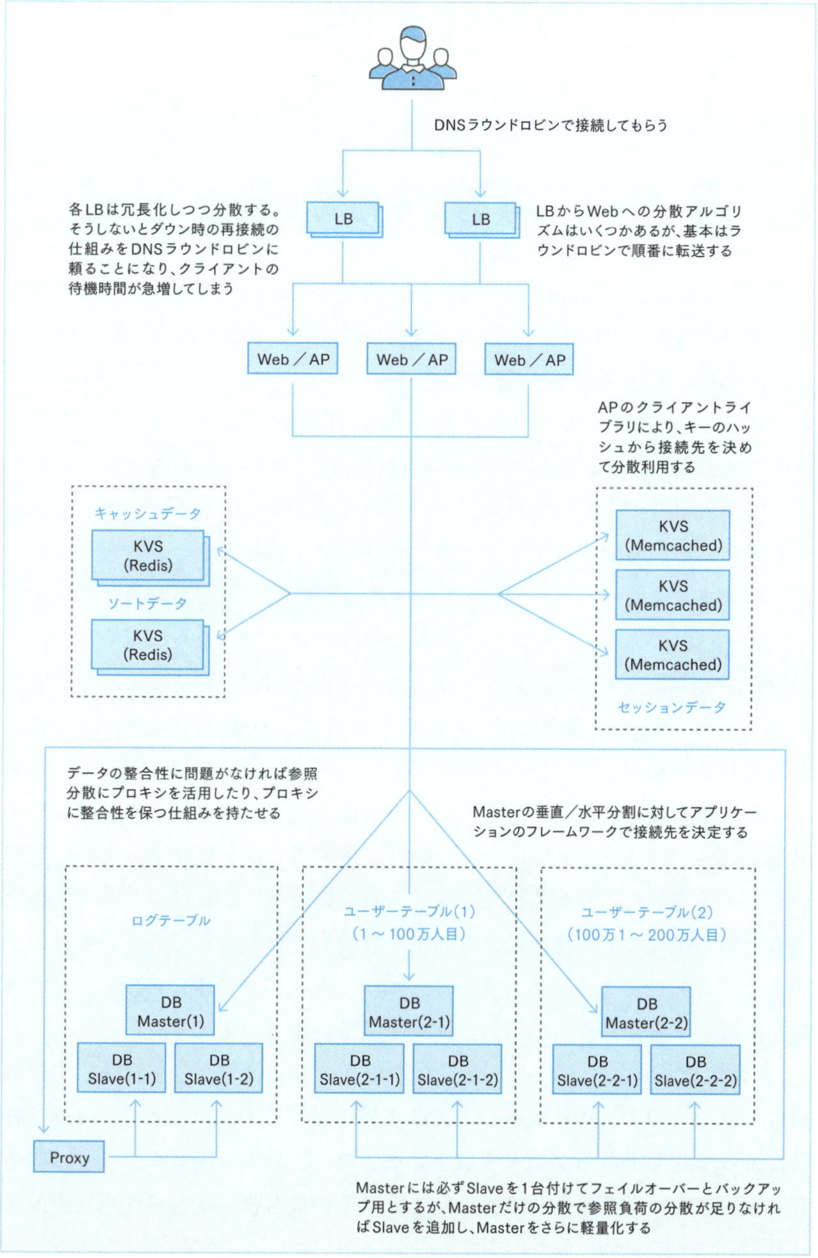
DNSラウンドロビンで接続してもらう
各LBは冗長化しつつ分散する。そうしないとダウン時の再接続の仕組みをDNSラウンドロビンに頼ることになり、クライアントの待機時間が急増してしまう
LB
LB
LBからWebへの分散アルゴリズムはいくつかあるが、基本はラウンドロビンで順番に転送する
Web／AP
Web／AP
Web／AP
APのクライアントライブラリにより、キーのハッシュから接続先を決めて分散利用する
キャッシュデータ
KVS (Redis)
ソートデータ
KVS (Redis)
KVS (Memcached)
KVS (Memcached)
KVS (Memcached)
セッションデータ
データの整合性に問題がなければ参照分散にプロキシを活用したり、プロキシに整合性を保つ仕組みを持たせる
Masterの垂直／水平分割に対してアプリケーションのフレームワークで接続先を決定する
ログテーブル
DB Master(1)
DB Slave(1-1)
DB Slave(1-2)
ユーザーテーブル(1)
(1～100万人目)
DB Master(2-1)
DB Slave(2-1-1)
DB Slave(2-1-2)
ユーザーテーブル(2)
(100万1～200万人目)
DB Master(2-2)
DB Slave(2-2-1)
DB Slave(2-2-2)
Proxy
Masterには必ずSlaveを1台付けてフェイルオーバーとバックアップ用とするが、Masterだけの分散で参照負荷の分散が足りなければSlaveを追加し、Masterをさらに軽量化する

6-4 インフラの改善と効率化を図る

Infrastructure as Codeを実現する

「Infrastructure as Code」はすでに何度も紹介していますが、とにかくサーバーを早く安定した状態で提供し、自分が楽に楽になるために試みましょう。具体的には、Puppet、Chef、Itamaeなどのプロビジョニングツールを用いて、コード化した構築内容をサーバーに自動的に実行させるという、最高の怠惰になります。流行っているだけに、次々といろいろなツールが出てきますが、自分に、そして組織に合っていれば、なんでもかまいません。どうせまたいろいろ出てきますし、後でゴッソリ入れ替えることも難しいものではありません。

「コード化する」といっても、そう大それたことではなく、せいぜい1つの新しいミドルウェアの設定ファイルの書き方と内容を理解する程度の学習コストです。Rubyで書かれているからといって、Rubyをマスターする必要などありません。

肝心なことは、なによりもそのコードを何度実行しても同じ内容で成功する「冪等性（べきとうせい）」と、そのコードをGitなどのソースコード管理システムで共有管理することです。それだけできていれば、サービスの準備も増設も迅速にできますし、どのような内容で構築されているかも謎の手順書など作らなくともまわりのエンジニアにコードのURLを渡すだけで理解してもらえるため、ほぼ目的は達成できているといえます。

「自動化」といっても、ごくかんたんなコードではすべてを自動化できるわけではないので、それなりの工夫は必要になります。たとえば、メモリ容量によって起ち上げるプロセス数を変更したり、最大接続数やメモリの割当容量を変えたくなることはよくあります。その場合は、総容量から自動的に設定ファイルを編集するようテンプレートを作成したり、Bashスクリプトなどを併用して自動化にこぎつけます。どのような細かいことでも、とにかく人手でSSHログインして編集するような愚行を排除するまでに磨き上げるべきです。

実践的な話としては、プロビジョニングツールの目的の1つに「コードを編集して、既存のすべてのノードに再実行することで、全台の状態を同一にする」というものがありますが、じつはこの流れはあまり行うことはありません。なぜなら、仮想環境においては、最新の状態をイメージとして保存し、Auto Scalingで増減させておけば、半日から1日でノードが入れ替わっていくからです。また、アプリケーションの細かい変更はCapistranoを使ってチョチョイとデプロイするため、そのついでに変更してしまうことも多いです。インフラのコードを編集するということは「設定ファイルを編集して、ミドルウェアを再起動する」という処理が多いため、そもそもそのような大きめの挙動をサービスの稼働中にやろうとは思わないからです。

そのため、ほとんどはまっさらなノードに対して、初期のインストールと設定を施すために使われます。基本的なOSの設定、そしてミドルウェアごとの設定を用意できれば十分といえ、あまり複雑な内容にはせず、次に紹介するImmutable Infrastructureの考え方と併用してやっていくのがスタンダードといえます。

Immutable Infrastructureを実現する

サーバーの運用、特にアプリケーションサーバーの運用では、日々デプロイだの挙動調査だののために、自動なり手動なりで変更を加え続けられるわけです。そのうち、人的ミスやソフトウェアの突発的バグによって、一部のサーバーに異常が出ることもあります。「そういった変化に対して異常が発生するのは、そもそもナンセンスである」という考えから、「Immutable Infrastructure」(不変のインフラ)という概念が提唱されています。具体的には

- 一度構築して運用を始めたサーバーには、そもそも変更を加えない
- 変更を加える時は、また新しいノードを作成することで、常にまっさらな状態と動作が保証される

というもので、Infrastructure as Codeの次の手と捉えることができます。

この手法は、特に仮想環境において、インスタンスのある状態をイメージ化し、そのイメージを使って新規インスタンスを起ち上げることができるようになったおかげで、ナチュラルに実行されているといえます。Auto Scalingによって自動的に起動するインスタンスは、最新のイメージを使って起動するため、プロビジョニングツールもデプロイも不要です。まっさらなOSを起動してデプロイを自動化することもできますが、サービスの提供を開始できるようになるまでの時間は、最新イメージから起動するほうが圧倒的に高速です。

Blue-Green Deploymentを導入する

Immutable Infrastructureを使った面白い試みとして、第5章でも少し紹介した「Blue-Green Deployment」があります。サーバーに変更を加える際、既存のサーバーにはまったく手を加えず、スタンバイ状態のまったく同じ台数のサーバー群にデプロイし、その成功を確認した段階で、ロードバランサなどで利用するサーバー群をガラッと入れ替えるというものです。

この手法では、Blueグループのサーバー、Greenグループのサーバーを交互に入れ替えるために、一般構成の倍のサーバー台数が必要になります。パブリッククラウドで行うならば台数制限的な問題はありませんが、一時的とはいえ倍のインスタンスを用意するため、従量課金の最低費用がかかることは避けられません。デプロイの頻度が低ければ、この手法も安定面で有用かもしれませんが、日に何度もデプロイするサービスの場合はデプロイのたびに費用がかかることになるため、得られる効果のわりに支出が大きくなることでしょう。

Infrastructure as Codeと組み合わせることで、より早く、安定してサー

バーを提供できるようになるのはまちがいありませんが、あまり複雑なことはせずに、単純なアプリケーションデプロイは単純に既存サーバーに対して実行し、「インスタンスイメージを作ることで、新規インスタンスの提供品質は格段に上がる」という程度に捉えておくといいでしょう。

テストを導入する

アプリケーション開発でも、テストをやるのかやらないのかはよく話題になります。また、「テストをやっても、どんどん抜けが出て、諦めたりする」というのもよくある現実です。ただ、インフラ構築におけるテストはそれほど肥大化するわけでもなく、複雑になるものでもないため、ぜひとも導入していきたいところです。

サーバーでテストすることとして、たとえば以下が挙げられます。

- 特定のパッケージが正しくインストールされているのか？
- 設定ファイルが正しく配布されているのか？
- ミドルウェアとして正しく動作するのか？
- DNSやNTPは正常に動作するのか？

Infrastructure as Codeを導入すれば、冪等性により構築内容は保証されますが、「実際に正常に稼働するかどうか？」は別の問題です。また、冪等性を確保した後にどうしても一部を手動で変更する必要があったり、本番環境とプロビジョニングテスト環境のスペック構成が異なっている場合にも、最終的なテストを実行するのが有効です。

テストの実行は気まぐれに手動で行うのではなく、変更が発生したことを条件に、自動的に実行されるのが理想的です。具体的には、Gitへのpushをhookして、Jenkinsでテストジョブを回します。ジョブの内容は、たとえばVagrantでインスタンスを起動し、そこにChefのレシピを実行します。そして、最後にServerspecでテストを実行することで、コードの変更に対する動作を保証できます。ただ、この段階ではあくまでテストのテストなので、本番サーバーでも新規インスタンスに対してプロビジョニングとテストを実行するように設計します。

さまざまなOS、さまざまなミドルウェアに対して、すべてを保証するようなテストを書くことは難しいかもしれません。ただ、基本的な部分だけでもテストを書いてしまえば、くだらない箇所の手動チェックをなくせますし、テスト自体を自動化することでそう手間のかかるシステムでもなくなります。最初は面倒ですが、手がけていくと幸せになれるでしょう。

監視の仕組みを整える

監視については何度か紹介してきたため長々とは説明しませんが、改善と効率化を進めるためには最も欠かせない仕組みの1つといってまちがいありません。まずはアラート監視用のサーバーとグラフ生成用のサーバーを用意し、サービス用サーバーの自動構築の内容にそれぞれのエージェントを含めて、自動的に監視が開始されるようにするところから始まります。

グラフの生成にあたって、多くの項目を取りすぎて損をすることはほとんどありません。CPU、メモリ、ディスクIOPS、ネットワークトラフィックといった基本項目を筆頭に、ミドルウェアごとに必要なステータス、レスポンスタイム、エラー回数、そしてクライアントからのリクエスト数など、最初はとにかく採って採って採りまくりましょう。そのうえで、一定期間以上を運用して不要な物を判断できたら、削除していくといいでしょう。

グラフの2つの役割

グラフの役割は2つあります。

1つは、ボトルネックとなるキャパシティラインへ到達するタイミングを予測することです。数日分のグラフがあれば、グラフの波形や角度から、「あと何日後にキャパシティオーバーになり、その何日前には増設すべきか？」を判断できます。判断基準は項目によって異なりますが、ハードウェアリソースならば「上限に対して何割」、レスポンスタイムならば「日に何秒以上が、何回以上出たら」というように、実害となりうるタイミングと余裕をもって回避するための期間が基準といえるでしょう。

もう1つは、障害の原因を予測することです。複数のグラフを、時間軸をそろえるように縦に並べると、CPUを筆頭に、リクエスト数に比例するような波形になるグラフが多くあります。また、平時はほぼ値が一定値を保つ／一定以下になるようなグラフも多いです。それらのグラフが、サービスの提供が不安定になったと思われる時間の前後に、平時とは異なる波形や異常値を示しているとしたら、ほぼその項目が原因と判断できます。

たとえば、ディスクのWrite IOPSが極端に跳ね上がっていたら、平時にない大量のディスク書き込みが発生したことが原因とわかるので、具体的に何が実行されたかをログなどからたどることになります。データベースのグラフはかなり多くの項目がとれますが、QPS（Queries Per Second）において4種のクエリのうち1つが急増していたらそれは確実に異変ですし、tmp table（一時テーブル）の利用回数が急増していたら「とてつもないソートや管理系コマンドが実行されたのではないか？」と予測することができます。

そういったグラフの変動を見ていると、それが経験として積まれ、「何が、どれほどオーバーしたらマズイのか？」「どのような動きをしたら“原因”と判断できるのか？」といったことがわかってきます。これだけは、最初から機械的に判断できるものではなく、ある程度は人間がお世話してあげなくてはいけません。

経験をアラート監視に落としこむ

「グラフありき」というわけではありませんが、そういった経験を積めたら、今度はアラート監視に落とし込みます。一定以上の値を、一定回数観測したらメールやチャットツールにリアルタイムで通知することで、頻繁にグラフを見る必要がなくなるからです。

最終的には、グラフをほぼ見ることがなく、「アラートが発生したら調査と改善に動く」というようになるかもしれません。しかし、サービスに新しい機能が導入された時などは即座に対応できるように、「落ち着いた」と判断できるまで、モニタの前に張り付くことはなくならないでしょう。

見るべき項目として、どんなものがあるのか？
どのような状態が正常で、どのような状態が異常なのか？

それを理解し、すべてを監視に落とし込めれば、よほどの急激なアクセス増加ではない限り、ほぼすべての事象に対応できるはずです。どこまで網羅できるかは経験によるところですが、「監視良ければすべて良し」の心がまえで運用していきましょう。

ベンチマークをして障害を防ぎ、パフォーマンスを向上させる

インフラエンジニアにおけるベンチマークというと、「CPUでどれくらい高速に処理ができたか？」とか「ストレージがどれくらいIOPSを叩き出せたか？」といった、パーツごとのベンチマークを思い起こすかもしれません。それはそれで大切なのですが、実践的には「ハードウェアに載せるソフトウェア（アプリケーション）が、そのサーバー1台でどのくらい処理をできるか？」を把握することが、障害を未然に防ぐ一番の手段となります。

概算でも知っておくことが大事

あるアプリケーションが完成一歩手前くらいまで進んだ時、おそらくリリース予定日までに余裕がなくなっているでしょうが、どれだけ余裕がなくとも必ずベンチマークを行わなくてはいけません。新規サービスに対してどれほどのユーザー数とアクセス数がくるかは見積もっていても、そもそも予測しきれない部分はありますが、ぶっつけ本番でサービスを開放してしまうと、想定外の高負荷がきた時に対応しきれないのは目に見えているからです。

事前にアプリケーションのテストデータを作成し、大量の擬似ユーザーによる大量のリクエストを、サーバーのキャパシティの限界を少し超えるくらいまで流しこみます。そうすることで、「1サーバーあたり、何ユーザーが、秒間何リクエストまで出せるのか？」の概算を知ることができます。

たとえおよそでも、「1サーバーで、1万ユーザー分のリクエストを捌ける」

とわかれば、サービス運用チームが予測しているユーザー数の分だけサーバーを用意しておけばいいことになり、それだけでもベンチマークをいっさい取らないよりもはるかに安定的な準備となることでしょう。

サーバーの台数を減らす機会を得る

多くの場合、ベンチマークを採ってみると、想像以上にスループットが出ないものです。「1万ユーザーを捌ければ上出来」と思っていたら、1000ユーザー分しか捌けなさそうだとわかった時、チームに暗雲が立ち込めることでしょう。そうなった時、10倍のサーバーを用意するとなると、パブリッククラウドならばかんたんではありますが費用も10倍になってしまうため、そのまま突っ込むのは賢いとはいえません。

ベンチマークの本領は、アプリケーションの今の状態に対して用意するサーバーの台数を推測することにはありません。サーバーの台数を減らす努力をする機会を得られることにあります。どのようなシステムも、出来上がってホヤホヤの状態は、「パフォーマンス」という観点では素人に毛が生えた程度の仕上がりです。ベンチマークの実行、グラフの採取、ログの採取を始めて、ようやくスタートラインに立てます。

完璧の40%までは改善の効果が特に大きい

極端に時間のかかるリクエストやクエリ、極端に実行回数が多いリクエストやクエリを探していくと、最初はボロボロと発見できます。アプリケーションにおいてKVSでデータキャッシュを仕込みまくったり、データベースのスキーマにてインデックスを精査することで、驚くほどパフォーマンスが上がっていくことでしょう。

そして、ある一定量を改善すると、なかなか改善点が見つからなくなり、見つけてもそれほど効果が見込めなくなっていきます。システムのチューニングは、かける時間に反比例する形で、効果が低くなっていくためです。初めを0とし、パーフェクトチューニングを100とすると、40あたりまでは早い速度で効果的に改善され、80まではそこそこの早さでそこそこの効果、それ以上はサーバーの分散に力を入れたほうがマシな速度と効果になるでしょう。

つまり、どれだけリリース日が近く、厳しくとも、最初の40まではベンチマークとチューニングをやればそれなりの品質になるということです。できれば80まで仕上げたいところですが、40でもリリース後にモニタに張り付きつつ改善を繰り返せば、安定に持ち込める公算は高いです。

できるだけ本番に近いデータを使う

ベンチマークをとるには、HTTPでの有名どころでは「Apache Bench」「httperf」「weighttp」といったツールがありますが、既存のツールでは本番のリクエスト品質に近づけることは難しいでしょう。なぜなら、ユーザーのおもな遷移順、リクエストの割合、HTTPヘッダの変化を本番らしくプログラムして投げることはなかなか困難だからです。

理想は、データベースのテストデータの容量やデータ分布などをできるだけ本番らしく作成し、ユーザーのリクエストの投げ方も本番らしくして、ベンチマークすることです。しかし、本番以上の本番は存在しないため、できるだけ本番に近い擬似データを作るに留まります。そして、それを実践するには、独自ツールで実現するのが最もやりやすいことが多いです。

ベンチマークの精度向上とアプリケーションの改善の2つを的確に行うのは非常に難易度が高いことですが、サービスのスタートダッシュでコケると、多くのサービスはそのまま盛り上がることなく沈んでしまいます。アプリケーションの開発だけではなく、ベンチマーク方面からのアプローチにも、比重を重く置いていきたいものです。

ボトルネックを解消する

グラフを採ったり、ベンチマークを実行したところで、どのような項目がボトルネックになり、どのように解消していくべきなのかを見ていきましょう。

CPU

多くのシステムでボトルネックとなる可能性を含むのが、CPUです。ボトルネックになりづらいのは、ネットワークやストレージ操作を主体としたシステムくらいでしょうか。

利用率は平均値表示である点に注意

CPUは、利用率を%で表します。1スレッド100%として、16スレッドならば1600%と表現することもあれば、最大値を100%として表現することもあります。この%という値は、「計測期間の間に、何%の時間、CPUを使用したか？」という意味をもちます。よく、CPUの状況を確認するために「top」コマンドを使いますが、このコマンドはデフォルトで5秒間隔で情報を更新します。その5秒ごとの計測で、100%ならば5秒間フルに稼働していたことになりますが、20%ならば最初の1秒間だけ100%フルに使ったのか、最後の1秒間だけ100%フルに使ったのか、それとも毎秒20%ずつ使ったのかは判断できなくなります。あくまで一定期間内の平均値であるため、より精密なタイミングを知りたければ、1秒間隔など短くして観測することになります。

なぜ、このような仕組みになっているかというと、あらゆる処理は常にCPUを最大限に活用しようとするからです。処理の途中にsleepなどの一時停止処理を含まなければ、処理が終わるまで全力で処理を回すのが普通です。そのため、1秒間隔でCPU利用率を見ていて「20%」と表示されたとしたら、おそらく0.2秒間に100%の利用率で稼働しています。この「平均値表示」という仕組みを知らずにベンチマークをとると正確な結果を得られないことがあるため、注意したいところです。

システム上では複数のプロセスが動くことが常なので、全力で実行しあうプロセスたちがうまく処理できるように、CPUの割り込み（Interrupt）やコンテキストスイッチ（Context Switch）が機能してくれます。これらの機能はユーザーがほぼ意識することなく利用できますが、まれにContext Switchの回数が異常に上昇する処理があり、CPU利用率以外が原因となることもあるため、Context SwitchとInterruptの回数もグラフにしておくと原因を追求しやすくなることがあります。

CPUがフルに使用され続ける場合は

CPUがフル、またはフルに近いほど使用され続けるとどうなるかというと、瞬間的には何度も利用率100%となっており、多くのプロセスの処理が滞ることになるでしょう。それは、端的にはLoad Averageという値に現れ、事象としてはサービスが正常／迅速なレスポンスを返せなくなります。

そうなった時の解決策は2つです。

1つは、負荷分散のためにサーバー台数を増やすことです。均等な分散にしろ、まばらな役割分担にせよ、平均CPU利用率としては50%以下になるように台数を増やします。

もう1つは、そもそもの負荷を減らすことです。台数を増やす対応は、短期的には有効ですが、負荷に比例して台数が増えてしまうため、費用がかさむ恐れがあります。もし、負荷自体を半分にできれば、サーバーを増やすどころか、減らすこともできるかもしれません。

「負荷を減らす」といっても、ユーザーを減らしたり、必須な処理を減らすわけにはいかないので、アプリケーションのリファクタリングを行うことになり、中長期的な戦略となります。どのような方法があるかは、次節で説明します。

ディスク容量

コンピュータの素人から玄人まで、必ず体験するといってもいいのが、ディスクの容量不足というボトルネックです。最近はストレージ単価が非常に安くなったため、昔よりは余裕ができましたが、油断しているとすぐに容量がいっぱいになり、酷い時にはシステムが動かなくなります。

業務システムでこのボトルネックに引っかかるとしたら、以下のようなものが考えられます。

- Web ／APサーバーにおけるログの蓄積
- データベースにおける実データの容量や更新ログの容量

・ファイルサーバー
・バックアップ／ログの集約サーバー

空き容量を作る手段は3つあります。

蓄積したデータを削除または圧縮する

1つめは、蓄積したデータを削除または圧縮することです。1ヶ月や3ヶ月が過ぎた古いログファイルなどは、よほど頑固な運用システムではない限り不要です。不要なファイルは削除する、またはローテーションした最新以外のファイルは圧縮することをルールとします。

圧縮形式は多くあり、よく使われるのがgzipでしょうが、多くの場合でbzip2が有利であるため、bzip2を使うようにしましょう。gzipに比べて圧縮時間が長く、CPUを使用しますが、高い圧縮率を実現します。CPUはある意味無限であるのに対して、ディスク容量は有限であるため、ディスク容量を節約するほうが重要だからです。ほかにもさまざまな圧縮形式がありますが、それらはよほど特殊な要件でしか検討すらする必要がないほど、bzip2が万能です。

ディスク容量を拡張する

2つめは、ディスク容量の拡張です。ひと昔前ならば、「物理的にHDDを入れ替えて、データをコピーして元に戻す」といった原始的な方法もありました。少し進んで、「空きスロットにディスクを追加して、LVMで拡張する」という方法もありました。そして昨今では、仮想環境が多くなり、非常に拡張が容易になっています。システムの再起動が必要かどうかはモノによりますが、インスタンスに割り当てるストレージサイズを引き上げ、インスタンスOSがそのデバイス拡張を認識し、最後にファイルシステムとして拡張することで完了します。データの増加速度にもよりますが、可能な限りは削除／圧縮と拡張で対応するのが最もかんたんです。

データを分散させる

3つめは、データの分散です。これはおそらく、データベースやファイルサーバーといった、大きな容量を扱うシステムでしか必要になりません。データベースだと仕組みは複雑になりますが、ファイルサーバーならば

- ユーザーのアカウントやグループごとに、使用するファイルサーバーを割り当てる
- トップディレクトリの頭文字でサーバーを振り分ける

など、比較的かんたんに設計できるでしょう。

どうしても1つのURLでアクセスしてもらう理由がなければ、ルールで対応することもできます。1つのURLでいく必要があるパブリックなシステムの場合は、クラスタ化が必須となるでしょう。

ディスクIOPS

おもにデータベースでボトルネックとなるディスクIOPSですが、ストレージスペックにはIOPSという項目が明確に記載されており、その数値を超えて処理を行おうとしても、詰まって待機することになります。待機時間は、CPU利用率におけるI/O waitとなって、%で表現されます。

IOPSを記載しないストレージもありますが、記載している場合はたいていSequential Reads／WritesとRandom Reads／Writesの4種類、またはその一部を知ることができます。実際にどれほどの性能が出るかは、「fio」コマンドを実行すれば非常に見やすい結果を表示してくれます。

結果については、最大性能も重要ですが、「性能に対して、日々どれほどのIOPSが発生しているか？」をグラフ化することを忘れてはいけません。Read IOPSが高くなるということは、データキャッシュが効かず、読み取りにくる機会が増えていることを表します。Write IOPSが高くなるということは、ストレージへの書き込み回数が多く、速くなっていることを表します。グラフにしておくと、性能限界に到達した時、スペック表やfioコマンドで計測した値とほぼ同じ値で天井値となり、張り付きます。そして、ストレージを扱うクライアント上でI/O waitが高くなり、サービスはほぼ正常にレスポンスを返せなくなります。

これを解決するには、工夫してクライアントの処理量を減らすか、ストレージを変更するしかありません。ただ、最近のパブリッククラウドではストレージのIOPS性能を調整できるようになっているため、マネーパワーで解決できることも少なくありません。

また、変化球的な対応として、重要ではなく、かつ容量が数GB以内でストレージに頻繁に読み書きしているデータには「tmpfs」を利用するという方法があります。tmpfsは、メモリをファイルシステムに見せかけてマウント利用する仕組みのため、超高速です。容量単価が高く、OSを再起動すると消えてしまうため、用途は限られますが、「ここぞ！」という条件で大活躍します。

IOPSの問題は性能が低いHDDで起きやすく、SSDやNAND型フラッシュメモリが実用的になったころから解消しやすくなりました。それにより、アプリケーションやミドルウェアがそのIOPS性能に到達するほうが難しくなったほどです。ただ、上限に関係なく、IOPSグラフはアプリケーションの品質を表すものでもあるため、グラフを作成し、注視する項目の1つとしておきましょう。

ディスクのアクセスレイテンシ

ディスクのアクセスレイテンシとは、ディスクを搭載しているOSとディスクとのデータ通信に必要な往復時間のことです。OSからディスクへ要求を出し、ディスクが処理をしてレスポンスを返す時間にはストレージごとに差があり、チリツモでけっこうな遅延時間となります。大雑把には以下のとおりで、かなりの差があります。

- HDD → ミリ秒単位（ms）
- SSDやNAND型フラッシュメモリ → マイクロ秒単位（μs）
- CPUやメモリ → ナノ秒単位（ns）

仮に100回の処理が往復するとしたら、HDDだと1秒がすぐに近くなることになり、人間の体感的にSSD以上の速度がどれほど有効であるかがわかります。

ストレージのボトルネックという観点では、IOPSのほうが圧倒的になりやすく、アクセスレイテンシは「上限」という考え方ではないため、普段はあまり気にかけることはないかもしれません。しかし、実際にHDDと高速ストレージの違いをグラフで見比べてみると、I/O waitに圧倒的な差があることが判明します。HDDではI/O waitが10%だったグラフが、高速ストレージに変えただけで1%以下になることはめずらしくありません。どれだけストレージと往復し、その1回1回の速さが重要であるかがわかります。

システム全体からユーザーへレスポンスする速度に「1秒」「3秒以内」といった目安があるとしたら、それを超えた時点でボトルネックがあるといえます。その総合的なボトルネックの解消に土台から丸ごと助けてくれる可能性があるのが、このアクセスレイテンシです。グラフ化できないため、新しい製品や環境では必ずスペック表を確認しておくようにしましょう。

メモリ

メモリは、あらゆるシステムが利用するリソースであるため、ボトルネックという視点ではシステムによって捉え方がさまざまです。

AP

ことアプリケーションの動作においては、「メモリがボトルネックになる」という表現は誤りかもしれません。なぜなら、アプリケーションを動作させるために必要なメモリ容量はあらかじめ理解したうえで動作させるべきであり、運用中に容量が足りなくなってボトルネックになることはほとんどありえないからです。運用を開始する時点で、プロセスあたりの必要メモリ量を把握し、最大接続数や常駐プロセス数を調整することで、ほぼ確実に不足を回避できます。もし、一部のバッチ処理などが迷惑をかけそうならば、ノードを分けることが正解です。

DB／KVS

DBやKVSでは、メモリが足りなくなるとそのミドルウェアそのものが動作不可能になるのではなく、処理速度が遅くなったり、ほかのシステムに迷惑をかけることになります。そのため、必要メモリの概算よりも、「予算が許す限り多く載せておきたい」と言われるところです。

KVSの場合、古いデータは自動的に押し出されて削除されるので、パフォーマンスの改善を目的として利用している場合、キャッシュとして載せておきたい容量がメモリ容量を超えたタイミングで、データベースなどの元データへのアクセスが頻発することになります。

データベースの場合、ストレージ上の元データをできるだけメモリに載せておくことで高速な処理を実現するので、頻繁に使われるデータがメモリに載り切らなくなった時点でストレージへのアクセス量が増え、ディスクIOPSなどのボトルネックが顔を出すことになります。ほかにも、ソートや集約処理にメモリを多く使うので、集計元のデータ量が肥大化するとそういった処理を高速にできず、代わりにディスクアクセスが増えてしまいます。

ネットワークシステム

ロードバランサなどのネットワークシステムでは、そう多くのメモリを必要としません。ただ、数十万、数百万の同時接続を捌こうとすると、さすがにメモリ不足で正常に捌き切れなくなることがあり、メモリ不足が直接的なボトルネックになるといえます。

このように、そもそもメモリをボトルネックとしない箇所、メモリ不足がパフォーマンスに影響する箇所、メモリ不足が直接的なボトルネックとなる箇所と、捉え方はさまざまです。それぞれの対応方法としても、「ノードを増やして負荷分散させる」「メモリを増やす」「チューニングする」とさまざまです。

ただ幸いなことに、本当にメモリを増設するしかない場合、どのような環境でも、メモリ容量を増やすのはそれほど難しいことではありません。物理サーバーならば一度システムを停止して筐体を開ければ済みますし、仮想環境ならばインスタンスのスペックを変更するだけで済むからです。

メモリの使用量について細かく改善するよりも、メモリ容量をガバっと増やすほうが時間的に圧倒的な早さと効果があります。あまり神経質になりすぎず、時代に合わせ、「足りぬなら　増やしてしまえ　ホトトギス」な心がまえでいるほうが正着であることでしょう。

SWAP

ここでいうSWAPは、ストレージ領域の一部をメモリと見立てて利用するためのメモリスワップを指します。通常のメモリ（RAM）が8GB搭載されているとして、ストレージから8GBを切り出してSWAPに割り当てると、メモリとして利用できる領域があわせて16GBになりますが、それで「ワァ、すごいですね！」とはなりません。

プロセス群がどんどん使用メモリを増やしていく時、おおむねRAMから消費されていきますが、どうしても足りなくなった時にSWAP領域に手を出し始めます。するとどうなるかというと、本来高速であるはずのメモリ上の処理がストレージ上の処理になってしまうため、データの読み書きが鈍足になり、I/O waitが跳ね上がることになります。

つまり、「SWAP領域に手を出したら負け。」ということです。あらゆるシステムプロセスにおいて、RAMを超えて利用する可能性はゼロにすべきであり、ほとんどのシステムはそれを調整できるように作られています。

一部のシステムは、RAMが溢れていなくても、ちょこちょこSWAPを使う場合があります。これは、カーネルパラメータの管理システムである「sysctl」で以下を設定することで回避できます。

```
vm.swappiness=0
```

最近の仮想環境では、そもそもSWAPすること自体が悪であることからか、構成上よりシンプルにするためか、インスタンスにSWAP自体が割り当てられていないことがほとんどです。どうしても割り当てたければ、「dd」コマンドで適当な容量のファイルを作成し、「mkswap」コマンドでフォーマット、そして「swapon」または「swapoff」で有効／無効を切り替えることができます。

ただ、SWAPを増やして見かけ上のメモリを増やしても、万が一のRAM

不足でSWAPした時にそれがシステムの危機を救ったり安定化するかというと、NOです。まったく処理ができなくなることのみを否とするならば、鈍足でも救う価値はあるかもしれませんが、今の時代に鈍足な処理に価値はほとんどありません。そういう意味では、仮想環境であろうとなかろうと、「SWAPはナシにして、正しくメモリ設計する」という方針にするのが望ましいでしょう。

ネットワーク

プライベートネットワークはおそらくほとんどが1Gbpsでつながっているため、125MB/sかそれより少ない転送量がキャパシティとなります。よくあるWeb-DBなシステムではそれがボトルネックになることは少ないですが、クライアント／サーバーの関係において、サーバーの台数よりクライアントの台数が圧倒的に多かったり、1つの機能に大容量の転送を必要とする箇所に起こることがあります。

アプリケーションサーバーから見たデータベースサーバー、または分散用のプロキシサーバーでは、アプリケーションサーバーの台数が肥大化するとネットワークがボトルネックになりえます。データベースのSLAVEサーバーから見たMASTERサーバーでは、レプリケーション数の増加によってキャパシティオーバーする可能性があります。ファイルサーバーなども大きなデータを扱う共有物なので、ヤンチャな使い方をするとすぐに詰まることでしょう。

これらを解決するには、以下の2つの方法が基本になります。

- それぞれのミドルウェアごとに適した負荷分散を行う
- クライアントの利用方法を落ち着ける

今の時代ならば10Gbpsという選択肢もありますが、オンプレミスならばその新規構築の手間と費用がけっこうなモノになります。パブリッククラウドならば、スペックを上位に上げることで高速ネットワークになるものがあるので、スペックの変更だけで済む場合もあるでしょう。

ボトルネックになりづらい箇所とはいえ、すべてのノードのトラフィックのグラフを作成し、200Mbps、500Mbpsあたりに気をつけて監視していきましょう。

グローバルネットワークの場合、キャパシティに到達すると短期的にはどうしようもなく、サービスを正常に提供し続けることができなくなります。以下のような環境の仕様をあらかじめ理解し、早い段階で対処する必要があります。

- オンプレミス → 回線を入れ替える必要があるのか、上限を引き上げてもらうだけで開放されるのか？2本目を追加して並列稼働させるのか？
- パブリッククラウド → どのようなタイミングで、どのようにスケールアップ／スケールアウトされるのか？

最初に環境を選択するうえで、かなり重要な要素となるところです。

回線側の拡張性を確保したうえで、運営側としてもグローバルトラフィックの転送量を減らすためにできる工夫がいくつかあります。

- 単純にリクエスト数を減らす
- コンテンツの圧縮によって転送量を減らす
- CDNを使って、サイズが大きなコンテンツを外部サービスに出す

ボトルネックになる機会が少なく、経験を積みづらいですが、そのくせじつは先にやっておくと幸せになれる工夫がけっこうあります。最初からアプリケーションの設計に必須事項として盛り込んでおくと、良いインフラ運用ができる組織になれることでしょう。

接続数

ハードウェアのリソースキャパシティ的な問題ではなく、ミドルウェアの設定によって定められている「接続数」という項目で引っかかることは、未

熟な時代によくある話です。この問題に引っかかると、まだリソース的には処理を捌けるはずなのにリクエストを拒否してしまうことになるため、もったいないばあさんに怒られてしまいます。

この問題によく引っかかるWeb／APサーバーにおいては、クライアントがユーザー端末にあたるため、最大接続数よりも確実にCPUリソースが先にボトルネックになるくらいの数値に設定しておきます。ただし、さらなるバックエンドのこともふまえて、異常に高い数値にするのは避けておきましょう。

DBサーバーにおいては、クライアントがAPサーバーになるため、「APサーバーのプロセス数（スレッド数）×AP台数」以上の最大接続数としておきます。こうすることで、Connection Errorといった類のエラーでアプリケーションエラーになることを回避できます。

サーバー側の最大接続数によってクライアントエラーになることを避けたうえで、メモリの計算も両立させます。実際に最大接続数に到達した際に、RAMをオーバーするような数値であれば、システムが崩壊するからです。

接続エラーを回避しつつ、適切なメモリ使用量に設定することは難しくもあります。ただ、これをやるとやらないとでは、システムの安定度と、不安定になった時の原因の追求しやすさに大きな差が出るので、がんばりたいところです。

上限設定

接続数と同じ話で、アプリケーションやミドルウェア、OSカーネルには、「上限値」というものがたくさん仕込まれています。一部の処理のせいでOSもろともすべてが崩壊しないためにいろいろありますが、中には昔の名残などでだいぶ低く設定されている値も多くあります。カーネルパラメータの管理システムである「sysctl」の代表的なところでは、以下が挙げられます。

- fs.file-max → オープンできるファイル数の上限
- net.core.somaxconn → TCPの接続要求を格納するキューの最大長（同時接続の上限を上げる）

・net.ipv4内の複数の設定　→　終了コネクションを破棄するスピード（高速にすることで、大量接続を捌くようにする）

ユーザーごとにさまざまなシステムリソースを制限する「ulimit」では、デフォルト制限値ではミドルウェアとしては十分ではないものがあります。代表的なところでは、以下が挙げられます。

・nofile（-n）　→　ファイルディスクリプタ数の上限値
（これを超えて多くのファイル数を扱おうとすると「Too many open files」といったエラーが残される）

・nproc（-u）　→　プロセス（スレッド）数の制限
（大規模なリクエスト数を捌こうとすると、これに引っかかる）

sysctlもulimitも、シェル上やスクリプト内で変更することはできますが、ディストリビューションごとに決められた場所に以下の内容を書いておくことで、OS起動時から有効となります。

・sysctl　→　全ノード共通の項目／（必要ならば）ミドルウェアごとの上書き設定
・ulimit　→　ミドルウェアを動かすユーザーの上限開放の設定

これらは"秘伝のタレ"といった類のものであり、「この設定で置いておけばひと安心」というものではありません。特にLinuxカーネルのパラメータは、「体験により上限を変更し、経験により事前になんとなく被害を回避できそうな設定にしておく」ということがよくあります。一度は「sysctl -a」を実行して全パラメータを眺め、推奨値をググったり、実際に検証するなりして、少しずつ秘伝のタレを熟成させていくといいでしょう。

6-5 アプリケーションの品質を向上させる

インフラはサービス全体の半分以下の領域でしかない

インフラエンジニアの仕事はアプリケーションを動かすための土台となるネットワークやサーバーを用意することが基本ですが、構築の効率を上げたり、監視システムをきっちり仕上げれば、まわりが思っているよりも少ない時間で安定的に運用できるものです。そのため、運用がしっかりできている組織では、サービスの規模のわりに極端に人数が少なかったりするのはよくある話です。上手に運用していけば、インフラエンジニアの仕事は時期によっていくらかの余裕ができるはずであり、またそうなるように努力していきましょう。

では、仮に時間が空いたとして、どのようなことを手がけていくべきでしょうか。選択肢はいろいろありますが、用意したITインフラの上で稼働しているアプリケーションの品質向上に目を向けるのも、また一興というものです。

私の個人的な意見として、インフラエンジニアはサーバーを用意するだけではなく、アプリケーション自体を作成する経験をしておくべきだと考えます。これは私がアプリケーションエンジニアからインフラエンジニアへジョブチェンジした経緯があるからでしょうが、アプリケーションの作り方や動作の流れを体験的に知っているかいないかでは、インフラのより効率的な使い方を試みた時に、考えられる幅が大きく異なると感じています。

また、せっかくインフラを用意して、「はい、どうぞ」と動かしてもらったアプリケーションがクソコードだらけで、可愛いインフラたちが「重い」「ツラい」と泣いていたとしたらどうでしょうか。おそらく、ミドルウェアの設定を調整するだけではまったく足りないことでしょう。「待っていろ、俺が今楽にしてやるからな！」となるのが、真のエンジニア魂というものです。

監視を用意して、アプリケーションを知っていれば、自ずとアプリケーションの改善点も見えるはずです。どこまでやりきれるかは、歩んできた道と組織事情にもよるところですが、サービス全体のうち、インフラだけでは、半分以下の領域にしか手を出せていないことになります。半分以上であるアプリケーションに手を突っ込むことで、真のシステム改善が実現するといえますし、それができることがエンジニアとしての価値にも反映されるはずです。

品質の変化に対応する

なぜ、品質が低下するのか

前節でも述べたとおり、アプリケーションの開発において出来立てホヤホヤの状態は、パフォーマンスという観点ではわかりやすいほどに低レベルです。開発工程において、ベンチマークとリファクタリングを適切に入れることで、リリース当初の品質としてはそれなりに仕上げることができるでしょう。

それでも、リリース後に大量のユーザーが利用することで見つかる改善点は山ほどあるでしょう。さらに、継続して運用を続けると、機能追加やデータの蓄積によって、問題点が完全消滅する瞬間はなかなか訪れないものです。

パーフェクトな品質を望むのはシステム運用においてナンセンスではありますが、少なくともユーザーにストレスを与える、または近い将来にそうなる品質に陥ることだけは避けるべく、一定以上の品質を保つ努力が必要です。

では、だれしもが低い品質を望んでいないはずなのに、なぜに品質は低下する傾向にあるのでしょうか。「開発者の力量」と言ってしまえばそれまでですが、ほかにも多くの要因があります。

まず、必ず言われる意見は、時間不足です。アプリケーションの開発で手一杯になるため、パフォーマンス面での品質向上にまで手が回らないというのです。理屈でいえば、スケジュールの見積もりの甘さや、開発工程の効率の悪さが考えられます。しかし、それとは異なる次元にて、アプリケーションの開発というものは、「サービスの品質」という観点ではやるべきこと／やりたいことが無限に続くものであり、その現場感覚を知っていれば、理屈で責めたり、「パフォーマンスの品質も優先度を上げろ」などとはなかなか言えないものです。

ほかの要因としては、開発人数の増加があります。大規模なシステムを組もうとすると必然的に人数が必要になりますが、どれだけ優秀なマネージメントがあっても、人数の増加に対して開発効率と品質が圧倒的に低下します。コミュニケーションの問題や、技術的負債の蓄積が課題となり、解決できないまま、悪循環が発生します。

よく言われる目安として、「10人以上のチームではデメリットが強くなるため、常にそれ以下の人数に抑えることが良い」とされています。専任インフラエンジニアとして存在しているならば、おそらくそれくらいの規模を目のあたりにすることになるでしょう。

こういった事象を理解していれば、「インフラの扱いがヘタクソだ」と罵るのではなく、逆に「空いた時間で手助けしよう」と考えることができるのではないでしょうか。圧倒的に切羽詰まったリリース前、そして放っておけば右肩下がりでパフォーマンスの品質が衰えていく運用期に、継続的に品質向上の補助ができれば、「ユーザーのストレスとサーバー台数の増加を両方抑える」という、ひと皮むけた成果を残すことができます。

それでは、アプリケーションに対してどのような補助をするのが効果的かを考えていきましょう。

品質を定量化する

「品質がー品質がー」と叫んでいてもなにも始まらないので、現在の品質がどのような状態なのかを明確にする必要があります。「なんとなく良くない状態っぽいから、なんとか直しましょう」といっても、何をしたらいいかハッキリしないため、ブラック企業への道まっしぐらです。

明確にするということは、「数値化して、定量的に計測する」ということです。どのような項目を数値化し、どのような閾値を品質の高中低とするのかを定め、継続的に数値をグラフにして可視化します。

具体的な例としては、ユーザー視点でのレスポンスタイムが挙げられます。サービスのトップページやログイン状態でのマイページなどは、アクセス数が多く、かつ処理量も多めであるため、計測するにはちょうどいい材料です。ただし、「ユーザー視点」といっても、端末がリクエストを出すところから計測するのは不可能なので、Web／APサーバーがリクエストを受けてからレスポンスを返すまでにかかった時間をメトリックとして、グラフにします。

そして、1つのグラフで最大値／平均値／最小値を折れ線グラフにすると、パフォーマンスが上下しているのを確認できます。平常時は一定の値になるでしょうが、ピークタイムなどにリソース不足が発生すると値が高くなり、システムのどこかにボトルネックが出ていることがわかるので、ユーザーにストレスを与えている可能性が判明します。

では、どの程度で“悪い”と判断するかというと、サービスの性質次第ですが、一般的なHTTPサービスの場合は「ファーストレスポンスは1秒以内が良い」とされ、「3秒以上になると、客離れが顕著になる」と言われています。そのため、グラフの1秒のところに黄色いラインを、3秒のところに赤いラインを、常時表示しておきます。こうすることで、「なんとなく」ではなく、明確に対応が必要であることがわかります。吉野家の「お茶の角度180度指導」と似たような話ですね。

ユーザー視点は最も実践的な項目ですが、サービスは複数のシステムの組み合わせで成り立っているため、システムごとにも定量化することで、より原因を特定しやすくなり、対策を立てやすくなります。

KVSやデータベースのレスポンス速度、内外のAPIのレスポンス速度など、品質に関わる要素はさまざまあります。この中でも特に問題になりやすいのがデータベースの扱いであり、「データベースを制するものはパフォーマンスを制す」といっても過言ではありません。以降、この節では、定量化するものの中でも特にデータベースで考えるべきことをくわしく解説します。

可視化を自動化する

サーバーの状態をチェックする方法として、原始的なものではサーバーにSSHログインして、ログを見たり集計したり、ステータス表示コマンドを実行して、その結果から悪い箇所を判断するというものがあります。トラブルシューティングでは緊急的にそういった方法もとることはありますが、定量化する項目というのは時間経過に対する変化が重要であり、変化を見渡せなくては効果的ではありません。また、そもそも手動でたびたび実行することは避けるべきであるため、情報収集から可視化までを自動化するのが基本となります。

システムのチェックにおいて、人間が見て判断することは多くありますが、「何を、どのように判断するか？」は人間にしかわからないわけではありません。人間が判断するためには、必ず何かを見て、特定の情報が一定の条件を満たしたことを確認しているはずであり、それに対してどうするべきかも、一度その対処が成功しているならば確定します。

つまり、どのような調査と改善の流れも、システマチックに自動化できるというわけです。一見、複雑な人力調査でも、それを何度も行う機会があるとしたら、プログラムを書いて、定期処理として動かすことで、結果的に早く、正確な判断を得ることができます。

グラフにするのか、アラートにするのか、リストにするのか、アウトプットの形態はさまざまありますが、日々の運用にて「何か同じ作業を繰り返しているな」と感じたら、その作業をプログラム化してみることをオススメします。インフラエンジニアの基本業務ばかりやっていては気分がドンヨリしてしまうので、こういうところで楽しいプログラミングをして、気分の発散と効率化を図るのです。

·:› リファクタリングを行う

ツールで補助する

実際にアプリケーションのソースコードを改善して、バンバンCOMMITするパターンもあるかもしれませんが、インフラエンジニアの本懐はサーバーやツールの準備です。とにかく、改善点がどこであり、できればどのように直すべきかまでをツールでわかりやすく確認できるように徹するくらいがちょうどいいでしょう。

何もツールがないと、アプリケーション開発者はサーバーにログインしてログを眺めたうえで、なんとなく悪そうなところを改善していく程度しかできないため、作業に時間を食い、効果も薄いものとなってしまいます。サービスの機能が正常に動作しているならば、「改善」という作業は、行わないと徐々に悪くなることはあっても急に悪化するものではないため、短期的には必須ではありません。必須ではなく、効率の悪い作業に率先して取りかかるわけがありません。担当エンジニアがだらしないのではなく、改善に向かうための環境が整備できていないのが原因です。

そのため、少なくとも原因を探るためのログ収集から集計までは自動化し、ある管理画面を見るだけで結果を確認できるようにしてあげます。もし、結果に対してどう改善するかを指摘するまで自動化できるのならば、それがほぼ最終形態といえるでしょう。

アプリケーションの品質低下に関わる原因の大半がデータベースの操作ですが、ほかにも確認すべきポイントはいくつかあります。どのような情報に注視すべきかを見ていきましょう。

アプリケーションエラー

アプリケーションにアクセスすると、大なり小なりエラーが発生しています。酷いエラーならば、そもそも機能を利用することができずエラーレスポンスとなるため、すぐに気づいて、修正することになります。しかし、軽いエラーだと、機能に実害がなく、最後まで正しく処理ができ、ユーザーにも正常に動作しているように見えるため、無視されることもあります。

重いエラーは早く直すべきですし、軽すぎるエラーはエラーが出ないようにコーディングするべきです。あたりまえですが、理想はエラーログが常にゼロであることです。しかし、パーフェクトなシステムは存在しませんし、エラーログは出づらいよりも出やすいほうが問題を見つけやすいため、エラーが多く出ることを非と捉えてはいけません。

そのため、ほとんどのアプリケーションは常にエラーログを吐き出していますが、1つのエラーログを眺めて「このエラーは早く直すべきだ」「このエラーは実害がないから、記録されないようにしよう」と1つ1つ判断していくのは非常に骨が折れる作業です。なぜなら、ログはただ時系列に並んでいるだけで、カテゴライズや重要度の判断がしづらいからです。

そこで、エラーログを収集して集計するツールの出番となります。複数のアプリケーションサーバーから1つのログサーバーにデータを送るだけで、集計結果を管理画面で確認できるようにします。もし、全サーバーから送るとログが多すぎてムダならば、一部のサーバーからのみにして、サンプリングにしてもいいでしょう。

決まったログの形式から、エラーの種類の判別、エラー内容のユニーク化、そして出現頻度のランキングなどを行って、見やすく一覧表示します。開発者は、そのまとまったデータを見るだけで、出現頻度の高い順にエラーをなくしていったり、ユーザーがよくアクセスする重要なリクエストで出ているエラーから改善していきやすくなります。

こういったツールは、プログラミング言語ごとのフレームワークによってあったりなかったりしますが、国内で多く使われているRuby on Railsでは、比較的新しい言語なためか、そういった取り組みが多く行われています。具体例としては、Sentry、Airbrake、Honeybadger、Errbitといったツールが挙げられます。どれがいいかは、ひととおり実際に使ってみて判断するのがてっとり早いです。

そういったツールが存在しないフレームワークや、独自フレームワーク路線の場合は、それほど難しいシステムにはならないでしょうから、自作してしまうのもいいかもしれません。その際は、言語は違っても上記のツールなどを参考にし、必要な情報が何なのかを見て設計していくと楽になるでしょう。

エラーログは、ふと気づいたころには多くの種類が溜まるようになってしまい、技術的負債として積もっていきます。できるだけ早い段階でこういった仕組みを導入し、「エラーゼロ運動」でも掲げると、微妙に鬱陶しがられながらも感謝されることでしょう。

スロークエリログ

MySQLでいうところのスロークエリログは、パフォーマンスを改善するためのログとしては初歩的、かつ唯一の手段でもあります。ログの出力を有効にしておくと、一定時間以上かかったクエリをいくつかの情報とともに記録していってくれます。

そのログを見て、重そうなクエリやムダに乱発しているクエリを改善していくわけで、それ自体は有効な行為なのですが、ログの扱い方は効率的とはいえません。1台分だけでもただ時系列で並んだクエリ群ですし、負荷分散しているとなると台数分のログを見なくてはいけなくなるからです。

複数台にSSHログインして、ログを開いて、問題のありそうなクエリを抜粋していく —— なんて行為は、意味は濃くとも、消耗戦となってしまいます。意味があるからこそ、かんたんに見れるようにしておくべきです。

これもまた、ログサーバー1箇所に集約し、集計し、管理画面で結果を確認できるようにしてあげましょう。クエリの入力値の部分を「?」などで置換し、ユニーク化することで、クエリごとの最大実行時間を知ったり、最大時間や出現回数でソートすることで上から順に改善を試みることができます。複数のサーバーやデータベースがある場合は、クエリごとにそれらの情報まで付けてあげることで、より扱いやすくなります。

どれくらいを「スロー」と判断するかは、遅くとも1秒、たいていの環境においては500ミリ秒以上のクエリを出力するようにすれば、問題が大きくなる前に片づけることができるでしょう。

一般クエリログでEXPLAIN

MySQLの一般クエリログは「GeneralLog」とも呼ばれますが、これは実際に実行されたクエリをそのままログに残したものになります。当然、常時大量のクエリが流し込まれており、すべてを記録し続けると大変な容量になるため、すべてを採ることはありません。

普通はこのログを取得することはありませんが、私は一部をサンプリングして取得し、独自の手法で集計することで、クエリの品質の定量化に成功しました。その概要を紹介します。

そもそも、わざわざ独自にそのような仕組みを作った理由は2つあります。

1つは、スロークエリログだけでは負荷の原因となっているクエリを抽出しきれなかったためです。500msや200ms以上といった条件で記録しても、それよりもっと早く、しかし大量に実行されているクエリは山ほどあります。

もう1つは、クエリの品質を見極める必要があったからです。前にも述べたとおり、アプリケーションの品質は、運用していると日々変わっていきます。たとえば、デプロイのたびに悪いクエリが増えたのか減ったのかをすぐに判断することは難しいですし、かといってデプロイのたびに全クエリを厳密にチェックするのは回転の早い開発プロセスにおいては非現実的です。

いっときは、地道にログを出したりコードを眺めたりして、悪いところを探してはまとめて、開発側に指摘していましたが、それを長期的に続けることはあまりに効率的ではないと考え、クエリの品質を自動的に算出することにしました。それが、外道父によるGeneralistです（GeneralログのListより命名、非公開）。

リアルタイムにgeneral_logのON／OFFを切り替えるか、既存の一般クエリログファイルを読み込ませることで、クエリを1つ1つ定量化していきます。クエリ内の入力値を「?」に置換してユニーク化し、その中でも最も入力値の長いクエリでEXPLAINを実行し、EXPLAINの結果やそのクエリが使うテーブルのインデックスの状況からクエリの悪いところを指摘しつつ、最終的に品質をポイント化します。

QPSの値を元に、たとえば「インデックスの使い方が悪ければ、その種類別に何倍」「filesortが発生していたら何倍」「行の絞り込みが甘ければ何倍」というふうに、悪いと思われる項目ごとに1つ1つポイントを乗算し、最終的なポイントをそのクエリの品質としました。ポイントが大きいほど、悪い可能性が高いクエリということになります。

単純にQPSが大きければポイントは高くなりやすいですし、管理画面系のクエリが実行されれば53万ポイントなどフリーザ※クラスのクエリが見つかることもあります。昔からクエリの改善を多く手がけていたこともあり、項目の洗い出しやポイント付けのバランスをうまくでき、結果的には参照クエリ／更新クエリ／インデックスと分けて品質を定量化することに成功しました。

それによってグッと改善効率が上がり、さらにグラフ化することで変化を追えるようにもしました。さらにさらに、最初はサーバーごとに保存していた結果データを、ほかのエンジニアが収集して、見やすくなるようサービスごとやサーバーごとに管理画面でツリー化したことで、いっぱしの管理ツールとして仕上がることができました。

初めは「クエリの品質を定量化することなんて無理だろ」と思っていましたが、いざやってみると、人間がデータを元に考えることはすべて問題なくプログラミングできてしまい、もう4年以上も現役で使われ続けています。

そして、この仕組みのキモは、すべて本番サーバーで実行している点にあります。開発環境で出したクエリをテストデータでEXPLAINしても、得られるものはほとんどありません。実際に本番で実行されたクエリを、本番データでEXPLAINしてこそ、真の意味があるということです。本番であるがゆえに、短いサンプリングしかできず、捉えきれないクエリも出てしまいますが、それでも早期に低品質なクエリを発見し、改善するのに十分に貢献し続けています。ぜひとも手がけてみていただきたいところです。

アクション単位のクエリ群

スロークエリログや一般クエリログの情報はあくまでクエリ単位の品質で

※マンガ『ドラゴンボール』に登場する敵キャラクター。

しかなく、それではまだアプリケーションの奥まで手を入れたとは言えませんでした。最近のアプリケーションはフレームワークを元に構築されるため、データベースのクエリは自動生成されるものがほとんどです。また、細かく分けられたオブジェクト指向のコードは、複数人で開発することで、似て非なる処理の中にも同じクエリを発行してしまうパターンが多いものです。悪く言うと、開発速度のために、全体の品質を少しずつ犠牲にしているのです。自動生成されたクエリ構成は、パフォーマンス面ではとても“最適”とはいえない場合も多く、同じクエリに似たクエリを何度も発行したり、1回で済むクエリをループで何十回、何百回にも分けて発行されたりします。

ただ、これを頑固に正そうとすると、今度はフレームワークの効率的な使い方から外れたり、開発速度を落とすことになるため、あまり最適化に固執しすぎても有益とはいえません。

Railsには、こういった処理全体の効率性を上げることを目的の1つしたパフォーマンス監視サービスである「NewRelic」があります。アプリケーションから外部サイトであるNewRelicへのログ送信を仕込むことで、アクションごとの使用頻度や処理時間を細かく確認できたり、処理が重いと思われる順にアクションを並べて確認することができます。

詳細を確認すると、DBやKVSがどのように利用され、どこで時間がかかっているのかがわかるので、改善にとりかかりやすくするための優れたツールとなっています。運用の工夫としては、以下の理由で、仕込むノードを1台にすることです。

- ログを送信するために、CPUリソースを若干使う
- ノード1台あたりで費用がかかる
- 情報量としては、1台で十分

ドリコムではNewRelicを長く愛用しており、重い箇所がわかることは非常にありがたいことでした。しかし、私はさらなる効率化を求めて、再び独自ツールを開発しました。そのツールは、アクション単位で実行されるクエリ群を改善するというものです。1つのHTTPリクエストの中では、たとえばユーザーのアカウント処理から始まり、データリストの取得、そして最後

に更新といった、一連の流れがあります。その流れの効率度合いについて、自動的に言及します。あらかじめ収集したアクション単位のログから、ループ処理の検知、時間のかかっている処理のピックアップ、ムダなクエリのピックアップ、そして改善方法の指摘までを自動的に行い、最終的に管理画面に落とし込みました。

管理画面を見れば、サービスごとにパフォーマンスに問題のあるアクションを把握でき、アクションごとの詳細を見れば改善ポイントが説明付きで表示されるようになっています。改善ポイントはあくまで自動的に指摘するものなので、直すことでソースコードが異常に汚くなったり、それほど効率が良くなるわけではないと判断したならば、スルーしていい程度の強調です。指摘内容の例は、以下のとおりです。

- ループ構造の中に似たクエリが乱発していた場合、SELECT／UPDATE／DELETEならINで1クエリにまとめたり、INSERTならVALUESでBULK INSERTにできないかと可能性を示す

- INSERT後に同じテーブルにUPDATEをしていた場合、同じ行を扱っていると仮定すると、「最初のINSERTを1回で完了させ、UPDATEを削れるのではないか」と指摘する

- アクションの最初から最後にかけて、まったく同じクエリが何度も出てくる場合、最初の1回で済ませるように指摘する

フレームワークであるがゆえに、出来上がったクエリ群の中にムダが生じることは当然のように起こります。そして、開発が進むほどにそれがまた繰り返されていき、データの蓄積と相まって、知らぬ間に1つのループ内で数百の同種クエリが発行されることがよくあります。

複数人で大規模な開発を行った場合、アプリケーションのソースコードすべてを把握している人間はほぼゼロになります。そのため、開発チーム内ではなく、第三者が自動的に状態を示し、指摘するという仕組みは、今までになく絶大な効果をもたらしてくれました。また、アクションごとの数値を元

に品質の定量化も行い、それをサービスごとに比較する形でランキング表示したことで、開発者の改善意欲を煽れたのも良い点でした。

この独自の仕組みもまた、最初は地道に本番のバックアップデータを持ってきてテスト環境を起ち上げ、端末で1つ1つアクセスしながらログを出し、改善箇所を考えてまとめて開発者に提出していました。しかし、その準備から完了までの作業量に1サービス分で心が折れたので、その1つめの作業内容を元に、すべてを自動化する社内ツールを作ったというわけです。

こういったツールの効果は非常に高く、一度作ってしまえばどれだけサービスが誕生しても勝手に追加されるようにしておけば、結果を出すための人的リソースが必要ありません。また、開発者に対しても、管理画面のURLとちょっとした見方を教えるだけなので、悪い意味で余計なコミュニケーションを省略できます。リファクタリングの経験が浅いエンジニアに見てもらうことで、どのようなポイントに気をつけて、どのように改善すべきかを、勉強会なしに伝えることもできます。

組織全体への貢献は、マンパワーでの貢献よりも何倍も高い効果があります。インフラ業務の気分転換も兼ねてプログラミングすることは、自身の調子を整えるうえに、お給金にも良い結果をもたらしてくれることでしょう。

KVS

KVSは、セッションデータの共有保存やデータのキャッシュをするためによく使われます。また、KVSの1つであるRedisは「ソート済みセット型を利用してランキングを作る」といった多様な使い方をされます。すべての処理に共通するのは、超高速な処理とレスポンスを期待しているということです。

ただし、多くの場合は期待どおりに高速に動作してくれますが、あまり調子に乗って適当に使いすぎると、KVSといえどもいつかは重くなって、分割を余儀なくされます。たとえば、データベースのクエリと同様、元データの蓄積が原因でループ処理の回数が次第に増加し、いつの間にか何百という連続したリクエストをKVSに出しているかもしれません。

それによって、KVSのCPUリソースやメモリ容量が足りなくなることも考えられますが、単純にそのリクエスト回数がネックになることもあります。KVSがいかに速いとはいえ、アプリケーションサーバーとKVSサーバーの間を往復通信することに変わりありません。仮に、1つの処理を5ミリ秒で完了できたとしても、それを200回連続で行えば、1秒のレイテンシとなります。

そういった想定外の使用状況を把握して改善するためにも、やはりアクション単位のログが必要になります。1つ1つの処理がほぼ確実に高速であるがゆえに、全体から改善点を推測するのは困難ですが、「KVSだから」と油断せずに、チェックの対象としていきましょう。

API

昨今のシステムは、外部のAPIを叩く処理を多く含みます。その外部APIが商用だろうと大手企業だろうと、所詮同じようなシステムで動いているので、たまには重くなったり障害が発生すると想像するのはたやすいことです。じつは、外部APIが悪いのではなく、アプリケーションサーバーが利用しているDNSサーバーが原因であるパターンも考えられます。

原因が何にしろ、処理の途中で長い時間がかかる可能性を考慮して設計するのが無難です。少なくとも、Webサーバーがタイムアウトするよりも短い時間でAPIの接続を切断して、ユーザーへ適切なエラーを返し、かつエラーログを残すようにしなくてはいけません。

APIのデータが必須ならば、その箇所をタイムアウトさせたらその処理としてはエラーとなりますし、必須でないならば早めに切断して、適切に処理を進めることになります。APIを複数実行させるならば、なおのことシビアに設定する必要があるでしょう。

この問題も、アクション単位のログを残すことで確認できますが、外部APIそのものを改善できるわけではないので、タイムアウトと例外処理を適切にするほかありません。また、見逃しがちですが、改善できないだけに、それが原因であることを早期に発見するためにも、外部API自体を監視することも視野に入れなければなりません。

インフラとしては、それ以外にもDNSとWANへの通信が正常であることも監視されていれば、何が障害の原因かをすぐに判明させることができます。もしかしたらほかにも要所はあるかもしれませんが、こういったアプリケーション内で重要な役割をもつ処理がある場合、インフラエンジニアもその存在を認識し、それに必要なシステムを把握して監視することが、早期改善への第一歩となります。

‥> キャッシュを活用する

アプリケーションの品質向上といえば、1にも2にもキャッシュです。画像や動画などの静的コンテンツは必ずストレージで大切に保管されるので、必要に応じて毎回ストレージから読み込んでユーザーに返すと、慢性的にレスポンスが遅くなりがちです。動的コンテンツの場合、その作成処理にCPUパワーを多く使うので、同じ内容ならばリクエストのたびに毎回作成せず、キャッシュしてしまうことで、CPUリソースを節約できます。

キャッシュすることで、レスポンス速度の向上と、ボトルネックになりやすいコンピュータリソースの節約ができますが、代わりに高速なメモリを多く必要としたり、キャッシュをクリアするタイミングを誤るとコンテンツの更新をレスポンスに反映できないといった、気をつけるべき面もあります。

キャッシュは、大規模なトラフィックを捌くための高性能なシステムを要求される近代において必須でありますが、キャッシュするためのミドルウェアなども多く整備されてきているため、利用するのは難しくありません。どのような部分を、どのようにキャッシュすべきかを見ていきましょう。

KVS

KVSは、Key-Valueというシンプルなデータであるがゆえに、良くも悪くもなんでも突っ込めるため、ソースコードを綺麗に保つことさえ忘れなければ、軽くするためにどんどんキャッシュデータを突っ込んでいっていいでしょう。

基本的には、アプリケーションがキャッシュする場所なので、動的なコンテンツを保存し、2回目以降に再生成の必要がなければ、KVSからデータを取得して再利用します。

キャッシュするデータの例としては、細かいところではデータベースのマスターデータです。サービスにおいて、ほぼ不変となるデータリストがある場合、ソースコードにJSONなどで直書きすると汎用性が低いため、普通はデータベースに格納します。ゲームでいえば、アイテムや敵の基本データは常に固定であり、更新されることはありません。そういったデータを毎回参照クエリで取得しにいくと、データベースのQPSが高くなり、CPU利用率も高くなるため、それよりは軽量なKVSに結果を格納してしまうのです。

同じクエリ結果のキャッシュでも、まったく更新されないのではなく、更新頻度が極端に低いデータというものがあります。ユーザーのプロフィールなどは、日に1度すらも更新されないことがほとんどでしょうから、キャッシュしてしまい、更新ボタンが押された時のみキャッシュをクリアしてあげれば、大半の参照クエリをカットすることができます。

さらにデータの規模を大きくし、クエリ単体ではなく一連の処理の結果をキャッシュすることもあります。フレームワークでいうところのメソッド単位や、もっと大きくアクション単位の結果をキャッシュすることで、アプリケーションサーバー上のCPUリソースを大きく節約できるでしょう。ただし、処理の内容が複雑な場合は、キャッシュをクリアするタイミングや有効期限の設定を適切にしなければ、正しい最新情報を返せないバグとなるので、注意が必要です。

アプリケーションを開発したての段階では、こういったキャッシュを仕込むことなく、機能だけを開発していくのが普通です。そして、仕上がったアプリケーションを眺めて、キャッシュできるところがないかを探し出し、少しずつKVSに流していきます。

そのポイントを発見しやすくするためには、十分な量のテストデータと、アプリケーションの処理の流れを把握しやすくするツールが必要です。大変な開発を補助するべく、インフラエンジニアが用意してあげるといいでしょう。

CDN

キャッシュが流行り、ネットワーク技術が発達し、インターネットのコンテンツの容量がどんどん大きくなったころから、CDN（Contents Delivery Network）が一般的に提供されるようになっていきました。

CDNの役割は、キャッシュしたいコンテンツのURLへのユーザーリクエストを受け、有効なキャッシュがなければバックエンドとなるWebシステム本体から取得し、キャッシュしたうえで、ユーザーにレスポンスを返すことです。KVSで一部のデータをキャッシュするのとは違い、1つのコンテンツを丸ごとキャッシュするため、画像や動画といった大きな静的コンテンツをストレージから読み込む頻度が激減し、動的コンテンツならばAPサーバーの稼働そのものが激減します。

この仕組みによって得られる効果は、まずWebシステム本体の負荷が軽減されることです。キャッシュによってアクセス量が何十分の一にもなるため、その効果は絶大で、Webサーバーにすらアクセスがこなくなるのが大きいです。

そして、大容量になりがちなユーザーへのコンテンツレスポンスがCDNから返されることで、本体からのアウトプットトラフィックが激減します。グローバル回線はお高いものですし、キャパシティの観点でも上限が厳しいため、トラフィックを外部システムに寄せられることには負荷軽減と同じくらいのメリットがあります。

CDN自体は大容量のコンテンツとネットワークトラフィックを扱うことが前提のサービスであるため、CDN業者はその機能にあわせたインフラを整備することで、高水準の安定度とキャパシティ、そして安価な価格を実現しています。CDNを利用していないサービスがCDNを採用することで、多くの場合は速度向上と費用削減を実現できることでしょう。

CDNを利用するためには、キャッシュしたいコンテンツのURLをCDNのパブリックDNSで指定する必要があるため、アプリケーションとしてはユーザーに対して少なくとも以下の2つのFQDNを使い分けて設計することになります。

・本体にアクセスするためのURL
・CDN用のURL

そして当然ですが、FQDNはHTMLなどに直書きするのではなく、設定ファイルでいつでも変更できるように設計します。

CDNの良いところの1つは、Webシステム本体から完全に切り離された存在であることです。CDNとバックエンドとなる本体の関係は、コンテンツを取得し、提供する関係でしかなく、本体のシステムからするとただの1クライアントでしかありません。

そうはいっても、キャッシュをより有効に扱うために、コンテンツのレスポンスヘッダに有効期限などの情報を適切に返すよう調整できるようにする必要はあります。しかし、それも基本仕様はHTTPの仕様に沿うものなので、CDNごとにそう変わるわけでもありません。

CDNの有名どころとしては、「Amazon CloudFront CDN」や「Akamai CDN」があります。どちらも非常に安価で高品質なCDNを提供してくれるためオススメですが、あらゆるシステムで100%の稼働率はありえないとすると、CDNにも予防線を張っておきたいものです。

その考えを実行するのは非常にかんたんで、複数のCDNを事前に契約して準備しておくだけです。平時は1つをメインに利用し、有事はもう1つのほうにFQDNやDNSレコードを切り替えるだけで、本体に何の影響もなく、CDNを継続的に利用することができます。どこのCDNをメインで利用し続けるかは、費用面や実運用の中での安定度から決めていけばいいでしょう。

複数のCDNをDNSラウンドロビンで併用する方法も考えられますが、そうすると、全体から見て微量とはいえ、本体へのアクセス数が2倍になってしまいますし、障害時のDNSラウンドロビンの挙動はクライアントから見てあまり有効ではないため、オススメはできません。また、どちらか一方を多く利用したほうがボリュームディスカウントが効くことが多いため、費用面でもあまり賢いとはいえないでしょう。

すべてのサービスで有効になるわけではないですが、大容量コンテンツを扱うようになった今の時代では、CDNを採用しないと死活問題になるサービスも多くなっています。インフラエンジニアとしては、CDNの知識を得ておくことは今や必須であると言っても過言ではありません。

DB

データベースには、クエリの結果をキャッシュする機能が備わっています。MySQLでも、query_cache_typeでキャッシュをON／OFFでき、容量の調整などもできるようになっています。

キャッシュと聞くと、「とにかくパフォーマンス向上に役立つだろう」と思って有効にしがちですが、データベースのキャッシュにおいてはそうではありません。入力値を含めたまったく同じクエリをキーとして扱うため、入力値がコロコロ変わるWebシステムでは、キャッシュにヒットして有効利用できる機会は少なく、逆にキャッシュするためのオーバーヘッドのほうが大きくなることもあります。

かといって、変更のないマスターデータなどをキャッシュしたとしても、そのクエリは元々軽いものですし、高速にクエリを発行するとCPUのContextSwitchが数十万と大量に発生して、ContextSwitchがボトルネックとなる事例もあります。そのため、現実的には、そういったクエリはKVSでキャッシュすることになります。

アプリケーションの性質によっては有効になることもあるでしょうが、多くの場合で、MySQLのキャッシュはOFFにするほうが、ONにするよりも安定的になります。「query_cache_size = 0」にするだけではなく、「query_cache_type = 0」と完全に機能を切ることを基本にしてください。有効にする場合は、正しい検証ができて「有効だ」と判断できた場合に限ったほうがいいです。

端末

アプリケーションエンジニア寄りの手法になりますが、サーバー側ではなく、クライアント側の端末にキャッシュしてもらう方法もあります。HTTPのレスポンスヘッダである以下のようなヘッダを正しく理解し、効果的にキャッシュしてもらうための適切な値を入れてレスポンスすることで、何度も同じコンテンツを取りにこずに、端末内のキャッシュを再利用して済むようにできます。

- Cahce-Control
- Expires
- ETag
- Last-Modified

ブラウザによって仕様は異なりますが、うまく設計すると、クリックやURL入力などの通常遷移ではリクエストがいっさい飛ばなくなり、F5で更新してようやくコンテンツ更新の確認リクエストが飛ぶ程度に抑えることができます。

アイコンなどの小さな画像はほぼ更新されることがないため、半永久的にキャッシュを再利用してもらったほうが効率的です。そのため、有効期限を数十年と指定してしまえば、そこへの余計な2回目以降のリクエストをなくすことができます。

ただ、万が一変更された場合に再度取得しに来てもらう手段がなくなるとイマイチなため、URLにひと工夫することで変更を知らせます。たとえば、test.jpgといったコンテンツは、以下のようにデプロイの時間などをつけ、別のコンテンツに見せかけることで、確実に取得してもらうことができます。

```
test.jpg?timestamp=012345678
```

クライアントにキャッシュさせまくること自体に是非はありますが、クライアントに無理をかけず、お互い効率的になるのであれば、こういった工夫を仕込むことで手間に見合った効果を得られることでしょう。

最初に「アプリケーションエンジニアの領域」と書きましたが、Webサーバーというミドルウェアを扱うならば、こういったHTTPヘッダについて正しく理解し、そのうえで接続や圧縮、キャッシュなどに関わる設定を調整すると、「なんとなく効果が出た！」ではなく、効果が出るべくして出るエンジニアリングができるようになります。

6-6 セキュリティに配慮する

セキュリティ対策の3つの種類

組織やサービスの規模が大きくなるにつれて、徐々にセキュリティ意識が強くなっていきます。ひと口に「セキュリティ」といってもさまざまな種類がありますが、大きくは物理的／人的／技術的な対策があります。

物理面はオフィスやサーバールームの入室管理などがありますが、それらはオフィスの設計担当者が考えるところであり、インフラエンジニアはせいぜいデータセンターを選定する時にセキュリティ対策について十分であるかを確認する程度になるでしょう。

人的なところでは、機密漏洩や退職者に対する抑制があり、それらは人事や法務に関わる部署が担当することになります。

技術面は、おもにソフトウェアの選定や設計を正すことにあります。これは非常に広い範囲を担当することになりますが、会社という側面では、おそらくインフラエンジニアかいわゆる情シス（情報システム部門）が担当することになるでしょう。また、サービスという側面では、アプリケーションエンジニアとともに正していくことになります。

技術的にセキュリティを強化するといっても、本当にさまざまな分類があるため、「これ1つをやっておけば大丈夫」なんてモノは絶対にありません。1つ1つのシステムを地道に正し、かつ持続的に情報を収集することで、「抜けがないか？」「新しいセキュリティホールが生まれていないか？」をチェックし続ける、忍耐業務でもあります。

「サーバーの稼働率が100%になるのはありえない」と考えるのと同様、「セキュリティに100%の"絶対"はない」と捉えたうえで、「ほぼ大丈夫」といえるように仕上げるのが、現実的なセキュリティポリシーとなります。なぜなら、守備側は自身が知る限りの対応を行いますが、攻撃側の未知の攻撃や不意なオペミスなどすべてを予測して対応しきるのは不可能ですし、日々セキュリティホールは生まれているからです。

真にすべてを網羅できることもなく、完全に事故を防げることはない、というもどかしさはあれど、できるだけ努力を怠らず取り組むのがセキュリティ対策です。この節では、インフラエンジニアが関わるであろうセキュリティについて触れていきます。

··▶ 開放するのは最低限に

セキュリティ対策は数あれど、「そもそも必要な範囲にしかサービスを提供しない」という対策が最強であり、最低限といえます。

わかりやすい例としては、グローバルIPアドレスを持つサーバーのSSHポートは、ほぼすべてのサーバーで開ける必要がありません。なぜなら、社内のサーバーならば社内からプライベートアドレスで接続できますし、データセンターならばVPN経由でやはりプライベートアドレスで接続できるからです。

どうしても開放するとしたら、VPNを使えず、接続元アドレスでの制限も使えず、不特定多数からログインする必要がある場合ですが、ビジネス用途においてはせめて踏み台経由で制限することを心がけたいものです。

これは、SSHだけではなく、HTTPの管理画面、ミドルウェアのAPIポートなど、あらゆるシステムに通じる話になります。「不特定多数にアクセスされても、ログインできなければ大丈夫」という考えは十分ではありません。暗号化鍵が必要でも、総当たり攻撃されても3回失敗したら拒否する機能を仕込んでいたとしても、1発で成功する可能性は限りなくゼロでも、ゼロではありません。「限りなくゼロ」よりも「完全にゼロ」であるほうが強度が圧倒的に高いため、そもそもアクセスができなくすることが基本となります。総当たり以外にも、ミドルウェアの脆弱性をついてパケットを送る手法なども、そもそも通信ができなければ攻撃自体が不可能なため、セキュリティ対策で心配すべき範囲の幅に天地ほどの差が出ることは明白です。そのうえで、必要最低限の経路のみを開放します。

制限は、以下のような箇所で導入することになります。

- パブリッククラウドにおけるセキュリティ機能
- 自前で用意するゲートウェイ
- ミドルウェアを稼働させているサーバー本体

通信の種類や具体的な制限については、Linuxのiptablesのフィルタテーブルについて学ぶことでほぼ理解できます。仮にiptablesを実運用することがなくとも、触れてみるといいでしょう。

アクセス制限をする

開放する部分を最低限にしたら、次は通信可能となるクライアントの範囲と提供するサービスの重要性や性質について考えましょう。考えるべきシステムは、サーバーとして提供するすべてのシステムが対象となります。

最も一般的なHTTPシステムの場合、「基本的には全開放」というスタンスのうえで、必要があれば管理画面やAPIなどを、Basic認証やDigest認証と連携したり、アプリケーションのログインシステムとして組み込むことで制限します。アカウント認証以外にも、静的コンテンツの閲覧では「決められた遷移後の一定時間以内しかアクセスできない」といった仕組みにより直リンクを避ける仕様も、アクセス制限の一種といえるでしょう。

SSHの場合は、原始的に扱えばOSのローカルユーザーに作成済みのユーザーでしかログインできませんが、LDAP連携をすることで、鍵を登録した全ユーザーがログインできる対象となります。便利にしたがゆえに、制限の仕組みが必要になる例といえます。基幹システムにペーペーがログインできていいわけがありませんし、異なる運営部署の人間にログインされる状態は健康的とはいえません。そのため、あらかじめ目的に沿ってグループを作成し、ユーザーに適切なグループを割り当てておき、設定のAllowGroupsなどを用いて制限します。

ファイルサーバーだと、ディレクトリ単位でユーザー／グループ制限をするのは基本といえますし、コミュニケーションツールでもグループによって参加者を明確にして利用することでしょう。

いろいろな例を見ると、ひと口に「アクセス制限」といっても、確実に関係者以外に漏れないようにするものもあれば、見られても問題ないけど不要と判断して見せないものもあります。前者は制限する目的がメインといえますが、後者は情報過多を防ぐ目的にもなります。

アクセス制限のルールを作るのは、組織変更が起きるたびに制限の割り当てなどが変わるため、非常にめんどうです。しかし、データを性善説を元に簡素なルールでやりくりすることは、数人規模ならまだしも、それなりの規模からは確実に許されなくなります。悪意がなくとも、「重要なデータを保存した携帯端末をなくした」「家に持ち帰って、Winnyなどのファイル共有ソフトを利用して流出させた」「まちがって削除した」など、ITリテラシーが高い少人数の集団ではまず考えられないことが起きるようになるからです。

「性悪説によって、悪意ある漏洩や紛失から守る」というよりも、どちらかというと「多人数における不慮の事故を防ぐ」というほうが、アクセス制限の意味合いとしては大きいです。なぜなら、外部からはそもそもアクセス手段を排除しており、情報漏洩の類の事件の多くは内部からのお漏らしであるからです。「重要なデータが入った携帯端末を失くした」「家に持ち帰ってWinnyった」などは、遠い世界の出来事ではありません。さらに突き詰めると、スパイがアクセス権限までがんばって盗っていくことも考えられますが、そこまでいくと技術的側面での対策はほぼ不可能なため、ここでもやはり「必要最低限の開放に留める」という考えの下に設計できていればいいでしょう。

ソフトウェアの脆弱性に対応する

サーバー上では、OS、ミドルウェア、ライブラリ、アプリケーションとさまざまなソフトウェアが動いており、とても数えきれず、面倒を見切れない量といえるでしょう。

プログラミングをする者ならば、「100%パーフェクトなプログラムは事実上存在しない」という考え方は理解できると思いますが、つまるところ、数えきれないソフトウェア群のどこにでも脆弱性が存在する、あるいはこれから脆弱性となる可能性を秘めているということです。これは、セキュリティという観点において、非常に厄介な問題の1つです。どれだけ努力しても、前もって対策をやりきっておくことができず、しかもその脆弱性のジャンルや内容がソフトウェアごとにバラバラだからです。

最近では、まさかのOpenSSLでDoS攻撃に悪用される脆弱性が、BashやNTPではコードインジェクションの脆弱性が発表されて、業界が騒然としました。ほかにも、ミドルウェアのroot権限の乗っ取り、DNSのキャッシュポイズニングやDoS攻撃を受ける脆弱性など、ソフトウェアも脆弱性の内容も広範囲にわたります。

ただ、それらすべての脆弱性に立ち向かう必要があるかというと、そんなことはありません。任意のコードを実行された場合に起きる脆弱性が発見されても、外部から接続できないプライベートなサーバーならば、社員が悪意を持たない限り、大丈夫だからです。運良く脆弱性に該当するバージョンでなければ、今後のことをふまえて知っておく必要はあっても、その時点では対応することはありません。

しかし、もし該当した場合は、可能な限り早く対応する必要があります。放っておけば、いつかは乗っ取りを受けたり、DoS攻撃に加担してしまう可能性があるからです。そういった脆弱性の発見からすぐさま攻撃を受けることを「ゼロデイ攻撃」といい、脆弱性の世間への発表から対策完了までが「ノーガード戦法」ということになります。とはいえ、現実的には「自分の組織のパブリックなDNSやらNTPやら該当ライブラリを扱うミドルウェアがどこにあるか？」なんて普通は世間には知られていませんし、すぐさま狙い撃ちされるなんてことはまずありません。

インフラエンジニアとしてできることは、以下になります。

- セキュリティ情報を頻繁にキャッチアップし、社内に共有する
- 脆弱性に対する自社システムを検討する

- 脆弱性を持つソフトウェアに該当した際には、緊急度を判断し、対策を共有する
- 自身または関係者によって、対策の適用を促進する

組織の文化や歴史の浅さによっては、脆弱性対応の意識が低い場合もあります。その重要度の理解を浸透させることも、インフラエンジニアの役割の1つと捉えるべきでしょう。Twitterでつぶやくだけではなく、社内のSNSやメーリングリスト、会議などで当然のように共有し続ける姿勢が実を結ぶことでしょう。

アプリケーションの脆弱性に対応する

アプリケーションのセキュリティは、その名のとおり、アプリケーションエンジニアの領域ですが、インフラエンジニアもアプリの脆弱性にはどのような種類があるのかを知っておいて損はありません。モノによっては「インフラ基盤のほうで対策する」といった協力もできるかもしれないからです。

アプリケーションのセキュリティの有名どころとしては、以下のようなものがあります。

- SQLインジェクションによるデータの収集／改変
- クロスサイトスクリプティングによるセッションハイジャック

こういった攻撃は、サービスのコンテンツが動的処理によって作成されていることを利用し、特定の条件を満たした入力値を入れることで実現されます。これらに対応するには、その特定の条件を満たさないよう、原因となりうる文字列をエスケープしたり、害のない文字列に変換して扱います。そして、その仕組みは通常はアプリケーションのフレームワークに吸収することで、開発者は意識せずに開発することができます。

フレームワークは選定したうえで利用しているものであり、ある程度は信用して使うものですが、「おそらく大丈夫だから」といって脆弱性に無関心

でいて良いことはありません。そうはいっても、人によってそのあたりの意識はまちまちであるため、アプリケーションエンジニアの中心人物や、セキュリティの話題をキャッチアップするインフラエンジニアが率先して情報共有を心がけましょう。

ほかにも、アプリケーションの直接的な脆弱性とはいえないところで、クライアントからのリクエストそのものが害であるパターンがあります。たとえば以下のようなものです。

- DoS攻撃（俗に「F5アタック」や「田代砲」と呼ばれるもの）
- 自動アクセス（BOTの類によるもの）

アプリケーションの側面におけるDoS攻撃の多くは、サービスの停止に追い込むことが目的ではなく、高速アクセスすることで開発者が意図しない挙動を誘発し、ユーザーが利益を得ることにあります。たとえば、通常ではクリックすることでポイントを得られる部分にて、手動クリックと同じ内容をスクリプトで高速に連続してリクエストを送ることで、重複してポイントを取得できるかもしれません。

BOTの例では、回数をこなすことでユーザーが利益を得る仕組みの場合、毎日短時間でそれを行うスクリプトを実行することで、開発者が意図しない異常な結果が出来上がります。酷いと、サービスのバランスや秩序が崩壊するかもしれません。ほかにも、複数のアカウント（サブ垢）を操ることで利益を得られる場合、アカウント作成のリクエストがBOTによって行われ、1人の人間によって数千、数万のアカウントが作成され、それを用いてまた大量のリクエストが送り込まれることになります。

これらの手法は、不正な入力値や不正な遷移を踏むものと違い、そのリクエストだけを見ると正常である点が厄介です。アクセスログを眺めていれば特定のIPアドレスやURLを確認できるかもしれませんが、適度にアクセス頻度を散らされていれば、問題を発見するのは難しいでしょう。

こういった事象が、直接的にでも間接的にでも、リアルマネーに関わるところとなると一大事です。連続アクセス対策を導入したり、DoS／BOT攻撃を検知する仕組みが必要になります。そして、そういった仕組みは、ミドルウェアやフレームワークといった基盤に関わるエンジニアが考えるところになります。協力を惜しまず、検証と運用に乗り出しましょう。

データの漏洩と盗聴への対策を考える

サービスの内容によっては重要なデータを通信する必要があり、そのデータの扱いには十分に気をつける必要があります。たとえば、アカウントの情報にはパスワード、クレジットカード番号、住所、電話番号といった個人情報がてんこ盛りであり、細心の注意を払って扱い方を設計しなくてはいけません。個人情報でなくとも、インターネット上の行動履歴や会話ログなども重要なデータといえます。今の時代、個を識別して扱うデータは、重要度の違いはあれど、ほとんどが重要なデータとして扱います。

では、比較的重要ではないデータは何かというと、ユーザーの識別が不要で閲覧可能なデータ、たとえば検索結果や一般的な記事ページといったところです。大別するとこの2つになりますが、どこまでを重要として扱うかは、サービスによります。

重要なデータを扱う際に考えるポイントは、データの保存形式と通信手段です。保存形式は万が一データを抜き取られた時の対策に、通信手段は盗聴への対策となります。

情報漏洩への対策

よく個人情報の漏洩がニュースになりますが、まったくもって他人ごとではありません。どれだけ通信ポートを制限し、アクセス制限をがんばったとしても、内部の人間のミスや、対策しきれないシステムの脆弱性によって、お漏らしする可能性は必ずあるからです。

そうして最悪の漏洩が発生した場合、よくある500円券の配布とともに、信用が羽ばたくように出ていくことになります。しかし、もしデータを正常に読まれる心配が限りなくゼロだとしたら、お漏らししたものの実質的被害はないといってもいいのではないでしょうか。

そのために、データの暗号化や、パスワードのハッシュ化（入力データから疑似乱数を生成する演算手法）による不可逆変換をして、データを保存する方法があります。暗号化しておけば復号化するための鍵が必要になりますし、パスワードを不可逆にしておけば本サービスどころか他社サービスでも行われるであろう不正ログインを防ぐことができます。ただ、暗号化はアプリケーションが急激に複雑になったり、データの管理が難しくなるため、本当に重要なデータ群だけサーバーを分けて管理することも多いでしょう。

盗聴への対策

もう1つは、ネットワーク経路の途中で通信内容をぶっこ抜かれることへの対策です。普通に考えたら、ユーザーとサーバーの間でそうそう抜かれるわけはないのですが、可能性としてはゼロではないことから、対策せざるをえません。

その基本的な対策が、SSL（Secure Sockets Layer）による暗号化です。SSLを適用すると、ユーザーの端末のクライアントソフトウェアからサーバーまでの間の通信がすべて暗号化されるため、「これを信じられなければ、何を信じたらいいのか？」というくらい安全になります。が、脆弱性うんぬんや、時代により暗号化の強度が劣化することがあるため、100％安全ではありません。かんたんな手段としてはHTTPSがあるので、ブラウザから出入りするHTTPS通信をパケットキャプチャしてみるといいでしょう。HTTPヘッダすら読めなくなり、ドメインやリクエストパスすら不明になります。

SSL以外にも、コンテンツの一部を可逆暗号化することで、鍵を知る互いの間でしかわからない通信を行うことができます。可逆暗号化には多くの種類があるので、必要な強度などにあわせて選ぶことができます。

インフラエンジニアとしては、SSL証明書を管理したり、暗号化アーキテクチャを提案したり、それらをミドルウェアに適用するといった役割を担うことができます。少なくとも、アプリケーションエンジニア1人と自身が意識を高くしておくと、スムーズに現状の把握や対策を進めていくことができるでしょう。

6-7 運用を楽に、正しくする

世の中にはさまざまなシステムがあるので、「これがザ・正解だ」という運用はないでしょうが、運用の目的には共通点があるはずです。それは、正常であること、そして迅速であることです。

正常であれば普段は何もせず、変化があれば可能な限り早く対応し終えることが、インフラエンジニアにとっての紛うことなき正義であり、目指すべき怠惰エンジニア像です。よく、インフラシステムが真の完成に近づくにつれ、「仕事がなくなって、クビになってしまうよ～」という冗談を耳にしますが、たいていはほかにやることが増えるだけでクビにはならないので、心配はありません。

「ひたすら楽に、正しく運用する」といっても、何もせずに楽になるわけはありません。ここでは、どういった点に注意／注力することで楽になれるかを考えていきます。

情報を共有する

作業に必要な手順はなんでも残す

インフラの構築と運用には、さまざまなシステムの操作手順がつきものです。手順をググりながら作業を完了できたとしても、時間をあけてまた同じ作業をしようとした時、またはほかのエンジニアが手がけようとした時に、手順を形に残していなければまたググり直してやることになりますし、結果が変わってしまう恐れもあります。

それを防ぐ手段の1つが6-4節で説明したInfrastructure as Codeですが、すべての作業をコード化できるわけではありません。管理画面を利用したり、複数のシステムにまたがる作業などがあるからです。

そのため、基本手段としては情報共有が有効です。自分が作業した内容は、どのような形でもいいので残しましょう。操作する管理画面のURL、実行するコマンド、部署間のやりとりなど、作業に必要な手順はなんでも、です。

WikiやGitを活用する

「残す」といっても、管理画面をキャプチャして画像編集で赤枠で囲ったり、Wordで丁寧にマニュアル化する必要などありません。同じ部署のエンジニアなど、その情報に触れる可能性がある人間が理解できるレベルの内容になっていれば十分で、それ以上は時間のムダです。丁寧に作られれば作られるほど、変更が入った時に編集の手間がかかるので、基本はテキストデータのみで作成しましょう。

「テキストデータ」といっても、.txtファイルに書いてファイルサーバーで共有するようなやり方はあまりうまくありません。テキストがメインならばWiki、コードも含むのであればGitを活用すれば、URLを教え合うだけで共同編集を楽に行うことができます。

他人に見てもらうつもりで残す

情報を残す、アウトプットする時に大切なのは、「他人に見てもらうつもりで残す」ということです。それは、内容が丁寧ならばいいということではなく、「理解するために必要な情報がそろっている」ということです。時には、説明がほぼ記事へのリンクURLだけであったり、コードのURLだけということもあるでしょう。それで情報を必要とするすべての人に通用するかはまた別の問題ですが、通用する内容に仕上げることと、状況によっては理解してもらえるようコミュニケーションして簡略度を保つことも、情報の品質に関わる重要な要素です。

OSとミドルウェアを適切に選択する

インフラ基盤の大半を占めるOSとミドルウェアは、調査と選択の上に成り立ちます。選択の理由にはいくつかありますが、最も重要な項目が必要機能を満たすことです。そして、その次に性能面や運用面などを含めて総合的に採用を決断します。

運用面で見るべきポイント

運用面において見るべきなのは、以下のようなところです。

- アップデートの頻度
- パッケージ配布の有無
- マニュアルの整備状況

アップデートの頻度が高いと「更新が面倒」と感じるかもしれませんが、ミドルウェアおいては頻度が高いほうが評価が高くなります。それは、バグや脆弱性の対応に積極的だからであって、ChangeLogを見て不要ならば更新しなければいいのです。逆に、あまりに更新されていないミドルウェアはたいてい廃れていくため、手を出さないほうが無難です。そこそこ更新されていて、ChangeLog、パッケージ、マニュアルまで丁寧に更新されているシステムは、採用ポイントをグッと上げていいでしょう。

この類のシステムが更新する時は、脆弱性対応、バグ修正、性能向上などが目的になりますが、必ずしもパッケージを更新してデーモンを再起動するだけでいいとは限らず、まれに起動エラーなどの問題が出ます。そういった問題がいち早く解決される場がBBS —— 特に英語圏のBBSなので、コミュニティが活発かどうかも重要視したいところです。

こういった点を総合的に判断して採用するわけですが、100%の正解はないので、特定のミドルウェアに頼り切る構成ではなく、できるだけ臨機応変に変更できる体制にするのが理想です。しかしながら、どのようなミドルウェアもマスターして使いこなし切ることがほか以上の品質を生み出すこともあり、一概にはいえない、難しい問題でもあります。

手を加えるときは運用におけるデメリットを考える

ミドルウェアは、いってしまえばツールの1つですが、そのようなツールもありのまま利用するのが最も楽です。変に改良を加えなくとも、OSディストリビューションやミドルウェアの開発者は平均的なベストを目指し、必要に応じてconfigureオプションや設定ファイルに切り出すことでカスタマイズ性を提供してくれているからです。

しかし、長らくインフラに関わっていると、よりパフォーマンスを上げるため、時には機能を改造するために、ソースコードに手を入れて利用したくなることがあります。それは技術力ありきの話ではありますが、技術力でそれらを解決できることはすばらしく、OSSの魅力の1つともいえます。

その際に気をつけたいのが、運用におけるデメリットです。自ら変更するということは、オリジナルが更新された時にアップデートするには、自身の変更部をまた適用してからアップデートするだけではなく、その変更が新しいバージョンにおいて適切な内容であるかを検証しなくてはいけなくなります。

バグや脆弱性のためならば一時的には致し方ないところですが、少々の性能向上と引き換えに、どれほどの運用リソースが犠牲になるかは考えなくてはいけません。独自改造が単純にヒートアップすると、たいていは1～2年で運用が破綻するため、突き進むならばオリジナルにプルリクエストを送るくらいの覚悟が必要でしょう。

そういう茨の道も嫌いではありませんが、最近のシステムは10年前に比べて非常に高品質にできているものばかりで、そういった考えは少なくなっているかもしれません。また、ハードウェアの進化によって、少々の改良よりも少々のマネーパワーで解決するほうが優位であることが常識になってきているかもしれません。

システムそのものや、それを扱う当人たちの運用ポリシーなど、正解のない悩ましい課題になりますが、だからこそできるだけ適切に判断でき、柔軟に軌道修正できるインフラエンジニアが求められるところとなります。

⋯> アーキテクチャを安全に変更する

シングルポイントを解消したり、サーバーのスペックや配置変更などでシステム構成を変えることはよくある話です。そして、その変更作業にて障害が発生することも、わりとよくある話です。手順の中にあるインストールで手こずったり、パーミッションの設定忘れなどが“あるある”です。

1つ1つ動作保証をとっていく

そういったミスが起きないようにするためには、1つの工夫があります。それは、「本稼働しているシステムに影響のある作業を、可能な限り最小限に留める」ということです。

プログラミングにおいて、1,000行書いてから実行してみて一気に修正していくよりも、10行ごとに100回動作確認するほうが最終的に品質が高くなるのと同じで、1つ1つの動作保証をとることがインフラにおける基本となります。たとえば、Webシステムを違うサーバーに移行する場合、新サーバーでミドルウェアをインストールして、アプリケーションを導入して、DNSの切り替えやIPアドレスの移譲までを一気にやったとしたら、成功するイメージは浮かぶでしょうか。おそらく、クライアントにはエラーが返り、サービスを停止して、原因を特定する作業が始まることでしょう。

その場合、いざIPアドレスを切り替える直前までの作業は、すべて確信を持って終了していなくてはいけません。つまり、すべてのソフトウェアの準備が整い、バックアップデータを使ってアプリケーションの動作を確認するまでを完了しているということです。実際のデータを使って動作確認がとれていれば、それまでの作業とその後の切り替え作業は正常性に関しては完全に切り離されているため、切り替えで問題が出たとしてもDNSやIPアドレスに関わる部分が問題であると断言できます。

本番サーバーとはまったく別の場所で動作保証がとれた環境を用意し、切り替えは1～2箇所をピッと変更するだけにすることで、安全に変更し、サービスの稼働率低下を回避することができます。

機能不全に陥った場合の影響範囲を把握しておく

もう1つ重要な点としては、本番サービスに影響がある作業を実行した際、もし機能不全に陥った場合に、迷惑をかける影響範囲を把握しておくというものがあります。

たとえば、基幹システムにおいて、NTPサーバーが予定より長く落ちたとしても、1時間以内ならばほぼ影響はないといっていいでしょう。しかし、DNSサーバーやリゾルバならば、名前解決できなくなることで、実質的にアプリケーション障害となる可能性もあります。

影響範囲を知るか知らないかでは、作業中に何かおかしかった時に「とにかく、すぐ元に戻すべきか？」「少しは調べる余裕があるのか？」といった判断ができなくなりますし、適切な障害報告先が不明になってしまいます。

いくら事前準備を整え、切り替えの瞬間の作業を最小にしても、本番に勝る本番は存在しないため、切り替えた瞬間に何かが起こるかもしれません。万全を期したうえで、失敗した時のための適切な情報整理をしておくことが、現実的なプロセスとなります。

オペレーションのミスを防ぐ

インフラエンジニアも人の子なので、長いこと多くのシステムを運用していると、いつかはミスをすることでしょう。「ミス」といってもいろいろありますが、どのようなミスにも、できるだけミスらないための施策があるものです。これればかりは経験から反省することでしかなかなか改善に取り組めないところですが、いくつか例を紹介したいと思います。

rm -rfによる事故を回避する

ディレクトリを丸ごと消してしまうアレです。最近のrmは「rm -rf /」とトップディレクトリを消すことはオプションなしにはできませんが、ひと昔前までは問答無用で実行されましたし、トップディレクトリ以外では事情は変わっていません。

たとえば、以下のように上から順に打っていくとします。

```
rm -rf /var/tmp/test
```

それを、途中で以下のようにまちがったら、「0」を消して続きを打つわけです。

```
rm -rf /var0
```

しかし、そのとき消すための[Back Space]と余計な[Enter]をほぼ同時に押してしまったとしたらどうなるでしょうか。運が悪いと、「rm -rf /var」で実行され……慌てて[Ctrl]＋[C]で処理の実行を停止することでしょう。それにより、/var/lib/mysqlが消えたとしたら……考えたくもない、世にも恐ろしい後処理が待ち受けることになります。

だれしもが、似たようなヒヤリとする経験を1度はするはずです。それを回避する確実な手段はないため、人間臭いオペレーションの工夫をすることになります。

かんたんな一例としては、削除したいディレクトリがある場合、まずは以下を実行します。

```
ls -l /var/tmp/test
```

これにより、中身を確認でき、コマンド履歴が残ります。

次に、上を押してlsの履歴を表示し、ディレクトリパスに触らないまま「ls -l」を「rm -rf」に編集し、実行します。慣れると、履歴が表示された後に[Ctrl]＋[A]でカーソルを先頭に移動し、[Delete]で「ls -l」を素早く消すこともできます。たったこれだけでほぼ事故を回避できるのであれば、安いものです。

ほかにも「cd /var/tmp」をしてから「rm -rf test」と相対パスで実行するのをルールにする方法もありますし、十人十色とまではいかなくとも意外にさまざまな工夫が存在するかもしれません。

hostnameの指定しまちがいをなくす

数十台、数百台、数千台とサーバーを管理していると、たまには意図しないサーバーにログインしてそのまま作業をしてしまうことあります。「空きサーバーでちょっとrebootしておこうと思ったら、本番サーバーでした！」なんてことになると、目も当てられません。

OSのディストリビューションやシェルの種類によっては、hostnameをプロンプトに表示してくれません。その場合、SSHで指定したIPアドレスがまちがっていたら、それ以降の作業ではなかなか気づけないでしょう。

シェルはBashやzshがよく使われますが、どちらもプロンプトを変更できるため、何も表示されないような環境ならば、ただちに改善すべきです。少なくとも、ユーザー名とホスト名、そしてカレントディレクトリの絶対パスを表示しましょう。

また、SSHログイン時にはMOTD（Message Of The Day）という仕組みを使って、ログイン直後に任意の文字列を表示することができます。ちょっとしたスクリプトを書けば、任意の情報を取得してカラフルに表示することもできるので、全サーバーに仕込むことで環境を認識しやすくなり、事故が減ることでしょう。

ターミナルマルチプレクサを活用する

SSHログインをして重要な作業をしている時に、ノートPCの無線LANが切れたり、スリープに入ってネットワークが切断されることで、実行中の処理が停止してしまうことがあります。これが長時間かかる処理の終わり際となると、萎えることまちがいなしです。

この問題をなくすためには、有線LANを使うとか、PCの設定で切断されないようにすることも考えられますが、もっと抜本的な対策としてはターミナルマルチプレクサを使います。具体的には「screen」や「tmux」といったソフトウェアのことですが、これらを使って作業していた内容はネットワークが切断されても継続することができます。SSHでPCとサーバーを直接接続するのではなく、適当な作業サーバー上でターミナルマルチプレクサを起動し、そこからSSHでサーバーと接続するため、PCのネットワークとは分離されるからです。さすがに、作業サーバーを再起動するなりしたらターミナルマルチプレクサのプロセスがなくなってしまうため残れませんが、作業サーバーがある限りはいつまでも接続状態を残しておき、いつでも再利用することができます。

「マルチ」と名がついているとおり、1つの画面で何個もターミナルを管理したり、表示幅を変えたり、複数ユーザーで1つのマルチプレクサを同時操作したりと、たくさんの機能がついています。

コピペなどでは普通の直SSHのほうが扱いやすい場合もありますが、ターミナルマルチプレクサを使うことでネットワーク問題の解決や、大量のサーバーのオペレーションをしやすくしたり、ペアプログラミングや教育にも使うことができるため、一度は触れておきたいものです。

バグに対応する

セキュリティ問題と同様、バグについても情報のキャッチアップが必要です。攻撃者がいなくとも、バグがあるために勝手にOSが再起動したり、リソースを食いつくしたりする致命的なバグがちょこちょこ現れるからです。

たとえば、Linux Kernelのバージョンが2.6.28～2.6.32.49/3.0.12/3.1.4で、Pentium 4以降のすべてのx86プロセッサを利用していると、約208.5日で突然OSが勝手に再起動するという、通称「208日問題」は記憶に新しいです。ほぼすべてのサーバーで稼働させているであろうNTPサーバーでは、「うるう秒の挿入時に、CPU利用率が100%に張り付く」というバグもあり、それ以降は多くの組織が時間調整の時期になると敏感に対策を試みるようになりました。

インフラを管理していると、こういったいっせいに発動する可能性があるバグに襲われることもままあり、たいていは致命傷を負うことになります。事前に対策できないことがほとんどのため、いつもは冷静沈着なインフラエンジニアが熱く一丸となれる数少ない機会でもあります。

事件が起きた時、オンプレミスならば、まずはとにかく再起動をかけまくって、サービスを正常稼働させることになるでしょう。それで当分の間は平和が訪れ、後日、ディストリビューションが対策を出してくれてから少しずつサービスに影響のないように更新していったり、メンテナンスに入れて一気に更新する計画を立てることになります。

パブリッククラウドの場合は業者の対策待ちということになりますが、たいていは迅速に対応してくれます。環境によっては順々に再起動を求められたり、ほぼインスタンスの停止なしに物理ホストを移動する機能であるライブマイグレーションによって対応してくれることもあるでしょう。

こういう事件でモノをいうのが、インフラエンジニアの情報収集と判断、サーバー環境、そしてディストリビューションです。滅多にない事象ではありますが、事例としては増えてきているので、「選ぼうとしている環境が、過去どのように、どのくらいの早さで事件に対応してきたか？」を1つの目安にするのも、面白い目の付けどころになるかもしれません。

6-8 最新技術を取り入れる

新しい技術に取り組むメリットとは

IT業界では既存のシステムは日々進化を遂げていますが、中期的なスパンではまったく新しいシステムが登場してきます。それらはしばしば「バズワード」としてネット記事や雑誌にて取り上げられ、最初こそ二の足を踏むものの、なんだかんだでOSSとして日々進化し、一般に認知され、商用で利用されるようになる、こともならないこともあります。実際に利用するかというとそうでもないことが多いでしょうが、エンジニアとしては知名度が上がってきた時点で概要くらいは理解しておきたいところです。

システムを利用するということは、通常は目的があり、それを実現するということです。よく言われる、「手段が目的になってはならない」という言葉はまさにそのとおりなのですが、こと最新技術に限ってはそうとも言い切れません。あまりに新しい内容の場合、それを利用するための目的が組織内に存在しないからです。そのため、この場合に限り、新システムがどのような意図で開発されたのかを知り、それを利用することで有益になるかどうかを検討することになります。

新しいシステムなので、大量のドキュメントを読み込んだり、構築と運用に四苦八苦したり、バグに悩まされることはお約束になりますが、その苦労によって業務効率が向上したり、他社より一歩先に進めるかもしれないということが最もわかりやすいメリットでしょう。

そういった「直接的に利益になる」と見込めた場合に取り組み始める、というのが安定的な理想ですが、なにせ新しいので、役に立つこともあれば、役に立たないどころか途中で頓挫する可能性もあります。技術的観点を含めてリスクとリターンを判断するのは難しく、始めてみるかどうかは組織文化によるところが大きいかもしれません。

ただ、広い目でみると、直接的な利益以外にも十分なメリットがあるため、取り組む機会をかんたんに捨てるのはもったいありません。最新技術を取り入れることで、担当エンジニアの技術力とモチベーションが向上することはまちがいなく、またその活動を対外的にアピールすることで外部とのコミュニケーションや人事的露出をする良い機会にになります。

取り組む際に1つ気をつけたいことは、タイミングです。あまりに出始めのころは機能不足やバグによって利用するのがままならないことがあります。逆に枯れ始めたころだと、パブリッククラウドなどで商用として提供されることが多く、その場合はカネと時間と人的リソースを総合的に考慮すると外部サービスを利用するほうが優位になっているでしょう。

新技術に取り組む文化、エンジニアの空きリソース、時代といった条件がピタリと合った時にようやく取り組めるため、敷居は高いといえるでしょう。その分、成否に関わらず十分なリターンもあるので、常に前向きに情報収集をしていきたいものです。

仮想環境

最も賑い、最も一般化された技術が、仮想環境でしょう。PC上ではVMware、Linux上ではKVMやXenを使ってインスタンスを扱うところから始まり、単体ではなく複数のインスタンスを扱うためのクラウド基盤ソフトウェアであるOpenStackやCloudStackが登場、そしてVirtualBox、Vagrant、Dockerといった仮想化システムによってよりかんたんにインスタンスを扱えるようになりました。

個人のPCで起動するような仮想環境は便利ですが、チームでの開発やテストサーバー用途においては十分ではなく、やはり24時間稼働するサーバーとして作成するほうが効率が高くなります。では、そういったサーバーをどこに作るかですが、パブリッククラウドに開発に十分な最小インスタンスで作ったとしても1インスタンスあたり月額数千円かかるので、数十人、数百人というエンジニアが1人1つ起ち上げただけでけっこうな支出となってしまいます。

その解決手段の1つとして、クラウド基盤ソフトウェアを用います。サーバーの置き場所は、できればデータセンターが理想ですが、社内でも運用できなくはなく、数台で数百人の環境を賄うことができます。

たとえば、1インスタンスあたり必要なリソースとして、必須なものがメモリ2GB以上、多いほどうれしいストレージは20GB以上、CPUはテスト環境ならば高負荷にならないため性能が低くてもOKとします。

そして、基盤サーバーのスペックを以下にして、70～80万円といったところでしょうか。

- CPU → 4コア8スレッドを2つ
- メモリ → 256GB
- ストレージ → SATAのRAID10で4TB

この条件ならば、1台で最大120インスタンスを起動でき、平均30GBのストレージを割り当て、CPU処理にも不都合がない環境を構築できることになります。

仮に、1台80万円で100インスタンスとしたら、1台あたり8,000円で半永久的に利用できるため、クラウドと比較すると2～3ヶ月で元は取れることになります。また、サーバーは複数台で動かすことが前提のシステムなので、ノードを追加するだけで上限を増やすことができ、10台用意したら1,000インスタンスを賄うことができます。

1台にあまり載せすぎてもダウン時のリスクが高くなりますが、どれだけ起動と削除を繰り返しても無料となれば、テスト環境を多く欲するエンジニアたちが気楽に開発することができますし、一般エンジニアがインフラエンジニアに「サーバーをください」とお願いする機会もゼロになり、いいことずくめです。

ただ、クラウド基盤ソフトウェアは扱いの難易度が非常に高いため、初めは構築完了まで時間を要し、うまく設計しないと運用で放置することができないでしょう。それさえ乗り越えれば、構築したエンジニアの成長と、組織全体への大きな貢献となることでしょう。

さらに突き進むと、基盤ソフトウェアを商用環境としてB to Bで使ってもらうことが考えられますが、実際に事例はあれど、望む機能に仕上げるには改良と運用がかなり大変なようです。たとえそれに挑戦するとしても、社内のプライベート環境として提供できなくてはビジネスで使えるわけもないので、社内テスト環境として取り組んでみることから始めるといいでしょう。

ビッグデータ

仮想環境と並ぶ2大バズワードのもう1つが、「ビッグデータ」です。ここでは、ビッグなデータを使って分析をするための基盤システムのことを指します。

ひと口に「分析」といっても、必要なシステムは並ではありません。

- 末端サーバーからデータを送受信する仕組み
- 大容量データを保存するシステム
- データを使って高速に分析処理をする仕組み
- 分析結果を閲覧する仕組み

などです。これらから推測できるかもしれませんが、ビッグデータとは大きな1つのシステムではなく、複数のシステムが連動して1つのシステムとなります。ミドルウェアを1つインストールして「ハイ、できました」というタイプの代物ではありません。

まずデータの送受信は、ストリーム形式で、可能な限りリアルタイムに行われることが求められます。最終分析結果は10分や1時間という単位で確認できることが要望の1つになるからであり、また送受信の仕組みとしてもデータをあまり多く溜めてから送るのは効率的ではないためです。手段はいろいろありますが、最近では「Fluentd」がよく利用され、自身でプラグインを書くことも含めれば、たいていの目的を果たすことができます。

データの保存は分散ファイルシステムで行うことが多く、「HDFS」

(Hadoop Distributed File System) が最も使われるDFSの1つです。複数のサーバーを1つのファイルシステムとして扱え、1つのデータを3つ以上のサーバーにコピーすることで、データの信頼性確保と分析処理の高速化を実現してくれます。必要なストレージ容量やCPUリソースが少なめならば、大容量のSSD／NAND型フラッシュメモリをストレージとすることもあるでしょう。要件を満たせれば、分散しないほうが運用がかんたんなため、十分選択肢になりえます。

分析処理の方法はいろいろ考えられますが、複数のサーバーで1つの処理を行うことで処理の高速化を見込める手段が基本となり、その仕組みの代表例が「MapReduce」となります。そして、素のMapReduceはコーディングの難易度が高いため、実際には扱いやすく実現した「Apache Hive」がよく利用されます。SQLと似たような方法で、スキーマを定義し、クエリを実行することでHDFSから情報を取り出し、結果をアウトプットしてくれます。

コンポーネントはもっといろいろな選択肢があるのですが、とりわけMapReduceとHDFSをセットにして提供されているのが「Hadoop」であり、Hadoopとその周辺エコシステムをひっくるめて扱いやすくしてくれたのだ「CDH」(Cloudera's Distribution including Apache Hadoop) となります。

そして、肝心の分析結果が使いづらくてはすべてが水の泡なので、一番注力するところになります。分析処理で保存したデータを、取り出して目的にそって見やすく表示してくれればなんでもいいのですが、BI（ビジネスインテリジェンス）ツールが選択肢の1つになるでしょう。データの保存形式を整え、管理画面で編集するだけで最終結果を閲覧できるので、少々の金銭と引き換えに早く機能を手に入れることができます。しかし、ビッグデータの最終結果には細かい要望が出されることが多く、出来合いのBIツールでは対応しきれないかもしれません。その場合は、エンジニアのリソースと引き換えに、自分たちに合った内容で、自分たちにあった閲覧権限を設定できる自社ツールを作ることになります。

多種多様なシステムを研究して組み合わせる作業は、エンジニアにとって苦しくも至福のひとときなのですが、ビッグデータも仮想環境と同様、OSS

で四苦八苦しなくとも、すでに外部サービスが多く誕生しています。「Amazon Elastic MapReduce」（EMR）や「TreasureData」を使うことで、より早く、より良い結果を得られるでしょう。

用意する規模が大きく、変化が激しいシステムは、自前で運用するとある時期に差しかかった時に重い足かせとなりがちです。ビッグデータはすでにその時期を過ぎており、今から導入を検討するならば、出来合いのシステムを利用することが基本となります。自前でOSSを運用する選択は、よほどのメリットを望めなければ得るものよりも失うもののほうが大きくなる可能性が高いため、一度は業界の現状を知るために関連イベントに参加してから判断するといいでしょう。

リアルタイム通信

ゲームやチャットなどのシステムでは、ユーザー間またはユーザーとサーバー間でリアルタイムな情報伝達が必要になることがあります。HTTPでもがんばればできなくもないのですが、HTTPは接続の維持やプッシュ型の通信に適しているわけではなく、リアルタイム通信用に最適化されたミドルウェアを採用するのが普通です。

プロトコルとしてはWebSocketやMQTT（MQ Telemetry Transport）などがあり、どちらも特定のグループに所属したユーザー全員にメッセージを配布するのが基本的な目的となっています。どのプロトコルにするかは、アプリケーションが実現したい目的に沿って判断することが第一ですが、どちらでも実現できるとしたら、次はアプリケーションの作りやすさや安定度を天秤にかけることになります。

WebSocketはわりと枯れてきた技術なので情報は豊富ですが、ガチンコなJavaScriptを利用するため、“ミドルウェア”というよりは、アプリケーションよりの扱いになるかもしれません。node.jsなどはとても面白く、ライブラリの選択肢が多様ですが、その分、何が正解かわかりづらいほどに業界事情が混沌としています。

一方、MQTTはよくあるミドルウェアのように扱え、機能もシンプルに仕上げられているためか、豊富な選択肢があります。OSSから商用製品まであり、こちらも何を選べばいいかは難しいところですが、検証と変更の自由度からOSSを選ぶならば、「Mosquitto」「RabbitMQ」「Apache Apollo」と絞り込むことができます。一部機能が使えなくとも、パフォーマンスと安定面から、ほぼRabbitMQになることでしょう。

こういったミドルウェアを選択する時、大半はアプリケーションエンジニアの判断が重要になりますが、その判断の一角になれるよう、インフラエンジニアが冗長性や負荷分散のアーキテクチャを検討し、ベンチマークまで取ってあげると、非常に喜ばれます。それにより、いざ運用に入った時に「思ったよりパフォーマンスが出ない」「大量に同時接続した時に正常稼働してくれない」といった問題を未然に防ぐことができます。

サービスの開発陣が新しい試みをしようとしている時、率先してそういった検証を手伝ってあげるよう動いていくと、アットホームな組織になれるかもしれません。

支援ツール

最新技術だけではなく、最新ツールにも敏感になっておくべきなのがインフラエンジニアです。普段はミドルウェアをイジイジして基盤を提供しているわけですが、たまには自作することはあれど、基本は出来合いのミドルウェアを組み合わせてドヤ顔するだけのかんたんなお仕事であるわけです。「出来合いのシステムを扱わせたら天下一」のインフラエンジニアにかかれば、そんじょそこらのサービス用ソフトウェアをインストールして運用することは朝飯前です。ですので、そういったソフトウェアの面倒を引き受けたり、自ら試験環境を用意してお試ししてもらうといった活動を繰り広げるのも悪くありません。ここでは、ドリコムで実際に使われているツールについて、いくつか紹介します。

たとえば、「gyazo」というスクリーンショット画像の共有システムがあります。範囲を指定するだけで画像URLができるため、コミュニケーションツールでURLを貼りつけるだけで画像を共有することができ、「なければないで大丈夫だけど、あったらけっこう使われる」という便利ツールになります。社内で使うだけならば容量もそう多くは必要ないので、適当なインスタンスで十分に動かすことができます。

開発用途では、Gitを筆頭に、バグトラッキングシステムである「Redmine」、プロジェクト管理ツールの「JIRA」、rubygems.orgのミラーリングサーバー、メモ共有の「EtherPad」など、かなりたくさんのツールを導入し、実際に長く利用してもらっています。

出来合いのものだけではなく、一部のエンジニアによって、「ATND」のようなイベント開催支援ツールや、イントラブログといったツールが、趣味と開発の練習を兼ねて作成されていたりもします。

勝手に乱立しすぎるのはよくありませんが、活動内容を明確にしたうえでならば、こういったさまざまなツールを導入し、「良かったら使い続けて、悪かったらポイする」という活動は必ず良い結果を結びます。たまには気分転換も兼ねて、ガチンコのインフラ環境以外にも目を向けてみるといいでしょう。

Chapter 7

イベント(3) コスト削減

7-1 なぜ、コスト削減が発動されるのか

栄枯盛衰

どのような企業も、業績が盛り上がることもあれば、低迷することもあります。とりわけIT業界はその昇降幅が広く、2～3年で山と谷を行き来することもめずらしくありません。

だれしも、企業が良い方向に成長する時代に働きたいものであり、インフラエンジニアとしても新しい環境の構築や新しい技術に取り組み続けたいと思うでしょう。しかし、長年企業に所属していれば、大なり小なり良い時代と悪い時代を経験することになり、あまり楽しくない時期がきたときに転職などいろいろと考えることになるかもしれません。転職については人それぞれですが、多くの人がコロコロ転職せずに定着することを望んでいるはずです。

人生の選択なので何が正解かはわかりませんが、インフラエンジニアにとって苦しい時期にも残るのは、そう悪いことばかりではありません。インフラをやり始めのころにいきなり停滞期を経験するのはさすがに成長面で厳しいものがありますが、ある程度技術が身についた時期にコスト削減を経験することで、その後の新規構築などにおいて初めからコスパの良いアーキテクチャを提案し、運用できるようになるでしょう。

拡張の引き締め

企業の成長期には、細かい損得勘定よりも、スピードを重視してグイグイ突っ込むこともあります。インフラにおいては、今の時代は金で大半の課題

を解決できるため、細かいチューニングやリファクタリングよりもサーバーの増設や高スペックの選択、高価な製品を購入することで問題を解決することもあります。

そういった運用をしていくと、気づいたころにはインフラ費用が膨大に膨れ上がっていくことでしょう。サービスの売上に対し、インフラ費用の支出の割合が多くなっていくと、そのまま利益に大きく響きます。ざっくばらんに運用してきた期間にもっと引き締めておけば、何百万、もしかしたら何億もさらに利益を出せていたかもしれません。

「サービスは生き物だから」と、毎日のように引き締めるのも意味が薄いですが、あまり長いスパンになってしまうと、節約できた部分を逃してしまいます。サービスが変化する度合いによるところですが、1～3ヶ月スパンで余剰が出てきていないかチェックし、カットできるところをバンバンカットできる体勢と文化がモノを言うところになります。

···> 売上の低迷からくるシワ寄せ

企業が衰えていくとき、「予算に対して売上が足りない！」といった悲鳴が聞こえてきます。サービスの売上そのものはインフラ部署には直接的には関係ないところですが、間接的にシワ寄せがやってくることでしょう。それは「インフラ費用削減の申し出」です。仮にサービスの売上が予定以下になったとしても、下回ったぶんをインフラ費用を下げることでカバーできるからです。1,000万の売上で300万の利益が出るとしたら、インフラ費用300万の削減効果は売上1,000万に匹敵します。

このリクエストに対し、たるんでる時期が長ければ早々に大きく削減できますが、すでに十分な引き締めを行ったあとの場合、ない袖は振れません。それでも、なんとか雑巾を絞り切るように節約をすることも、また“技術”です。IT技術だけでなく、渉外技術も含めて磨かれることで、ひと皮むけたエンジニアになれるかもしれません。

7-2 余剰をカットするためのポイント

台数を削減する

費用削減で最初に取りかかりたいのは、サーバー台数の削減です。Webサーバーを2割減らせればWebサーバーの費用は2割削減できますし、DBサーバーは高スペックでしょうから1台あたりの削減効果は大きくなります。

どの部分を削減できるかは、まず監視グラフでCPU、ディスクIOPS、ネットワークトラフィックといった、クライアントからのリクエスト数に比例する項目を眺めて検討することになります。これらは、仮に台数を半分にするとしたら、残るサーバーへの負荷が単純に2倍になります。2倍になった時、ピークタイムにおけるリソースに十分な余力があるかを検討します。キャパシティの60%程度までなら許容範囲としても、80%になるならばさすがに減らしすぎなので、適切な最大値になるように台数を調整します。

ただし、それはあくまでも現状のグラフから判断したものです。実際にはもっと減らせるかもしれないし、足りなくなって速いレスポンスを返せなくなるという、最悪の事態になるかもしれません。なぜなら、そのサービスが今後どのように推移していくかは、グラフからは判断できないからです。減らした直後に広告を打つかもしれませんし、大幅に機能を改善してトラフィックが急激に盛り上がるかもしれません。

そのため、「グラフの具体的な数値」という根拠を元に、サービスの予定を把握したうえで、減らす台数を調整することが基本となります。減らすことができる現実的なラインを検討し、サービスの管理者に相談しましょう。その時、技術者に相談した場合は安定を好んで「多めに残したい」となり、プロジェクト管理者はサービスの今後を見据えられても台数を減らすリスクや手間には疎いかもしれません。

とにかく減らすことが目的ではなく、サービスの安定を保つことが前提です。金銭的メリットとインフラ的リスクの両方を理解し、バランスをとった結論を目指しましょう。そのために、サービスの必要な情報を得つつ検討するためにも、適切な関係者とコミュニケーションを取って進めることが、平和で効果的な計画とするための最重要ポイントとなります。

リソースを見直す

負荷分散されたサーバーは台数を減らすことで削減できますが、分散ではない用途の場合は、リソースの見直しを行います。CPUリソース、空きメモリ容量、ディスクIOPSなどを確認し、オーバースペックとなっている箇所があればそのリソースの減少を検討します。

これはオンプレミスでは難しいですが、クラウドならばかんたんにスペックを変更できます。たいていのクラウドは性能に比例して価格も上昇するので、スペックを半分にすることで費用も半分にできるため、実行できれば十分な効果を見込めます。

たとえば、CPU利用率が最大10%程度ならば、vCPUsを8から2に下げても最大40%になるだけなので、十分運用することができます。メモリは判断が難しいですが、起ち上げておくAPプロセスの数を減らせたり、「データ容量が当初の予定より少ない」といった判断材料から減らすことはできます。ディスクIOPSやディスク容量は、グラフを見ればキャパシティに対してあと何倍余裕があるかわかるので、過剰な分をカットします。

インスタンスのスペックは、CPUとメモリのように倍々でセットになっている数値と、ディスクIOPSのようにディスク容量に紐づけられていたり、固定で確保できるものなど、性質が異なります。1つの項目だけを見てスケールダウンするとほかのリソースが足りなくなる場合があるため、1つ1つ確認する必要があります。

オンプレミスでも、SSDやNAND型フラッシュメモリといった高価なパーツならば、「リソース過剰」と判断できたら安価なHDDに移すことで、かなりの費用を削減できます。「移す」といっても、同じ筐体で入れ替えるのは、作業的にもパーツの契約形態や購入物といった条件によっても難しいため、「別の安価なサーバーに移転させる」ということになります。空になった高価なサーバーは、新しいサービスに使うなり、時期がちょうどよければ解約してムダなく運用します。

‥⇒ 新しいプログラミング言語やフレームワークを選択する

Web／APもDBもKVSも、リソースを利用するのはアプリケーションです。アプリケーションの作りによってすべての負荷は変わりますし、APサーバーの負荷はプログラミング言語やフレームワークによって異なります。

そのため、組織として最初に選ぶメイン言語やフレームワークで、インフラにかかる負荷の基礎値が決まることになります。もし、新しい言語を選択する機会があるとしたら、開発効率や修得コストなどが第一の検討事項となるでしょうが、そもそも超重いことがわかっていたら、選択肢からは早々に外れるはずです。メインの検討事項において、同等の価値の選択肢が複数あるとしたら、速度が速いほうを選ぶほうが、将来サーバーの台数が増えた時に台数を少なくできることでしょう。

すでに運用中のシステムがある場合は、それなりに長い期間を運用してみて、「世間の平均的な規模に対して、サーバーの台数が多い」と認識できた時に改善を検討することになるかもしれません。「同規模の他社はAPサーバーが20台なのに、ウチは50台ある」とわかったら、改善の余地があることになるでしょう。

検討するとしたら、まずは同言語・同フレームワークにて、メジャーバージョンを上げるくらいの変更から考えます。「フレームワークはそもそも重い」と言われますが、言語はしばしば性能の向上をアピールしてくることがあり、言語の使い手ならばその知らせに注目するところです。

言語のバージョンを変更する、特にメジャーバージョンを変えるとなると、学習コストと既存コードの改修にそれなりの時間を要することを覚悟しなくてはいけません。そして、そもそもバージョンアップすることで速くなるのかもアプリケーションによるため、難しい判断となります。そうはいっても、ソフトウェアはどんどん更新されていくものなので、検証のうえ、ある程度速くなることが判明し、旧バージョンの利用期間が十分に長くなったならば、次なるバージョンへ変化する判断はどちらかというと正しいものとなるでしょう。速くなることも大事ですが、最新バージョンに追い付くことも、同じくらい重要だからです。

「そういったもろもろの理由づけの1つに、速度性能がある」という程度の位置づけになるかもしれませんが、検討項目としては絶対に考慮すべき効果をもつものとなります。

それがさらに突き抜けると、「ソイヤ！」で言語を変更するという判断もあり、それが速度を求めた結果であるという事例も、意外に多くあります。それによって2倍3倍と速くなって、サーバーの台数が半分以下になるとしたら、目的に対する判断は正しかったといえるでしょうが、この場合は開発と学習コストや全エンジニアの総意とモチベーションに関わってきます。まさに、1企業の歴史に1回あるかないかの大イベントになることまちがいなしです。

·:> 値引き交渉をする

インフラの費用は、おもに以下の2種類となります。

- グローバル回線やCDNがメインのネットワーク費用
- Web／APやDBサーバーといったサーバー費用

オンプレミスですべてを自前で購入して構築している場合は次回の購入までどうにもできませんが、データセンターのリース契約やパブリッククラウドならば中長期的契約で安価にできる場合があります。

多くの場合は変化球的な契約であり、一般に公開されている情報とは異なる内容であることがほとんどです。それを可能にするのが利用量であり、俗にいう「ボリュームディスカウント」となります。それ以外にも、出来立てほやほやの環境の場合に事例として紹介されることを条件にしたり、もっと政治的な交渉による条件交換の場合など、さまざまです。

「何台以上使うから安くしてよ、じゃないとほかに乗り換えるよ」と高飛車に言っても、何もいいことはありません。利用者としては常にもっと安い環境を求め、提供者としては十分な利益を確保したうえで使い続けてもらう——それを理解したうえで、せめぎあいにおいて良い落としどころをつけるのが"正しい値引き交渉"です。

そう頻繁に検討するようなことでもありませんが、時間が経過するほどに新しい環境ができては古い環境の価値が下がって余っては消えていくのが世間のインフラ事情なので、その変化に合わせて変化を求めることはそれほど悪いことではないでしょう。提供側としては、放っておいたほうが据え置き価格で儲かるものであるため、時折、静かな水面に石を投げてみると、心地よい波紋が返ってくるかもしれません。

column

AWSスポットインスタンスのリスクと費用高騰を回避するには

AWSでEC2を利用する場合、スポットインスタンスの存在を知り、適用できるか検討することが、費用削減の第一歩となります。スポットインスタンスは「費用を入札する」という一見わかりづらい仕組みですが、一度使ってみればすぐに仕組みは理解できます。

かんたんに説明すると、1時間あたりのインスタンス費用の上限を設定（入札）して、インスタンスを起動します。そして、変動するスポットインスタンスの価格が入札価格以下ならばその変動価格が実費となり、入札価格を超えると自動的にインスタンスが強制削除される、という仕組みです。

スポットインスタンスの価格は、オンデマンドに比べて最小で15%ほどと激安になるため、うまく使いこなせればEC2の費用が激減することになります。その代わり、変動価格は需要と供給によって変動する仕組みのため、同じRegion、同じAZ、同じインスタンスタイプをほかのだれかが一気に起動した場合に価格が高騰し、「最大でオンデマンドの10倍にまで跳ね上がる」というリスクがあります（スポットインスタンスの仕様はころころ変わるので、要所は問い合わせて確認してください）。

要は、激安になる代わりに、高騰した費用を払い続けるか、強制削除される、どちらかのリスクを背負う仕組みということです。

よくある使い方の1つは、ビッグデータの分析や動画処理などで一時的に大量のサーバーを起動し、処理が完了した後はすぐに削除するというものです。

Webシステムでは、一斉強制削除によるリソースの激減リスクを回避できる程度 —— たとえば、全体の40%をスポットインスタンスとして起動するといった方法もとられることがあります。

ドリコムでは、さらに一歩踏み込んで、全体の60～90%をスポットインスタンスにしつつ、リスクと費用高騰を回避する仕組みを取り入れています。この仕組みは、きちっとスポットインスタンスの仕組みを理解し、仕様の変化を追い続ける気がある人にしかオススメできませんが、参考にはなるはずなので紹介します。基本的には、以下の3つの工夫によって成り立っています。

- (1) AutoScalingGroupを4つ以上作成する
- (2) 入札価格を最大値に設定する（オンデマンドの10倍）
- (3) 変動価格が高騰したら、安全にシャットダウンする

それぞれ、細部を補足していきます。

1番目の工夫をするのは、スポットインスタンスの価格がAZごとに変動するので、価格変動に応じて3番目のようなAZごとの処理を入れるためです。グループは、たとえば以下のように2つのAZと2つのインスタンスタイプで作成します。

- 1a-c3.xlarge　・1c-c3.xlarge　・1a-c4.xlarge　・1c-c4.xlarge

価格変動グラフを見ていたらわかるのですが、c3が高騰する時は1aも1cも連動することが多いため、c4も併用することでリスク

を回避します。

2番目の工夫は、強制削除を免れるための青天井方式です。

そして、3番目の工夫によって、高価な費用を回避します。たとえば、変動価格がオンデマンドの1.5倍以上になった場合に、そのAZのインスタンスをすべて破棄します。「破棄する」といっても、LifeCycleHookを使えば、ELBから外したり、任意の処理が終わった後に安全に削除することができます。

4つグループがあるので、1つのグループがなくなってもほかの3つのグループの負荷が4/3倍になるだけで、たいしたリスクではありません。

細かい工夫としては、変動価格の履歴は1時間に数回～数十回も変わるため、1つの高騰履歴で判断するのではなく、直近1時間の平均を比較値としています。

また、もし入札価格を超えても2分以内に安全に削除すればユーザーに被害を出さずに済むため、強制削除が入ったことを知らせるメタデータを監視し、安全に分散対象から切り離す処理を入れています。

これらの仕組みによって、実際にすべてオンデマンドで扱うよりも費用を60～80%カットできています。これは、リザーブドインスタンスよりも倍前後のカット率となるため、「リザーブドインスタンスの取り扱うべき期間が長すぎる」と感じ、かつ工夫で費用削減を試みる気概があるなら良い方法でしょう。

こういった取り組みがAWSに嫌がられるかというと、そういうことはなく、「需要と供給で成り立っている仕組みなので、どんどん使ってくれ」というスタンスをとっています。もし取り組むのであれば、仕様が変わりがちであることと、AWS内での仕様の取り扱いがデリケートであることから、営業担当に直に相談して設計を始めるといいでしょう。

【参考】AWSスポットインスタンスの真髄

http://www.slideshare.net/GedowFather/gedow-style-aws-spot-instance

7-3 集中と選択

重要度で仕分けする

あらゆるサービスは衰えたくて衰えるわけではなく、競争なり時代なりの事情で衰退していくわけです。しかし、命が平等ではないのと同様、サービスも平等に扱っているわけにはいきません。ビジネスなので、儲かる事業は手厚く、儲からない事業は手薄にするのが基本です。これを表現するために、IT業界では「集中と選択」という言葉が好んで使われます。

「サービスごとに重要度が違う」という認識が組織に明確にあれば、インフラにおける対応もグッと変わります。重要度が高いサービスは、ジャブジャブとサーバーをぶっこむ……のではなく多めに投入しつつも節約しながら運用し、低いサービスはここぞとばかりにケチりとっていきます。そうすることで、インフラ部隊が見方によっては"鬼の削り隊"になってしまいますが、結果的には利益の減少を少しでも助ける一手となります。

「インフラがサービスを手厚く盛りたてる」といえば、台数を増やしたり、高スペックを投入することでかんたんに実現できますが、それに対して言い方は悪くも"死にかけのサービス"のクオリティ・オブ・ライフを適切に高く保ってあげるのは、増やすことよりも小細工と判断力が必要になります。

上り坂の数だけ下り坂があるように、リリースされたサービスの数だけクローズされるサービスがあるはずなのですが、なかなかクローズの話や機会にお目にかかれないのは、それだけ寿命が長いサービスが多いのでしょうか、それともドナドナ売られていくのでしょうか。もし、最期を見とってあげる機会があるとしたら、どのように扱ってあげられるかを考えていきましょう。

‥▷ 構成を共有化する

分散と冗長化がなされた構成を少しずつ縮めていくと、最終的にはすべての役割のサーバーが2台ずつになります。Web2台、DB2台、KVS2台、といった具合です。さらに削るとしたらスペックを落とすことになりますが、あまり下げ過ぎると動かなくなることも考えられるため、限度があります。

オンプレミスならば、最小台数のOS数をそのままに、ケチることができます。パブリッククラウドならばvCPUsで価格が比例しますが、オンプレミスならば1親ホストの中にいくらインスタンスを詰め込んでCPUリソースを共有させても、費用にヒットすることはありません。普段は2～4インスタンスしか起動しない構成でも、集約用ホストには4～16インスタンスを詰め込むようにすれば、費用は安くならなくとも、ほかのサーバーが空くため、新サービスに回すことで実質的な節約となります。

パブリッククラウドの場合は、インスタンス数がそのまま費用となってしまうため、2台ずつ計6台をさらに縮めるには、2台にすべての役割を詰め込むことになります。1台の中にWeb／DB／KVSを入れ、もう1台は分散と冗長化を兼任します。インスタンスのスペックには要注意ですが、アクセス数が激減してきたサービスならばおそらく十分であり、確実に費用を削減できます。

さらに、その2台を真の最小構成とした場合、1サービスの最小必要台数が2台ということになり、「閉じかけのサービスの数だけ、2台ずつ必要」ということになってしまいます。それでは本当にアクセス数が極小なサービスばかりの場合、リソースのムダが多く生じてしまいます。

そこで、さらに圧縮して、2台に複数のサービスを詰め込みます。アプリケーションは複数サービス分が稼働し、DBはデータベースを複数作成し、KVSはキーの重複がないように利用するのです。その2台をサービスの“終の棲家”と位置づけ、本当に終わりかけのサービスを集めることで、10サービスなら1/10、20サービスなら1/20に、“末期サーバー”の台数を減らすことができます。

これを的確に行うには、アプリケーションのスムーズな移行がなにより重要です。そのため、「いつの間にか、サービスを再構築できる担当者がいない」だとか「アプリを移動していいか判断できる人すらいない」ということがないよう、全サービスに最期まで責任者を付けておきましょう。また、そのような時にインフラエンジニアがパパっとやってしまえると、こういった組織が本腰を入れない部分を効率よく流せます。そういう意味でも、アプリケーションの仕組みと構築について理解していると、まさに“縁の下の力持ち”になれるといえます。

冗長性を破棄する

システムの中には、数時間程度ならば落ちてもほとんど影響がない部分が必ずあります。特に、社内の人間しか見ないシステムは、程度の差はあれど、「落ちても、アラートを見てから復旧すれば大丈夫」というものもあることでしょう。

最初は律儀に冗長化してきたシステムも、サービスの重要度がぐっと下がってから「じつは、そんなに可用性を保とうとしなくてもいいのでは」と気づくことがあります。そして、実際に片方のサーバーを落とし、「結局は残った1台もそうかんたんに障害にはならないし、落ちても1日以内に修復できれば大丈夫」と確認がとれていれば、結果として費用が半分になります。

インフラの考えとしては適していないのですが、「組織として、少しでも節約したい」という時には、このくらい泥臭い運用をすることもあるでしょう。「適してはいないけど、まぁほぼ大丈夫」という構成に収められることも、1つの“技術”といえます。

Chapter 8
求道者の心得

8-1 情報に向き合う

楽しく息を吸うように情報の収集、吸収、選別を行う

どのような職種でも、知識を広く深く持っていることは、ムダはあっても無意味ではありません。業務に必要な知識を中心に、周辺知識を肉付けしていくことは、必ずどこかで役に立つか、間接的に中核知識の補助をしてくれます。

インフラエンジニアという職種は、エンジニアの中でも広く、しかし浅くもなく、つまりは全般的に膨大な知識を必要とします。なぜなら、扱う基本領域がネットワーク、ハードウェア、OS、ミドルウェアとほぼ全体にわたり、時にはアプリケーションの仕様を理解したり、運用プログラムを書いたりもするからです。

情報を収集しても身につかなければ意味は薄いかもしれませんが、ことインフラエンジニアは守備範囲において1つ1つをほぼ完璧に理解しようとする必要も時間もありません。どこまで掘り下げるのか、切り捨てるのかを都度判断し、すぐに必要なものから、将来役に立つかもしれない程度までに、収集と理解を押さえましょう。

必須知識

たとえば、必須知識といえるものの1つに、ミドルウェアのドキュメントの類があります。ミドルウェアのドキュメントといえば、大半が設定項目の説明になっています。ミドルウェアによって、設定が少量でシンプルなものから、目眩がする量のものまで存在しますが、こういった設定は開発者がそのミドルウェアを適切に扱えるよう可変に切り出してくれているため、多く

は重要であり、ムダなものはありません。目眩がする量のテキストをすべて読み込む必要はありませんが、その設定項目と概要だけには必ず目を通し、全体の設定感覚をつかんでおく必要があります。そうすれば、仕様と設定、設定と設定の関係を理解しやすく、見逃しもなくなり、いざ稼働させるときの一発目の安定感やトラブルシューティングにおける対応力が段違いになります。

知っておいたほうがいい知識

次に、知っておいたほうがいい知識ですが、これは山ほどあることでしょう。Linuxのコマンドオプション、DNSやSSLの仕様、ハードウェアの仕組みなど、突き詰めたらキリがないものばかりです。「いつか役に立つかもしれない」というあいまいな重要度は、その範囲を急激に拡大し、そのくせ少し便利になるか、一生役に立たないか、という程度のものになるでしょう。しかし、それだけに、「知っておいたほうがいい知識の扱いが適切であるか否かが、エンジニアとしての技量の分かれ目になる」といっても過言ではありません。

切り捨てていい知識

そして、切り捨てていい知識は完全に人によるところですが、たとえば大半のエンジニアが恩恵を受けているにも関わらず、その詳細の多くを知る必要がないものに、Linuxカーネルがあります。いくら「自分が使っているものを理解したほうがいい」といっても、あの膨大なソースコードを読んでいては、あまりに時間がもったいありません。それより規模は小さくともミドルウェアも同様で、そもそも使い手が楽に使えるように作られているので、よほどのチューニングやトラブルで仕様を詳細に理解する必要がない限り、ソースコードには手を出さないことが正解です。

このように、どれだけ知っておけばいいか不明な部分を知りすぎようとしては本業が疎かになるかもしれませんし、触れなさすぎても技術力が向上しません。「適切な時間を使って、十分な量の知識を確保する」というのは非常に難しく、おそらく業務時間内だけで完結させることはできないでしょう。技量を得るためには必ず業務時間外も利用することになりますが、それを“ブラック”と呼ぶ人は、おそらくエンジニアという職業に向いていません。エンジニアという仕事は、スポーツや趣味と同じで、有効に費やした時間がそのまま技量のベースとなるからです。数ある職業の中でも、ITエンジニアという職業ほど趣味に近いものもありませんし、楽しく息を吸うように情報の収集、吸収、選別を行わなければなりません。人から求められてやるものでもありません。

情報収集の方法

情報収集の方法はさまざまありますが、「学習の高速道路」という言葉があるように、今や情報が溢れていて、検索で見つからない情報はほとんどありません。インフラの情報で難しいピンポイントなものも、海外の掲示板を覗けば、たいていはだれかが問題提起をしています。

情報は、収集することが目的になっては意味がありませんが、「収集するか、しないか」でいったら、収集しないと何も始まりません。ITエンジニアという領域の場合は、技術系サイトやはてなブックマークあたりを見れば業界の表面的な情報は日々かんたんに得ることができます。まずはいくつかの方法を試して自分にあったものを選び、多すぎず少なすぎない十分な量の情報に触れ続ける癖をつけるといいでしょう。

より専門的に深い情報は、ドキュメントや各種技術のフォーラムを見ることも重要ですが、ライトな方法としてTwitterやRSSリーダーを使って個々のエンジニアが発する情報に触れる手段があります。意識の高いエンジニアの情報を見ていれば、十分な検証や考察がなされているので、それを見れば自分で検証する手間が省けます。もちろん、その情報が真であるかを判断するのは自身になるので、その判断力を収集の過程で身につけることも肝心です。

⇢ 発信してこそ、エンジニアとして真の自信がつく

収集に比べて何倍も難しく、面倒くさいのが、発信です。しかし、発信することでしか得られないものが多くあるため、ぜひ取り組みたいところです。

クローズドとパブリックの違い

発信先は、以下の2種類に分けられます。

- コミュニケーショングループや社内といった、クローズドなプライベート環境
- 全世界が閲覧可能な、パブリック環境

どちらも、「他者へ情報を提供する」という観点では同じですが、効果はまったく異なります。

プライベートを選ぶ理由は2つあります。

- そもそも外部へ発信してはいけない、しないほうがいい情報の場合
- パブリックという大海原へ漕ぎだす前の準備運動

まだ情報の内容や精度に自信がない場合は、いったんクローズドな環境で発信し、限定的な人間から感想をもらってレベル上げをしたい人もいることでしょう。

パブリックとなると、メリットとデメリットがはっきり分かれます。まず、見てもらえる人数が多くなることから、もらえる反応の量や質が段違いに高くなるということです。その代わりに、モチベーションを下げてくる負の反応が増えたり、逆にまったく反応を得られない悲しみを感じることもあります。承認欲求を満たす最高の場である反面、満たせない、満たせるようになるまでの苦悩もなかなか厳しいものがある、両刃の剣といえます。

良い内容を出せば共感や関連情報を得られたり、良い疑問を投げかければ良い解決への糸口が見つけられます。逆に、ショボい内容や疑問を出してしまうと、識者やネット弁慶に総攻撃を食らうか、見てもらえすらしないという恐怖が待っています。それゆえに、なかなか発信、特にパブリックへの発信に取り組めないものですが、ハイリスクハイリターンだけに、メリットも大きいです。情報の精度が低い状態で出すことで何が起こるかを理解していれば、それゆえに情報の精度を高くしようと努力することになり、1人用にまとめる情報の何倍も良質な内容に磨き上げる効果があります。結果への筋道が通っており、理由となる情報が十分であり、第三者が見ても理解しやすい内容に仕上げられるようになっていきます。

発信する際に心がけるべきこと

パブリックでは企業のレピュテーション向上に貢献できることもあれば、逆に炎上するリスクもあります。「どのように発信すれば好感を得られるのか？」「どの程度までブッこんだら燃え上がるのか？」という感覚は、一度自分で発信し続けてみなくてはわからない部分もあります。

とはいえ、世の情報を見渡していれば、どのような情報が良く／悪く受け取られるかは理解できるはずです。基本としては、以下のことを心がけましょう。

- 特定の個人や組織やカテゴリに対して攻撃的にならないこと
- 負の側面を指摘するにしても、建設的な内容にすること
- 技術的側面においては、結果に対して理由の筋道が立っていること

あらゆる反応を冷静に受け止め、時には受け流す

どんな内容にしても、いろんな角度から見られれば、さまざまな指摘を受けることもありますし、話が違った方向へ飛躍することすらあります。発信において「最も重要」と言ってもいいこととしては、あらゆる反応を冷静に受け止め、時には受け流すということです。感想を得られれば「そう感じて

くれたのか」と受け止め、指摘を受ければその内容を精査しましょう。おふざけな突っ込みや、話の中核とは異なる重箱の隅をつつくような指摘は、笑ってスルーすればOKです。さまざまな種類の反応から、口調を除いた本当の意味や意図だけを抜き出し、発信した内容に影響を与える部分のみを受け止めます。そのうえで、訂正するべきならば訂正し、今後に役立つ情報ならば吸収してください。

発信の方法

情報発信の方法としては、テキストベースならばWiki、Blog、Git、TwitterほかSNS、BBSといったものがあります。こちらは「継続は力なり」となるため、「月に何回更新する」「特定の情報はアウトプットする」といった自分ルールを定めて、どんな内容でもいいから更新を続けることが大切です。日々お仕事をしていれば、書く内容などなんとでもなるはずです。

口頭ベースならば、勉強会や講義といったプレゼンテーション形式になり、飛躍的に難易度が上がります。見よう見まねでスライドを作成して「さぁ、やってみよう」では、必ずといっていいほど失敗します。決められた時間内で、スライドと口頭でわかりやすく人に伝えるのは非常に難しく、その難しさを味わうためにも、一度は挑戦してみるといいでしょう。初めての場合は、LT（ライトニングトーク）といった5分程度の発表から入るのがオススメです。

プレゼンはモロに個性が出るので、“正解”なんてものはありません。まずは良いプレゼンの仕方をググったり、さまざまなスライドを見るところから始めましょう。ただ、一般的なプレゼン情報は文系寄りであり、世の社長が行うようなプレゼンと、技術者が行うプレゼンはまったく異なります。できれば、実際に勉強会で他者の発表を見てみたほうがいいでしょう。技術情報の入手、プレゼン自体を勉強する姿勢、両方の視点で観るとなおよしです。

そのうえで、自身の性格や口調をふまえて、オリジナリティある発表にすることになります。ただ、正解はないといっても、基本は押さえなくてはいけません。スライドの構成、文字の大きさ、文字数、そして話し方などですが、イメージ的にはほぼすべてにおいて「大きく、ゆったり構成すべき」ということです。「細かく、速いプレゼンに良いプレゼンはない」と断言できます。

まずはテキストベースで伝えたいことを書き、目次を作ります。そして内容の詳細までテキストでまとめてから、スライドの作成に移ります。スライドには文字を詰め込みすぎず、足りない部分は口頭で話せるようにし、わかりやすい画像も取り入れましょう。そして、出来上がったスライドを使って、実際にプレゼンの練習を行い、時間にあわせて何度も調整してから、本番へ突入するのです。

情報の発信を継続し、少なくとも失敗ではない成功体験を得ることで、エンジニアとしての自信がつき、それが良い循環となってレベルが上っていくはずです。自信とは、他者に認められてこそのものです。内にこもって得るだけの“受けのエンジニア”から、外に伝える“攻めのエンジニア”に切り替えて、ひと皮むけた技術者を目指しましょう。

⋯▶ 英語を「読む」のは必須

英語には「読む」「書く」「聞く」「話す」とありますが、この中でエンジニアに必須なのは読むことです。なぜなら、一部のドキュメントや最新技術の話題はすべて英語で書かれているからです。日本人が関与している技術は日本語の情報も多いですが、それでも利用者が世界に拡散された技術は結局は情報の主体が英語になっていきます。

インフラエンジニアとしては、扱うミドルウェアの仕様を知るためにドキュメントを読み込む必要があるので、よほどメジャーなモノでない限り、すべて英語で読むことになります。ほかにも、トラブルシューティングにおいて限定的な条件を解決する情報の多くは英語圏のBBSにあるため、読めることで解決のスピードが段違いに上がります。

「読む」といっても、完璧に読める必要も、速く読める必要もありません。翻訳サイトや辞書サイトを使いつつ読めれば十分です。BBSも、なんとなく上から下まで眺めてみて、「最後にThank youがあれば解決したっぽいから、上から読んでみよう」という程度でも十分です。技術情報に限って言えば、読む英文の種類や書き方はだいたい同じなので、何度も読んでいればざっくばらんに読み取れるようになりますし、自身の問題を解決できないのであれば必死になって読めるようになっていきます。

書くほうは、ソースコードのコメントやプログラミングに使ったり、メールで書くことはあれど、読むほうに比べたら機会はかなり少ないです。直接会話することもできたほうが当然いいのですが、話す機会があるエンジニアはごく一部でしょう。

「読む」「書く」「聞く」「話す」をどこまでがんばるかは環境次第ですが、「読む」はエンジニアにとって必須事項と断言できるので、積極的に力を入れていきたいところです。

8-2 経験を積む

運用して改善し、また新規構築をしては運用改善をする

インフラエンジニアのメインのお仕事はアーキテクチャの考案やミドルウェアの構築……かと思いきや、その8割方が、以下のようなサービスの提供開始後の運用に関わるものとなります。

- サーバーの増設や移行
- 監視やバックアップ
- 各種データの管理
- トラブルシューティング

運用期は、予定どおりの作業もあれば、想定外の出来事への対応もあり、テキパキとこなしていかなくては仕事が回りません。そのため、運用期には運用前には考えてもいなかった箇所の運用手順や構成の改善点を探し出し、適用することで、徐々に手間暇をかけないでいいようにしていきます。それにより、次なる構築においては最初からその改善を盛り込めるため、「運用することで、基礎技術力がついていく」ということになります。

トラブルシューティングでは、その多くがその場での即時対応を求められるため、原因や改善点を思いつく"思考の瞬発力"が必要になります。また、それを安全に検証して、安全に適用する、精度の高い作業が重要になります。普段ASAPといっても、数時間・数日単位の話であり、数分・数十分単位での速さと精度が必要な作業とはまったく異なります。思考の瞬発力がつき、「どのようなポイントが重要になりやすいか？」という感覚が身につくことで、やはり最初の構築において事前に事故を防ぐ基礎技術力となります。

チューニングやリファクタリングにおいては、ミドルウェアの設定やアプリケーションの作りを改善することで、サービスの軽量化を目指します。1つ1つ改善案を提案し、1つ1つ適用しながら負荷を監視していると、何がどれくらい効果があるかを理解していくことができます。改善点の種類を多く知るほどに、リリース前の非効率的な部分に気づくことができるため、事前に品質を向上させる力が身についていきます。

すべてを安全に構築し、すべてを安定して運用することが理想ですが、それだと構築後はおまんまの食い上げになってしまいます。だからというわけではないですが、リソースにはキャパシティが存在し、バグのない完璧なソフトウェアが存在しない以上、「保守」という仕事をするエンジニアが必ず必要になります。

しかし、保守エンジニアとして生きるだけではつまらないので、研究や新規構築も手がけることでモチベーションを保つことも大切です。そうするためには、保守にかける時間を少しでも減らせるよう工夫し、それ以外のことに時間を割くことになります。

つまり、新しいことだけをやっていても基礎的な部分を改良する力が付きませんし、運用だけやっていてもエンジニアとして先がありません。新規構築をし、運用して改善し、また新規構築をしては運用改善をする —— どちらかに偏ることのないよう、工夫によって時間を作り、サイクルを回すことが、効率のいい経験値稼ぎです。そして、その技術力と多岐にわたる仕事は、結果的に組織への大きな貢献や、転職活動時のアピールポイントとなります。

インフラエンジニアを育成する

「人を育てる、教える」という行為もアウトプットの一種で、自身の成長につながります。エンジニアとして生き続けていれば、いつかは先輩エンジニアや上級エンジニアとして手がける役割となるところです。テキストベースやプレゼン形式とはまた違った、マンツーマンやそれに近い形式では、コミュニケーションや信頼が重要になります。

同じITエンジニアでも、インフラエンジニアの育成はアプリケーションエンジニアの育成とは異なり、大人数での開発技術やコーディングセンスはあまり求められません。インフラでは、目的とする機能を実現するために必要な知識を得ることがメインであり、「チーム」という概念は薄く、個人技の側面が強いです。DNSやルーティングといったネットワークの基礎知識から始まり、ハードウェアの知識、ミドルウェアの扱い方、そして可用性や分散性というアーキテクチャに必要な条件、運用スキルや費用計算に至るまで、本書で紹介してきた技術を幅広く教えることになります。また、自身で深堀りする手癖もつけてあげることになります。

インフラエンジニアは1人や2人でやりくりしている場合も少なくないと思いますが、1人でやっていると、本当はやるべき整理を怠ったり、思考の選択肢があまり広がらなかったり、なにより人事的なSPOFになってしまうのでよくありません。

「教えることは、再度自分でも理解し直すことである」というのはよく聞く話ですが、似た業務範囲で自分以外のエンジニアが近くに存在するということは、1人とはまったく異なる効果を発揮します。情報が整理できる、思わぬアイデアに出会える、風邪をひいても大丈夫 —— そういったメリットを感じることができるはずです。

いつか行うであろう育成も、ぶっつけ本番で始めるのではなく、育成してもらう人にも、育成する人にも、そして組織にも、すべてに有効な取り組みとなるよう、効果的な育成にするための計画を事前に練っておくことが望ましいです。

8-3 組織と付き合う

成長できる環境を選択する

お金という条件を除いて、「インフラエンジニアとしての成長」を一番の目的に掲げるとしたら、それに最も必要なのは企業の知名度でもサービスの大規模トラフィックでもありません。「1つの組織」「1つのサービス」という広い責任範囲をもつことが、最も個人の成長を促してくれます。

もちろん、高トラフィックを捌く技術は大変貴重なものですが、そういう技術があるということは、ある程度アーキテクチャは完成しており、「既存のものを学ぶ」というスタイルになるでしょう。それはそれで"効率のいい学び"とも受け取れますが、1年かけてすでに9.0の技術が9.2になる様を見たり関わったりするのと、0.0から8.0にするのとでは、当然ゼロから練り上げる経験のほうが圧倒的に効果があります。

特定の部分の運用とちょっとした改善を繰り返すよりも、全般的に構築と改善をひたすら繰り返す地獄のような日々が、技術的にも精神的にもタフなエンジニアを作り上げてくれます。運用自体は必須業務でありますが、運用と構築どちらが重要かといえば、構築です。規模にあわせて、さまざまな構築ができるいわゆる"フルスタック的なエンジニア"が市場で強いのはまちがいありません。

それゆえに、ベンチャーやスタートアップといった組織にジョインするのが、最もてっとり早い成長の手段です。しかしその場合は、会社がなくなるリスクもさることながら、そもそもインフラエンジニアとしてではなく、アプリケーションも含めたフルフルスタックとして仕事をすることになるでしょうから、「インフラがやりたくて入る」というよりは、「徐々に人が増えていく中で、インフラ方面に業務を寄せていき、ジョブチェンジする」という形になるでしょう。

人生のリスクを低くするならば大企業に入ることですが、「すでに完成されている環境に入ることが、はたして成長を促してくれるのか？」はたまた「希望の部署に配属されるのか？」という観点で言えば、これまた目的に対してはリスクとなります。最近は、子会社などに切り出してスタートアップを起ち上げる企業も増えています。そういった試みが多くされており、配属される可能性を自力で高くできそうならば、非常に魅力的となるでしょう。

自身の成長に合わせて組織の規模も成長することがベストな環境といえますが、新卒などの場合はビジネス的にはほぼゼロな状態なため、その既存環境はほぼ望めなく、「学生同士で起業する」くらいの勢いが必要になるでしょう。転職の場合は、多少なりともついた技術力をもって、「スタートアップ」とまではいかなくとも、少し成長済みの小企業へいくことは難しくなく、昨今では起業することもめずらしくありません。

お金という人生の直接的なリスクヘッジと成長速度の両立はなかなか難しいものになります。どちらを優先するかは個々の生き様によるところですが、成長速度が速く、成長機会を多く与えられるのは、まちがいなく若い時代です。最初の数年で血反吐を吐くほどがんばって、いつでも転職できるくらいに仕上げてしまうのが、長期的に見ても安定的ではないでしょうか。そのためにも、企業の選択、そして企業の見限りこそ早く適確に行い、環境を利用してひたすら成果と技術力を残す姿勢でいきたいものです。

キャリアプランを意識してエンジニアとしてのレベルも給料も上げていく

ITシステムはさまざまな役割が合わさって1つの組織やサービスとなるので、どこの役割が良いとか、劣っているかという話ではありません。それでも、同じようなコーディングや同じような運用だけをひたすら何十年と続けることを良しとはしないでしょう。今や、5年後10年後に企業がどうなっているかなどだれにも予想できませんし、同じことの繰り返しでは技術力が上がらず、給料の額面にも転職の可能性にも不安が残るはずです。

狭い業務範囲から抜け出す術がない組織で成長を望むならば、組織を抜け出すしかないですが、「キャリアプラン」「キャリアパス」という考え方が存在する組織ならば、それを有効活用したほうがいいでしょう。

上を目指すならば、基本的には、業務の影響範囲が広くなるか、高難易度な技術を手がけることになります。マネージャー、プレイングマネージャー、スペシャリスト、エバンジェリストといった類の職位・職種がそれにあたります。

自身の日々の努力で知識や技術力を上げることは一番大切ですが、それと同じくらい成長に関わる要素として、業務環境があります。そもそも、業務指示として以下のようなものがあれば、自然とそのための努力と思考をすることになり、別の領域の経験値を積むことができるからです。

- 部署全体を管理する
- 最先端技術を研究する
- 組織全体を改善する仕組みづくりや取り組みを行う
- 対外的なレピュテーション向上に取り組む

キャリアプランは他薦によるものが基本となりますが、自薦による挑戦ができる企業もあり、自身をより厳しい環境におくことで研鑽したい人にとっては素晴らしいシステムといえます。ただ、他薦が基本といっても、半年や1年ごとに行うであろう評価面談や目標設定などにおいて、「自分が今後どうありたいか？」という会話を積極的にできれば、挑戦の機会をもらうことはそう難しくないでしょう。

エンジニアの場合は、“出世”というよりは“ステップアップ”でしょうか。「技術力が上がったからこそできること」「歳をとったからこそできること」にどんどん挑戦して、エンジニアとしてのレベルもお給金も上げていく姿勢を保っていきましょう。

変化に対して「自分がやるべき業務とその価値が十分であるか?」を判断する

自身の成長と成功を願ってベンチャー企業から開始し、めでたくも企業がどんどん成長していくにつれて必ず起こる事象が、人事と環境の変化です。人は目まぐるしく入れ替わり、労働環境や労働条件も変わっていきます。

「起業するから」「技術力が追いつかないから」「事業がうまくいかないから」「音楽性が違うから」など、さまざまな理由により入退場が繰り返され、気づけば起業当初の顔は少数になっていることでしょう。また、人数が増えるにつれ、勤怠管理や社内ツールなどがいくらでも変化していき、時には気に食わない状態にもなるでしょう。

そういった変化において大切なのは、「自分がやるべき業務とその価値が十分であるか？」を判断することです。それが自身の成長や価値創出に値するものであれば、環境への少々の不満や「仲良しが辞めた」といった理由は微々たるものです。

そもそも、小さな企業が潰れずに大企業にまで成長できるかどうかは賭けですが、「自身が十分に成長していれば、その後はどうにでもなる」という信念があれば、大事なのは組織の状況ではなく、業務内容と、その成果を認めてくれる体勢であるはずです。「途中で潰れそう」「やるべきことがなくなった」「自分の仕事に価値がなくなった」と判断できれば離れる判断が必要ですが、そうでなければ「組織の成長に沿える」という貴重な機会を重要視し、自分がやるべきことをやり続けることが、成功の可能性を高めることでしょう。転職がしやすくなりすぎた時代だからこそ、現状を見極めつつ、成長機会を見逃さずに、粘り強く積み上げたいものです。

互いに良好な影響を与えられる人間関係を大切にする

個の成長の大半は、組織における業務そのものに必要な調査や作業によって得られますが、身をおく環境もかなりの影響を与えてくれます。それは「モニタがデカい」とか「椅子が高価」だとか「社食がついている」とか「福利厚生、万歳！」といったことではありません。「同僚の存在」です。

勉強でもスポーツでも趣味でも、同じチームのプレイヤーやライバルとなるプレイヤーが高レベルであればあるほど自身の能力も自然と向上しますが、それは仕事においても当てはまります。

ITエンジニアは、同じITエンジニアでも少しずつ得意分野が異なるので、意識の高いエンジニアがアウトプットしあうことで、苦手な分野や足りない考えを補い、成長させることができます。それは、日々収集する情報のURL共有からも感じることができますし、ソースコードやアーキテクチャといった成果物からは必ず学ぶべきところがあります。逆に、不十分だと感じれば、適切な指摘をしてあげることもできます。

人は、孤独な環境では切れ味の良い成果を出し続け、しかも楽しく取り組み続けるのが難しいようにできています。互いに良好な影響を与えられるエンジニアは、何ものにも代えがたい存在です。そのようなエンジニアが集う企業へ入ったり、勉強会へ足を運んだり、BlogやTwitterから知り合ったり——そういった人間関係を大切にすることを、エンジニア、特に若いころのエンジニアは忘れがちです。自身の成長だけに視野を狭くせずに、人と接する喜びも噛み締めつつ、健康に、元気に、エンジニア人生を送っていきましょう。

Appendix

インフラを支える基礎知識

⋯> OS

インフラエンジニアが扱うOSは、大きく分けるとUnix系とWindows系の2種類です。その中でもLinuxが多く扱われ、さらに絞り込むならばRedHat系が今も昔も主流です。ここでは、「どのOSを選択すべきか？」という話ではなく、インフラエンジニアにとってほぼ必須技術となるLinuxについて、どのような事柄について知っていくべきかを紹介していきます。

インストール

じつは、Linuxの重要知識の多くは、OSインストールのインターフェース上に集結しています。ネットワーク、ファイルシステムとパーティション、パッケージなどです。少なくとも、初心者が適切な内容でインストールを完了させることは難しく、それだけに「OSをキチンとインストールできる」と言い切れるようになるには、Linuxを十分に理解することが必要といえます。最近は、クラウドのイメージファイルからインスタンスを起動するため、インストール画面を見たことがないエンジニアも出てきているかもしれないので、軽く触れておくことにします。

OSをインストールするには、まず対象のOSのWebサイトからインストールの.isoイメージファイルをダウンロードしてきます。イメージファイルは1つのバージョンの中にも複数のファイルが用意されており、その分類は2つあります。

1つは、CPUの命令セットアーキテクチャの種類です。i386／amd64／ia64／sparcなど、CPUに合わせたインストールイメージが用意されているディストリビューションもあります。最も多く採用されているであろうインテルのCPUの場合、32ビット版ならi386、64ビット版ならamd64（x86_64）を選択することになります。

もう1つは、インストール方法です。これには、以下の2つの手法があります。

- 極小のイメージファイルを用いてインストール画面を起動し、大半のパッケージファイルはネットワーク越しにダウンロードする
- CDやDVDに必要なデータをすべて格納し、ネットワーク不要でインストールする

オススメはネットワークインストールです。理由は、インストールイメージが数百MBと小さいことと、ネットワーク接続ができない環境での作業は今の時代はほぼありえないからです。

以前は、.isoイメージファイルをCD／DVDに焼いて、内蔵 or 外付けドライブで読み込ませ、インストール画面を出すのが主流でした。しかし、リモートコントロール機能が標準装備となった今、ネットワーク越しに.isoイメージを仮想ドライブに認識させ、仮想ドライブでサーバーをブートするのがスマートです。

リモートコントロールでコンソールを表示した場合、モノによってはCUI（Character User Interface）／GUI（Graphical User Interface）どちらかがうまく操作できないといったことがありますが、よほどショボくなければ大丈夫なので、好きなほうを選択して進めていってください。

あとは、聞かれたことに対して入力していくだけなのですが、言語設定はまだしも、ネットワーク設定のDHCP or 手動の選択、DNSサーバーの入力などは、その環境のネットワーク事情を知らなくては判断できません。パーティションを切るページでは、手動にするとファイルシステムやディレクトリ構造、RAIDなどについて知らなくてはならず、かといって自動にしてLVM（Logical Volume Manager）となったままにするエンジニアが安定した本番運用に入れるかというと、怪しさ満点です。そして、パッケージ群の選択でも、サーバー用途ならいったんはほぼ最小限でいいものを、GUIやらプリンタやら全部入りにしていては目も当てられません。

少なくともネットワークさえつながれば、あとは適当に完了させても、SSHログインしてLinuxを味わうくらいはできるでしょうが、エンジニアリングで飯を食っていくにはほど遠いでしょう。「OSについて、どこまで深く潜るか？」はなりたいエンジニア像によって変わりますが、エンジニアとして生きていくために最低限必要な知識ですし、インフラエンジニアとして

はインストールの自動化やインスタンスイメージの作成で必須となります。触れ始めは、何度もインストールしてみるのも良い経験になります。

CUI

多くのOSにはGUIが付属しており、GUIだけでできる作業も多く存在しますが、ことサーバー用途となるとCUIの利用は欠かせません。というよりも、GUIなんてリソースのムダなので、必要ありません。CUIのほうが作業速度が圧倒的に速く、処理の自動化やスクリプト化に長けているからです。また、「GUIには特定の機能が搭載されていないけども、CUIには全機能が搭載されている」といったこともよくあります。ほかにもまだまだ、メリットはありますが、CUIに慣れること、ひいてはLinuxコマンドと使い方を覚えていくことは、エンジニア全般にとって必須となります。

Linuxコマンドはあまりに多すぎるため、ここでは1つ1つ紹介することはしません。初心者ならば、初心者用の本やWebページを見ながら実際に実行してみて、少しずつ手先になじませていくしかありません。中級者以上ならば、既知のコマンドは日々の運用や暇な時にでもmanコマンドやググってさらなる便利な使い方を覚えていき、さらに知らないコマンドの知識も収集し続けることになります。

Linuxでは、何らかの操作をしたいという1つの目的に対して、複数の手法が見つかることが多いです。たとえば、圧縮ファイルの中身を閲覧したい時、最初は

```
gzip -d TEST.txt.gz; less TEST.txt; gzip TEST.txt
```

と3コマンドになるかもしれません。そしてある時、

```
gzip -cd TEST.txt.gz
```

でファイルを変更せずに読み出せることを知り、いつしか

```
zcat TEST.txt.gz
```

というより短いコマンドで運用することでしょう。

こういった例は山ほどあり、経験の積み重ねでしか精度の向上と効率化がなされない代物ではありますが、大切なのはプログラミングなどほかのエンジニアリングと同様、「今思いついている手法に対して、常に十分であるか否か？」「よりスタイリッシュな方法があるのではないか？」と疑ってかかることです。

そして、特にインフラエンジニアならば、コマンドを単体で扱うだけではなく、Bashスクリプトとして扱えることが望ましいです。起動スクリプトを読んだり書いたり、手作業を自動化する場合に多用するからです。そして、Bashでは扱いづらい、複雑な処理やデータベース処理を必要とする場合は、Perl、Python、PHP、Rubyなどの軽量プログラミング言語を使うことになるため、1つは「得意」といえる言語をもっているべきです。

知識を詰め込む時間も大切ですが、それと同じかそれ以上に「手を動かして身につけていく」という姿勢が大切であり、最終的には全然手を動かさないでも運用できるシステムに仕上げることが目指すべき姿になります。

ハードウェアリソース

アプリケーションを動かすにはリソースが必要であり、リソースが足りなくなれば一部または全部の機能が停止してしまうため、リソースの使用状況を知る必要があります。OSのカーネルは、ハードウェアの各パーツのリソース抽象化と管理を行い、ソフトウェアが利用するための架け橋となっています。基本的には、リソースの使用状況は監視システムを利用して自動的に可視化／アラート通知を行う運用にしますが、OSをインストールした直後や緊急時などには今現在の状況をサラッと確認することも多いため、Linuxにおける確認方法を知っておきましょう。

CPU

まずCPUについてですが、CPUの型番や、物理CPUの数／コア数／スレッド数を知るには、/proc/cpuinfoを見ましょう。model nameで型番がわかりますし、processorの数でスレッド数がわかります。そして、インスタンスではなく物理サーバーならば、physical idやcore idの数値からその数を判断することができます。

CPUリソースの状況については、大雑把には「top」や「vmstat」コマンドで確認できます。プロセスごと、スレッドごとに細かく見たければ、「pidstat」や「mpstat」というコマンドをインストールすれば確認できます。

CPU利用率は、数値の表示が切り替わる間に、「1スレッドあたり、何%利用していたか？」というパーセンテージで表されます。1スレッドが10秒の間に2秒間だけフル稼働したとしたら、その10秒間の利用率は20%になりますし、そのフル稼働した2秒間だけをちょうど計測したら、利用率は100%になります。また、1スレッドあたり100%になるので、16スレッドあれば合計最大1,600%として扱われることもあれば、人間が見やすく1,600%÷16スレッドで100%換算することもあります。

topコマンドのデフォルトは5秒間隔ですし、グラフ化すると5分平均の値になったりするため、「何が重いか？」などの原因を調査する場合は、「top -d1」などで1秒間隔で目視確認、またはログ出力することが望ましいです。アプリケーションがリソース不足になった時は、第一にCPUリソースの安否を確認することになるので、いち早く正しく状況を把握する術が求められます。

メモリ

メモリを利用する際には、規格や性能を気にすることはなく、使用容量にのみ注視します。かんたんには「free」コマンドで見れ、細かくは/proc/meminfoで確認することができます。ほかにも、「top」や「vmstat」でも表示されますし、プロセスごとの消費量を見たければ「ps axuw」コマンドを実行してRSS列でKB単位で確認できます。

そこそこ利用するサーバーは、起動から少々の時間が経過すると、単純な空き容量を見た時にほぼゼロに近い容量になります。これは、/proc/meminfoにおけるInactiveな（動作していない）利用が原因となります。メモリを確保したものの、もう使っていなくてすぐに開放できる容量を表しており、これを正しく計算に入れないと猶予を見誤ることになります。

そして、メモリにはスワップ領域というものがあり、こちらの理解もかなり重要です。ほぼすべてのシステムは、CPUとメモリで大半のデータ処理を行い、たまにストレージを利用する程度なので、メモリが足りなくなると処理を続行できなくなります。そのため、万が一メモリが足りなくなった場合に、仮想メモリとして一部のストレージ容量を割り当てておけるようになっています。たとえば、4GBの実メモリと2GBのスワップ領域があれば、最大6GBまで使用できることになります。

とはいえ、スワップ領域を利用することはパフォーマンスにとって絶対悪なので、使うことのないように運用します。つまり、使われていないこと、増え続けていないことを確認する必要があるということです。確認は、freeや/proc/meminfo、topなど、同様の方法を使えば一緒に表示されます。

メモリも随分と安くなり、富豪的プログラミングを担う一角となっていますが、インフラエンジニアにとっては少々の理解と節約でサーバーの費用を削減できる重要な要素でもあります。自分が用意するインフラ上で動くアプリケーションが、どのように、どのくらいのメモリを扱うのかには、気を配っていきましょう。

ストレージ

ストレージといえば、容量です。物理ストレージとしては、「fdisk -l」コマンドで認識しているデバイスとその容量を確認できます。パーティションとしては、「df -Th」コマンドを使うことで、容量とファイルシステムなどを確認することができます。1つのパーティションのマウントディレクトリ内で何がどれだけ容量を食っているのかを見たい時は、「du」コマンドでディレクトリ単位で容量を表示することができます。ファイル単位の容量は、息を吸うように「ls -l」で確認します。

高負荷な運用をしていくと、ストレージは容量だけでなく、IOPS（Input/Output Per Second）が重要になってきます。IOPSとは、1秒間あたりのストレージからの読み込み回数とストレージへの書き込み回数を表します。IOPSを確認するには、「iostat」コマンドでデバイス単位で確認するのがかんたんです。また、/proc/diskstatsにも現在値が書かれているので、グラフ生成システムはここから値を取得することもあります。

あまり確認することが少ないもう1項目としては、Bandwidth（帯域幅）があります。1秒間あたりの読み込み容量をread KB/s、書き込み容量をwrite KB/sといった単位で表現します。「iotop」コマンドを使えば、プロセス単位でBandwidthなどを確認できます。

そして最後に、ハードウェアリソースではありませんが、パフォーマンス指標として非常に重要なiowaitという数値があります。おもにtopコマンドで確認できる％表記の値ですが、これはCPUからのI/O要求に対して、CPUがストレージからの応答を待っている時間を表しています。1秒間に10％ならば、「CPUが0.1秒間は何もせず、ストレージからのレスポンスを待っていた」ということになります。この数値は非常に重要なため、第6章にてくわしく取り扱っています。

このように、ストレージだけで容量／IOPS／Bandwidth／iowaitと見るものがいろいろあり、高品質を目指し、保つには、じつは難度が高めであることが想像できます。

ネットワーク

ネットワークリソースといえば、NIC（Network Interface Controller）とLANケーブルを行き来するパケットの転送状況です。その内容は、送受信それぞれにおけるバイト数／パケット数、そして破棄パケット数、エラーパケット数などが挙げられます。

これらの数値は、かんたんなところでは「ifconfig」コマンドで表示できますし、/proc/net/devや/sys/class/net/$INTERFACE/statistics/配下のファイルでも確認できます。しかし、これらは蓄積する数値のため、グラフ生成ツールが利用するところとなります。人間が秒換算で見るには、「iftop」や「ifstat」といったコマンドを利用することになります。ネットワークの利用状況をリアルタイムに確認することは、本番環境の、しかも危うい状況下ですることが多いでしょうが、知っておいて損はありません。

転送状況以外には、ネットワークのリンクアップ状況や認識速度を確認する場合があります。まれに、LANケーブルの不良などで、1Gbpsのはずが100Mbpsで認識されてしまうことがあるからです。その場合、「ethtool」や

「mii-tool」コマンドでステータスや認識速度を確認することができます。

column

SNMP

リソースの状況は手作業で確認することもありますが、多くは監視システムに取得させてグラフ化するのが基本です。監視データを取得する際に、どの数値をどの方法で取得すればいいかがバラバラでは、管理が大変になってしまいます。

そのため、SNMP（Simple Network Management Protocol）という監視プロトコルを用いて監視データを取得する方法が一般的です。サーバー上でsnmpdデーモンを起動しておけば、監視データ収集サーバー側からSNMPクライアントを使って問い合わせ、データを取得してもらうことができます。

SNMPのデータは、MIBツリーというデータ構造になっており、CPUやメモリなどさまざまなリソースデータやステータスが1つ1つのOIDごとに割り当てられています。OIDを指定することで、任意のデータを取得することができます。OID自体は数字とドットの羅列ですが、何がどこに割り当てられるかはRFCによって定められているため、慣れてしまえば「snmpwalk」コマンドで取得し、「sleep」コマンドと四則演算で任意の範囲の平均値などを算出することができます。

監視としてはポーリング型になるので、最近ではプッシュ型に押されがちですが、SNMPから取得できる大量のデータにはどのようなものがあるかを知っておいて損はありません。また、短期的な調査をしたい時に、5分間隔で更新するグラフの描画すら待ちたくない場合、ワンライナーコマンドを使って秒単位の情報を迅速に取り出すことができます。

snmpdデーモンとその設定、そしてsnmpクライアントが必要ですし、MIBツリーは慣れるまで使いづらいことこの上ないためお手軽とはいえませんが、廃れさせていくには惜しいシステムです。軽くでも触れておくといいでしょう。

パーティション

認識されたストレージデバイスは、そのまま利用することもできますが、分割して利用することもできます。分割することのメリットとして、「1つのストレージ内であるパーティションが破損したり容量オーバーになった際に、ほかのパーティションがその影響を受けない」というものがあります。たとえば、「/bootは起動するために大事だけど、性能は求められないから安定したファイルシステムにしよう」「/varは大容量のデータを保存するから、OS部分とは切り分けよう」といった具合です。ただ、分けた場合のデメリットとして、全体を1つのストレージとして使うよりも、確保する容量がどうしても小さくなるため、「分けないほうがより長期に運用できた」ということもありえます。

こういったメリット／デメリットはあるものの、今の時代はパーティションを切ることは少なくなっています。故障対策としてHDD単体ならば有効であった手法が、ミラーリングRAIDによる冗長化や、故障しづらいことが前提のSSD／NANDフラッシュによって、ストレージの耐久性が抜群に向上したためです。また、ストレージ単位だけではなく、サーバー単位でも可用性を担保するようになったり、仮想化技術によって「壊れたら丸ごと取り替えたらいい」という考えが有効になったことも一因となっています。

それゆえに、パーティション構成で悩むことはほぼありません。基本的には、ただ1つの/（ルート）パーティションとしてすべてを運用し、追加ストレージデバイスがあればそれも/dataなどで丸ごと使用します。SWAP領域については不要というスタンスもありえますし、必要ならばルートパーティションにSWAPファイルを置いて認識すればいいのです。

ただ、一般的なサーバーとしてはこれで十分ですが、ファイルサーバーなどの用途としては細かくパーティションを切ることはありえます。quotaを使わず明確に容量を切り分けたい場合は、LVMを元にパーティション数を増減することが望ましいかもしれません。また、IOPSなどのリソースを用途ごとに監視したい場合も、分けるほうがやりやすいでしょう。

基本的にはあまり意識しなくなったパーティションですが、求める機能によっては必要になってくるので、理解しておきたい一品です。

ファイルシステム

認識されたストレージデバイスやパーティションは/dev/sd*などにリストアップされますが、そのままだとストレージとして利用できないため、デバイスを任意のファイルシステムでフォーマットします。ここでいう「ファイルシステム」とは、ファイルデータを格納するためのディスクファイルシステムを指します。

ファイルシステムには多くの種類がありますが、Linuxにおいて今の時代に必要とするのは「ext4」と「XFS」くらいです。性質を細かく追えばさまざまな違いがあることがわかりますが、

- 標準的なシステムにはext4
- パフォーマンスを重視する場合や、SSD／NANDフラッシュにはXFS

という程度の判断基準で選択しても、実際の運用ではパフォーマンスや障害率などにほとんど影響を感じられないほど、非常に安定して動いてくれます。

フォーマットには、以下のようなパターンがあります。

- OSインストールの時点でファイルシステムを指定する場合
- 空の追加デバイスを「mkfs」コマンドで手動フォーマットする場合
- 仮想環境のインスタンスイメージとしてすでにフォーマットされている場合

フォーマットされたパーティションは、ディレクトリに対して「マウント(mount)」することで、ようやく日常のストレージとして利用することができます。マウントの際には、noatimeを始めとした有効なオプションがいく

つか存在します。設定ファイルである/etc/fstabには目を通しておくといいでしょう。

ファイルシステムはなくてはならない中核システムゆえに、ここに品質の向上を求めることはアリなのですが、逆の視点でいくと"クリティカルな部分"ともいえます。少々の性能向上と引き換えに不安定さや不安とメンテナンスリソースを割くくらいならば、最も標準的なext4の理解を深め、ミドルウェアやアプリケーションのチューニングにでも精を出したほうが利口でしょう。

IT技術としては、良い意味であまり深入りしなくてもいいように仕上がっているシステムではありますが、中核ゆえに、浅くても少しは理解しておくことをオススメします。ジャーナリングやinodeという仕組み、突然の電源断などによるディスク障害からの復旧手段、ほかのファイルシステムの機能などに触れておくと、新システムでの選択の幅やトラブルシューティングに強くなることができます。

ディレクトリ構造

Linuxを日常的に扱ううえで、「どんなデータが、どこにあって、どこに置くべきか？」というルールをあらかじめ知っておくことは、作業効率的にも整理整頓の正しさ的にも必要です。大きな分類としては、以下のようになっています。

- OSとしての基本システム → /（ルート）直下
- 標準的なミドルウェアやソフトウェア → /usr配下
- ローカルユーザーとして独自に利用するシステム → /usr/local配下

1つの道筋に潜っていく形なので少々わかりづらいですが、まずはシステムとしての立ち位置から分けられることを知っておくといいでしょう。

あとは、1つ1つのディレクトリ名がどのような意味を持っているのかを知れば、どの分類でも同様の扱いをするだけになります。boot、dev、bin、sbin、etc、lib、home、tmp、var、srcあたりがよく使われるディレクトリ名となるでしょう。ほかにも多くあるため、全容はサクッとググっていただくとして、この中でもわかりづらく知っておきたい性質について紹介しておきます。

bin／sbin

bin／sbinは実行コマンドを入れておくところですが、binは基本用、sbinはシステム用と分類されています。もっとわかりやすくいうと、sbinがrootユーザーが実行するための、binがそれ以外ということになり、それゆえ一般ユーザーの環境変数PATHには/sbinや/usr/sbinが含まれていません。

一方で、「ifconfig」「ip」「route」といったネットワーク系コマンドは一般ユーザーでも情報表示のために使うことが多く、わざわざ「/sbin/route」のように実行する必要があります。コマンドの所在は「type」「which」コマンドを使って探せますが、PATHの場所しか探してくれないため、sbinにあることを予測したり、パッケージのファイルリストから探すことも多いです。

etc

etcは設定ファイル置き場ですが、不思議なことに/usr/etcや/usr/local/etcを使うことがほとんどなく、ほぼすべての設定を/etcに置くことになります。/etcの中身はOS用からミドルウェア用まで混在していて非常にわかりづらく、バッドノウハウ的に知って慣れるしかありません。

SysVinit／Upstartの起動スクリプトはinit.dに実体があり、起動時の処理や起動順序の設定にはrc*が使われます。しかし、RedHat系のバージョン7からはsystemdが基本になり、今後のRedHat系では廃れていく可能性が高いです。

システムごとの設定は、/etc/example.confのように直下に置かれる場合と、/etc/example/main.confや/etc/example/conf.dのようにシステム単位でディレクトリを作成するものがあります。古いシステムや小規模なものは直下であることが多いですが、基本的にはディレクトリで分けたほうが管理しやすいです。自分でインストールしたり、パッケージを作る時は、ディレクトリでファイルを分けるようにしましょう。

ミドルウェアには、メインの設定以外に、起動スクリプトに読み込ませる設定が存在する場合があり、その設定ではそもそもの起動ON／OFFや、デーモンのオプション引数、環境変数の設定をする目的で置かれます。場所は、以下のようにディストリビューションによって異なります。

- RedHat系　→　/etc/sysconfig/
- Debian系　→　/etc/default/ 配下

ネットワークの設定も、以下のように置き場所が異なるほか、記述方法もまったく異なっています。

- RedHat系　→　/etc/sysconfig/network*
- Debian系　→　/etc/network/

Linuxでやれることにそう違いはないので、ディストリビューションごとの違いではこういった設定の置き場所の違いが一番やっかいです。しかし、前向きに捉えれば、「置き場所を知れば、ディストリビューションの違いは小さい」ともいえます。

どのようなOSを使うにしろ、設定置き場の名前と構造をなんとなくでも確認しておくことは、正しく適切な運用をするために重要です。Linuxに潜り始めのころは、「tree /etc/」コマンドでザッと雰囲気だけでもつかんでおくといいでしょう。

var

よく変更されるデータ、蓄積されるデータ、一時的なデータの置き場所がここになります。アプリケーションコードから始まり、キャッシュ、デーモン用ファイル、ログ、データベースなど、可変データ（variable data）ならばとにかくここに集約されます。

それゆえに、大容量のデータを扱う場合は/var以下に注意したり、/varでパーティションを大きく切ることが基本でした。しかし、最近の仮想環境を主体としたOSの扱いでは、1つの小さめな/（ルート）パーティションのインスタンスイメージとなっており、大きなデータ領域は追加ディスクという形で運用するため、/varを主体として使うことは少なくなってきました。

たいていは、/dataなどに追加ディスクをマウントして大きなデータを格納し、/varはOSの基本システムが扱う小さなデータを格納する程度になります。ミドルウェアによってはデフォルトで/varをデータディレクトリとして扱うため、たとえば/var/lib/mysqlディレクトリを避けて/var/lib/mysql→/data/mysqlへのシンボリックリンクにする（せざるをえない）ことがありますが、できるだけ設定ファイルでデータディレクトリのパスを直接指定する運用にすることが無難です。

tmp

一時的なデータを保存するディレクトリであり、以下の2箇所が用意されています。

- /tmp　→　OS起動時にすべて削除される
- /var/tmp　→　OS起動時に削除されない（ディストリビューションによっては、一定日数が経過すると削除されるようになっている）

どちらを使うかはその特徴にあわせるだけですが、/tmpに何万ファイルも蓄積し続けるシステムがある場合、「再起動した時、削除に時間がかかって、なかなかOSが起動してこない」といった現象に遭うこともあれば、単純にいつの間にかルートディレクトリの容量を圧迫しててんやわんやになることもあります。新システムを導入する際は、tmpの扱いに一度注意しておくといいでしょう。

パッケージとコンパイル

OSにミドルウェアやソフトウェア、ライブラリといった新しいシステムをインストールする方法は、パッケージによるものとコンパイルによるものの2種類があります。

パッケージとは、RedHat系でいえばYum（Yellowdog Updater Modified：ヤム）、Debian系でいえばAPT（Advanced Packaging Tool：アプト）がそれぞれにおけるパッケージ管理システムにあたります。パッケージ名を指定するだけで、インストールやアンインストール、バージョン管理が容易にできるため、基本的には極力すべてのシステムをパッケージ管理すべきです。

コンパイルとは、ソースコードの取得から解凍、configure、make、make installと実行することで、生成したファイル群を直接それぞれのディレクトリに保存する方法です。最近ではさまざまな環境で利用できる「CMake」を採用するシステムも増え、手順が多様化しつつあります。コンパイルするには、「GCC（GNU C Compiler）」を始めとした開発ツールや、システムごとの関連ライブラリが必要となります。

普段どちらを使うかというと、当然パッケージになります。コンパイルに比べて管理時間が圧倒的に短く済むからです。パッケージはディストリビューションごとに標準で用意されたモノでも十分にそろっていますが、標準的ではないものや、ミドルウェア開発者が用意してくれているものを含めれば、大半をパッケージでインストールすることができます。

しかし、新しいシステムを試したり、よりシステムの多機能と性能を求めた時に、既存のパッケージでは物足りない状況が必ず出てきます。「新しい便利なミドルウェアを全サーバーに導入したいけども、パッケージが存在しない」「暗号化や圧縮などの機能を使いたいけど、パッケージでは有効になっていない」はたまた「致命的なセキュリティホールが見つかったため、ゼロデイ攻撃を回避するために、全サーバーに一刻も早く配布したい」といったパターンもあるでしょう。

こうなると、自前でコンパイルするしかないことになりますが、1台程度ならまだしも、複数のサーバーにインストール／アップデートしたいとなると、全台で数分数十分のコンパイルを走らせるのは圧倒的な時間のムダになりますし、ファイル管理があいまいになってしまうため、自前でパッケージを作成することになります。

パッケージの作成にはコンパイル知識＋パッケージ知識が必要なので、ルールに従って綺麗に仕上げるのはそれなりに高度なテクニックとなります。さらに、できたパッケージを適当に配布するのではなく、パッケージサーバーで管理するとなると、そのサーバーの構築も必要になるため、即日ですべてを仕上げられるものではありません。

インフラエンジニアとしては、まずは「すべてをパッケージ管理する」というポリシーの下に運用することを決定し、なんでもいいので、自前パッケージを1つ、公式ルールに従って作成しましょう。そして、パッケージサーバーを構築してそこに保管し、クライアントサーバーがそのパッケージをインストールできるところまでを、早い段階で用意してしまうべきです。そうすれば、ソースコードごとに多少の違いはあれど、要望が発生した時には迅速に対応することができます。

自前パッケージの需要が多いのは、おそらく、社内でアプリケーションの開発に多く利用しているプログラミング言語のパッケージでしょう。プログラミング言語のコンパイルオプションは繊細なので、パッケージモノでは要求を満たせないことが多く、アプリケーションエンジニアから更新を求められることになるのです。その時に、「既存のパッケージでなんとかやりくりしてくれ」と返すのは、インフラエンジニア失格です。必要な物は迅速に用意してあげて、気持ちよく本業に取り組んでもらいましょう。

また、インフラエンジニアとしてミドルウェアを選定する際、パッケージ事情を1つの指標とすることもできます。パッケージの重要性は説明したとおりですが、もしミドルウェアの開発者がパッケージを軽視していたとしたら、その後の更新内容や頻度といった開発の品質に疑いをもってみてもいいでしょう。逆にいうと、パッケージが公開されており、多くのOSに対応していて、バージョンアップ時にはパッケージも同時に更新されるようなミドルウェアは、たいてい品質も高いものです。

つまり、社内でパッケージに気を使うということは、ほかのエンジニアからの信頼につながり、自身のエンジニアレベルにも関わってくる —— それくらいの重要度と捉え、早め早めに取り組む姿勢で過ごしていきましょう。

⇢ ネットワーク

ネットワーク機器

ネットワーク機器には触る機会が少ないため、L2／L3スイッチとなれば運用経験があるエンジニアは少ないことでしょう。しかし、家庭用のルーターならば、逆に多くのエンジニアが利用したことがあるはずです。基本的にはどれもコンピュータとコンピュータをつなぐための中継器にすぎないので、スイッチも難しく考える必要はありません。まずはネットワーク機の種類について軽く知っておきましょう。

L2スイッチは、その名のとおりレイヤー2を担当し、MACアドレスを扱います。MACアドレスとポート番号を紐づけ、パケットをどこに配送すればいいかを覚えてくれます。

L3スイッチはレイヤー3なので、MACアドレスに加えて、さらにIPアドレスも扱うことができ、より多機能になります。

ルーターはL3スイッチと基本機能は同じなのですが、スイッチがハードウェアで処理するところをソフトウェアで処理しているため速度的に劣ったり、ポート数が少なかったりと、家庭のような小規模で十分な性能に抑えられ、安価になっています。

余談となりますが、「リピータハブ」というものも存在していました。それが、時代が流れて「スイッチングハブ」が主流になりました。スイッチングハブは、MACアドレスが一度登録されてしまえば送信パケットは必要なポートからしか出て行きませんが、リピータハブは常に送信元以外の全ポートに垂れ流し、「該当する機器以外はレスポンスを返さないからOK！」という、今思えば恐ろしい仕組みでした。

ネットワークの構築自体は、必要な機能が使えればいいため、「ネットワーク機器でしかできない」ということはありません。その機能を実現するソフトウェアとデバイスがあれば、Linuxサーバーでも運用可能です。ただ、ネットワーク機のほうが性能やポート数、高等機能の搭載などの面で優れていることはまちがいなく、よほどのLinux好きでなければネットワーク機を選択するのが無難です。

インターネット接続

インターネットと接続するために必要な機能は、じつはWAN回線の種類によって決まります。

家庭用では、固定IPアドレス契約でなければDHCP機能が、固定ならばPPPoE認証機能が必要になり、これはルーターの得意とするところになります。家庭用でもビジネス用でも、ルーター機能なしにL2スイッチ直つなぎで利用できる回線もありますが、これはすでにIPアドレス帯域の割当が済んだ状態になっています。

多くのビジネス用は光回線なので、SFP（Small Form-Factor Pluggable）スロットを搭載した高価なスイッチと、SFPモジュール、そして光回線用のケーブルが必要になります。この中では、特に光ファイバーケーブルに注意が必要です。コネクタの種類はLC／SCなど何種類もあり、両端が同一のものと異なるものが存在します。さらに芯線数が1芯（単芯）、2芯、4芯……と通信方式によって必要な物が変わる、ややこしい規格になっています。

ネットワークを組む時、ここだけは回線ありきの話になります。回線のマニュアルをしっかり読むことはもちろん大切ですが、高価なため、用意すべきものが少しでもわからない時は、業者に質問してから準備にとりかかりましょう。

VLAN

あるコンピュータとコンピュータが確実に通信できないようにするためには、物理的にネットワークを分断する手法がかんたんに思いつくところですが、今の基本はVLANによって分断することです。

たとえば、L3スイッチ1台そのままではWANとLANを混在させることはできませんが、ポートVLANによって前半分のポートをWAN用、後ろ半分をLAN用としてVLANを切ることで、そこからカスケードされたL2スイッチはそれぞれの用途として利用することができます。

L2スイッチでは、リモートコントロール用のネットワークとプライベートネットワークの2つを用意したいとなった時、馬鹿正直にやると2台のL2スイッチが必要になります。これも、ポートVLANを用いれば1台で済ませることができ、スッキリします。

カスケードにより台数が増えた場合、ネットワークの種類が増えた場合は、タグVLANを利用することで、ポート数を節約しつつ、VLANを実現することができます。

MACアドレスとIPアドレス

MACアドレスとは、ネットワーク機器のハードウェアを識別するために付与されている、原則として世界で一意な物理アドレスです。最近では、仮想化によりMACアドレスも自由に割り当てられるようになってしまいましたが、「ある閉じたネットワーク内で一意である必要がある」ことに変わりはありません。

IPアドレスは、ソフトウェアに割り当てる、変更可能な論理アドレスです。人間がコンピューターを識別するためには、こちらを利用します。

ネットワークの動きをより理解するためには、レイヤー2のMACアドレスとレイヤー3のIPアドレスを切り分けて考える必要があります。

まず、MACアドレスを扱うL2スイッチでは何をしているかというと、MACアドレスとポート番号の紐づけ対応表であるMACアドレステーブルを用いて、送られてきたパケットについて「どこのMACアドレスに送ろうとしているのか？」「どこのポートへ送り出すべきか？」を判断して転送してくれます。

まだ何も通信をしていない状態のL2スイッチがあり、そのポートAに接続されたホストA／ポートBのホストB／ポートCのホストCがあるとしましょう。ホストAからホストBにパケットを送信する時、まずL2スイッチにパケットが届きます。L2スイッチは、パケットの内容からポートAにホストAが接続されていることを理解し、MACアドレステーブルにその紐づけをキャッシュします。

次に、L2スイッチがホストBに転送するために、どこのポートから送り出せばいいのかまだわからないため、ポートA以外のすべてのポートにパケットを送信します。この、送信元以外の全ポートへパケットを送ることを「フラッディング」といいます。フラッディングすると、各ホストはパケットの中身を見て、自身へ向けて送られたアドレスであると認識した場合に、レスポンスを返そうとします。これにより、ホストBだけがレスポンスすることで、L2スイッチはポートBの先がホストBであることを理解し、MACアドレステーブルにキャッシュします。そして、そのパケットの帰り道がポートAであることをすでに理解しているため、ポートAに返送されて、通信が完了します。

L2スイッチはホストAとホストBの居場所を知ったため、またホストAとホストBの間で通信が発生しても、今度はフラッディングせず、必要なポートへのみパケットが転送されます。これを「フィルタリング」といいます。L2スイッチにとって配送先が不明な最初の1回のみフラッディングされ、以降はムダなく処理されるということです。そして、MACアドレステーブルは、一定時間の通信がない情報を削除していきます。これを「エージング」といいます。

このL2の土台がある上で、L3のIPアドレスを利用します。IPアドレスはコンピュータノード同士が通信するためのアドレスであり、こちらもどのようにして通信まで至るかを知っておくと便利です。

IPアドレス自体はノードの位置を表すものではないため、送りたいIPアドレスを持っているノードのMACアドレスを知る必要があります。そのための手段が、ARP（Address Resolution Protocol）です。ARPを送信すると、ブロードキャストにより、カスケードされている同一ネットワークの全ノードに対してARPリクエストが送られ、そのIPアドレスを所持するノードのみがMACアドレスの情報をリプライしてくれます。

送信元のノードは、MACアドレス情報を受け取ると、自身のARPテーブルにIPアドレスとMACアドレスの対応表を記録します。それにより、次からはARPリクエストなしに、送りたいIPアドレスに対し、既知のMACアドレスを用いてパケットを送信できるというわけです。パケットの送り先にMACアドレスを書いておけば、L2スイッチが適切なポートへ配送してくれ、ようやく通信が成立することになります。

このように、普段はIPアドレスしか目に触れませんが、コンピュータの世界ではMACアドレスによって通信が成立していることがわかります。

まれに、ネットワークの構成や通信内容によっては、異常なフラッディングが発生することがあり、過剰なトラフィックによる全体のパフォーマンス低下を防ぐためにトラブルシューティングを行う必要が生じます。そのトラブルシューティングでは、トラフィックグラフの異常から、「どのラックの、どのスイッチポートとサーバーにおいてフラッディングが発生しているか？」を判断し、サーバー内でのパケットキャプチャによって「どの通信プロトコルが、どのような内容で発生しているか？」を調査していくことになります。その原因は、ネットワーク機の冗長化であったり、VRRP（Virtual Router Redundancy Protocol）を用いた特殊経路であったりとさまざまですが、このあたりの仕組みを少しでも知っておかないと着手すらできません。オンプレミス環境を運用する場合は必須の知識といえます。

ルーティング

ルーティングは、ネットワークにおける最も重要な要素の1つです。ルーティング情報自体は、IPアドレスを扱うシステムならば必ず持っている情報です。適当なLinuxサーバーで「/sbin/route」コマンドを実行すれば、自身が所持するIPアドレスと、デフォルトゲートウェイのルーティングを確認できるはずです。

ルーティング情報自体は、非常にかんたんなものです。そのコンピューターがパケットを送り出したいときに、「送信先（Destination）がこの範囲に当てはまるならば、このゲートウェイに転送を任せよう」というものです。ゲートウェイが「0.0.0.0」ならば、自身が所持するIPアドレスのネットワークなために、任せる必要はなく、自分で送り届けられることを意味しています。それ以外ならば、そのゲートウェイにお任せすることになります。

このようなルーティング情報は、通常のサーバーではあまり意識することはありません。自身の所持するIPアドレスのネットワークに接続されたサーバーと通信ができ、それ以外の —— おそらくインターネットへの通信はゲートウェイに任せる、という2つの通信ができれば十分だからです。

少々複雑な複数のネットワークを作ったり、ゲートウェイやVPNを自分で作成する場合に、ルーティングが重要になってきます。離れたコンピュータ同士を通信させるため、そして複雑なネットワークのために、ゲートウェイが複数となり、送り先によって任せるゲートウェイが変わるからです。

ルーティングには、大きく2つの種類があります。「スタティックルーティング」と「ダイナミックルーティング」です。

スタティックは、その名のとおり、一度設定すれば変化することがないものです。ネットワークの設定ファイルに直書きされたり、「route」コマンドでスクリプトに記述されたりします。

ダイナミックルーティングは、ネットワークの冗長化を図る時に利用します。ルーティングの性質上、「この送り先なら、このゲートウェイ」と1つのゲートウェイしか指定できないため、冗長化するならVIP（Virtual IP）かダイナミックルーティングを使うことになります。VPNなどでは、経路の都合上、VIPを利用するのは困難なため、ダイナミックルーティングを選択せざるをえないでしょう。

ダイナミックルーティングには、RIP（Routing Information Protocol）やOSPF（Open Shortest Path First）といったさまざまなプロトコルがあります。ネットワーク機を、コチラ側に2台、アチラ側に2台、計4台の冗長構成を組む時などに、「平時はこの経路を使う」「1台落ちたら、自動的に違う経路に切り替える」「リカバリしたら、自動的に切り戻すか、そのままにするかを選択する」といった可用性を実現することができます。

スパニングツリー

ダイナミックルーティングを用いてネットワークを冗長化すると、ネットワーク機が複数台になり、すべてのネットワーク機同士がケーブルで接続された、たすきがけの状態になります。ネットワーク機には、「ツリー構造にして、ループ構造になってはならない」というルールがあります。パケットの永久ループによる障害を防ぐためです。

たとえば、ARPなどのブロードキャストのパケットが飛んだとします。

前に説明したとおり、L2スイッチは送信元ポート以外のポートへフラッディングします。フラッディングされた先がまたL2スイッチの場合、またフラッディングされ、おそらくその先にはまたL2スイッチが恐怖しながら待ちかまえていることでしょう。このパケットのループによる障害を「ブロードキャストストーム」といいます。

ブロードキャストストームを防ぐために、スパニングツリープロトコルを利用して、物理的にはループ構造だけど、論理的にはツリー構造として扱わせる必要があります。スパニングツリーはL2で、ダイナミックルーティングはL3の話ですが、目的に対して同じ種類の仕組みであるため、扱う際には両方を理解することになります。

ストームコントロール

ネットワークにループ構造を作ると、ブロードキャストストームが発生し、ネットワーク機能は徐々に重くなり、まもなくほぼ落ちたも同然になります。「ループ構造」というと、ネットワーク機を3台以上使った三角形、四角形を思い浮かべるかもしれませんが、1台のL2スイッチで2つのポートをLANケーブルでつなぐだけでもループに該当します。

データセンターだと、初期構築時にループが起きる可能性はあれど、運用期にエンジニアが物理作業でループを作る可能性はほぼないでしょう。しかし、オフィスなどコンピュータの素人さんが多く生活する中では、片方が飛び出たLANケーブルを、お片づけの親切心から同スイッチの別ポートへ挿してしまうことはめずらしくありません。

どのような環境にしろ、一度障害が発生すると、その症状の重症さと意外な発見しづらさもあります。そこで、「ストームコントロール」という機能でパケットのループ配送を遮断するという対策を入れておくと、平和維持の手助けとなることでしょう。ストームコントロールをオンにしておけば、一定回数のループを検知した時点で該当のポートを閉じてくれます。

ただ、この機能が付属するスイッチはそこそこ高価なので、オフィスの末端用としては見合いません。そもそも、この障害は基本的に起きてはいけない類のモノなので、設計と運用で可能性を排除する心配りをしておきましょう。

リンクアグリゲーション

スイッチの2つのポートを1つのグループとし、物理的には2本のケーブルで接続するけども、論理的には1つの接続となる、「リンクアグリゲーション」という機能があります。これを利用すると、1本あたり1Gbpsの経路を、倍の2Gbpsで運用できることになり、さらに片方が故障しても1Gbpsで運用を続行できる可用性も担保できることになります。

ネットワーク機1台で行うリンクアグリゲーションもあれば、2台に1本ずつ接続するスタック機能を備えた上位機もあります。この機能はWANでは1Gpbsを超えたい時などに需要があるかもしれませんが、ただのプライベートネットワークを構築するうえでは、今の時代は10Gbpsを検討したほうがいいかもしれません。とはいえ、念のため押さえておいて損はない機能です。

フィルタリング

基本的なセキュリティの1つに、通信のフィルタリングがあります。たとえば、「WANからのリクエストにおいて、HTTPは通しても、SSHは通さない」「パケット転送を要求されても、いっさい通さない」といったものです。

フィルタリングが必要な理由は至ってかんたんで、内外問わず余計なリスクを開放しないようにするためです。ただのWebサーバーでも、HTTPポート以外にSSH、NTP、メール、syslogなどさまざまなデーモンが待ち受けポートを作っています。それらに対し、無関係なところからアクセスできてしまうと、総当たりを仕かけられたり、脆弱性を突かれて乗っ取られてしまうかもしれません。もちろん、1つ1つの機能が攻撃に対処済みであることも大切ですが、そもそも経路がふさがっているほうが安心です。

サーバー単体だけではなく、ネットワークとしても、フィルタリングを使います。あるネットワークとネットワークを分断するために、はたまたほかのネットワークにまちがって迷惑をかけないために、パケット転送の有効／

無効を制御します。

フィルタリングが必要なのは、ゲートウェイやグローバルアドレスを持ったサーバーなどです。プライベートアドレスだけのサーバーは、身内を除けば攻撃される心配はゼロに等しいため、ムダを省くためにも、フィルタリングを施さないことが多いです。

フィルタリングの種類については、iptablesのfilterテーブルについて調べると、パケットの分類を理解しやすくてオススメです。

まず、パケットの経路的な意味合いでのポリシーの種類は、以下の3つです。

・INPUT → あるサーバーが外部から受けて、そのサーバー内部で処理をすることになる通信
・OUTPUT → あるサーバーから外部に向けて送信される通信
・FORWARD → あるサーバーが外部から受けるけども、自身宛ではなく、ほかのサーバーへの転送を求められる通信（INPUTとは似て明確に異なる）

最も利用するポリシーがINPUTで、すべてを閉じた状態から最低限の機能を開放するために使います。OUTPUTは、通常は使われることはありません。なぜなら、自身が外部に送信する内容に悪意がこもっているはずがなく、またOUTPUT通信は多種にわたるため、1つ1つ吟味して制限する効果が限りなく少なく、手間がかかるだけだからです。FORWARDは、ゲートウェイやVPNなど、ほかのコンピュータからコンピュータへの通信の経路となるサーバーでのみ使うことになります。

ポリシーの次は、条件です。まずは、TCP、UDP、ICMPといったプロトコル。そして、送信元と送信先のIPアドレス範囲。さらに、送信元ポートと送信先のポート範囲といったところが基本となります。

まずは、すべてのポリシーの通信をDROPしておき、各ポリシーごとに開放条件をACCEPTしていくのが、基本的なフィルタリングとなります。iptablesの参考となるBashスクリプトは世の中にたくさんあるので、iptablesのマニュアルをいきなり読むよりは、スクリプトの上から順に意味を調べて

いくほうが、目的が見えて理解しやすいのでオススメです。

iptablesとルーティングの仕組みを理解し、「tcpdump」などのパケットキャプチャを使えるようになれば、あたりまえのことなのですが「すべての通信にはクライアントとサーバー、リクエストとレスポンスの関係が必ずあり、通信の内容には一定のルールがある」ということを強く意識できるようになっていきます。何がどこに行っているのかを確実に追えるようになることは、インフラエンジニアとしてあらゆる場面で役に立つため、必須の知識といえます。

ゲートウェイ

異なるネットワークに存在するコンピュータ同士が通信するために、通信の経路となって手助けするのが、ゲートウェイです。そして、異なるネットワークには不特定多数の通信が飛び交っているため、最低限の通信の通過のみを許可するセキュリティ面での役割もあります。

「ゲートウェイ」と聞くとたいそうな代物に聞こえるかもしれませんが、物理的に複数のネットワークに接続し、ほかのサーバーから送られてくるパケットの転送とフィルタリングをしているにすぎません。かんたんに体験するだけならば、1つだけネットワークインターフェースをもつ2台のサーバーがあれば十分にできるので、試しておくといいでしょう。

ゲートウェイ機では、以下を実行して、転送を許可します。

```
sysctl -w net.ipv4.ip_forward=1
```

クライアント機では、以下の2つを実行して、自分が知らないネットワークへの通信をテストゲートウェイに投げるように変更するだけです。

```
route del default gw [現行のデフォルトゲートウェイアドレス]
route add default gw [テスト用のゲートウェイアドレス]
```

準備が整ったら、ゲートウェイ機では以下のようにしてPingをキャプチャします。

```
tcpdump -i any -n icmp
```

そして、クライアントから適当に以下のようにPingを飛ばしてみましょう。

```
ping google.co.jp
```

すると、クライアントからゲートウェイ機を経由して往復するPingパケットを観測できるはずです。

ただ、これだとすべてのパケットを転送してしまい、セキュリティ上よろしくないため、実際にはiptablesでFORWARDパケットを制限していくことになります。実際には、再起動対策で「sysctlの設定は/etc/sysctl.confなどに書いておく」といった細かいことはありますが、これを拡張していくだけで立派なプライベートゲートウェイとなることができます。

そして、ゲートウェイにはもう1つ、「グローバルゲートウェイ」という分類があります。プライベートとの大きな違いは1つ。ゲートウェイ機がグローバルIPアドレスを所持し、プライベートネットワークのサーバーたちからWANに向かう通信の転送を請け負うという点です。グローバルアドレスを持たないプライベートなサーバーは、WANというネットワークを知らないため、直接送信することができず、グローバルゲートウェイに通信を託す必要があります。

グローバルゲートウェイを作る条件はたった2つです。

1つは、自身のOUTPUTパケットがWANと往復できること。つまり、自身の「ping google.co.jp」が成功すればOKということです。

もう1つは、パケットをNAT（Network Address Translation）してから送り出す必要があるということ。NATとは、グローバルゲートウェイから転送する前に、送信元アドレスをゲートウェイのグローバルアドレスに書き換えることです。これは、パケットの送信元アドレスが送信元サーバーのプライベートアドレスのままだと、相手が送り返してくれる時にプライベートアドレスへレスポンスすることになり、WANを通ってくることができないため必要になります。

NATにはいくつか方法がありますが、グローバルゲートウェイ用をiptablesで表現すると以下のようになります。

```
iptables -A FORWARD -m state --state RELATED,ESTABLISHED -j ACCEPT
iptables -A FORWARD -o ethX -j ACCEPT
iptables -t nat -A POSTROUTING -o ethX -j SNAT --to 1.2.3.4
```

これで、グローバルアドレスのインターフェースであるethXから出ていくパケットの送信元アドレスが「1.2.3.4」に変換されて出ていくことになり、復路のパケットは無条件で通過することになります。

これは、iptablesのNATテーブルの機能の1つであり、ほかにもさまざまな変換手段があります。「iptables -t nat」についても掘り下げておくと、楽しくなっていきます。

その他

ほかには、第2章2節「オフィスを構築する」で説明した無線LANやDHCP、ネットワーク機の管理機能といったところがあります。

管理機能は、GUIがついていたり、アラートやグラフなどの監視機能があったりと、インテリジェンス機には標準でついているものが多くあります。オフィスの末端程度ならばノンインテリジェンスの安価なスイッチで十分かもしれませんが、データセンター用やカスケード、ゲートウェイとなる部分はステータス監視ができるインテリジェンス機にするのがベターです。

どのような機能があるかは、機種によってけっこう異なります。実践的なネットワークに興味が出たときは、有名ベンダーのL3／L2インテリジェンススイッチのスペック表を見て、気になる機能を片っ端から調べていくのが、理解への近道となるでしょう。

·∙> DNS

ドメイン

DNS（Domain Name System）は、たとえば「www.example.com」という名前をもつシステムが、どのIPアドレスなのかを知るための仕組みです。ネットワーク上を通ってシステムにアクセスするにはIPアドレスが必要ですが、IPアドレスは人間には覚えづらいため、任意の文字列と関連づけることで、人間がシステムにアクセスしやすくなります。

この文字列のうち、「com」の部分をトップレベルドメインといい、各国のレジストラ（登録代行業者）が管理しています。co.jpとなると「jp」をトップレベルドメイン、「co」をセカンドレベルドメインと呼びます。ドメインを買う時には、数多くあるトップレベルドメインをベースの文字列として選択することになります。最近では「.tokyo」や「.black」など、地名ほかさまざまなカテゴリ名が増えてきており、「.rich」という数十万円するものまであるほどです。

任意の文字列を命名できるのは、この各国レジストラ管理のトップ〜セカンドレベルドメインの続きからになります。この例では「example」が任意の文字列となり、「example.com」をドメインと呼びます。実際に購入するのは、このドメインの文字列ということになります。

よく見る「www」の部分はサブドメインといい、全体の「www.example.com」をFQDN（Fully Qualified Domain Name）といいます。よく、このFQDNのことを“ドメイン”と呼称しますが、正しくはFQDNであり、エンジニア間では知ったか感を出すことができます。が、日常で使う分にはドメインのほうが非エンジニアにも通じてよろしいかと思われます。

名前解決の仕組み

なんらかのシステムを利用する際は、IPアドレスで直接アクセスすることもありますが、人間が利用するサービスにはたいていURLの一部として

FQDNが割り当てられています。しかし、FQDNのままではシステムにアクセスすることができないため、じつはOSやブラウザなどが裏でIPアドレスを取得してからアクセスしてくれています。

FQDNからIPアドレスを取得する仕組みはそれほど難しくありません。FQDNをドット区切りにして、下から順番に問い合わせを繰り返し、答えを得られるまで続けるだけです。

下から順番というと、この例では「com」になりますが、トップレベルドメインを管理しているDNSサーバーは「ルートサーバー」と呼ばれるシステムなので、まずはルートサーバーにcomの居場所を問い合わせにいきます。ルートサーバーは世界に13箇所あり、インターネットの世界の中核となっているため、たまにはありがたがっておくといいかもしれません。

comの場所がわかった次は、「example.com」の居場所をcomのDNSサーバーに問い合わせにいきます。すると、example.comを管理するDNSサーバーを教えてくれます。

そして、最後にexample.comのDNSサーバーに「www.example.com」の居場所を問い合わせにいき、ようやく利用したいサービスのIPアドレスを取得できることになります。

DNSの仕組みの基本は、ドット区切りの文字列を下から順に解決していくことですが、この順々に解決していく手法を「再起検索」といいます。また、FQDNからIPアドレスを得る行為を「名前解決」または「正引き」といいます。

再起検索の様子を体感したければ、Linuxで以下を実行してみてください。

```
dig example.com +trace
```

出力内容は、自分でDNSを運用する時にも役立つことでしょう。

ゾーン

DNSデータはドメインごとや任意のサブドメインごとに扱うことになっており、その情報のグループ単位を「ゾーン」と呼んでいます。たとえば、

「example.com」がゾーンならば、その中には「example.com」と「xxx.example.com」の情報を登録していくことになります。

example.comゾーンとは別に、「test.example.com」というゾーンを作ることもできます。その場合、test.example.comを含むレコードはtest.example.comゾーンに所属する情報となり、example.comとは別のゾーンということになります。

もし、「abc.example.com」というレコードを登録したとしても、abc.example.comというゾーンは存在しないとしたら、そのレコードはexample.comゾーンに所属する情報として扱われます。

ドメインだけのゾーンですべてのレコード情報を運用することもできますし、サブドメインで細かくゾーンを切って運用することもできます。どちらにするかは自由ですが、基本的にはレコードの整理を目的として、サブドメインごとにゾーンを切っていくことをオススメします。

また、ゾーンにはTTL（キャッシュ有効時間）や、ネームサーバーの権限委譲といった機能があります。サービスによって設定を変えたいことがある場合、1つのゾーンで運用しているとなにかと不都合なため、中核となるドメインでいっぱいサブドメインを作る場合は、最初から分けていくべきです。

レコードの種類

DNSには、ただIPアドレスを返すだけではなく、さまざまな機能があり、登録する情報（＝レコード）にもいくつかの種類があります。主要な種類について説明していきます。

SOAレコード

「SOA」レコードには、ゾーンの情報を記載します。ゾーン情報には、シリアル番号やさまざまな制限時間を記述しますが、古き手書き設定のbind時代はよく編集したものの、最近の管理画面主体のDNSサーバーでは気にするポイントはせいぜいTTLくらいでしょう。レコードを変更する機会に早い反映を望む場合、TTLを短くする設定をしておくことがあります。

Aレコード

最も使用するのが、ホストのIPアドレスを登録する「A」レコードです。「example.com」ゾーンに「www IN A 1.2.3.4」レコードを登録することで、クライアントから「『www.example.com』は？」と問い合わせられた時に、「『1.2.3.4』です」と返せるようになります。

MXレコード

「MX」レコードは、メールサーバーのFQDNを登録するためのものです。

たとえば、「***@example.com」のメールアドレスを受け取るためには、まずAレコード「mail IN A 2.3.4.5」を作成し、それから「example.com」ゾーンに「IN MX mail.example.com」レコードを登録します。すると、世の中のMTA（Mail Transfer Agent）などのメールシステムが、宛先のドメインからMXレコードを取得しにきて、そのIPアドレスに対してメールを送信してくれるようになります。

CNAMEレコード

「CNAME」レコードは、Aレコードのエイリアスとなります。たとえば、CNAMEレコード「alias IN A www.example.com」を登録することで、alias.example.comのレスポンスがwww.example.comと同じIPアドレスになります。

最近では、パブリッククラウドにおいて、クラウド側が提供するロードバランサやHTTPサーバーにアクセスしてもらう際、自社ドメインのゾーンにクラウドのFQDNをCNAMEとして登録することで、URLにサービス名を含ませて公開するのが基本となっています。ただ、CNAMEは少し複雑なことをしようとすると制約に引っかかる点も多いので、適当に設定してはいけません。

以上が基本のレコードとなります。ここからは、少々特殊なレコードの紹介です。

NSレコード

「NS」レコードにはDNSのサーバー名を指定するのですが、指定する内容は2種類あります。

1つは、ネームサーバー自身のFQDNを登録するものです。これはDNSの再起検索の仕組みにおいて、このレコードをもつサーバーがゴールであることを示すために必須のレコードとなります。

もう1つは、別のネームサーバーに権限を委譲する場合に、指定した次のネームサーバーへ再起検索を続けることをクライアントに促すことができます。

TXTレコード

「TXT」レコードでは、ホストのテキストベースの情報を記載します。これについては、次のSPFの項にて説明します。

PTRレコード

最後に、「PTR」レコードは、IPアドレスからホスト名を引いてもらうために登録するものです。Aレコードとは逆の引き方なので、「逆引き」と呼びます。逆引きについても、後の逆引きの項にて説明していきます。

SPF

メールサーバーによっては、スパムを毛嫌いするがゆえに、メール受信時に得た少ない情報を用いて、なんとかスパム判定しようとする場合があります。メール送信で相手に受信拒否されないようにするために、SPF（Sender Policy Framework）を書くのが、前述のTXTレコードの具体的な使いどころです。

たとえば、送信したメールの内容のうち、送信者アドレスが「root@example.com」だったとします。このアドレスのドメインはexample.comなわけですが、メールにおいて送信者アドレスという情報はいくらでも書き換え可能なため、本当にexample.comのメールアドレス所有者が送ってきたかは判断できないわけです。そこで、example.comというドメインのDNSからTXTレコードを取得し、その内容と送信元アドレスを比較して、マッチしたらOK、という判断基準が採用されるようになりました。
TXTレコードの内容は、以下のようなものになります。

```
IN TXT "v=spf1 ip4:1.2.3.4/32 ~all"
```

このIPアドレスの範囲に、メールを送信してきたサーバーの送信元アドレスが含まれていれば、所有者であると判断します。「DNSのレコード管理は、ドメインの購入関係者しかできないはずである」という理由から、メール通信情報とDNSレコードを照合する合わせ技一本で成り立つ仕組みです。
SPFレコードの書き方はいろいろあります。

```
"v=spf1 include:spf01.example.com include:spf02.example.com ~all"
```

とほかのFQDNのTXTレコードをインクルードしたり、複数のインクルードを書けたり、レコードの種類を制限したりすることができます。
どのような書き方がベターかは、思いつく大手企業のTXTレコードをいくつか参考にさせてもらうといいでしょう。以下のようなコマンドで取得できます。

```
dig example.com txt
```

あとは、includeを追っていけば確認することができます。
そして、どのような書き方が正しいかは、「実際に相手のメールサーバーに受信してもらえるようになった」ということを正とするしかありません。スパム判定は各メールサーバーが行っているものであり、どのような処理で判定しているかは、こちらからは確認しようがないからです。そのため、TXTレコードを設定でき、かつメールシステムが重要であるならば、とりあえず参考例から設定しておき、拒否される事例が出てきたら調査と修正を試みる、という流れになるでしょう。

逆引き

「IPアドレスからFQDNを取得する」という逆引きは、大半のシステムで行われることはありません。それゆえに、正引きのAレコードを登録したからといって、その逆引きも登録しなくてはいけない、ということはまったくありません。「サーバー群の管理者として、登録しておくと便利」ということがなくもないですが、AとPTRの2レコードを登録するウザさが勝ることまちがいなしです。

では、どういう時に使われるかというと、これまたSPFと同様、メールシステムのスパム判定に使われることが多いです。メールを受信したメールサーバーが、送信元アドレスを用いて逆引きを行い、「PTRレコードが存在している」または「値のドメインと送信者メールアドレスのドメインが一致している」などを条件として受信の正否を判断します。

この逆引き条件やSPFとによるスパム判定自体は、PTRやTXTレコードを編集する手立てがないメールサーバー管理者にとっては非常に迷惑なものとなるので、是非が問われることはあります。ただ、よほど個人用のシステムを利用しているわけでないのであれば、たいていの企業は対応できるはずです。

逆引きするには、以下のように-xオプションで指定するだけです。

```
dig -x 10.20.30.40
```

さらに、+traceオプションをつけることで、正引き同様の再起検索の様子を見ることができます。こちらも、有名企業の正引きで得たIPアドレスで試すと、たいていはPTRレコードを取得できます。

逆引きしたり、PTRレコードを登録しようとしてみるとわかるのですが、正引きのようにゾーンが存在します。ゾーン名はDNSの規格で決まっており、10.20.30.40のゾーン名は「30.20.10.in-addr.arpa」と、逆向きにしたアドレスに.in-addr.arpaを追加した形式となります。

逆向きアドレスをどのように記述するかは、回線業者によって異なります。第3オクテットまでの場合もあれば、第4オクテット＋サブネットとする場合もあり、上位DNSサーバーに従うところとなります。

逆引き権限の委譲

逆引きはプライベートDNSでも利用できますが、多くはグローバルアドレスでインターネット上の他者のために設定します。逆引きの仕組みは正引きと同じで、逆引きゾーン名を下から順に再起検索していきます。まずはルートサーバーにarpaのIPアドレスを問い合わせ、次にin-addr、次に10、次に20、次に30と問い合わせてたどり、最後に10.20.30のDNSサーバーから10.20.30.40のPTRレコードを取得して、完了します。

正引きの場合、購入したドメインの購入元レジストラにおいて、レジストラ内でDNSレコードを設定するか、自身で管理するDNSサーバーにNSレコードで権限を委譲してもらい、自由にレコードを編集します。それに対して、逆引きの場合は、IPアドレス帯域の管理業者をたどってくるため、通常は逆引きを設定することができません。ではどうするかというと、利用している回線業者に逆引き権限の委譲をお願いするのです。たとえば「10.20.30.0/24」を割り当ててもらっているとしたら、「10.20.30.0/24の逆引き権限を、私たちが管理するDNSサーバー（ns.example.com／10.20.30.200）に委譲してください」と依頼することになります。

NSレコードで権限の委譲を設定してもらえたら、指定したDNSサーバーまで再起検索が行われるようになるので、あとは適切なゾーンとPTRレコードが登録されていれば、逆引きに成功します。

回線業者によっては権限の委譲を扱っていない場合もありますが、「ビジネス用途の回線」と称していれば、たいていは多少の手数料を払うことで対応してもらえます。いつ逆引きが必要になるかわからないので、新しい回線を契約したら、逆引き権限の委譲とゾーンの用意まで済ませてしまうといいでしょう。

キャッシュサーバー

名前解決をクライアントの代わりに実行し、結果をクライアントに返してくれる、「DNSキャッシュサーバー」や「リゾルバ」と呼ばれるシステムがあります。これらは、その結果を一定期間キャッシュしておくことで、同じリクエストがあるたびに上位DNSサーバーに問い合わせすることを省略して、その場でレスポンスしてくれます。

どのキャッシュサーバーを使っているかは、普通のPCならばネットワーク情報を確認すればおそらくDHCPから取得したであろうDNSサーバーのIPアドレスがわかりますし、Linuxならば/etc/resolv.confに記述されていることでしょう。DNSが落ちると大半のシステムに障害が出るため、エンジニアならば「キャッシュサーバーの管理者がだれで、どのような仕組みになっているか？」を知っておくと、障害時に迅速に対応できます。

自分でキャッシュサーバーを運用する場合は、利用者の公開範囲に気をつけ、無用な範囲に公開しないこと。そして、「DNSキャッシュポイズニング」という攻撃手法の情報に敏感になっておきましょう。DNSキャッシュポイズニングは、攻撃方法が進化したり、サーバーに脆弱性が見つかったりと、特にセキュリティにうるさいシステムの1つです。どのような歴史があったかは一度ググっておき、注意点について理解を深めておきましょう。

ラウンドロビン

正確には「DNSラウンドロビン」といいますが、これは同じFQDNのAレコードを複数行登録することで、クライアントに分散アクセスしてもらうものです。複数行あるAレコードを正引きするとIPアドレスを複数取得でき、クライアントは取得したIPアドレスを上から順にアクセスし、アクセスに成功した時点で良しとして、ダメなら順にアクセスを試みます。

DNSサーバーが返すIPアドレスのリストはサーバー側がランダムに並び替えるため、クライアントは自身でランダムアクセスする必要はなく上から順にアクセスするだけであり、障害が発生していなければ1つめのアドレスで成功して終わります。

この仕組みだけみたら、登録したIPアドレスにうまいこと綺麗に負荷分散しそうですが、現実にはそんなことはありません。DNSのレコード情報は、キャッシュサーバーやアクセスするシステムが一定時間覚えてしまうためです。最初に取得した1つめのアドレスにばかりアクセスされたり、サーバー側もバグによりランダムリストではなく一定条件下で固定化する例もあります。携帯電話からのアクセスでは、「キャリア丸ごとが1つのアドレスにアクセスする」という事例もありました。「ラウンドロビンスケジューリング」というアルゴリズムは単純に順番に選択する手法ですが、これに限ってはまったくそうではないと認識しておいたほうが、余計な不幸を産まずに済みます。

Webサービスが増え始めたころは、Web／APサーバーの負荷分散をDNSのラウンドロビンに頼っていた傾向もありました。しかし昨今では、分散の対象となる台数が増加したことや、スケジューリングの問題点の多さ、そして安価なロードバランサが普及したことによって、バランサ経由で分散するのが基本となっています。

とはいえ、データセンター単位などで土地が離れた環境同士を1つのシステムとする場合は、グローバルアドレスが完全に別々になってしまうため、そういう場合は普通に使われています。そういったシステムを使う時、作る時に、どのような挙動でアクセスされるのかを正しく把握するためにも、理解しておきたい仕組みです。

ゾーン転送

DNSサーバーとDNSサーバーの間でゾーンの情報をやりとりする場合、「ゾーン転送」という仕組みを使います。たとえば、以下のコマンドでリクエストを送ると、ゾーン転送を許可されている場合に全レコードを取得できます。

```
dig example.com axfr
```

ゾーン転送を使うと全レコードを取得できるので、同期してコピーサーバーをつくることができます。ただ、不要な情報を公開することにもなるため、ゾーン転送を許可するサーバーは限定しておく必要があります。

ゾーン転送を使う場面は非常に少なく、他社のDNSサーバーから複製を作成したり、逆に複製を作ってもらう時に限られるでしょう。自前のDNSサーバーを構築するときに冗長化する場合は、このような危なげな仕組みではなく、設定ファイルをscpやrsyncで同期したり、データベースをレプリケーションして複製するほうがベターです。

ただ、ほぼ使うことのない機能とはいえ、存在を知っておかないと、新しいDNSサーバーを運用する際に、AXFRのリクエストがデフォルトで開放されていることに気づけず、セキュリティが甘い組織だと思われるだけでなく、実害を被るかもしれません。チェック項目の1つとして、覚えておきましょう。

ドメイン重複問題

グローバルなDNSはパブリックなサービスを扱ううえで必須ですが、プライベートアドレスを扱う場合は以下の2つのパターンがあります。

- グローバルDNSに一緒に登録する
- プライベートDNSに登録する

プライベートDNSを運用した場合、.comや.jpなどの既存トップレベルドメインを使うと、グローバルDNSのレコードと重複する可能性があるため、基本的にはグローバルに存在しない.drecomといったトップレベルドメインを作成して運用することがベターでした。

それが最近になって、新gTLD（ジェネリックトップレベルドメイン）の申請が可能になり、.red、.tokyo、.fishといった地名やカテゴリ名、社名までもが急増し、プライベート環境独自と思って作ったドメインが独自でなくなる可能性が出てきています。

「もし、グローバルとプライベートのドメインが重複したらどうなるか？」というと、これまでプライベートアドレスを返していたFQDNが、突然グローバルアドレスを返す、といったことが起きるようになります。これによって、予期せぬシステムにアクセスしてしまう恐れがあるなど、困ることは明白です。

この現象は、おもにプライベートDNSの仕様に大きく影響されるでしょう。もし、プライベートDNSサーバーが自身のもつプライベートDNSのレコードを優先して返すならば、問題はありません。しかし、グローバルDNSレコードの取得を優先したり、プライベートゾーンにレコードがない場合にグローバルDNSから引っ張ってくる挙動だと、予期せぬ結果が返る可能性があります。

この問題を確実に回避する1つの方法として、長めのわかりづらい独自TLDを使うことが考えられますが、TLDが汚いと使いづらいことこの上ないため、ありえません。そのため、独自TLDを使う方針を改め、既存のTLDを使い、その上で「重複しないためのルールの下で運用する」もしくは「すべてのレコードをグローバルDNSで運用する」という方法が推奨されます。

クライアント

クライアントが使うDNSサーバーは、DHCPから取得するか、手動で記述するかで設定されます。Linuxならば、/etc/resolv.confのnameserverの設定がそれにあたります。

名前解決をする時、まずは一番上のnameserverにリクエストを送り、レスポンスを受け取ります。1つめのサーバーが障害によってレスポンスを迅速に返してくれない時、次は2つめのサーバーにリクエストを送り、ダメなら3つめ……というように、順番に試していく仕組みになっています。

この仕組みの問題は、1つめを諦めて2つめにいくまでのリトライに必要な時間が長いことです。デフォルトでは諦めるまでのタイムアウト秒数が5秒、リトライ回数が2回となっているため、10秒経たないと名前解決ができないことになります。アプリケーション内で1つでも名前解決をしようとしていると、その一連の処理は必ず10秒以上かかってしまうことになり、サービスとしては致命的障害といえるでしょう。

これを緩和するために、resolv.confに以下を記述することで、1秒で次のサーバーにリクエストを移すことができます。

```
options timeout:1 attempts:1
```

ただ、これでだいぶマシにはなりますが、それでも名前解決のある処理で余計な1秒以上の待機が入ってしまうことは避けられません。

そのため、「クライアント側に複数行記述する」という古臭い障害対策ではなく、「サーバー側で可用性を担保し、クライアントには1行しか記述しない」という方法が正着となります。

DNSはあまりに身近すぎて軽視されることもありますが、ITシステムにおける中核であり、DNSの利用不可はそのままユーザーの利用するシステムほぼすべての利用不可へつながります。クライアントの仕様を理解し、それに対応した仕組みを選択、構築していくことは、あらゆるシステムの中でトップクラスの重要度であるといえます。

example.com

説明の中で、たびたびexample.comドメインを例示してきましたが、このドメインはRFCで予約されているドメインであり、実際に登録することはできません。そもそもサンプル用として定義されているため、公開する文書には実在するドメインや意味のない文字列を使わず、これを利用することが推奨されます。

example.comには、親切にもAレコードやIPv6のAAAAレコードが登録されており、Pingも疎通できます。ただ、PTRレコードやTXTレコードまではないため、そのあたりの例を探したい場合は、自分の知る大手企業を参考にさせてもらうといいでしょう。

NTP

NTP（Network Time Protocol）とは、コンピュータの時計を正しい時刻に同期するためのプロトコルです。コンピュータが時刻同期をしないと、たいていの場合は数日ごとに数秒単位で遅れていき、放っておくと数分、数時間という大きな単位でズレが生じてしまいます。そのため、NTPを動かしておくことは必須といえます。

時刻同期の処理は、世界中に多くある大元のNTPサーバーから、階層構造で伝播させることができます。Linuxの場合は、NTPパッケージがデフォルトで入っており、ディストリビューションによって親となるNTPサーバーの指定が異なっています。そのまま利用するもよし、ネットワーク構造の都合や上位層への気遣いから自分でNTPサーバーを起ち上げてほかのサーバーに指定させるもよし、です。親サーバーは最低3つ以上を指定するのがよく、多くすることで精度が上がります。

同期の状況は、「ntpq -p」コマンドで確認することができます。各行の先頭に「+」や「*」印がいつまでもつかなければ同期できていないので、その場合は調査して修復する必要があります。

NTPは、使うこと自体はかんたんですが、いくつか問題も抱えています。まず、32ビット都合で2036年までしか表現できず、2036年2月7日には誤作動すると予想されています。そして、うるう年の時間調整では「同期した瞬間に、LinuxのCPUリソースが暴走する」というバグがあり、2012年7月1日には世界規模でてんやわんやになった例があります。

このバグにはご多分に漏れず私も引っかかり、対象バージョンのカーネルOSではCPUが意味もなく100%になり続けたため、再起動を余儀なくされました。ただ、こうなる可能性を事前に知っていた／怪しんでいた人たちは、数日前からNTPデーモンを停止しておくといった対応をしていたようです。

NTPは必須の基本システムであるがゆえに放置されがちですが、コンピュータの時刻を変更するということは、CPUを筆頭にさまざまなシステムに影響が出る可能性を含むということです。NTPに関係する情報にはアンテナを高くしておきましょう。そして、時刻同期自体が正しくできていることを保証するために、監視サーバーに時刻同期の項目を登録しておくことが重要になります。

⋯▷ 通信プロトコル

一般人にとって「サービス」とは、何か便利なサービスが存在することを知り、ブラウザや専用アプリなどのクライアントツールで利用してみて、便利だのイケてないだのキャッハウフフできれば十分なわけです。

これをエンジニア視点にすると、「サーバー上にデーモンが存在し、クライアントから決められた通信プロトコルでリクエストを投げ、適切なレスポンスを受け取ったうえで、描画されたり結果が反映される」という思考の流れになります。

ここにおけるプロトコルとは、「ある通信手段における通信内容の決めごと／ルール」のことです。サービスを開発するにせよ、既存のソフトウェアを運用するだけにせよ、どのようなプロトコルが使われていて、そのプロトコルがどのような内容の通信をするのかを知っておくことは、プロフェッショナルであるために必須といえます。

たとえば、かんたんなWebサービスを開発／運用したとします。「流行りのプログラム言語とフレームワークを使ってサービスを作りました。ブラウザでアクセスできて、思いどおりに動きました」で終わっては、趣味の域を出ていません。そのWebサービスでは、以下のプロトコルが使われていることでしょう。

- HTTP（S）
- MemcachedやRedisなどのKVSのプロトコル
- MySQLやPostgreSQLといったデータベースのプロトコル

もっといえば、L2／L3層にもプロトコルはありますし、TCPやUDPなどもプロトコルです。ただ、すべてのプロトコルを追っていては時間が足りませんし、また知らなくてもいいようにITの世界はできています。それでも、ソフトウェア／ミドルウェアエンジニアとして飯を食っていくならば、自分が直接扱うL7層のプロトコルについては深く理解しようとすべきです。より正しく、より効率的なシステムに改善するため、そしてトラブルシューティングにおいて正確に原因を追求し、対策を練れるようになるためです。

世の中にはプロトコルが山のようにあるので、ここではかんたんな2種類を紹介します。基本さえつかめれば、あとはプロトコルごとにルールが違うだけにすぎません。実際に手を動かしてみると、身につきやすく、なおよしです。

HTTP

アナタが毎日行うネット徘徊では、ほぼHTTPまたはHTTPSプロトコルで通信しています。URLの先頭にはhttp（s）がくっついているので、少なくとも「ブラウザで使われる何かのルールなんだろうな」というのは素人さんでもわかるかもしれません。

では、URLというWebサイトのアドレス情報から、どのようにサーバーの情報を取得しているか、順に追っていってみましょう。

URLの仕組み

URLは以下とします。

http://example.com/news/list?year=2010&month=12#top

URLを分解すると、以下のようになります。

- スキーム → http
- FQDN → example.com
- リクエストパス → /news/list
- クエリパラメータ → year=2010&month=12
- フラグメント → top

この内容にいくつか補足をしておきます。

URLにおけるhttpの部分は、プロトコルではなく、スキームであることに注意してください。http自体はプロトコル名ですが、URLとしては

mailtoやfileなど処理の種類を示すさまざまな値が使われるからです。
そのほかの記号は、それぞれの以下の役割になります。

- :　→　スキーム後の区切り
- //　→　情報記述開始の区切り
- ?　→　その後がパラメータであることを示す区切り
- #　→　フラグメント開始を示す（フラグメント識別子）

これ以外にも、以下のような形式がhttpスキームにおけるURLで決められています。

- 認証用のユーザー名とパスワードをFQDNの前に「user:password@」と記述する
- デフォルトの80番ポート以外に接続する場合は、FQDNの後ろに「:8080」のように指定する

これらの情報を使ってサーバーに接続するわけですが、このうちフラグメントはサーバーに送信されない情報となるため、今回の話ではここでサヨナラします。フラグメントは、ページの表示において、そのページ内での処理に使用する情報であるからです。代表的なものでは、「アンカー」と呼ばれるページ内移動に使用されます。

サーバーへの接続

サーバーに接続するためにはIPアドレスが必要なため、まずはFQDNの名前解決を行います。次にポート番号は、httpのデフォルトは80番であり、変更が指定されていないため、「80番」と確定します。そして、IPアドレスとポート番号を用いて、サーバーにTCP接続します。
これでようやく、HTTPプロトコルで会話する準備が整いました。ここまでの状態は、Linuxにおいて以下のコマンドを実行した状態と同じです。

```
$ telnet example.com 80
```

接続できれば、「Trying ... Connected ... Escape ...」という文字が表示されて止まるはずです。接続できなければ、「Trying ... ～」から進みません。

リクエスト／レスポンス

通信は、クライアントからのリクエストと、サーバーからのレスポンスで成り立っています。まずは、クライアントから取得したいページに必要な情報を送信します。telnetで接続した続きに、以下のようなHTTPリクエストヘッダー情報を送信します。

```
GET / HTTP/1.1
Host: example.com
<Enter>
```

これにより、「HTTP/1.1 200 OK」を始めとするHTTPレスポンスヘッダーと、1行空けて、HTMLの内容が返ってきたはずです。リクエストの内容はだいたい見たままですが、以下のように指定しています。

- HTTPプロトコルのバージョンは1.1
- GETメソッドで、リクエストパスはトップページの/
- ホスト名はexample.com

たいていのWebサイトは、Host値を変えるだけでトップページのコンテンツを返してくれることでしょう。Hostヘッダーを省略しても返してくれるWebサーバーも多いですが、VirtualHostでホスト値の受け入れを制限している場合は、おそらくエラーを返してきます。

そしてレスポンスヘッダーでは、200番を返してくれたことで、正常なレスポンスであることを教えてくれています。先頭行以降は、ヘッダー部にコンテンツの補足情報を、そして空行の後に実際のコンテンツ内容を記述しています。

トップページ以外にアクセスする場合（上記URL例の場合）は、以下のように、リクエストパスの部分を変えるだけです。

```
GET /news/list?year=2010&month=12 HTTP/1.1
Host: example.com
<Enter>
```

この、リクエスト／レスポンスの双方において、先頭ヘッダー行を必須とし、続けて補足情報となるヘッダー、そして空白行を空けてコンテンツを記述してやりとりするのが、HTTPプロトコルの基本形式となります。

GETメソッドでは空白行を送った時点でリクエストが終了してしまいますが、POSTメソッドでは「Content-Lengthヘッダー：文字数」を書くことで空白行後に指定した文字数を記述できるので、形式は同じです。その内容は、通常は「year=2010&month=12」のようなPOSTパラメータとなり、GETとの違いはパラメータの記述部ということがわかります。

通信内容を覗いてみる

HTTPの基本形式に触れた後は、ブラウザの開発ツールを用いて通信内容を覗き、実際にはどのようなヘッダーがやりとりされているかを確認してみましょう。開発ツールは、有名なブラウザならたいてい付属しており、ChromeやFirefoxならば Ctrl ＋ Shift ＋ I 、Safariならば Ctrl ＋ Alt ＋ I を押すと表示されるので、その状態で普通にURLを叩くだけになります。

適当に徘徊しただけでも、リクエスト／レスポンスどちらにもさまざまなヘッダーが使用されているのがわかります。この多くのヘッダー種類について1つ1つ調べていくことが「HTTPプロトコルを理解する」という行為であり、ひいてはWebサーバーの設定を正しく理解するための手助けとなります。

リクエストでは、Host、User-Agent、Cookieといった基本から、Accept-Encodingの圧縮指定、Connectionのkeep-alive指定時の接続挙動などを理解していくことになります。レスポンスでは、ステータスコードの種類から始まり、おもにCache-Control、Expiresといったキャッシュの仕組みについて学ぶことになるでしょう。

すべてを知ってから開発／運用する必要はありませんが、「ブラウザが普段から利用するヘッダーの意味と、Webサーバーの設定を調べていくうえで、関連ヘッダーを知る」という行動に意識的に取り組むことで、より正しく効率的にコンテンツを提供できるようになります。これから先の時代では、HTTP/2（SPDY）による通信効率の改善も必須になるかもしれないので、地道に基礎を固めていきましょう。

メール

HTTPと同様、メールも普段はMTA（Mail Transfer Agent）を使用してメールを送受信したり、プログラミングにおいても既存のメール関数などを用いて送信するため、実際にどのような通信内容でメールをやりとりしているかは知らないことがほとんどでしょう。しかし、こちらもtelnetを使用して送受信が可能であり、知ってしまえば基本的な流れはごく簡素なプロトコルであることがわかります。

メールは、送信と受信でプロトコルが異なります。まずはメールの送信について見てみましょう。

SMTP

送信では、SMTP（Simple Mail Transfer Protocol）が適用されます。特に制限を設けていないSMTPサーバーに対しては、以下のような手順でtelnetでメールを送信できます(example.comは例であり、25番ポートは受け付けていません)。

```
$ telnet example.com 25
HELO example.com
MAIL FROM: me@from.example.com
RCPT TO: you@to.example.com
DATA
ここに本文を
記述します
.
QUIT
```

この通信はHTTPと異なり、1度のリクエスト送信で終わるわけではなく、1文ごとに「250 ok」といったレスポンスをもらいつつ、複数回のリクエストが最後まで正常に完了して、1つのメール送信となります。流れは以下のとおりです。

telnetで25番ポートに接続した後は、HELOでお決まりの挨拶をする

↓

MAIL FROMで送信元アドレスを伝え、RCPT TOで宛先を伝える

↓

DATAの次の行からは本文となり、.（ドット）だけの行を本文の終了として、ドットの改行後に送信が完了する

↓

そのまま通信を続けるのでなければ、QUITで切断して終了

宛先が存在すればこれだけでメールが届きますし、宛先が存在しなければ逆に送信元アドレスに「MAILER-DAEMON」のエラーメールが送られてきます。件名を設定したければDATAのヘッダー部分に「Subject: 件名」を入れることで相手にそれを件名と認識してもらえますし、「From: Display Name <me@from.example.com>」と入れれば送信者名とアドレスを伝えることができます。ここで注意したいことは、本文内のFromヘッダはあくまでメールにおける表示名であり、エラーメールの受取先はMAIL FROMコマンドの指定アドレスであるということです。

このように、メール送信の基本部分は非常にシンプルなのですが、この世のメールの大半を占める悪意あるメールに対してこのままでは無力なため、さまざまな仕組みがメールサーバーには施されています。たとえば、以下のような対策があります。

- 受信側のメールサーバーが、受信時に送信者アドレスのDNSのTXTレコードを取得して、送信元アドレスと一致するか確認する
- 送信元アドレスで逆引きして、送信者アドレスのドメインと一致するか確認し、ダメなら通信途中でエラーを返す

宛先アドレスでは、相手のメールサーバーが管理するドメイン以外の宛先はすべて拒否し、第三者への中継サーバーとして利用できないようにするのが基本です。また、次に紹介するPOP3の認証が通った後でないと、その認証元アドレスからしかメールの送信を受け付けない「POP before SMTP」という仕組みもあります。

メールシステムに取り組むと、「メールが送れない」という事象に必ずぶち当たりますが、原因を追求する際にMTAベースでやってもデバッグしづらいため、コマンドベースで実行して、「どの命令の時に、何が起きているのか？」を判断します。そのために、プロトコルの理解が重要になります。

POP3

メールの受信には、POP3（Post Office Protocol version 3）というプロトコルが古くから使われてきました。POP3では、MTAがメールサーバーからメールを定期的にダウンロードし、基本的にはサーバーにメールが残らない仕組みになっています。なぜそのような挙動になるかは、やはりコマンドベースで処理を確認することで理解できます。

POP3の受信は、以下のような内容になっています。

```
$ telnet example.com 110
USER me@from.example.com
PASS testpassword
STAT
LIST
RETR 1
DELE 1
QUIT
```

110番ポートに接続した後は、まずUSERとPASSでアカウント認証を行います。

次に、STATで受信済みのメール件数を確認し、LISTでメールの番号を確認します。

そして、RETRで指定したメール番号のメールデータを受信し、DELEでそのメールを削除します。

これも非常にかんたんな内容ですが、MTAに「メールをサーバーに残す」という設定チェックボックスが存在し、残さない場合はなぜ消えているのかというと、自分で消しているからにすぎないことがわかります。

この設定は、ただメールを利用する一般人にとっては「残したほうが安全」「別のPCでも受信したい」という考えから残す設定にすることはよくある話です。しかし、人によってはメールを残すと容量が数十GB以上に膨れ上がるため、保管を想定していないメールサーバーを運用していた場合は、その整理に手間をかけたものです。

SMTP-AUTH

基本のSMTP／POP3から、次なるプロトコルに話を移しましょう。

SMTPには認証機能がないため、DNSを用いて制限を設けたり、POP認証と連携しなければ、悪意あるスパムメールを防ぐことができませんでした。しかし、すべてのドメイン管理者がDNSも管理できるとは限りませんし、全員に適切なDNSレコードの設定を求めるというのも変な話です。さきほど触れたPOP before SMTPはそれなりに期待した結果をもたらしますが、認証が成功した際の送信元IPアドレスを元にSMTPを許可するため、NAT環境下のコンピュータはすべて許可することになるという不完全なものでした。

そこで、「SMTP-AUTH（Auth = Authentication）」という、認証の仕組みが入ったSMTPが使われ始めました。こちらは587番ポートで通信することになっており、ユーザー名とパスワードを決められた形式でBASE64エンコードし、AUTH PLAINコマンドで送ることで、サーバー側が認証の正否を判断できるようになっています。

おそらく一部の人は、家庭からも25番ポートで送ることができずに、587番のサブミッションポートを使わざるをえなかった時期もあったのではないでしょうか。

IMAP

POP3の使い方の基本は「ダウンロードして、サーバーから削除する」だったので、PCが壊れたらMUA（Mail User Agent＝電子メールクライアント）内のメール群も一緒にさようならというパターンが多く、また複数のPCで同一アカウントのメールを見ることに適していませんでした。

そこで、サーバー上にメールを残し、複数PCで同一のアカウントを利用するのがあたりまえとなるIMAP（Internet Message Access Protocol）が登場しました。最近のメール利用のほとんどはクラウドサービスでしょうから、今やIMAPが一般化しているといえます。

サーバー管理者からすれば、「全ユーザーの全メールを残す」という仕様から、容量計算やストレージ設計などに精を出すことになり、当初はツラい思いをした人もいたでしょう。しかし、今やストレージの進化によりだいぶ楽になりましたし、そもそもクラウドに丸投げすることによってメールプロトコルすら「なにそれ美味しいの？」という状況かもしれません。

HTTPが1.1から2.0に変貌しようとすることはエンジニアにとって追随不可欠な出来事ですが、メールは同じ進化でも多くの人が知る必要がなくなっていったであろうプロトコルであり、うれしくも寂しいといった心境でしょうか。とはいえ、IMAPもtelnetベースで実行できるので、メールシステム構築者だけではなく、情シスあたりまではプロトコルの仕様を知っておくと、たまには役に立つことでしょう。

おわりに

Conclusion

最後までお付き合いいただきありがとうございます。クソベンチャーからそれなりに大きな規模の企業になるまでに、実戦的に経験した技術や考え方について網羅していきましたが、お楽しみいただけましたでしょうか。

21世紀に入ってから群雄割拠のIT業界においては、そもそも企業が十数年も生き残り続けることが稀です。その組織が始まり、成長する時間を共にし続けたエンジニアの存在はさらに貴重であると思われますので、なかなかほかにない内容にできたのではないかと思います。

IT業界の情報や事情が変わる速度はすさまじく、また私自身の取り組みや良しとするアーキテクチャも変動する故に、書いている間にも手直しが必要な、厳しい業界であることを再認識しました。今でこそ、インフラアーキテクチャは「十分な選択肢」という意味ではかなり落ち着いてきたと感じているものの、5年後10年後にはまったく新しいシステムや仕組みができているでしょうから、まったく油断はできません。

そうはいっても、本書の内容はインフラにおける基礎的な部分を並べていますので、数年後もこの情報が有益であり、それにまた加える形で情報量が膨らんでいくのではないでしょうか。もしそうだとしたら、頭のメモリが足りなくならないうちに、ここ十数年の経験を本書に収める機会をいただけたことは非常にありがたく、私自身の知識と考え方の振り返りができて感謝しております。

みなさまにおかれましては、インフラの知識があまりに広すぎるために、一部は説明不足や物足りない感があったかもしれません。しかし最低限、さまざまな知識の存在に触れ、新しい取り組みを始めるためにググるための取っかかりになれば、うれしい限りです。

エンジニアという業種は、「35歳がピーク」だの「寿命が短い」だの言われがちですが、やりようによってはいくらでも現役でいられます。私も、本書をキッカケに、さらなる飛躍を目指して、長く現役を続けたいと考えています。ブログやSNS、勉強会などにも継続してアウトプットして参ります故、機会がありましたら気軽にちょっかいをかけていただけますよう、よろしくお願いいたします。

INDEX

[D]

[E]

[F]

[G]

[H]

[I]

[S]

[T]

[と]

[な]

[に]

[ね]

[の]

PROFILE

齊藤雄介 さいとう ゆうすけ

（外道父）

株式会社ドリコムに在籍14年目のインフラエンジニア。
大学からパソコンに触れ始め、機械工学部に所属。趣味でWebアプリケーション作成を続け、1年が過ぎるころに、ベンチャー企業であるドリコムにアルバイトとして参加。エンジニアリングが楽しすぎて、その夏には退学＆就職。
ドリコムではアプリケーションエンジニアとして約5年を過ごし、手がけたサービスの多くで単独での開発・運用を経験。組織事情からインフラエンジニアに転身し、データセンターの構築、ミドルウェアの研究・運用、アプリケーションのリファクタリング、人材育成から、サービス品質のレビューまで、さまざまな仕事をこなす。
学生が十数人というベンチャー企業から、社員が数百人の大企業になるまでの14年という長い期間、技術的にも経営的にも荒波を乗り越え続け、泥臭いエンジニアリングから、近代的なシステムづくりまで、組織の成長と時代に合わせて、技術力を磨き続けてきた。
一度構築したシステムはできるだけ手がかからないように仕上げ、息子と戯れる時間を確保することが、仕事と家庭を両立する秘訣である。

【ブログ】http://blog.father.gedow.net
【Twitter】https://twitter.com/GedowFather

装丁・本文デザイン・作図　dig
DTP　SeaGrape
編集　傳 智之

［お問い合わせについて］
本書に関するご質問は、FAXか書面でお願いいたします。電話での直接のお問い合わせにはお答えできません。あらかじめご了承ください。
下記のWebサイトでも質問用フォームを用意しておりますので、ご利用ください。
ご質問の際には以下を明記してください。

・書籍名
・該当ページ
・返信先（メールアドレス）

ご質問の際に記載いただいた個人情報は質問の返答以外の目的には使用いたしません。
お送りいただいたご質問には、できる限り迅速にお答えするよう努力しておりますが、お時間をいただくこともございます。
なお、ご質問は本書に記載されている内容に関するもののみとさせていただきます。

［問い合わせ先］
〒162-0846　東京都新宿区市谷左内町21-13
株式会社技術評論社　書籍編集部　「たのしいインフラの歩き方」係
FAX：03-3513-6183　Web：http://gihyo.jp/book/2015/978-4-7741-7603-1

たのしいインフラの歩《ある》き方《かた》

2015年 10月 10日　初版　第1刷発行

著者　齊藤雄介《さいとうゆうすけ》（外道父《げどうちち》）
発行者　片岡巌
発行所　株式会社技術評論社
東京都新宿区市谷左内町21-13
電話　03-3513-6150　販売促進部
03-3513-6166　書籍編集部
印刷・製本　昭和情報プロセス株式会社

定価はカバーに表示してあります。

造本には細心の注意を払っておりますが、万一、乱丁（ページの乱れ）や落丁（ページの抜け）がございましたら、小社販売促進部までお送りください。送料小社負担にてお取り替えいたします。
ISBN978-4-7741-7603-1　C3055　　Printed in Japan